普通高等教育"十一五"国家级规划教材

北京高等教育精品教材
BEIJING GAODENG JIAOYU JINGPIN JIAOCAI

新型工业化·新计算·计算机学科系列

操作系统

（第4版）

孟庆昌 张志华 牛欣源 路旭强/编著

电子工业出版社·
Publishing House of Electronics Industry
北京·BEIJING

内 容 简 介

本书是普通高等教育"十一五"国家级规划教材、北京高等教育精品教材，全面系统地介绍现代操作系统的基本理论和最新技术。全书共 12 章：第 1 章概述操作系统的定义、功能、特征、发展历程和结构；第 2 章至第 8 章分别讲述进程和线程管理、调度、存储管理、文件系统、输入/输出管理、用户接口服务和死锁；第 9 章介绍嵌入式系统；第 10 章讲述分布式系统和云计算；第 11 章讲述安全和保护机制；第 12 章为实验操作。附录分别给出了 Linux 常用系统调用和库函数，以及各章习题的解答视频。本书为任课教师提供电子教案。

本书可作为大学本科及专科计算机专业教材或考研参考书，也可作为计算机工作者的自学用书。

图书在版编目（CIP）数据

操作系统 / 孟庆昌等编著. —4 版. —北京：电子工业出版社，2022.6
ISBN 978-7-121-43582-9

Ⅰ . ① 操… Ⅱ . ① 孟… Ⅲ . ① 操作系统－高等学校－教材 Ⅳ . ① TP316

中国版本图书馆 CIP 数据核字（2022）第 090006 号

责任编辑：章海涛 特约编辑：张 玉
印　　刷：天津千鹤文化传播有限公司
装　　订：天津千鹤文化传播有限公司
出版发行：电子工业出版社
　　　　　北京市海淀区万寿路 173 信箱　邮编：100036
开　　本：787×1092　1/16　印张：23.25　字数：595 千字
版　　次：2007 年 12 月第 1 版
　　　　　2022 年 6 月第 4 版
印　　次：2025 年 1 月第 5 次印刷
定　　价：64.00 元

凡所购买电子工业出版社图书有缺损问题，请向购买书店调换。若书店售缺，请与本社发行部联系，联系及邮购电话：（010）88254888，88258888。

质量投诉请发邮件至 zlts@phei.com.cn，盗版侵权举报请发邮件至 dbqq@phei.com.cn。

本书咨询联系方式：192910558（QQ 群）。

前　言

本书是普通高等教育"十一五"国家级规划教材、北京高等教育精品教材。

本书第 3 版经过 4 年的使用，受到众多兄弟院校师生和读者的好评，充分肯定了本书的系统性、先进性和适用性，也提出了很好的建设性意见。在此我们表示衷心感谢。我们在教学研讨中讨论了国内外近年来操作系统理论、技术和应用的最新发展，结合实际授课和实验教学中的体会，并综合和吸纳各方的有益建议，决定对本书进行深入修订，主要包括以下几方面。

（1）梳理章节安排，把中心内容放在本书的前面。第 1 章概述，第 2 章至第 7 章分别讲述操作系统的各种基本功能。"死锁"内容放到第 8 章。原后面 3 章顺序不变。这样有利于读者对操作系统概念、原理、基本技术的理解，达到重点、要点知识"先入为主"的效果。

（2）相近知识放在同一章中介绍，便于读者全面了解和比较。"管道文件"放到进程通信节中介绍，然后是"信号机制"。这样与前面的"进程同步"关联，集中介绍了进程的简单通信和高级通信。"中断处理"放到"输入/输出管理"章中，有利于理解。

（3）大大加强了对操作系统中许多抽象概念的讲解。加入对操作系统特征之一——"抽象性"的说明，更新了对"虚拟机"结构和 CPU 到进程的抽象、物理内存到地址空间（虚拟内存）的抽象、I/O 设备和磁盘到文件的抽象等的介绍，有利于提升读者思考和处理问题的能力。

（4）第 1 章增加了国产操作系统发展的介绍，第 9 章中增加了华为鸿蒙操作系统的介绍，旨在提高读者对自主知识产权操作系统的认知和信心。

（5）为了配合学生上机实验，对原"附录 A　实验指导"做了修订，改为"第 12 章　实验操作"，同时增加了"附录 A　Linux 常用系统调用和库函数"，方便读者查看和学习。

（6）鉴于师生对课后习题的关注，希望给出习题解答，因而教学团队制作了每章习题的解答视频，不只是简单给出了各章的部分习题（涉及重点、难点问题）的参考答案。其出发点是便于读者自学自测，提高能力。诚望师生合理使用这部分资料，自觉主动学习，避免对它的依赖性。所谓"书山有路勤为径，学海无涯苦作舟"。

（7）对原书中不妥、不确、不明的表述做了修订。

本书正文共 12 章：第 1 章概述操作系统的定义、功能、特征、发展历程和结构；第 2 章至第 8 章分别讲述进程和线程管理、调度、存储管理、文件系统、输入/输出管理、用户接口服务和死锁；第 9 章介绍嵌入式系统；第 10 章讲述分布式系统和云计算系统；第 11 章讲述系统安全和保护机制；第 12 章为实验操作。

书后附录分别给出了 Linux 常用系统调用和库函数、习题答疑视频。

本书为任课教师提供电子教案，可登录华信教育资源网 http://www.hxedu.com.cn，注册后进行下载。

由于各学校课程设置、学时安排及学生程度等方面存在差异，在应用本教材授课时，任课教师可以对内容酌情进行取舍。下面列出的理论课学时（实验课时自行安排）分配建议是我们多年授课的体会，仅供参考。

理论学时安排（建议）

总学时	课时分配										
	第1章	第2章	第3章	第4章	第5章	第6章	第7章	第8章	第9章	第10章	第11章
48	4	10	5	12	6	6	1	4	0	0	0
56	5	10	5	12	7	6	2	4	1	2	2
64	6	12	6	12	8	6	3	5	2	2	2

本书可以作为高等院校（本科、职业本科和高职层次）计算机学科相关专业的教科书或考研参考书，也可以作为 IT 领域相关从业人员的自学用书。

本次修订得到电子工业出版社编辑们的大力支持，在此表示衷心感谢。

对使用本书的众多师生提出的中肯意见，再次表示诚恳谢意，并望继续给出多方建议。

本次修订主要由孟庆昌、张志华执笔，参加编写、整理工作的还有牛欣源、路旭强、刘振英、孟欣等。

由于编者水平有限，时间又很紧，对广大读者的需求尚缺乏广泛深入的了解，书中难免存在不妥甚至错误之处，恳请资深专家和广大读者批评指正，并诚望及时反馈用书信息。

读者反馈：zhang_zh@bistu.edu.cn 或者 192910558（QQ 群）。

作　者

2022 年 5 月

目　录

第1章

OS

操作系统引论

一个完整的计算机系统是由硬件和软件两大部分组成的。

操作系统（Operating System）是所有软件中最基础、最核心的部分，是计算机用户和计算机硬件之间的中介程序，为用户执行程序提供更方便、更有效的环境。从资源管理的角度，操作系统对整个计算机系统内的所有硬件和软件资源进行管理和调度，优化资源的利用，协调系统内的各种活动，处理可能出现的种种问题。

随着计算机技术的飞速发展而经历不同的阶段，操作系统从最初的手工系统，发展到多道程序和分时系统，直到当今的嵌入式系统和云计算系统。回顾操作系统的发展历程和类型，有助于读者理解操作系统是什么、干什么和如何干。

操作系统是其他软件运行的基础。考察操作系统的特征可以帮助读者理解其功能和实现。

本章还将介绍操作系统的体系结构，从最常见的单体结构到现代的微内核、客户—服务器结构，其内部实现有很大差别，加深读者对操作系统设计的理解。

1.1 计算机硬件结构

一个完整的计算机系统是由硬件和软件组成的。软件裹在硬件之上。硬件是软件建立与活动的基础，软件则对硬件进行管理和功能扩充。没有硬件，就失去了计算机系统的物理基础，软件也就无法存在了。反过来，若只有硬件而没有软件，就像一个人失去灵魂仅存躯体的僵尸，没有多大存在的价值。硬件与软件有机地结合在一起，相辅相成，才使计算机技术飞速发展，且在当今信息时代占据举足轻重的地位。

现代计算机体系结构基本上沿用 Von Neumann（冯·诺依曼）体系结构，采用存储程序工作原理，即：把计算过程描述为由许多条命令按一定顺序组成的程序，再把程序和所需的数据一起输入计算机存储器中保存起来，工作时控制器执行程序，控制计算机自动连续进行运算。

大家知道，现代通用计算机系统的硬件包括 CPU、内存、磁盘、打印机、键盘、鼠标、显示器、网络接口和若干 I/O 设备组成，它们经由系统总线连接在一起，实现彼此通信。从功能上讲，计算机由五大功能部件组成，即运算器、控制器、存储器、输入设备和输出设备。这五大功能部件相互配合，协同工作。其中，运算器和控制器集成在一片或几片大规模或超大规模集成电路中，称为中央处理器（CPU）。存储器管理单元（Memory Management Unit，MMU）用来实现快速地映像内存地址。

图 1-1 是现代个人计算机系统硬件结构的示意，图中的控制器是设备控制器。每个设备控制器负责对特定类型的设备进行控制和管理，如硬盘控制器用来控制硬盘驱动器，视频控制器用来控制监视器等。CPU 和设备控制器可以并行工作，它们都要存取内存中的指令或数据。

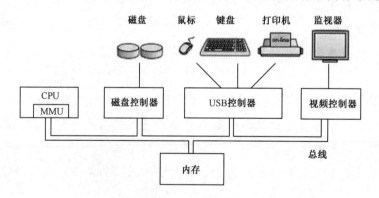

图 1-1　现代个人计算机硬件结构

1.1.1 处理器

CPU 是计算机的"大脑"，它从内存中提取指令并执行它们。CPU 工作的基本流程是提取指令 → 译码分析 → 执行指令。对后面的指令按类似步骤进行处理。

CPU 内部都包含若干寄存器，它们与操作系统关系密切。其中，一类是通用寄存器，用来存放关键变量和中间结果，以减少对内存的访问，如在 C 语言程序中可以指定某些变量的类型为 register；另一类是专用寄存器，可被处理器用来控制自身的操作，或者被有特权的操作系统例程用来控制相关程序的执行,如程序计数器(PC)、栈指针寄存器和程序状态字(PSW)。PC 中保存要提取的指令的内存地址。栈指针寄存器中存放指向当前内存栈的顶端的指针,该栈中保存有关函数(过程)调用时的现场信息,包括输入参数、局部变量和未在寄存器中保存的临时变量。程序执行过程中调用的每个函数在栈中占有一个帧。PSW 中包括条件码位、CPU 优先级、程序执行模式(用户态或者核心态)和各种其他控制位。在系统调用和 I/O 中 PSW 起重要作用。

每种型号的 CPU 的指令集都是专用的,没有可移植性。按照使用权限,指令可以分为特权指令和非特权指令。特权指令是计算机指令集中一类具有特殊权限的指令,只用于操作系统或其他系统软件,一般普通用户不能直接使用。特权指令主要用于系统资源的分配和管理,包括改变系统工作方式,检测用户的访问权限,控制 I/O 设备动作,访问程序状态,修改虚拟存储器管理的段表、页表,完成任务的创建和切换,等等。非特权指令是指令集中除特权指令之外的指令,如算术运算指令、访管指令等,普通用户在编写程序时只能使用非特权指令。

系统一般提供了两种处理机执行状态:核心态和用户态。其目的是保护操作系统程序(特别是其内核部分)和关键的系统表格(如进程控制块),防止受到用户程序的损害。

核心态(Kcrncl Mode),也称为系统态、内核态或管理态。操作系统内核就在这种模式下运行。在核心态时,处理机具有较高权限,可以执行指令集中所有的指令(包括特权指令),从而对所有硬件实施有效控制和管理,如对各寄存器和整个内存进行访问、启动 I/O 操作等。

用户态(User Mode),也称为目态或用户方式。用户程序(也包括各种应用程序、工具、例程等)是在用户态下执行的,它们的权限较低,只能执行指令集中的非特权指令。

在特定条件下,这两种模式可以转换:用户程序运行过程中,当发生中断或者系统调用时,CPU 状态就转为核心态,这样就可以执行操作系统的程序;而当中断或者系统调用的事件处理完成后,通常转换为用户态,以便继续完成用户的任务。

1.1.2　存储器

在任何计算机中,存储器都是最主要的组成部分之一。按照速度、容量和成本划分,存储器系统构成了一个层次结构,如图 1-2 所示。

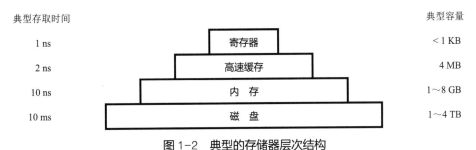

图 1-2　典型的存储器层次结构

顶层是寄存器,交换数据的速度比内存更快,与 CPU 的速度相当,所以存取它们没有延迟,但成本很高、量小,通常都小于 1 KB。

第二层是高速缓存(Cache),大多由硬件控制。Cache 的速度很快,它们放在 CPU 内部或非常靠近 CPU 的地方。当程序需要读取具体信息时,Cache 硬件先查看它是否在 Cache 中,如果在其中（称为"命中"），就直接使用它，否则从内存中获取该信息，并把它放入 Cache，以备再次使用。操作系统一直在使用 Cache，但成本高、容量较小，一般小于 4MB。现代 CPU 中通常设计了两级高速缓存，即 L1 Cache 和 L2 Cache。前者总是在 CPU 中，一般为 16KB，用来把已解码指令送到 CPU 执行。后者为几 MB，存放最近用过的内存字。

第三层是内存（或称为主存），它是存储器系统的主力，也称为 RAM（随机存取存储器）。CPU 可以直接存取内存及寄存器和 Cache 中的信息，但不能直接存取磁盘上的数据。因此，机器执行的指令及所用的数据必须预先存放在内存、Cache 和寄存器中。然而，内存中存放的信息是易失的，当机器电源被关闭后，内存中的信息就全部丢失了。为解决易失性问题，很多计算机提供了非易失随机存取存储器，如 ROM（Read Only Memory，只读存储器）、EEPROM（Electrically Erasable PROM）和闪存（Flash Memory）等，但它们的容量相对较小。

底层是磁盘（即硬盘），称为辅助存储器（简称辅存或外存）。磁盘是机械装置，磁头是可以移动的，所以磁盘数据的存取速度低于内存存取速度，但是容量比内存大很多，现在常用的磁盘容量为 1～4 TB。磁盘可以永久保留数据，是对内存的扩展，很多计算机系统利用磁盘提供虚拟内存机制。

除了上面介绍的存储器，在实际应用中还有其他存储器，如磁带、软盘、光盘（CD-ROM）、U 盘、移动硬盘等。

1.1.3　I/O 设备

I/O（Input/Output，输入/输出）设备是人机交互的工具，通常由控制器和设备本身组成。

控制器是 I/O 设备的电子部分，协调和控制一台或多台 I/O 设备的操作，实现设备操作与整个系统操作的同步。控制器往往以印制电路卡的形式插入小型机和微型机。控制器可以管理 2 台、4 台甚至 8 台设备。设备控制器本身有一些缓冲区和一组专用寄存器，负责在外部设备与本地缓冲区之间传输数据。

设备本身的对外接口相当简单，并且一般被标准化了，如 SATA（Serial ATA）磁盘控制器可以管理任一种 SATA 磁盘，IDE 磁盘控制器可以管理任一种 IDE 磁盘等。实际上，设备接口隐藏在控制器中。因而，操作系统总是与控制器打交道，而不是与设备直接作用。

设备的种类很多，因而设备控制器的类别也很多，这就需要不同的软件来控制它们。这些向控制器发布命令并接收其回答信息的软件就是设备驱动程序。不同操作系统的不同控制器分别对应不同的设备驱动程序。在各操作系统中，设备驱动程序的代码量通常占很大比重。驱动程序其实可以在核心之外运行，但当前只有个别系统这样做，如 MINIX 3 系统。而绝大多数系统把它们放在操作系统中，属于内核程序，在核心方式下运行。

1.1.4　总线

图 1-1 中的结构在小型计算机上使用了多年，但随着处理器和存储器速度的快速提升，单总线结构严重影响了信息传输流量，多总线结构应运而生。按照总线传送的信息所起的作用，系统总线基本上分为如下三类。

① 数据总线：计算机各部件之间传输数据的通道，其宽度随字长而定。如 32 位结构的数

据总线应是 32 根。数据总线是双向总线，即两个方向都能传输数据。

② 地址总线：从 CPU 送来地址的地址线，可以是存储器的地址，也可以是 I/O 设备控制器中控制寄存器或数据寄存器的地址。

③ 控制总线：其中的信号是各模块之间传输数据时所需的全部控制信号。

在系统中有多个设备要向总线发信号时，在传送数据之前，先要监听总线是否有空闲，空闲时才能占用总线，使用之后要释放总线。

实际系统的总线不止这三类，如大型 x86 系统有高速缓存、存储器、PCI（Peripheral Component Interconnect）、PCIe（PCI express）、USB、SATA 和 DMI 等。这些总线各有不同的传输速率和功能。操作系统必须知道它们的全部信息，以便进行配置和管理。

1.2　什么是操作系统

计算机在开始使用前要安装操作系统，如 Windows 7/10、UNIX、Linux 等。但什么是操作系统呢？至今尚未形成一个统一的标准化定义，一方面，由于操作系统要实现两项相对独立的功能——扩展机器和管理资源，另一方面，取决于从什么角度来看待操作系统——用户观点还是系统观点。

1.2.1　操作系统的概念

1．操作系统作为扩展机器

裸机（即仅有硬件的计算机）都有自己的指令集，机器语言编程难记、难用又难懂，尤其对于输入/输出操作而言，更是烦琐冗长。例如，早期介绍与磁盘接口的说明书就有几百页。显然，大多程序员不愿意在这种环境下编程，这严重制约了计算机技术的发展。

在裸机之上安装操作系统后，硬件细节与用户进行了分离，起到用户与计算机硬件之间接口的作用。用户可以使用系统提供的各种命令，如直接打开文件、读/写文件、更改目录、将文件复制到 U 盘上等，上述操作借助操作系统将磁盘抽象成文件。在做这些事情时，我们只关心自己要实现的目标，并未考虑硬件如何动作，从而隐藏了底层硬件的特性，实现简单的、高度抽象的处理，即实现了将物理计算机虚拟化。

经过操作系统的加工，呈现在用户面前的计算机是功能更强、使用更方便的机器。通常，裸机之上覆盖各种软件从而形成功能更强的计算机被称为扩展机器或虚拟机。可见，将资源虚拟化是操作系统管理资源的精妙之处。这种功能扩展可以重叠。在裸机之上覆盖一层软件后，得到第一层扩展；在此基础上再加一层软件，就得到第二层扩展，以此类推。

2．操作系统作为资源管理器

操作系统为用户提供方便的接口，使计算机的应用更加容易。这是一种自顶向下的观点。另一种观点是自底向上，即考察操作系统如何管理一个复杂系统的各部分。如上所述，现代计算机由处理器、内存、时钟、磁盘、鼠标、网络接口、打印机及各种其他设备组成。操作系统的功能是管理这些硬件资源和数据、程序等软件资源，控制、协调各程序对这些资源的利用，尽可能地充分发挥各种资源的作用。

设想一下：当多个程序都想在系统中运行时，如何为它们分配内存？何时调度哪个程序在 CPU 上执行？要打开某个文件时，怎样到磁盘中查找？多个用户都要在同一台打印机上输出计算结果时，如何解决彼此的竞争问题？诸如此类的资源分配、管理、保护和程序活动的调度、协调种种事项都需要操作系统负责。因此，作为资源管理者，操作系统主要做以下工作：① 监视各种资源，随时记录它们的状态；② 实施某种策略，以决定谁获得资源，何时获得，获得多少；③ 分配资源供需求者使用；④ 回收资源，以便再分配。

资源管理包含资源复用（或共享），分为时间复用和空间复用两种。

时间复用的一个例子是 CPU 的轮流使用，即多个程序在同一个 CPU 上分时运行：第一个程序在 CPU 上运行一小段时间，然后退下来，让第二个程序运行；接着第二个程序退下来，让第三个程序运行……轮转一圈后，再让第一个程序继续运行，以此类推，直至程序完成。

另一种复用是空间复用，不是轮流占用，而是每个客户只占用部分资源。例如，若干程序同时存放在内存中，每个程序只占用部分内存。另外，硬盘也是空间复用的资源。

总之，操作系统确实是计算机系统的资源管理器。当今看待操作系统作用的众多观点中，这种观点仍占主导地位。

3．操作系统的用户观点和系统观点

操作系统处于用户与计算机硬件系统之间，为用户提供使用计算机系统的接口。因此，从计算机用户的角度来看，操作系统应有以下功效：界面简洁、规范，操作舒适、方便；容易学习和应用；功能强大，工具丰富，利于程序开发；效率高，响应速度快，处理事务及时；系统安全可靠，易于安装和维护；等等，当然价格应该便宜。这些看法反映了普通用户对操作系统的需求和期望，是从系统外部看待操作系统的作用。

另一种观点是系统观点，从系统内部实现的角度来看待操作系统的作用。操作系统是硬件之上的第一层软件，要管理计算机系统中各种硬件资源和软件资源的分配问题，如 CPU 调度、内存空间分配、文件存储空间访问、I/O 设备操作、网络连接、并发活动的协调等，要解决大量对资源请求的冲突问题，决定把资源分配给谁、何时分配、分配多少等，使得资源的利用高效而且公平。这样，操作系统就是资源分配者。

另外，操作系统要对 I/O 设备和用户程序加以控制，保证设备正常工作，防止非法操作，及时诊断设备的故障等。从这个意义上，操作系统就是控制程序。

操作系统实现了对计算机资源的抽象，如隐藏了对各种设备操作的细节，对文件实施按名存取等，既方便用户使用，也增强了系统功能。

还可以从其他角度来看待操作系统，如考察系统内众多实体活动过程的进程管理观点，这里不一一列举。

综上所述，以下几点有助于我们理解操作系统的定义。

① 操作系统是软件，而且是系统软件，即它由一整套程序组成。例如，UNIX 系统就是一个很大的程序，由上千个模块组成，有的模块负责内存分配，有的模块实现 CPU 管理，有的读文件等。程序中还使用了大量的表格、队列等数据结构。

② 操作系统的基本职能是控制和管理系统内各种资源，有效地组织多道程序的运行。想象一下用户编写的程序在计算机上执行的大致过程：程序以文件形式存放在磁盘上，运行前被

调入内存，然后在 CPU 上运行，产生的结果在屏幕上显示。这些工作都由操作系统完成。

③ 操作系统能有效地协调系统内各运行程序（即进程）彼此间的关系。如果对进程的活动不加约束，就会使系统出现混乱，如多个进程的输出结果混在一起，数据处理的结果不唯一，系统中某些空闲的资源无法得到利用等。为了保证系统中所有进程都能正常活动，使程序的执行具有可再现性，就必须提供进程同步机制。

④ 操作系统提供众多服务，方便用户使用，扩充硬件功能。例如，用户可以使用操作系统提供的上百条命令或者图形界面完成对文件、输入/输出、程序运行等方面的控制、管理工作；可以在一台机器上完成多项任务，甚至多人同时使用一台机器。

通常，可以这样定义操作系统：操作系统是控制和管理计算机系统内各种硬件和软件资源、有效地组织多道程序运行的系统软件（或程序集合），是用户与计算机之间的接口。

1.2.2 操作系统主要功能

从资源管理的角度，操作系统要对系统内所有的资源进行有效的管理，优化其使用。从用户的角度，操作系统应当使用方便。综合这些因素，操作系统的主要功能有以下 5 方面：存储管理、作业和进程管理、设备管理、文件管理和用户接口服务。

1. 存储管理

存储管理的主要功能包括：内存分配、地址映射、内存保护和内存扩充。

（1）内存分配

内存分配的主要任务是为每道程序分配一定的内存空间。为此，操作系统必须记录内存的使用情况，处理用户提出的申请，按照某种策略实施分配，接收系统或用户释放的内存空间。

由于内存是宝贵的系统资源，并且往往出现这种情况：用户程序和数据对内存需求量的总和大于实际内存可提供的使用空间，因此在制定分配策略时，应该考虑提高内存的利用率，减少内存浪费。

（2）地址映射

例如，我们在编写程序时并未考虑程序和数据放在内存的什么地方，在程序中设置变量、数组和函数等，只是为了实现这个程序所要完成的任务。源程序经过编译后，形成若干目标程序，各自的起始地址都是"0"（但它并不是实际内存的开头地址），各程序中用到的其他地址分别相对起始地址计算。这样，在多程序环境下，用户程序中涉及的相对地址与装入内存后实际占用的物理地址就不一样了。CPU 执行用户程序时，要从内存中取出指令或数据，为此必须把所用的相对地址（或称逻辑地址）转换成内存的物理地址。这就是操作系统的地址映射功能（需要有硬件支持）。

（3）内存保护

不同用户的程序都放在一个内存中，就必须保证它们在各自的内存空间中活动，不能相互干扰，更不能侵占操作系统的空间，为此必须建立内存保护机制。例如，设置两个界限寄存器，分别存放正在执行的程序在内存中的上界地址值和下界地址值。当程序运行时，所产生的每个访问内存的地址都要做合法性检查。也就是说，该地址必须大于或等于下界寄存器的值且小于上界寄存器的值，否则属于地址越界，将发生中断并且进行相应处理。

还要允许不同用户程序共享一些系统的或用户的程序。

（4）内存扩充

一个系统中内存容量是有限的，不能随意扩充其大小。然而，用户程序对内存的需求越来越大，很难完全满足用户的要求。这样就出现了各用户对内存"求大于供"的局面。怎么办？物理上按需扩充内存的办法往往并不妥当，实际上是采取逻辑扩充内存的办法，这就是虚拟存储技术。简单来说，就是把一个程序当前正在使用的部分（不是全体）放在内存，而其余部分放在磁盘上。在这种"程序部分装入内存"的情况下，启动并执行它。以后根据程序执行时的要求和内存当时使用的情况，随机地将所需部分调入内存；必要时，还要把已分出去的内存回收，供其他程序使用（即内存置换）。

2. 作业和进程管理

操作系统中有两个重要概念，即作业和进程。简言之，用户的计算任务称为作业（见 1.4.1 节），程序的执行过程称为进程（见 2.1.2 节）。传统意义上，进程是分配资源和在处理机上运行的基本单位。计算机系统中最重要的资源是 CPU，对它管理的优劣直接影响整个系统的性能。所以，作业和进程管理的基本功能包括：作业和进程调度、进程控制和进程通信。

（1）作业和进程调度

一个作业通常经过两级调度才得以在 CPU 上执行。首先是作业调度，选中的一批作业放入内存，并分配其他必要资源，为这些作业建立相应的进程。然后进程调度按一定的算法从就绪进程中选出一个合适进程，使之在 CPU 上运行。

（2）进程控制

进程是系统中活动的实体。进程控制包括创建进程、撤销进程、封锁进程、唤醒进程等。

（3）进程通信

多个进程在活动过程中彼此间会发生相互依赖或者相互制约的关系。为保证系统中所有进程都能正常活动，就必须设置进程同步机制，分为同步方式和互斥方式。

相互合作的进程之间往往需要交换信息，为此系统要提供通信机制。

现代计算机系统又引进了线程概念。一个进程可以拥有多个线程，每个线程是一个调度和独立运行的单位（见 2.4 节）。

3. 设备管理

只要使用计算机，就离不开设备：用键盘输入数据、用鼠标操作窗口、在打印机上输出结果等。设备的分配和驱动由操作系统负责，即设备管理的主要功能包括：缓冲区管理，设备分配，设备驱动和设备无关性。

（1）缓冲区管理

缓冲区管理的目的是解决 CPU 和外设速度不匹配的矛盾，使它们充分并行工作，提高各自的利用率。

（2）设备分配

根据用户的 I/O 请求和相应的分配策略，为该用户分配外部设备、通道和控制器等。

（3）设备驱动

实现 CPU 与通道和外设之间的通信。由 CPU 向通道发出 I/O 指令，后者驱动相应设备进行 I/O 操作。I/O 任务完成后，通道向 CPU 发出中断信号，由相应的中断处理程序进行处理。

（4）设备无关性

设备无关性，又称为设备独立性，即用户编写的程序与实际使用的物理设备无关，由操作系统把用户程序中使用的逻辑设备映射到物理设备。

4．文件管理

文件管理功能包括：文件存储空间的管理，文件操作的一般管理，目录管理，文件的读/写管理和存取控制。

（1）文件存储空间的管理

系统文件和用户文件都要放在磁盘上，为此需要由文件系统对所有文件以及文件的存储空间进行统一管理：为新文件分配必要的外存空间，回收释放的文件空间，提高外存的利用率。

（2）文件操作的一般管理

文件操作的一般管理包括文件的创建、删除、打开、关闭等。

（3）目录管理

目录管理包括目录文件的组织、实现用户对文件的"按名存取"，以及目录的快速查询和文件共享等。

（4）文件的读/写管理和存取控制

根据用户的请求，从外存中读取数据或者将数据写入外存。为了保证文件信息的安全性，防止未授权用户的存取或破坏，对各文件（包括目录文件）进行存取控制。

5．用户接口服务

使用计算机时，用户需要用到操作系统提供的用户接口。通过这些接口，操作系统对外提供多种服务，使得用户可以方便、有效地使用计算机硬件和运行自己的程序，使软件开发工作变得容易、高效。当然，各操作系统所提供的服务并不完全相同，但有些是相同的。现代操作系统通常向用户提供如下接口：程序接口和用户接口（通常包括命令行接口和图形用户接口两种形式），如图1-3所示。

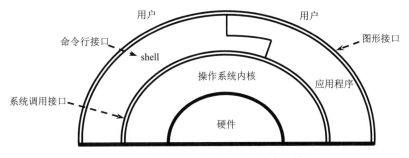

图1-3　操作系统三种接口在系统中的位置

（1）程序接口

程序接口，也称为系统调用接口。系统调用是操作系统内核与用户程序、应用程序之间的接口，它位于操作系统核心层的最外层。在 UNIX/Linux 系统上，系统调用以 C 语言函数的形式出现。所有内核之外的程序必须经由系统调用才能获得操作系统的服务。系统调用只能在程序中使用，不能直接作为命令在终端上输入和执行。由于系统调用能够改变处理机的执行状态，从用户态变为核心态，直接进入内核执行，所以其执行效率很高。用户在自己的程序中使用系统调用，从而获取系统提供的众多基层服务。系统调用执行完成后，需要返回到用户态，如图1-4所示。

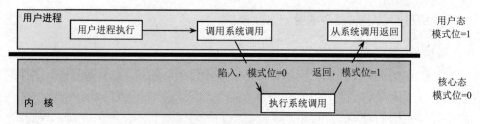

图 1-4　系统调用引起的从用户态到核心态的转变

（2）用户接口

用户接口（User Interface，UI），又称为人机界面，是计算机（经由操作系统）与用户直接交互作用的界面。几乎所有的操作系统都有用户接口。用户接口有多种，最常用的是命令行接口（Command-Line Interface，CLI）和图形用户接口（Graphical User Interface，GUI）。用户接口程序是在用户空间运行的。

① 命令行接口：在提示符后用户从键盘上输入命令，命令解释程序接收并解释这些命令，然后把它们传递给操作系统内部的程序，执行相应的功能。在 UNIX/Linux 系统中称其为 shell。例如，在 Linux 系统中，输入如下命令：

```
$ date
```

在屏幕上会显示系统当前的日期和时间。其中，"$ "是系统提示符（由字符"$"和一个空格组成）。用户可以修改提示符。

② 图形用户接口：通常称为图形用户界面（简称图形界面）。用户利用鼠标、窗口、菜单、图标等图形用户界面工具，可以直观、方便、有效地使用系统服务和各种应用程序及实用工具。

注意，图 1-3 所示的系统调用及其下面的程序实现了操作系统的基本功能，它们是系统程序，在核心态下运行。狭义上，"操作系统"的概念仅限于操作系统内核这部分。然而，实际使用的操作系统——无论是 Windows、UNIX 还是 Linux——都提供了命令行接口和图形界面，但是这两部分程序是在用户空间运行的系统软件，不属于操作系统内核，它们是为方便用户应用而对操作系统核心功能的扩展。

1.2.3　操作系统的地位

如上所述，计算机系统主要由硬件和软件两大部分组成。硬件是指计算机物理装置本身，如处理器，内存及各种设备等；软件是相对硬件而言的，是与数据处理系统的操作有关的计算机程序、过程、规则和相关的文档资料的总称。如 Windows 10、UNIX、Linux 和 Word、IE 等都属于软件范畴。简单地说，软件就是计算机执行的程序。

按照所起的作用和需要的运行环境，软件通常可分为三大类，即应用软件、支撑软件和系统软件。（注：也有人将支撑软件并入应用软件范围。）

应用软件是为用户解决某一类应用需要或某个特定问题而研究开发出来的软件。它可以是一个特定的程序，如图形软件（Adobe Photoshop、光影魔术手、抓图软件等）、文字处理软件（Office Word、WPS 文字等）、财务软件（如用友、金蝶等）等；也可以是一组功能联系紧密、互相协作的程序的集合，如微软公司的 Office 办公软件、中望公司的 All-in-One 一体化解决方案、RedHat 公司的 RPM 软件包管理工具等。与系统软件相反，不同的应用软件根据用户和所服务的领域提供不同的功能。这是范围很广的一类软件。

支撑软件是辅助软件技术人员从事软件开发和维护工作的软件，即：提供应用软件设计、开发、测试、评估、运行检测等辅助功能，又称为工具软件或软件开发环境，如 IBM 公司的 Web Sphere、微软公司的 Studio.NET 等。随着计算机应用的发展，软件的编制和维护在整个计算机系统中所占的比重已远远超过硬件。支撑软件可以提高软件的生产效率，保证软件的正确性、可靠性和维护性。所以，支撑软件在软件开发中占有重要地位。

系统软件是对计算机系统的硬软件资源进行控制、管理，并为用户使用和其他程序的运行提供服务的一类软件。系统软件为计算机使用提供最基本的功能，但是并不针对某一特定应用领域。在计算机系统中，系统软件最靠近硬件，其他软件一般通过系统软件发挥作用。系统软件包括操作系统（如 Windows 10、Linux 等）、编译程序（如 C/C++、Java 语言编译程序等）、汇编程序（如 MASM、NASM 等）、连接装配程序（如 Loader）、数据库管理系统（如 SQL Server 2000、Oracle）等。在任何计算机系统的设计中，系统软件都要予以优先考虑。

计算机系统中的硬件和软件是按层次结构组织的，如图 1-5 所示。操作系统是裸机之上的第 1 层软件，只在核心态模式下运行，受硬件保护，与硬件关系尤为密切。操作系统不仅对硬件资源直接实施控制、管理，其很多功能的完成也是与硬件动作配合起来实现的，如中断系统。操作系统的运行要有良好的硬件环境，这种环境往往被称为计算机硬件平台（Platform）。

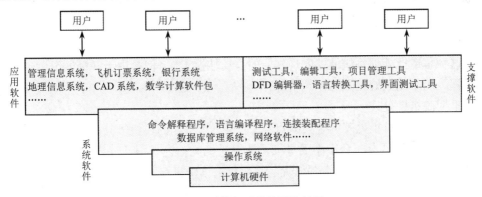

图 1-5　计算机系统的层次关系

操作系统是整个计算机系统的控制管理中心，其他所有软件都建立在操作系统之上。操作系统对它们既具有支配权力，又为其运行建造必备环境。因此，在裸机上每加一层软件后，用户看到的就是一台功能更强的机器，通常把经过软件扩充功能后的机器称为"虚拟机"。在裸机上安装操作系统后，就为其他软件和用户提供了工作环境，这种工作环境被称为软件平台。

1.3　操作系统的发展历程

1.3.1　操作系统的形成

在计算机初始时期，硬件技术处于起步阶段。此时操作系统并未形成，软件概念还不明确。随着硬件技术的发展，促进了软件概念的形成，也推动了操作系统的形成和发展。反过来，软件的发展也促进了硬件的发展。

1．手工操作阶段

从 1946 年诞生世界上第一台计算机起，到 20 世纪 50 年代中期，计算机处于第一代——电子管时代。此时计算机系统只由硬件和应用程序组成，没有操作系统。利用这样的计算机解题，程序员直接与计算机硬件打交道，只能采用手工方式操作。这种过程需要很多人工干预，就形成了手工操作慢而 CPU 处理快的矛盾。所以，这种工作方式有严重的缺点：一是资源浪费，二是使用不便。

2．早期批处理阶段

为了解决人工干预的问题，必须缩短建立作业（即用户的一个计算任务）和人工操作的时间。人们首先提出从一个作业转到下一个作业的自动转换方式，从而出现了早期的批处理方式。完成作业自动转换工作的程序称为监督程序，它是最早的操作系统雏形。

早期的批处理分为早期联机批处理和早期脱机批处理两种。

（1）早期联机批处理

在这种系统中，操作员有选择地把若干作业合为一批，由监督程序把它们输入磁带，之后在监督程序的控制下，使这批作业一个接一个地连续执行。即第一个作业全部完成后，监督程序自动调入该批的第二个作业；并且重复此过程，直至该批作业全部完成，再把下一批作业输入磁带。在这样的系统中，作业处理是成批进行的，并且在内存中总是只保留一道作业（故名单道批处理）。同时，作业的输入、调入内存和结果输出都在 CPU 直接控制下进行。

虽然这种单道批处理系统能够实现作业的自动转换工作，但是由于联机操作，影响了 CPU 速度的发挥，仍不能很好地利用系统资源。

（2）早期脱机批处理

为了克服早期联机批处理的主要缺点，人们引进了早期的脱机批处理系统。这种方式的明显特征是在主机之外另设一台小型卫星机，该卫星机又称为外围计算机，它不与主机直接连接，只与外部设备打交道。其工作过程是：卫星机把读卡机上的作业逐个地送到输入带；主机只负责把作业从输入带上调入内存并运行它，作业完成后，主机把计算结果和记账信息记录到输出带上；卫星机负责把输出带上的信息读出来，交给打印机打印，如图 1-6 所示。

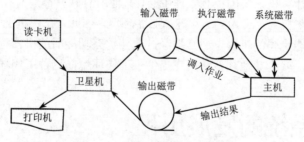

图 1-6　早期的脱机批处理模型

卫星机专门负责输入/输出工作，主机专门完成快速计算任务，从而二者可以并行操作。由于 I/O 不受主机直接控制，因此称为"脱机"批处理。

早期批处理系统是在解决人机矛盾和 CPU 与 I/O 设备速率不匹配这一矛盾的过程中发展起来的。它的出现也促进了软件的发展，出现了监督程序、汇编程序、编译程序、装配程序等。

3．多道批处理系统

单道批处理系统中只有一道作业在内存，因此系统资源的利用率仍不高。为了提高资源利用率和系统吞吐量，20世纪60年代中期引入了多道程序设计技术，形成多道批处理系统。

多道程序设计的基本思想是在内存中同时存放多道程序，在管理程序的控制下交替地执行。这些作业共享CPU和系统中的其他资源。图1-7(a)为单道程序运行情况，粗线表示CPU工作，细线表示设备工作；图1-7(b)为多道（两道）程序运行情况，用不同粗线表示程序A、B和监督程序在CPU上工作，细线表示磁盘操作，点画线表示磁带操作。

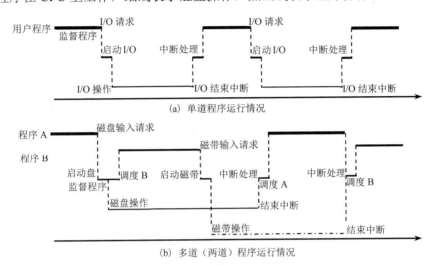

(a) 单道程序运行情况

(b) 多道（两道）程序运行情况

图1-7　单道和多道程序运行情况

由图1-7可见，在两道程序运行时，可出现以下过程：

① 当程序A请求磁盘输入时，程序A停止运行；系统（即监督程序）运行，启动磁盘设备进行输入，且把CPU转给程序B。在此情况下，程序A利用磁盘设备进行输入，程序B在CPU上执行计算任务。

② 程序B请求磁带输入，程序B停止运行；监督程序运行，启动磁带设备进行输入。在此情况下，磁盘设备和磁带设备都在工作，而CPU处于空闲状态。

③ 程序A请求的磁盘输入工作完成，发I/O，结束中断；监督程序运行，进行中断处理，调度程序A运行。此后，程序A在CPU上执行计算任务，程序B利用磁带设备进行输入。

④ 当程序A完成工作后，让出CPU，监督程序运行，它又调度程序B运行。

可以看出，程序A和程序B可以交替运行，如果安排合适，就使CPU总保持忙碌状态，而I/O设备也可满负荷工作。多道程序的这种交替运行称为并发执行。（严格地讲，程序不能并发执行，必须经由进程实现。有关进程概念见第2章。）

与单道程序运行情况相比，两道程序运行的情况下，系统资源（CPU、内存、设备等）利用率提高了，系统吞吐量（即在一段给定的时间内，计算机能完成的总工作量）也增加了。

由一道程序执行到两道程序执行产生了"质"的飞跃，而由两道程序到更多道程序执行却仅仅是"量"的变化。

在多道批处理系统中，由于多道程序可以并发执行，要共享系统资源，又要保证它们协调地工作，因此系统管理变得很复杂。多道批处理必须解决一系列问题，包括：内存的分配和保护问题，处理机的调度和作业的合理搭配问题，I/O 设备的共享和方便使用问题，文件的存放和读/写操作及安全性问题等。处理这些问题正是操作系统所应具备的基本功能。

1.3.2　操作系统的发展

多道批处理系统缺少人机交互能力，因此用户使用不便。为了解决这个问题，人们开发出分时系统。在分时系统中，一台主机可以连接几台乃至上百台终端，每个用户可以通过终端与主机交互作用，方便地编辑和调试自己的程序，向系统发出各种控制命令，请求完成某项工作；系统完成用户提出的要求，输出计算结果及出错、告警、提示等必要的信息。

为了满足某些应用领域内对实时（表示"及时"或"即时"）处理的需求，人们开发出实时系统。实时系统具有专用性，不同的实时系统用于不同的应用领域，有三种典型的应用形式，即过程控制系统（如工业生产自动控制、卫星发射自动控制）、信息查询系统（如仓库管理系统、图书资料查询系统）和事务处理系统（如飞机订票系统、银行管理系统）。

与分时系统相比，实时系统具有更高的可靠性和更严格的及时性。

近年来，个人计算机系统、多处理器操作系统、网络操作系统、嵌入式系统、分布式系统和云计算系统等纷纷出现。随着硬件技术的飞速发展和应用领域的急剧扩充，操作系统的种类越来越多，而且功能更加强大，给广大用户提供了更为舒适的应用环境。

1.3.3　推动操作系统发展的动力

操作系统从形成至今，其性能、规模、应用等方面都取得飞速发展。推动操作系统发展的因素很多，主要可归结为硬件技术更新和应用需求扩大两大方面。

1．硬件技术更新

伴随计算机器件的更新换代——从电子管到晶体管、集成电路、大规模集成电路，直至当今的超大规模集成电路，计算机系统的性能得到快速提高，也促使操作系统的性能和结构有了显著提高。从没有软件，到早期的监督程序、执行程序，发展成多道批处理系统、分时系统、实时系统等。计算机体系结构的发展——从单处理器系统到多处理器系统，从指令串行结构到流水线结构、超级标量结构，从单总线到多总线应用等，这些发展有力地推动了操作系统的更大发展，如从单 CPU 操作系统发展到对称多处理器系统（SMP），从主机系统发展到个人计算机系统，从单独自治系统到网络操作系统、分布式系统和云计算系统等。此外，硬件成本的下降也极大地推动了计算机技术的应用推广和普及。

2．应用需求扩大

应用需求促进了计算机技术的发展，也促进了操作系统的不断更新升级。为了充分利用计算机系统内的各种宝贵资源，开发了早期的批处理系统；为了方便多个用户同时上机、实现友好的人机交互，开发了分时系统；为了实时地对特定任务进行可靠的处理，开发了实时系统；为了实现远程的信息交换和资源共享，开发了网络系统和分布式系统；为了在大数据时代，实现"一切皆服务"的理念，开发了云计算系统等。在信息时代，信息处理离不开计算机，也就离不开操作系统这个软件平台。

对操作系统需求的变化越来越迫切，不但要对现有的体系结构进行修改和增强，而且构建操作系统要有新的方法和设计元素，如微内核体系结构、多线程、对称多处理、分布式操作系统和面向对象设计等方面的工作都正在得到深入研究和积极推广。可以预见，操作系统将会以更快的速度更新换代。

1.4 操作系统类型

根据操作系统具备的功能、特征、规模和提供的应用环境等方面的差别，操作系统可以分为不同类型，即批处理系统、分时系统、实时系统、网络系统和分布式系统。如上所述，实际应用的操作系统不止这些，还有个人计算机系统、多处理器系统、嵌入式系统、云计算系统等。

1.4.1 批处理系统

早期的计算机操作系统大多数是批处理系统（Batch System），如 IBM FMS（Fortran Monitor System）、IBSYS、OS/360/370/4300 等，这些都是当时的大型机。在这种系统中，用户的计算任务按照"作业（Job）"进行管理。

1. 作业

所谓作业，是用户在一次算题过程中或一个事务处理中要求计算机系统完成的一系列工作的集合，通常包括一组计算机程序、数据和一系列控制作业执行的语句。作业控制语句是用作业控制语言（Job Control Language，JCL）书写的。由作业控制语句组成的一段描述性程序称为作业说明书，它标识一个作业的存在，描述对操作系统的需求。在早期的批处理系统中，作业控制语句由若干作业控制卡输入计算机，如图 1-8 所示，控制计算机系统执行相应的动作。例如，第一张是 $JOB 卡，表示作业名称和预计需要的最少的运行时间；随后的卡调用编译程序对源程序进行编译，调用装配程序对目标代码进行连接装入，运行可执行代码，对可能的错误按指定方式进行处理；最后是 $END 卡，表示该作业结束等。

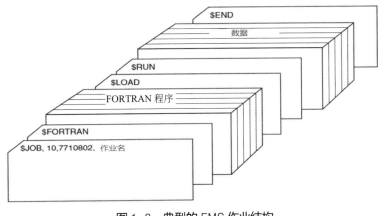

图 1-8 典型的 FMS 作业结构

逻辑上，一个作业可由若干有序的步骤组成。由作业控制语句明确标识的计算机程序的执行过程称为作业步。也就是说，一个作业可以由若干作业步组成，如编译作业步、装配作业步、运行作业步、出错处理作业步等。

2．工作流程

多道批处理系统中的作业流程如图1-9所示。

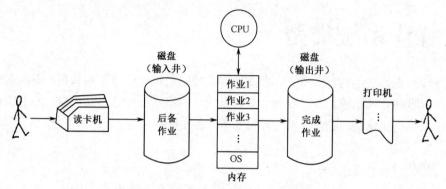

图1-9　多道批处理系统中的作业流程

① 操作员把用户提交的作业卡片放到读卡机上，通过SPOOLing（Simultaneous Peripheral Operation On Line，同时外围联机操作）输入程序，及时把这些作业送入直接存取的后援存储器（如磁盘）。

② 作业调度程序根据系统的当时情况和各后备作业的特点，按一定的调度原则，选择一个或几个搭配得当的作业装入内存准备运行。

③ 内存中多个作业交替执行，当某作业完成时，系统把该作业的计算结果交给SPOOLing输出程序，由它送到输出井中，排队准备打印，并回收该作业的全部资源。

④ 打印机依次从打印队列中取出相应作业的输出结果，进行打印。随后用户取走结果。

重复上述步骤，各作业一个接一个地流入系统，经过处理后又顺序地退出系统，形成一个源源不断的作业流。

3．特点

多道批处理系统有两个特点：一是"多道"，二是"成批"。

"多道"是指内存中存放多个准备运行的作业，并且在外存上存放大量的后备作业。调入内存的作业在管理程序的控制下交替地执行，即在一段时间内看，它们都在计算机系统内运行。这种系统的调度原则相当灵活，从而充分发挥系统资源的利用率，增加系统的吞吐量。

"成批"是指系统从后备作业中选择一批搭配合理的作业调入内存，以备运行，而在系统运行过程中不允许用户和机器之间发生交互作用。也就是说，用户一旦把作业提交系统，就不能直接干预该作业的运行了，直至作业运行完毕，才能根据输出结果去分析它的运行情况，确定下次上机任务。因此，用户必须针对作业运行中可能出现的种种情况，在作业说明书中事先规定好相应的措施。

批处理系统的主要优点是：① 系统资源利用率高；② 系统吞吐量大。

但是，批处理系统也存在明显缺点：① 用户作业的等待时间长，往往要经过几十分钟、几小时，甚至几天；② 没有交互能力，用户无法干预自己作业的运行，如程序员调试自己的程序时会因一个小的失误也要往返多次，耗费大量时间，使用起来很不方便。

1.4.2 分时系统

针对批处理系统的上述问题，程序员希望独占机器，并且要求系统对他的操作很快做出响应，于是开发出了分时系统。分时系统让用户通过终端设备联机使用计算机，这是比早期的手工操作方式更高级的联机操作方式。

1．并行、并发和分时概念

如前所述，一个计算机系统中有多个物理部件，它们可以同时工作，如在某一时刻，可以是 CPU 正在运行程序、通道正在分派 I/O 任务、打印机正在打印文档、显示器正在输出计算结果、键盘在接收用户的指令等。这些动作在不同硬件上同时发生，这就是并行（Parallel）。同样，如果系统中有多个 CPU，就可以有多个程序分别在不同 CPU 上同时执行。两个或两个以上事件或活动在同一时间执行（微观上同时）的方式就称为并行。这些已经成为现代计算机系统的基本特征。并行执行的程序是按照各自独立的、异步方式进行的。

然而，在单 CPU 系统中无法真正实现多个程序的并行。为了在多道程序环境中提高资源利用率，往往采用多道程序分时共享硬件和软件资源的技术。分时就是对时间的共享。例如，与上面并行操作相应的有对内存访问的分时方式：CPU 与通道对内存访问的分时，通道与通道对 CPU 和内存的分时，同一个通道中的 I/O 设备对内存和通道的分时等。

在分时系统中，分时主要是指若干程序对 CPU 时间的共享，是通过系统软件实现的。分享的时间单位称为时间片，往往很短，如几十毫秒。这种分时的实现需要有中断机构和时钟系统的支持。时钟系统把 CPU 时间分成一个一个的时间片，操作系统轮流地把每个时间片分给各程序，每道程序一次只可运行一个时间片。当时间片计数结束后，产生一个时钟中断，控制转向操作系统；操作系统选择另一道程序并分给它时间片，让其投入运行；到达给定时间，再发中断，重新选程序（或作业）运行，如此反复。在这种环境下，一个程序还没有执行完，另一个程序就开始执行了。也就是说，它们在执行时间上可以相互重叠。

一组在逻辑上相互独立的程序或程序段在一段时间内（宏观上同时）在同一 CPU 上执行的方式就称为并发（Concurrent）。可见，分时系统中利用并发机制实现了一个物理 CPU（也可以是多个物理 CPU）在若干道程序之间的多路复用。由于相对人们的感觉来说，时间片一般很短，往往在几秒钟内即可对用户的命令做出响应，使系统上的各用户都认为整个系统只为他自己服务，并未感觉到还有其他用户也在使用。这样，一台物理计算机就变成了多台虚拟机，同时为多个用户服务。

2．分时系统的特征和优点

分时系统（即分时操作系统，Time Sharing Operating System）的工作方式是：一台主机连接了若干终端，每个终端有一个用户在使用；用户交互式地向系统提出命令请求，系统接受每个用户的命令，采用时间片轮转方式处理服务请求，并通过交互方式在终端上向用户显示结果；用户根据上步结果发出下道命令。

一旦出现问题，用户可以随时输入相应命令，通过计算机进行修改或中止运行。用户大部分时间用在键盘操作、思考问题等方面，所以计算机为用户实际服务的时间仅占一小部分。

（1）分时系统的基本特征

① 同时性：若干用户可以同时上机使用计算机系统。

② 交互性：用户能够方便地与系统进行人机对话。

③ 独立性：各用户可以彼此独立地操作，互不干扰或破坏。

④ 及时性：用户能在很短时间内得到系统的响应。

（2）分时系统的优点

① 为用户提供友好的接口，即用户能在较短时间内得到响应，能以对话方式完成对程序的编写、调试、修改、运行和得到运算结果。

② 促进了计算机的普及应用，分时系统可带多台终端，同时为多个远近用户使用，这给教学和办公自动化提供了很大方便。

③ 便于资源共享和交换信息，为软件开发和工程设计提供良好的环境。

第一个通用的分时系统是麻省理工学院（MIT）开发的 CTSS（Compatible Time Sharing System，兼容分时系统），随后由 MIT 和贝尔实验室等合作推出了 MULTICS（MULTiplexed Information and Computing Service，多路复用信息与计算服务），后来陆续开发了多个分时系统，如广泛流行的 UNIX 系统和它的派生产品 FreeBSD、Linux、iOS、Android 等操作系统。

常见的通用操作系统是分时系统与批处理系统的结合。其原则是：分时优先，批处理在后。"前台"响应需频繁交互的作业，如终端的要求；"后台"处理时间性要求不强的作业。

1.4.3　实时系统

1．实时系统的引入

在计算机的很多应用领域内，要求对实时采样数据进行及时（立即）处理，做出相应的反应，如果超出限定的时间，就可能丢失信息或影响到下一批信息的处理。例如，在卫星发射过程中，必须对出现的各种情况立即进行分析、处理。这种系统是专用的，对实时响应的要求是批处理系统和分时系统无法满足的，于是引入了实时操作系统（Real Time Operating System），简称实时系统。

实时系统是指使计算机能及时响应外部事件的请求，在规定时间内完成对该事件的处理，并控制所有设备和任务协调一致工作的操作系统。实时系统将系统中各种设备有机地联系在一起，控制它们完成既定的任务。实时系统要追求的目标是：对外部请求在严格时间范围内做出反应，并有高可靠性和完整性。其主要特点是资源的分配和调度首先要考虑实时性，然后是效率，是与通用系统的显著差别。此外，实时系统应有较强的容错能力。

实时系统现在有三种典型应用，即过程控制系统、信息查询系统和事务处理系统。

（1）过程控制系统

计算机用于工业生产的自动控制，从被控过程中按时获得输入。例如，化学反应过程中的温度、压力、流量等数据，然后算出能够保持该过程正常进行的响应，并控制相应的执行机构去实施这种响应。如果测得温度高于正常值，就可降低供热用的电压，使温度下降。这种操作不断循环反复，使被控过程始终按预期要求工作。在飞机飞行、导弹发射过程中的自动控制也是如此。

（2）信息查询系统

信息查询系统的主要特点是配有大型文件系统或数据库，并具有向用户提供简单、方便、快速查询的能力，例如仓库管理系统和医护信息系统。当用户提出某种信息要求后，系统通过查找数据库获得有关信息，并立即回送给用户。整个响应过程应在相当短的时间内完成（如不超过1分钟）。

（3）事务处理系统

事务处理系统的特点是数据库中的数据随时都可能更新，用户与系统之间频繁地进行交互作用。其典型应用是飞机票预订和银行财务往来。事务处理系统不仅应有实时性，且当多个用户同时使用该系统时，还能避免用户相互冲突，使各用户感觉是单独使用该系统。

2. 实时系统与分时系统的差别

实时系统有时也涉及若干同时性用户，但与分时系统是有区别的。

（1）交互性

分时系统提供一种随时可供多个用户使用的、通用性很强的计算机系统，用户与系统之间具有较强的交互作用或会话能力；而实时系统的交互作用能力相对来说较差。一般，实时系统是具有特殊用途的专用系统，仅允许终端操作员访问数量有限的专用程序，即命令较简单；操作员不能书写程序或修改一组已存在的程序。

（2）实时性

分时系统对响应时间的要求是以人们能够接受的等待时间为依据的，其数量级通常规定为秒；而实时系统对响应时间一般有严格限制，是以控制过程或信息处理过程所能接受的延迟来确定的，其数量级可达毫秒甚至微秒级，事件处理必须在给定时限内完成，否则系统就失败。

（3）可靠性

虽然分时系统也要求系统可靠，但实时系统对可靠性的要求更高。因为实时系统控制、管理的目标往往是重要的经济、军事、商业目标，而且立即进行现场处理，任何差错都可能带来巨大的经济损失，甚至引发灾难性的政治后果。因此，在实时系统中必须采取相应的硬件和软件措施，提高系统的可靠性，如硬件往往采取双机工作方式，软件加入多种安全保护措施等。

3. 实现方式

实时系统的实现方式可分为硬实时系统和软实时系统两种。

（1）硬实时系统

硬实时系统（hard real-time system）保证关键任务按时完成。这样从恢复保存的数据所用的时间到操作系统完成任何请求所花费的时间都规定好了。这些对时间的严格约束，支配着系统中各设备的动作。因而，各种辅助存储器通常很少使用或不用，数据存放在短期存储器或ROM（只读存储器）中。另外，高级操作系统通常都具有把用户和硬件隔开的特性，从而使得操作的时间不确定。然而，硬实时系统不能有这些特性，如在这种系统中几乎从未使用虚拟存储器。硬实时系统不能与分时系统合在一起，因为没有一个现存的通用操作系统支持硬实时系统的功能。

（2）软实时系统

软实时系统（soft real-time system）对时间限制稍弱。在这种系统中，关键的实时任务比其他任务具有更高的优先权，且在相应任务完成前，它们一直保留给定的优先权。像硬实时系统，操作系统核心的延时要规定好，防止实时任务无限期地等待核心运行它。软实时系统可与其他类型的系统合在一起，如 UNIX 系统是分时系统，但可以具有实时功能。这样软实时系统在很多领域得以应用，如多媒体应用、虚拟现实及海底探险、星际漫游等高级科研项目。这些系统既需要实时功能，又需要高级操作系统具有的特性，后者在硬实时系统中得不到支持。

实时系统和现在的掌上系统、嵌入式系统在很多方面有共同之处，特别是采用软实时方式。

1.4.4　网络操作系统

信息时代离不开计算机网络，特别是 Internet 的广泛应用正在改变着人们的观念和社会生活的方方面面。每天有上百万人通过网络传递邮件、查阅资料、搜寻信息，以及网上订票、网上购物等。

虽然个人计算机系统大大推动了计算机的普及，但单台计算机的资源毕竟有限。为了实现异地计算机之间的数据通信和资源共享，可将分布在各处的计算机和终端设备通过数据通信系统联结在一起，构成一个系统，这就是计算机网络。计算机网络需要两大支柱——计算机技术和通信技术。计算机网络是这两大技术相互结合的产物。

1．计算机网络的特征

① 分布性。网上节点机可以位于不同地点，各自执行自己的任务。根据要求，一项大任务可划分为若干子任务，分别由不同的计算机执行。

② 自治性。网上的每台计算机都有自己的内存、I/O 设备和操作系统等，能够独立地完成自己承担的任务。网络系统中的各个资源之间多是松散耦合的，并且不具备整个系统统一任务调度的功能。

③ 互连性。利用互连网络把不同地点的资源（包括硬件资源和软件资源）在物理上和逻辑上连接在一起，在统一的网络操作系统控制下，实现网络通信和资源共享。

④ 可见性。计算机网络中的资源对用户是可见的。用户任务通常在本地计算机上运行，利用网络操作系统提供的服务可共享其他主机上的资源。所以，用户心目中的计算机网络是一个多机系统。

2．网络操作系统

计算机网络通常由多台计算机组成，其中一台或几台功能强的机器作为服务器，而其他计算机往往是单用户的工作站，称为客户机。服务器提供网络服务或应用服务，如文件存储、打印机管理等。在网络中，每台计算机都有自己的操作系统，即本地操作系统。本地操作系统完成本地资源的管理和服务功能。同一网络中，各计算机的本地操作系统可以相同，也可以不同。

计算机网络要有一个网络操作系统对整个网络实施管理，并为用户提供统一的、方便的网络接口。网络操作系统（Network Operating System）一般建立在各主机的本地操作系统基础上，其功能是实现网络通信、资源共享和保护，以及提供网络服务和网络接口等。这样，在网络操作系统的作用下，对用户屏蔽了各主机对同样资源所具有的不同存取方法。网络操作系统是用户（或用户程序）与本地操作系统之间的接口，网络用户只有通过它才能获得网络所提供的各种服务。所以，网络操作系统通常运行在服务器上，是基于计算机网络、在各种计算机操作系统上按网络体系结构协议标准开发的软件，包括网络管理、通信、安全、资源共享和各种网络应用。

目前，配置在信息系统上的网络操作系统主要是客户—服务器（Client/Server，C/S）模式。最有代表性的几种网络操作系统产品有：Sun 公司的 NFS，Novell 公司的 Netware，Microsoft 公司的 Windows NT Server，IBM 公司的 LAN Server，SCO 公司的 UnixWare，自由软件 Linux 等。

3．网络操作系统的特性

相对于本地操作系统来说，网络操作系统通常具有以下特性。

（1）接口一致性

网络操作系统要为共享资源提供一个一致的接口，不管其内部采用什么方法予以实现。这种一致性要求同样的资源具有同样的性质，也可要求具有同样的存取方法。例如，一个用户可用同一命令来存取本地文件或远程文件，对于设备可用一致的路径进行操作。

（2）资源透明性

在很多情况下，用户不必知道他的操作需要哪些资源的支持。实际上，网络操作系统能够实现对资源的最优选择，了解整个网络系统中共享资源的状态和使用情况，能够根据用户的要求自动做出选择。这样既能方便用户的使用，又能提高网络资源的利用率和网络的吞吐量。

（3）操作可靠性

网络操作系统利用硬件和软件资源在物理上分散的优点，实现可靠的操作，对全网的共享资源进行统一管理和调度。当某处资源出现故障不能使用时，可以分配另一处的同类资源完成用户请求。

（4）处理自主性

在网络系统中，通常在主机中除了装有单机操作系统，还配有网络操作系统。所以，网络操作系统是在各主机本地操作系统基础上的扩充，使之对所有主机提供一个通用接口。每台主机都具有独立处理能力。在各主机上的资源被认为是局部所有的，可以通过对局部站点的请求实现网络控制和对管理成员的干预。

（5）执行并行性

计算机网络中任何一个工作站或通信计算机都称为一个节点。网络操作系统不仅实现本机上多道程序的并发执行，还实现网络系统中各节点机上进程执行的真正并行。通过远程命令在相应的节点机上可以完成指定的任务，而在本机上同时执行其他操作。

1.4.5　分布式操作系统

除了网络系统外，多计算机系统还有分布式系统，把大量的计算机组织在一起，彼此通过高速网络进行连接。分布式系统有效地解决了地域分布很广的若干计算机系统间的资源共享、并行工作、信息传输和数据保护等问题，从而把计算机技术和应用推向一个新阶段（见第 10 章）。

分布式系统所涉及的问题远远多于以往的操作系统。归纳起来，它应具有以下 5 个特点：

① 透明性。要让每个用户觉得这种分布式系统就是老式的单 CPU 分时系统，最容易的办法是对用户隐藏系统内部的实现细节，如资源的物理位置、活动的迁移、并发控制、系统容错处理等。用户只需输入相应的命令就可以完成指定任务，不必了解对该命令的并行处理过程。

② 灵活性。根据用户需求和使用情况，可以方便地对系统进行修改或者扩充。

③ 可靠性。如果系统中某台计算机不能工作了，就由其他计算机做它的工作。可靠性包

括可用性（系统可供使用的时间）、安全性（文件和其他资源受到保护，防止未授权使用）和容错性（在一定限制内对故障的容忍程度）。

④ 高性能。分布式系统有很高的性能，不但执行速度快、响应及时、资源利用率高，而且网络通信能力强。

⑤ 可扩充性。分布式系统能根据使用环境和应用需要，方便地扩充或缩减其规模。

分布式系统有很多显著优点，也存在不足之处，包括：相对来说，现有的供分布式系统使用的软件很少（包括操作系统、编程语言和应用程序等），通信网络会出现饱和或者产生其他问题（如信息丢失），以及安全性问题（这是数据易于共享的反面）。

分布式操作系统（Distributed Operating System）是网络操作系统的更高形式，保持了网络操作系统的全部功能，还具有透明性、可靠性和高性能等。网络操作系统和分布式操作系统虽然都用于管理分布在不同地理位置的计算机，但最大的差别是：网络操作系统知道确切的网址，而分布式系统不知道计算机的确切地址；分布式操作系统负责整个的资源分配，能很好地隐藏系统内部的实现细节，如对象的物理位置等。这些对用户都是透明的。

1.4.6　其他操作系统

1．个人计算机系统

随着大规模集成电路的应用，推出了个人计算机。从体系结构上，个人计算机与小型计算机并无很大差别，但价格相差很多。由于个人计算机的普及，计算机进入百姓家庭，开创了计算机技术应用的新时代。

个人计算机操作系统（Personal Computer Operating System）往往也称为桌面操作系统，主要用于个人计算机。个人计算机市场从软件上主要分为两大类，即类 UNIX 操作系统和 Windows 操作系统：UNIX 和类 UNIX 操作系统主要有 Mac OS X、XENIX、UNIX S_V、Linux 发行版（如 Red Hat、Debian、Ubuntu、Linux Mint、openSUSE、Slackware、普华 Linux 等）；微软公司的 Windows 操作系统包括 Windows XP、Windows Vista、Windows 7、Windows 10 等。

根据支持的用户数目，现在流行的个人计算机运行着两类个人计算机操作系统：单用户操作系统和多用户操作系统。单用户操作系统主要有 MS-DOS、OS/2 和 Windows 操作系统系列。多用户操作系统最主要的是 UNIX 和类 UNIX 操作系统。

个人计算机系统具有界面友好、管理方便、性/价比高、适于普及等优点。

2．多处理器系统

多处理器系统（也称为并行系统或紧密耦合系统）有一个以上的处理器，它们共享总线、时钟、内存和外部设备。最常用的多处理器系统是对称多处理（Symmetric Multi-Processing，SMP）系统。系统中的每个处理器运行同一个操作系统（即多处理器操作系统，Multiprocessor Operating System）的副本，彼此通过共享内存实现通信。所有的处理器是对等的，没有主从之分。与此对应，有些系统采用非对称多处理器（ASymmetric Multi-Processing，ASMP）系统，其中每个处理器都指派专门任务：一个主处理器控制整个系统，其余处理器执行主处理器下达的指令或者执行预先规定好的任务。这是一种主从关系。

多处理器系统的优点如下。

① 增加吞吐量。多处理器并行工作会提高处理速度。但 N 个处理器所提高的速率不是原来的 N 倍，而是小于 N 倍。这是由于协调多个处理器并行工作时需要一定的开销。

② 提高性能/价格比。多处理器系统比多个单处理器系统更省钱，因为它们可以共享外部设备、大容量存储器和供电设施等。如果若干程序对同一组数据进行操作，那么把数据存放在一个硬盘上，让所有处理器共享，比多台计算机上各有自己的硬盘，每个硬盘上有一个数据副本的方式便宜得多。

③ 提高可靠性。如果把各功能适当地分配到几个处理器上，那么当一个处理器出现故障时，不会导致整个系统停止工作，只是执行速度放慢而已。例如有 10 个处理器，其中 1 个失效，那么剩余的 9 个仍可工作；但要共同分担那个失效处理器的工作，整个系统的速度降低10%。这种不管硬件失效而能继续执行的能力被称为适度劣化，为适度劣化而设计的系统也称为容错系统。

3．嵌入式系统

嵌入式系统是以应用为中心、以计算机技术为基础，软件/硬件可裁剪，适应应用系统对功能、可靠性、成本、体积、功耗严格要求的专用计算机系统。嵌入式系统是将先进的计算机技术、半导体技术和电子技术与各行业的具体应用相结合后的产物。嵌入式系统技术已被广泛应用于军事、工业控制系统、信息家电、通信设备、医疗仪器、智能仪器仪表等领域。

在计算机上运行的嵌入式操作系统（Embedded Operating System）所控制的设备往往不属于计算机范畴，如电视机、微波炉、手机、汽车、DVD 录音机、MP3 播放机等。嵌入式操作系统往往具有某些实时系统的特性，但在体积、内存容量及电源等方面受到限制，如它们的内存大多为 512 KB～8 MB。这要求操作系统和应用程序必须有效地管理内存，一旦分出去的内存不再使用，要全部回收。由于嵌入式系统一般不使用虚拟存储技术，迫使程序开发人员只能在有限的物理内存空间上做文章（详见第 9 章）。

4．云计算系统

如今已进入大数据时代，"云计算"正成为热门的术语。云计算秉承"一切皆服务"的理念，将包括网络、服务器、存储、应用软件、服务等资源并入可配置的计算资源共享池，用户按使用量付费，就像花钱买水买电那样，非常方便。

云计算是分布式计算（Distributed Computing）、并行计算（Parallel Computing）、网格计算（Grid Computing）、效用计算（Utility Computing）、虚拟化（Virtualization）、负载均衡（Load Balance）等传统计算机和网络技术发展融合的产物，或者说是它们的商业实现。

云计算操作系统（Cloud Computing Operating System）是以云计算、云存储技术作为支撑的操作系统，是云计算后台数据中心的整体管理运营系统，是指构架于服务器、存储、网络等基础硬件资源和单机操作系统、中间件、数据库等基础软件上的，管理海量的基础硬件和软件资源的云平台综合管理系统。

云计算操作系统通常包含大规模基础软硬件管理、虚拟计算管理、分布式文件系统、业务/资源调度管理、安全管理控制等模块（见第 10 章）。

1.5　操作系统的特征

世间一切事物都有个性，同一类事物又有共性。操作系统作为一类系统软件也有其基本特征，即并发、共享、异步性和抽象性。

1．并发

并发是指两个或多个活动在同一给定的时间间隔中进行。这是一个宏观的概念。在操作系统的统一管理下，系统中有多道程序在内存。在单 CPU 的环境下，这些程序交替地在 CPU 上执行。从一段时间看，各程序都向前推进了，即得到执行。为此，操作系统必须具备控制和管理各种并发活动的能力，建立活动实体，并且分配必要的资源。

2．共享

共享是指计算机系统中的资源被多个进程所共用。例如，多个进程同时占用内存，从而对内存共享；它们并发执行时对 CPU 进行共享；各进程在执行过程中提出对文件的读/写请求，从而对磁盘进行共享。此外，对系统中的设备及数据等也要共享。当然，为了保证进程能正常地活动，系统必须对共享资源实施有效的管理。

3．异步性

异步性（也称为不确定性）是指系统中各种事件发生顺序的不可预测性。这是多道程序系统中进程的并发性和资源共享所带来的必然结果。

在多道程序环境下，各进程的执行过程有着"走走停停"的性质。每个进程要完成自己的事情，又要与其他进程共享系统中的资源，彼此间会直接或间接地发生制约关系。它什么时候得以执行，在执行过程中是否被其他事情打断（如时钟中断、I/O 中断），向前推进的速度是快还是慢等都是不可预知的，要由进程执行时的现场所决定。在极端情况下，系统会出现死锁，即若干进程循环等待他方所占有的资源而造成的无限期地僵持下去的局面。为此，操作系统内部必须设立相应的机制，协调各项活动，诊断并处理可能出现的故障。

4．抽象性

抽象是管理复杂事物的关键，是把复杂事情简单化的有效方式。良好的抽象可以把一个难以管理的繁杂任务分为两个可管理的部分：一是有关抽象的定义和实现，二是应用这些抽象解决相关问题。操作系统管理系统中所有的硬件和软件资源，在实施过程中对它们进行高度抽象化，如 CPU 到进程的抽象、物理内存到地址空间（虚拟内存）的抽象，以及磁盘和 I/O 设备到文件的抽象等。程序员可以方便地利用操作系统提供的系统调用对文件进行读、写、增、删等操作，而不必考虑它们的类型、存放在何处、如何进行 I/O 等细节。可见，操作系统的实际客户是应用程序（当然是通过应用程序员），它们直接与操作系统及其抽象打交道。而终端用户是与用户接口所提供的抽象（如 shell 命令行或图形接口）打交道。

1.6　操作系统结构

操作系统作为资源管理程序，对各种硬件资源进行监督、调度、分配及回收等方面的管理，所以操作系统具有对硬件控制和管理的功能。另外，操作系统作为服务程序，通过系统调用或访管指令等接口为各种系统程序和应用程序提供很多服务功能。那么，操作系统内部结构是怎样的？或者说，操作系统作为一个大程序，由众多程序模块组成，它们按什么方式集合在一起？一般来说，操作系统结构设计有单体系统、层次式系统、微内核、虚拟机和客户—服务器系统等模式。

1.6.1 单体系统

　　单体系统是迄今为止多数操作系统采用的最常见的组织形式——整个操作系统作为一个大型的程序在核心态下运行。这种组织结构是面向过程的，整个操作系统是众多模块（过程）的集合体，每个过程都可自由地调用所需的任一其他过程，如图1-10所示。当然，系统中的每个过程都有定义好的接口，即输入的参数和返回值。为了构造操作系统的实际目标程序，要把所有单个的过程或者包含它们的文件进行编译，由连接程序把各目标代码连成统一的目标文件。这样，操作系统就成为一个大型的可执行的二进制程序，都在核心空间运行。

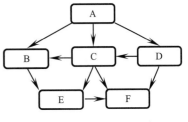

图1-10　模块调用示意

　　这些模块彼此直接联系，耦合紧密，所以实现的效率高、开销少。但是这种结构方式给操作系统设计者带来很多烦恼：几百甚至几千个模块聚在一起，系统的结构关系不清晰，很难理解，难以进行维护和修改；降低了系统的可靠性，模块间可能出现循环调用，这有很大的危险性；没有信息隐蔽的能力，各过程都是彼此可见的。

　　当然，即使在单体系统中，按照各程序模块的功能和调用关系，也可以将基本结构进行粗略层次划分，如图1-11所示：上面是主程序，它调用所需的服务过程；中间是一组服务过程，它们执行相应的系统调用；下面是一组实用过程，支持各服务过程，如从用户程序获取数据等。

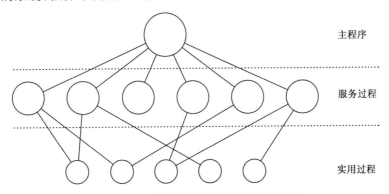

图1-11　简单分层的单体系统结构模型

　　如MS-DOS、UNIX、Linux核心都是采用带有简单分层思想的单体模式。这是因为开发这些系统时对体系结构缺乏良好定义，最初是由少数几个人设计实现的，一开始时系统的代码量很小，基本功能较简单，并且受到硬件平台条件的限制。随着普及应用的多种需求，开发商和设计人员投入大量财力和精力，对版本不断进行更新，使得系统的功能越来越强大，系统规模也越来越大。同时，系统结构发生了很大变化，出现层次划分。例如，现代Linux系统可分为三层：靠近硬件的底层是内核，即 Linux 操作系统常驻内存部分，核心外的中间层是 shell 层，最高层是应用层。整个 Linux 操作系统由以 main() 为主函数的庞大的内核程序模块组成，分别处于不同的位置，但仍是紧密耦合的。

1.6.2　层次式系统

图 1-11 这种初步分层形式的进化就是层次式系统。层次式操作系统的设计思想是：按照操作系统各模块的功能和相互依存关系，把系统中的模块分为若干层，其中每层模块（除底层之外）都建立在其下层的基础上。因而，每层模块只能调用它下层中的模块，而不能调用其上层中的模块。

第一个按这种方式构造的操作系统是 THE 系统，它是 1968 年由 E.W.Dijkstra 和他的学生们建造的，分为 6 层。

第 0 层，处理机分配和多道程序环境：负责处理机分配，当发生中断和出现时间到时事件时进行进程切换，提供基本的多道程序环境。

第 1 层，内存和磁鼓管理：执行内存和磁鼓的管理，为进程分配内存空间和磁鼓的空间。

第 2 层，操作员 – 进程通信：处理每个进程和操作员控制台之间的通信。

第 3 层，输入/输出管理：进行输入/输出管理，管理 I/O 设备，对信息流缓冲。

第 4 层，用户程序层。

第 5 层，系统操作员进程层。

这种分层的概念后来在 MULTICS 系统中体现出来，但不是"层"，而是一系列同心环，且内层环（也称为内环）比外层环（也称为外环）有更多的权力。当外环中的过程想调用内环过程时，它必须执行一条等价于系统调用的 TRAP 指令。这种环机制的优点是易于扩充用户子系统。例如，教师可编写一个程序在 n 层环中运行，用来对学生写的程序进行测试和打分，而学生的程序运行在 $n+1$ 层环上，所以学生无法改变他们的分数。

层次结构具有明显的优点：结构关系清晰，提高系统的可靠性、可移植性和可维护性。

应当指出，在严格的分层方法中，任一层模块只能调用比它低的层来得到服务，而不能调用比它高的层。但是，在实际设计上这有很多困难。所以，实际使用的操作系统的内部结构并非都符合这种层次模型。一个操作系统应划分多少层、各层处于什么位置、相互间如何联系等并无固定的模式。一般原则是：接近用户应用的模块在上层，贴近硬件的驱动程序模块在下层。

处于下层的这些程序模块也称为操作系统的内核，一般包括中断处理程序、各种常用设备的驱动程序，以及运行频率较高的模块（如时钟管理程序、进程调度和低级通信模块以及被许多模块公用的程序、内存管理程序等）。为了提高操作系统的执行效率和便于实施特殊保护，它们常驻在内存。

1.6.3　虚拟机

如 1.5 节所述，操作系统的一个特征是抽象性，为上层应用提供一个虚拟化的运行环境。随着计算机应用的发展普及，多种操作系统得到广泛应用。由于人们对软件平台的习惯适应、开发程序对系统的紧密关联，以及用户对系统高可用性的需求和应用程序很难跨平台工作等原因，需要采用不同以往的虚拟机技术实现在一台物理机上同时运行多个不同的操作系统。特别是云计算流行以来，大型服务平台广泛采用虚拟机架构。

在虚拟机系统中，其核心部分是虚拟机管理器（Virtual Machine Monitor，VMM，现在往往称为 Hypervisor），是运行在裸机上的软件，将本地主机的硬盘和内存划分出一部分或几部分，虚拟成若干台机器（即创建并运行虚拟机），从而形成多道程序环境——对上一层提供多台虚拟机。这些虚拟机仅仅是裸机硬件的精确复制品，包括核心态/用户态、I/O 功能、中断以及其他真实机器应具有的其他成分。当然，这些虚拟机是通过共享物理机器资源来实现的。

每台虚拟机上可以安装单独的操作系统而互不干扰，从而在同一台裸机上可以同时运行多个操作系统。当一个应用程序执行系统调用时，该调用陷入自己所在虚拟机的操作系统（不是直接到 VMM 中），如同运行在实际机器上那样。然后，该系统发出正常的硬件 I/O 指令，读取虚磁盘或者所需的其他信息。这些 I/O 指令被 VMM 捕获并予以执行。VMM 提供的服务包括诸如调度和内存管理等传统操作系统的功能，还提供了新的功能，如系统间应用程序迁移。所以，VMM 就是提供虚拟环境的操作系统。

按照虚拟机管理器的实现和运行方式划分，虚拟机结构有如下两种。

一种是上面介绍的 Hypervisor 型（也称为"类型 1 VMM"），它的虚拟机管理器直接运行在硬件上，如图 1-12（a）所示。20 世纪 70 年代，IBM 公司的 VM/370 系统首先实现了这种模式。其典型代表有 VMware ESX、SmartOS 和 XenServer 等。

另一种是宿主机型（也称为"类型 2 VMM"），是以现有操作系统（如 Windows 或 UNIX/Linux）为底层基本平台（称为"主 OS"），在其上安装并运行 VMM 软件，如图 1-12（b）所示。在这种解决方案中，VMM 就像是传统的应用程序，其程序代码加载在现有操作系统的顶部，由它创建和管理各虚拟机。然后，在各虚拟机上安装并运行所需的操作系统（通常称为"客OS"）。其典型代表有 VMware Workstation、Linux KVM 和 VM Virtual Box 等。

应用程序	应用程序	
OS 1	OS 2	…
虚拟机 1	虚拟机 2	
虚拟机管理器		
共享硬件		

(a) 类型 1 VMM

应用程序	应用程序	
OS 1	OS 2	…
虚拟机 1	虚拟机 2	
虚拟机管理器		
主操作系统		
共享硬件		

(b) 类型 2 VMM

图 1-12　两种虚拟机系统结构

采用虚拟机的优点主要有以下 4 方面。

① 一机多系统。在一台机器上可同时运行多个操作系统，方便用户使用。

② 系统安全健壮。在同一个物理机上各虚拟机独立地运行，当某虚拟机因故崩溃时只瘫

痪自身系统，而不会导致整个系统崩溃，从而有效地保护系统资源，提升系统的健壮性。

③ 良好开发环境。为软件的研制、开发和调试提供了良好的环境。各虚拟机彼此是完全孤立的，各自运行自己的程序，因而在虚拟机系统上进行系统开发时不干扰正常的系统操作。

④ 组建虚拟网络。可以创造出多个理想的工作环境，利用虚拟机软件将一台裸机虚拟成一个局域网，并可运行基于C/S（客户—服务器）、B/S（浏览器/服务器）结构乃至三层结构的软件，从而提高工作效率。

虚拟机具有一系列优势，使其更适合在网络应用服务中应用，如 Web 服务和远程桌面服务等。目前，大多数云计算平台采用虚拟机架构。

当然，虚拟机毕竟是将两台以上计算机的任务集中在一台计算机上，所以对硬件的要求比较高，主要是 CPU、硬盘和内存。虽然虚拟机结构简化了系统，但它本身仍非常复杂，因为要模拟许多机器实体并不是一件简单的工作。另外，执行速度会受到一些影响。

1.6.4 微内核

利用分层方法设计操作系统时，设计者既要考虑核心内部层次的多少和功能划分等问题，还要解决核心层与用户层边界的分割等一系列问题。传统上把操作系统的所有程序都放在内核中，其实这没有必要，因为程序代码的规模越大，出错的概率就越大。内核中的故障会使系统立即失效，而在用户模式下运行的进程其权限较小，出问题时的影响也小。一种好的设计思想就是把系统核心这个"堡垒"做得"小而精""小而强"。

现代操作系统有一种发展趋势，就是把实现扩展机器功能的这部分代码向上移入更高层次中，从而尽可能地使操作系统保持最小的核心——实现最基本的功能（如图 1-13 所示），因而称为微内核（microkernel），如 Mach、QNX、MINIX 3、华为鸿蒙操作系统等操作系统。

由图 1-13 可以看出，微内核运行在核心态下。微内核实现所有操作系统都应具备的最基本的功能，包括捕捉中断、进程调度和进程间通信（在进程间传送消息）等。这样，微内核可以很小，如 MINIX 3 微内核只有 12000 行 C 语言代码和 1400 行汇编代码。微内核提供若干内核调用，供核外程序使用，实现核内核外的隔离与交互，从而也实现了机制（在内核实施）与策略（在核外制定）相分离的思想。

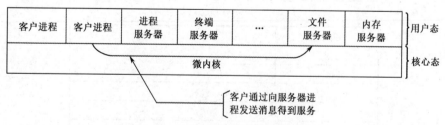

图 1-13　基于微内核的操作系统模型

采用这种方法构造操作系统通常是把所有非本质成分从核心移出，而以用户进程的身份实现它们的功能。内核外部的所有进程可以按层次构造。例如，MINIX 3 系统将用户进程分为 3 层：底层是设备驱动器，并不直接与物理设备打交道，而是通过内核提供的内核调用来实施相应的 I/O 操作；中间层是服务器，完成操作系统的多数功能，其中有文件服务器、进程管理器、终端管理器、内存管理器、再生服务器（reincarnation server，系统自修复）等；顶层是用户程序，包括对用户的接口（如 shell）和提供的系统程序与工具（如 Make）等。

由于各服务器都以独立的用户进程方式（在用户模式下）运行，因而它们并不直接访问硬件。单个服务器出现故障（或重新启动）不会引起整个系统崩溃，从而提升整个系统的稳定性。

1.6.5 客户—服务器系统

借鉴微内核的思想，进程可以分为两类：服务器和客户进程（用户进程）。前者提供服务，后者使用服务。这就是操作系统的客户—服务器模式，如图 1-14 所示。客户端和服务器之间是靠消息传递进行通信的：即客户端进程为了请求一个服务（如读取一个文件块），向合适的服务器发送一段消息；服务器接收该请求，并进行相应的处理工作，完成后发送回应。

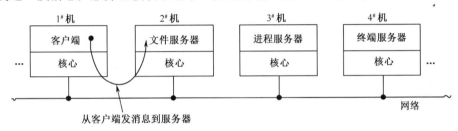

图 1-14　客户—服务器系统

客户端和服务器可以运行在不同的计算机上，它们通过网络连接。所以，这种结构的另一个优点是适合在分布式系统中应用。如果一个客户端与一个服务器通信，把消息发送给后者，不必知道该消息是在自身机器中处理，还是通过网络把消息发送到远程服务器。在这两种情况下，客户端对它们的处理都是相同的，即发送请求和收到回答。

操作系统是一个大型软件，其结构复杂、程序庞大、接口众多、并行程度高，而且研制周期长，从提出要求、明确规范起，经结构设计、编码调试直至系统投入运行，往往需要几年的时间。另外，其正确性往往难以保证。无论是 UNIX、Windows 还是 Linux，经常需要安装补丁，不断升级版本，系统会不时受到病毒的侵袭。这些都说明，操作系统的可靠性是一个十分严重、必须加以认真考虑和解决的问题。

为了设计出成功的操作系统，设计者必须清楚地知道他们要得到什么，也就是设计目标是什么。显然，不同系统的设计目标是不同的，如批处理系统不同于分时系统，也不同于实时系统。为了达到预定的设计目标，设计人员必须遵循一套科学的、行之有效的设计方法，通常都采用软件工程的思想，即按照工程化方法开发、运行和维护软件。

1.7　系统初启过程

当打开计算机电源后，计算机就开始初启过程。启动过程的细节与机器的体系结构有关，但对所有计算机来说，初启的目的是相同的：将操作系统的副本读入内存中，建立正常的运行环境。对于 Intel i386 系列来说，引导过程分为硬件检测、加载引导程序、系统初始化和用户登录。

1．硬件检测

计算机启动时首先 CPU 进入实模式，开始执行 ROM-BIOS 起始位置的代码。BIOS 首先执行加电自检程序（Power On Self Test，POST），完成硬件启动，然后对系统中配置的硬件（如内存、硬盘和其他设备）进行诊断检测，确定各自在系统中存在，并且处于正常状态。自检工作完成后，按照预先在系统 CMOS 中设置的启动顺序，ROM-BIOS 搜索软盘、硬盘、CD-ROM 等设备的驱动器，读入系统引导区，通常都是磁盘上的第一个扇区，并将系统控制权交给引导装入程序。

2．加载引导程序

整个硬盘的第一个扇区是整个硬盘的引导扇区，加电后从这个扇区引导，所以它被称为主引导记录块（Main Boot Recorder，MBR）。MBR 中含有磁盘分区的数据和一段简短的程序，共 512 B。引导扇区中的程序及其辅助程序（不包括 LILO）采用汇编语言编写，有 3 个汇编程序：① bootsect.S，Linux 引导扇区的源代码，汇编后不能超过 512 B；② setup.S，辅助程序的一部分；③ video.S，另一部分辅助程序，用于引导过程中的屏幕显示。

3．系统初始化

辅助程序 setup 为内核映像的执行做好准备（包括解压缩）后，就跳转到 0x100000，开始内核本身的执行，即内核的初始化过程。初始化过程可以分为三个阶段：第一个阶段主要是 CPU 本身的初始化，如页式映射的建立；第二阶段主要是系统中一些基础设施的初始化，如内存管理和进程管理的建立和初始化；最后是对上层部分初始化，如根设备的安装和外部设备的初始化等。

4．用户登录

在用户态初始化阶段 init 程序在每个 tty 端口上创建一个进程，用来支持用户登录。每个进程都运行一个 getty 程序，监测 tty 端口，等待用户使用。

1.8   国产操作系统的发展状况和趋势

操作系统是核心基础软件，在当今信息时代其所处的重要地位不言而喻。然而，在全球操作系统市场中，微软的 Windows 系列产品占据垄断地位，这是具有很大威胁但一时难以改变的现状。纵观我国软件行业的发展，操作系统更是一个薄弱环节。国产操作系统起步于国家"七五"计划期间，经历了起起伏伏的阶段。可喜的是，在国家的大力支持和几代科研人员的不懈努力下，有了一定的基础，不断推出成功产品，在市场占有份额方面逐年有所提升。

我国操作系统经过近 20 年的发展，特别是 2008 年"核高基"重大专项实施以来，在技术、产品、市场、应用等方面取得了明显进展，一些产品已经达到"可用、适用"的水平，并在国防、电信、能源、电子政务、电子商务、互联网、信息安全等领域得到较好应用，我国操作系统发展取得积极成效。（"核高基"是对核心电子器件、高端通用芯片及基础软件产品的简称，是 2006 年国务院发布的《国家中长期科学和技术发展规划纲要（2006—2020 年）》中与载人航天、探月工程并列的 16 个重大科技专项之一。）

国产服务器/桌面操作系统完成了自主可控的相关产品的研发与技术升级，研发了中标麒麟可信操作系统、中标麒麟服务器操作系统、方德高可信服务器操作系统、红旗 Linux 桌面操作系统、普华 Linux 操作系统等，中标麒麟操作系统可支持龙芯、飞腾等 5 款主流架构中央处理器，并得到 VMware 等主流平台的认证。

在移动智能终端操作系统领域，国内典型的互联网企业（百度、阿里、网易等）、终端企业（华为等）、电信运营商等根据自身技术特长和发展策略，研发了 YunOS、MIUI、EUI、鸿蒙 OS 等移动智能终端操作系统，并根据企业定位和产业特点积极开展了产业化布局。

在工控操作系统领域，嵌入式 Linux 系统及组态软件近年来获得了快速的发展，形成了包括紫金桥 Realinfo、纵横科技 Hmibuilder、世纪星、三维力控、组态王 KingView、MCGS、态神、uScada 等在内的一批国内产品。

在云操作系统领域，百度、阿里巴巴、腾讯等互联网骨干企业的公共云服务平台已经具备了 1000 PB 级数据处理能力，浪潮的云海云计算操作系统、华为的云操作系统 FusionSphere、无锡江南计算所研制的 vStar 操作系统等私有云解决方案操作系统取得显著进展。

目前，国产操作系统均是基于 Linux 内核进行的二次开发。

但是，国产操作系统软件和厂商与国际成熟软件和巨头之间仍然存在相当大的差距，尚不能满足经济和社会信息化的快速发展需求。特别是近期以云计算、物联网、大数据为代表的新一轮信息技术浪潮席卷而来，新兴操作系统不断涌现，"窗口期"稍纵即逝。为此，我们必须更加清醒地认识到国产基础软件的"重要性、必要性、紧迫性、艰巨性、复杂性和长期性"。在"十四五"乃至更长的一段时期内，我们需要认清操作系统发展的新内涵、新趋势，把握新机遇、新挑战，制定新思路、新举措，形成可持续发展的操作系统发展生态。

据报道，2021 年 1 月 14 日，中央国家机关 2020—2021 年 Linux 操作系统协议供货采购项目成交公告发布。该项目分为桌面操作系统（应用于台式机笔记本）和服务器操作系统。根据成交公告显示，两个标段均有统信操作系统、中兴新支点操作系统、麒麟操作系统、普华操作系统、红旗 Linux 和中科方德等 6 家供应商的国产操作系统入围。这意味着国产操作系统已真正得到国家层面的重视和支持，国产操作系统已迎来更好的发展机遇。期待国产操作系统能真正崛起。

本章小结

一个完整的计算机系统主要由硬件和软件组成。硬件是软件建立与活动的基础，软件则对硬件进行管理和功能扩充。从功能上，硬件由运算器、控制器、存储器、输入设备和输出设备等功能部件组成。CPU 是计算机的"大脑"。计算机系统一般提供了两种处理机执行状态：核心态和用户态。操作系统的内核程序是在核心态下运行的。

简单地说，软件是计算机执行的程序，通常分为应用软件、支撑软件和系统软件。

看待操作系统有不同的观点，主要是资源管理观点和扩展机器观点。本书的主要目标是讲清"操作系统是什么""操作系统做什么""操作系统如何做"等问题。

操作系统是控制和管理计算机系统内各种硬件和软件资源、有效地组织多道程序运行的系统软件（或程序集合），是用户与计算机之间的接口。

操作系统是由一系列程序模块和数据组成的，在核心态下运行。操作系统是裸机之上的第一层系统软件，向下管理系统中各种资源，向上为用户和程序提供服务。

操作系统的基本功能是管理系统内各种资源和方便用户的使用。从资源管理的观点出发，看待操作系统应完成的任务——操作系统要对系统中所有资源实施统一调度和管理，使各种实体充分并行，安全地共享资源，约束和协调进程间的关系。操作系统具体有五大功能，即存储管理、作业和进程管理、设备管理、文件管理和人机接口服务。从扩展机器的观点出发，操作系统的任务是为用户提供一台比物理计算机更容易使用的虚拟计算机。对硬件资源的抽象在操作系统中得到良好实现。

操作系统提供人机交互的平台，是计算机工作的灵魂，CPU、数据库、办公软件、中间件、应用软件等需要与操作系统深度适配。如今操作系统发展迅速，逐步进入社会生活的各方面，涉及大型计算机、个人计算机、移动便携设备、其他自动化设备等层次的应用领域。

操作系统的形成和发展是与计算机硬件发展密切相关的。从传统意义上，操作系统的基本类型有批处理系统、分时系统、实时系统、网络系统和分布式系统5种。而实际应用的操作系统不止这些。

操作系统是一个大型的系统软件。操作系统作为整体，有自己的基本特征，这就是并发、共享、异步性和抽象性。

各种操作系统有不同的设计目标，具有不同的性能。一般来说，从设计的角度，操作系统有5种结构：单体系统、层次式系统、虚拟机、微内核和客户—服务器系统。

为了设计出成功的操作系统，设计者必须首先确定设计目标，然后按照软件工程的方法开发、运行和维护软件。

系统初启后用户才可以使用它。系统初启的引导过程分为硬件检测、加载引导程序、系统初始化和用户登录。

操作系统是核心软件，是构建信息社会的主要支柱之一。操作系统的国产化是关乎信息安全、国家稳定、民族振兴的大业。在国家大力支持和几代科研人员的不懈努力下，国产操作系统从无到有，应用从点到面，取得可喜成就。"雄关漫道真如铁，而今迈步从头越。"

习 题 1

1. 计算机系统主要由哪些部分组成？
2. 什么是操作系统？它的主要功能是什么？
3. 在计算机系统中操作系统处于什么地位？
4. 何谓脱机 I/O 和联机 I/O？
5. 推动操作系统形成和发展的主要动力是什么？
6. 操作系统主要有哪5种基本类型？各有什么特点？
7. 操作系统的基本特征是什么？

8. 解释以下术语：硬件、软件、多道程序设计、并行、并发、吞吐量、分时、实时，系统调用。

9. 操作系统一般为用户提供哪三种接口？

10. 你熟悉哪些操作系统？想一想：在上机操作过程中，操作系统怎样为用户提供服务？

11. 叙述操作系统在资源管理方面的各种功能。

12. 什么是处理机的核心态和用户态？为什么要设置这两种不同的状态？

13. 下列哪些指令应该只在核心态下执行？

① 屏蔽所有中断   ② 读时钟日期
③ 设置时钟日期   ④ 改变指令地址寄存器的内容
⑤ 启动打印机   ⑥ 清内存

14. 设计实时操作系统必须首先考虑的因素是什么？

15. 试说明特权指令和系统调用之间的区别和联系。

16. 现在常用的几种操作系统采用哪种组织形式？为什么？

17. 采用虚拟机结构的操作系统其主要优点和缺点是什么？

18. 采用微内核模式设计系统的主要优点是什么？

19. 简述操作系统初启的主要过程。

20. 软件通常可分为哪三大类？各自的作用是什么？

21. 你对我国自主操作系统有何见解（劣势、优势、现状、趋势、建议等）？

第2章

OS

进程和线程

　　进程是操作系统中最重要的概念之一，可以看做程序的执行过程。进程最根本的属性是动态性和并发性。进程可以处于不同状态，在一定条件下实现状态的转换。在多道程序环境中，程序的并发执行是由进程实现的。

　　在传统操作系统中，进程是分配资源和调度运行的基本单位。多数现代操作系统都支持多线程的进程，从而将上述两项基本功能分别赋予进程和线程。

　　从进程的观点出发，系统是由进程的集合体组成的。系统进程执行系统代码，用户进程执行用户代码。为了描述进程的特性，操作系统为每个进程设立唯一的进程控制块（Process Control Block，PCB）。PCB是进程存在的唯一标志。

　　进程是并发活动的。进程在其生存过程中会出现两种制约关系：互斥和同步。信号量和P、V操作是实现进程同步/互斥的有效方法。为了保证进程间有效地实施通信，操作系统内部设置了多种通信机制。

　　操作系统负责有关进程和线程管理方面的工作，如进程的创建和删除、进程的调度，以及进程的同步和通信机制等。

　　本章介绍进程和线程的概念、状态和组成，以及进程的控制、同步关系和通信。

2.1 进程

2.1.1 多道程序设计

在早期单道程序系统中，内存中除了操作系统的程序，只包含一个用户程序，并且系统中的其他资源（如 CPU、I/O 设备等）也由这个程序单独使用，不与其他用户程序共享上述资源。这样，单道程序就严格按顺序方式执行。

1．顺序程序活动的特点

① 顺序性，是指程序所规定的每个动作都在上个动作结束后才开始。
② 封闭性，是指只有程序本身的动作才能改变程序的运行环境。
③ 可再现性，是指程序的执行结果与程序运行的速度无关。

2．多道程序设计

单道程序系统具有资源浪费、效率低等明显缺点，所以在现代计算机系统中几乎不再采用这种技术，而广泛采用多道程序设计技术。由于 CPU 执行指令的方式一般是流水线方式，即顺序执行，因此在每一时刻真正在 CPU 上执行的程序只有一个。在 CPU 调度程序的控制下，多个程序可以交替地在 CPU 上运行。宏观上，系统中的多个程序"同时"得到执行，即实现了程序的并发执行。

多道程序设计具有提高系统资源（包括 CPU、内存和 I/O 设备）利用率和增加作业吞吐量的优点。

3．程序并发执行的特征

在多道程序环境中，程序的并发执行和系统资源的共享使得操作系统的工作变得很复杂，带来一系列新的问题，特别表现在各程序活动的相互依赖和制约关系方面。

图 2-1 为程序并发执行的几种情况。在图 2-1(a) 中，程序 A 和 B 彼此独立工作，没有逻辑关系，但共享变量 n。它们相对执行速度是不确定的，何时发生控制转移是随机的。设想第一种情况：A 先执行，到达 K1 时，控制转给 B，则 B 打印出 n 的值为 0。当 B 运行到 S 点时，控制又转给 A，则 A 在 K1 后继续执行。第二种情况：A 执行到 K2 时才将控制转给 B，那么 B 打印出 n 的值是 1。有问题了！可见，程序 B 的计算结果不是仅由程序自身决定的，还与使用共享资源的各个程序的速度有关。

在图 2-1(b) 中，程序 A 和 B 在执行过程中都调用程序 C。这样，程序 C 既属于 A 的执行过程，又属于 B 的执行过程。因此，程序与其执行过程没有一一对应关系。

从使用资源的角度，程序 C 是并发程序 A 和 B 的共享资源。为了节省内存空间和减少对文件的访问次数，对类似 C 的这种共享程序段只在内存中保留一个副本，在磁盘上留有原始副本。如果程序 C 中含有可变成分，如变量或状态值，那么在不同的执行过程中，可变资源对调用者提供不同的环境，会造成计算结果不唯一。这是无法令人接受的。为了做到资源共享且计算结果唯一，这种共享程序段必须是纯码（pure code），也称为可再入（reentry）代码。

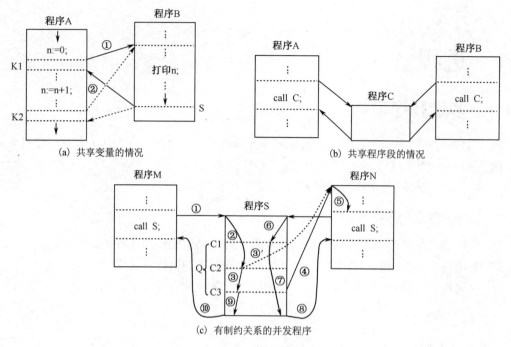

图 2-1　并发程序的执行

所谓纯码，就是指在执行过程中本身不做任何改变的代码，通常是由指令和常数组成，内部不含任何变量。共享纯代码是安全的。所以，在操作系统和系统软件设计中，纯代码往往单独放在一个域中，而把含有各种变量的部分放在其他域中。

在图 2-1(c) 中，程序 M 和 N 的关系更复杂：它们都调用程序 S，但 S 的 C1 到 C3 这个小区间 Q 只能一次执行一个计算，不允许 M 和 N 的执行过程同时处于这个区间内。于是，本来彼此独立运行的程序 M 和程序 N 在分别调用 S 时就发生相互约束。

设想情况 1：程序 M 先调用 S（走①②线），在 C1 处检查能否进入；放行进入，走③线，在 C3 处退出 Q 区；此时控制转到程序 N（走④线），然后程序 N 沿着⑤⑥⑦⑧线路前进，顺利完成对 S 的调用；控制再转到程序 M，它经过⑨⑩，也完成对 S 的调用。

情况 2：如果程序 M 在 C2 处将控制转给程序 N（由③'所示虚线），程序 N 经⑤⑥到达 C1，结果被拒绝进入 Q 区（因程序 M 还在其中）；程序 N 须等待程序 M 退出 Q 区后，才获准进入。这说明并发程序在使用共享资源时有可能发生相互制约。

通过上述示例分析可以看出，程序并发执行产生以下三个新特征。

① 失去封闭性。并发执行的多个程序共享系统中的资源，因而这些资源的使用状态不再仅由某个程序所决定，而是受到并发程序的共同影响。多个程序并发执行时的相对速度是不确定的，每个程序都会经历"走走停停"的过程。但何时发生控制转换并非完全由程序本身确定，与整个系统当时所处的环境有关，因而具有一定的随机性。

② 程序与计算不再一一对应。"程序"是指令的有序集合，是"静态"概念；而"计算"是指令序列在处理机上的执行过程，是"动态"概念。在并发执行过程中，一个共享程序可被多个用户作业调用，从而形成多个"计算"。例如，在分时系统中，一个编译程序副本往往为几个用户同时服务，该编译程序便对应几个"计算"。

③ 并发程序在执行期间相互制约。系统中很多资源具有独占性质，即一次只让一个程序使用，如打印机、磁带机、系统表格等。这使逻辑上彼此独立的程序由于共用这类独占资源而形成相互制约的关系——在顺序执行时可连续运行的程序，在并发执行时不得不暂停，等待其他程序释放自己所需的资源。该程序停顿的原因并非自身造成的，而是其他程序影响的结果。

2.1.2 进程的概念

1．进程概念的引入

程序并发执行时带来一系列新特征，而这些特征是无法在程序自身中体现出来。因为程序本身是机器能够翻译或执行的一组动作或指令，写在纸面上或者以文件形式存放在磁盘等介质上，是顺序的、静止的。显然，程序自身无法确定需要多大内存空间、放在什么地方、什么时候运行、什么时候停顿等，也看不出它是否影响其他程序或者一定受其他程序的影响。所以，用程序这个静态概念已经不能如实反映程序并发执行过程中的这些特征。为此，人们引入"进程（Process）"概念来描述程序动态执行过程的性质。

2．进程概念

进程是在 20 世纪 60 年代中期由美国麻省理工学院（MIT）J.H. Saltzer 首先提出且在所研制的 MULTICS 系统上实现的。IBM 公司把进程称为任务（Task），在 TSS/360 系统中得到实现。

"进程"是操作系统的最基本、最重要的概念之一。引进进程概念对于理解、描述和设计操作系统具有极其重要的意义。但是迄今为止，"进程"的概念还没有形成统一的定义，有多种表述形式，从不同的角度来描述它的基本特征。

进程最根本的属性是动态性和并发性。进程可以表述为：**一个具有独立功能的程序关于某个数据集合的一次运行活动**。简单地说，进程就是：**程序在并发环境中的执行过程**。

3．进程与程序的区别

进程与程序有密切的关系，程序规定了该进程所要执行的任务，是构成进程的主体。但二者是完全不同的概念，重要区别如下。

（1）动态性

程序是静态、被动的概念，本身可以作为一种软件资源长期保存；而进程是程序的一次执行过程，是动态、主动的概念，有一定的生命期，会动态地产生和消亡。

例如，从键盘输入一条命令：

```
$ date
```

则系统针对这条命令创建一个进程，这个进程执行 date 命令对应的程序（以可执行文件的形式存放在系统所用的磁盘上）。当工作完成后，显示当前日期和时间，这个进程就终止了，并从系统中消失。而 date 命令对应的程序仍旧在磁盘上保留着。

（2）并发性

由于程序本身具有顺序执行的性质，不同的模块间通过相互调用实现控制转移。这样，逻辑上无关的程序就无法并发执行，即使一个程序中间停下来，也无法让另一个与它无调用关系的程序接着运行。

程序在 CPU 上才能得到真正的执行。多道程序设计中程序的并发执行是通过进程实现的。系统中进程是作为资源申请和调度单位存在的，以进程为单位进行 CPU 的分配。因为进程实体不仅包括相应的程序和数据，还有一系列描述其活动情况的数据结构。系统中的调度程序能够根据各个进程的当时状况，从中选出一个最适合运行的进程，将 CPU 控制权交给它，令其运行。所以，进程是一个独立运行的单位，能与其他进程并发执行。而程序是静态的，系统无法区分内存中的哪一个程序更适合运行。所以，程序不能作为独立的运行单位。这也是引入进程的一个目的。

（3）非对应性

程序和进程无一一对应关系。一个程序可被多个进程共用，一个进程在其活动中又可顺序地执行若干程序。例如，在分时系统中，多个用户同时上机，进行 C 语言程序的编译。张三在终端上输入命令：

```
$ cc f1.c
```

系统就创建了一个进程（如 A），调用 C 编译程序，对 f1.c 文件进行编译。

用户李四也在自己的终端上输入命令：

```
$ cc a1.c
```

系统又为这条命令创建一个进程（如 B），也调用 C 编译程序，对 a1.c 文件进行编译。

这样，一个 C 编译程序就对应到多个用户进程：A 进程要用到它，它属于 A 的一部分；B 进程也用到它，它又属于 B 的一部分。即使只有张三进行 C 程序编译，但他前后两次使用 cc 命令对文件 f1.c 进行编译，系统也要相应地创建两个进程。

一个进程在活动过程中又要用到多个程序。例如，进程 A 在执行编译过程中除了调用 C 编译程序和用户张三编写的 C 程序，还要用到 C 预处理程序、连接程序、内存装入程序、结果输出程序等。

（4）异步性

在多道程序设计环境中系统资源受到各进程的共享和竞争，所以进程在并发执行过程中会产生相互制约关系，造成各自前进速度的不可预测性。而程序本身是静态的，不存在这种异步特征。

4．进程的基本特征

综上所述，进程的基本特征如下。

① 动态性。进程是程序的执行过程，有生、有亡，有活动、有停顿，可以处于不同状态。

② 并发性。多个进程的实体能够存在于同一内存中，在一段时间内都得到运行。这样使得一个进程的程序与其他进程的程序并发执行。注意，进程的并发性是指其外部并发性。就其内部指令执行而言，进程具有内部顺序性，即对一个进程来说，它的所有指令是按顺序执行的。

③ 调度性。进程是系统中申请资源的单位，也是被调度的单位。操作系统中有很多调度程序，它们根据各自的策略调度合适的进程，为其运行提供条件。

④ 异步性。各进程向前推进的速度是不可预知的，即异步方式运行。这造成进程间的相互制约，使程序执行失去再现性。为保证各程序的协调运行，需要采取必要的措施。

⑤ 结构性。进程有一定的结构，由程序段、数据段和控制结构（如进程控制块）等组成。程序规定了该进程所要执行的任务，数据是程序操作的对象，而控制结构中包含进程的描述信

息和控制信息，是进程组成中最关键的部分。

2.2 进程的状态和组成

进程的动态性是由它的状态和转换体现出来的。进程的组成描述了系统内部如何构造进程。进程队列描述了对进程控制块的组织方法。

2.2.1 进程的状态及其转换

1. 进程的基本状态

简单来说，进程是程序的执行过程，有着"走走停停"的活动规律。进程的动态性质是由其状态及其转换决定的。如果一个事物始终处于一个状态，它就不再是活动的，就没有生命力了。在操作系统中，进程通常有三种基本状态。这些状态是处理机挑选进程运行的主要因素，所以又称为进程控制状态。这三种基本状态是运行状态、就绪状态和阻塞状态（或等待状态），如图 2-2 所示。

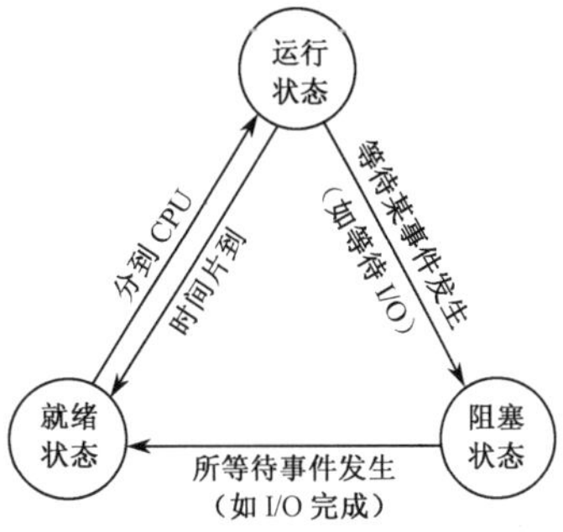

（1）运行状态（Running）

运行状态是指当前进程已经分配到 CPU，它的程序正在处理机上执行时的状态。处于这种状态的进程的数量不能大于 CPU 的数目。在单 CPU 系统中，任何时刻处于运行状态的进程至多是一个。在多处理器系统中，同时处于运行状态的进程可以有多个（最多等于处理器的个数，最少为 0 个）。

（2）就绪状态（Ready）

图 2-2 进程状态及其转换

就绪状态是指进程已经具备运行条件，但因为其他进程正占用 CPU，使得它暂时不能运行而处在等待分配 CPU 的状态。一旦把 CPU 分配给它，它就立即可以运行。在操作系统中，处于就绪状态的进程数目可以是多个（若系统中共有 N 个进程，则就绪进程至多为 N-1 个）。

（3）阻塞状态（Blocked）

阻塞状态是指进程因等待某种事件发生（如等待某个输入、输出操作完成，等待其他进程发来的信号等）而暂时不能运行的状态。也就是说，处于阻塞状态的进程尚不具备运行条件，即使 CPU 空闲，它也无法使用。这种状态有时也被称为封锁状态或等待状态。系统中处于这种状态的进程可以有多个。

上述三种状态是最基本的。如果不设立运行状态，就不知道哪个进程正在占有 CPU；如果不设立就绪状态，就无法有效地挑选出适合运行的进程，或许选出的进程根本就不能运行；如果不设立阻塞状态，就无法判定各进程是否缺少除 CPU 之外的其他资源。这将导致准备运行的进程和不具备运行条件的进程混杂在一起。图 2-2 为进程状态及其转换。

在很多系统中，又增加了两种基本进程状态，即新建状态和终止状态。

新建状态（New）是指进程刚被创建，尚未放入就绪队列时的状态。处于此种状态的进程还是不完全的。当创建新进程的所有工作（包括分配一个进程控制块，分配内存空间，对进程控制块初始化等）完成后，操作系统就把该进程送入就绪队列。

终止状态（Terminated）是指进程完成自己的任务而正常终止时或在运行期间由于出现某些错误和故障而被迫终止（非正常终止）时所处的状态。处于终止状态的进程不能再被调度执行，其结果是被系统撤销，进而从系统中永久消失。

图2-3示意了进程的5种基本状态及其转换。

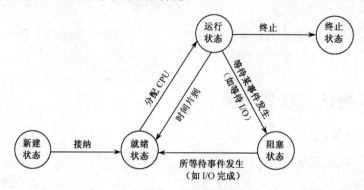

图 2-3　进程的 5 种基本状态及其转换

2．UNIX 进程状态

在一个实际的操作系统中，为了调度的方便和合理，往往设立更多种进程状态，如 UNIX 的进程状态分为 9 种，如图 2-4 所示。

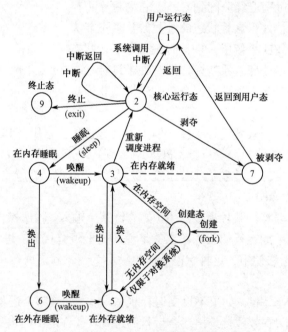

图 2-4　UNIX 的进程状态

各种进程状态的含义如下。

① 用户运行态：在 CPU 上执行用户程序。

② 核心运行态：在 CPU 上执行核心程序。

③ 在内存就绪：具备运行条件，只等核心调度，它就可取得 CPU 控制权。

④ 在内存睡眠：尚不具备运行条件，在内存中等待某事件发生。

⑤　在外存就绪：就绪进程被对换到外存上。

⑥　在外存睡眠：睡眠进程被对换到外存上。

⑦　被剥夺：进程在返回用户态前，被调度程序强行剥夺处理机后的进程状态。它实际与"在内存就绪"状态是一样的，目的是强调该进程从核心态返回到用户态时才会被剥夺。

⑧　创建态：新进程被创建但尚未完毕的中间状态。

⑨　终止态：进程终止自己。

可以看出，一个进程可在两种不同方式下运行：用户态和核心态。如果当前运行的是用户程序，那么对应进程就在用户态下运行；如果出现系统调用或发生中断事件，就要运行操作系统（即内核）程序，进程状态变成核心态。

上述"在外存就绪"和"在外存睡眠"两种状态在有的系统中被称为挂起状态。所谓挂起，是使处于基本状态的进程（就绪、运行、阻塞/睡眠）处于静止（非终止）状态，此时系统回收被这些进程占用的内存资源，将其实体复制到外存的进程交换区。挂起不等于撤销，可通过解挂（换入）重新分配内存。

引入挂起状态主要是出于4种需要（即引起挂起的原因）：终端用户的请求，父进程请求，负荷调节的需要，操作系统的需要。

可见，进程状态设置越多，管理越精细，但相应管理机构就越复杂，应根据需要取舍。

3．进程状态的转换

进程在其生存期间不断发生状态转换，即从一种状态变为另一种状态。一个进程可以多次处于就绪状态和运行状态，也可以多次处于阻塞状态，但可能排在不同的阻塞队列上。

进程状态的转换需要一定的条件和原因，以图2-3为例进行简要分析。

（1）新建→就绪

当就绪队列能够容纳新建进程时，操作系统就把一个新建状态的进程移到就绪队列中，该进程的状态也随之变为就绪。多数系统都根据系统资源的数量等因素对系统中进程数目的最大值做了限定。因为每个进程都需要一定的数据结构、要占用内存空间和打开文件，以及I/O设备，若创建的进程过多，会导致资源不足，从而降低系统性能。

（2）就绪→运行

处于就绪状态的进程被调度程序选中，分配到CPU后，该进程的状态就由就绪状态变为运行状态。处于运行状态的进程也称当前进程。此时，当前进程的程序在CPU上执行，它是真正活动的。

（3）运行→阻塞

正在运行的进程因某种条件未满足而放弃对CPU的占用。例如，该进程要求读入文件中的数据，在数据读入内存前，该进程无法继续执行，只好放弃CPU，等待读文件这个事件的完成。在这种情况下，该进程的状态就由运行状态变为阻塞状态。不同的阻塞原因对应不同的阻塞队列。

（4）阻塞→就绪

处于阻塞状态的进程所等待的事件发生了。例如，读数据的操作完成，系统把该进程的状态由阻塞状态变为就绪状态，此时该进程从阻塞队列中出来，加入就绪队列。

（5）运行→就绪

正在运行的进程如果用完了本次分配给它的 CPU 时间片，就要从 CPU 上退下来，暂停运行。该进程的状态从运行状态变为就绪状态；以后如果进程调度程序选中它，又可以继续运行。

（6）运行→终止

正在运行的进程完成自己的工作或者由于发生某些事件（如地址越界、使用非法指令等）而被异常终止时，系统把该进程的状态从运行状态变为终止状态。处于终止状态的进程会暂时留在系统中，以便父进程收集有关信息，如使用 CPU 的时间等，最终由父进程将它从系统中撤销。

2.2.2 进程描述

1. 进程映像

进程的活动是通过在 CPU 上执行一系列程序和对相应数据进行操作来体现的，因此程序和数据是组成进程的实体。但这二者仅是静态的文本，没有反映其动态特性，为此需要有一个

图 2-5 进程映像模型

数据结构描述进程当前的状态、本身的特性、对资源的占用及调度信息等。这种数据结构被称为进程控制块（Process Control Block，PCB）。此外，程序的执行过程必须包含一个或多个栈，用来保存过程调用和相互传送参数的踪迹。栈按"后进先出（LIFO）"的方式操作。所以，进程映像通常由程序、数据集合、栈和 PCB 这 4 部分组成，如图 2-5 所示。进程的这 4 部分构成进程在系统中存在和活动的实体，有时也被统称为"进程映像"。

其实，进程在系统中的存在及活动需要一组更复杂的数据结构。进程映像由它的（用户）地址空间内容、硬件寄存器内容和与该进程有关的核心数据结构组成。例如在 UNIX S_5 中，进程的映像由用户级语境、寄存器语境和系统级语境三部分构成。

① 用户级语境，由进程的正文、数据、用户栈和进程所占的虚拟地址空间的共享内存等组成。

② 寄存器语境，由程序计数器（PC）、处理器状态寄存器（PSW）、栈指针和通用寄存器组成。PSW 定义了与进程相关的机器硬件状态，如处理器执行状态（用户态或系统态）、最近计算结果（零、负数或正数）、溢出、进位标志、优先级、访问方式等。通用寄存器中包含进程运行期间所产生的数据。

③ 系统级语境，包括一个"静态部分"和一个"动态部分"。静态部分包括进程的 PCB 表项（即 proc 结构）、user 结构（即 user 区）和虚拟地址到物理地址的映射结构（进程分区表和页表）。动态部分包括进程的核心栈和它的层次结构，形成一个"后进先出"栈。进程的核心栈常放在进程的 user 结构中，但逻辑上它是独立的。

proc 结构常驻内存的系统区（即内核空间），这是进程映像中最常用的部分，记录了进程状态、优先数等直接与进程调度有关的内容。不管对应进程是否还在运行，核心都会访问到这些数据。但是它仅占 PCB 的很小部分。

user 结构是 proc 结构的扩充，当进程不处于运行态时，核心不会查询和处理它。因而，非运行态进程的 user 结构可能被转存到外存，以后进程被变为运行态前，再被调入内存即可。

user 结构是存放进程控制信息的辅助数据结构，包括实际的和有效的用户标志号、进程对各种信号的处理方式表、系统调用结束的返回值、记载本进程打开文件情况的用户打开文件表等。

进程是在它的当前语境层次中运行的。当发生中断、用户程序中执行系统调用或进程语境转换时需要系统级语境层的进栈和退栈：核心压入老进程的语境层，弹出新进程的语境层。

2．进程控制块的组成

进程控制块（PCB）有时也被称为进程描述块（Process Descriptor），是进程组成中最关键的部分，其中包含进程的描述信息和控制信息，是进程动态特性的集中反映，是系统对进程施行识别和控制的依据。在不同的系统中，PCB 的具体组成不同。在简单操作系统中，它较小；在大型操作系统中，它很复杂，设有很多信息项。总起来说，进程控制块一般包括如下三方面的内容。

（1）进程标识信息

进程标识信息主要包括以下内容。

① 进程标识号：唯一的标志，对应进程的一个标志符或数字。有的系统用进程标识符作为进程的外部标志，用进程标识号（Process IDentifier，PID，在一定数值范围内的进程编号）作为进程的内部标志。系统利用 PID 对进程进行检索。

② 父进程标识号：本进程的父进程标识号，反映与本进程相关的进程族系关系。

③ 用户标识号：创建本进程的用户标识号。每个用户都有可能创建多个进程。

（2）处理器状态信息

处理器状态信息是进程运行的现场信息。当对应进程由于某种原因放弃使用 CPU 时，需要保存它与运行环境有关的一部分信息，以便在重新获得 CPU 后恢复正常运行，包括如下。

① 用户可用寄存器：处理器在用户态下运行时用户可用的寄存器（通用寄存器），其中往往存放任何程序都可用的数据或地址信息，一般有几十个。

② 控制和状态寄存器：控制处理器执行的寄存器，主要有程序计数器（PC，下一条要执行的指令地址）和处理器状态字（PS 或 PSW，又称为程序状态字）。处理器状态字包含条件码寄存器（保存当前数学运算或逻辑运算的结果，如正负号、全 0、相等或溢出等内容）、状态信息（中断开放/禁止标志、处理器执行模式等）。

③ 栈指针：每个进程都有一个或多个相关的系统栈，它们按后进先出（LIFO）方式操作，用来存放过程调用或系统调用时的参数和地址。栈指针指向栈顶。

（3）进程控制信息

进程控制信息是操作系统控制和协调各活动进程所需的信息。

① 调度和状态信息：操作系统利用如下信息实施进程调度。

❖ 进程状态信息：表明该进程的执行状态，是运行状态、就绪状态还是阻塞状态。

❖ 调度优先级：表示进程获取 CPU 的优先级别，当多个就绪进程竞争 CPU 时，系统一般让优先级高的进程先占用 CPU。

❖ 调度相关信息：与所用调度算法有关，如优先级、时间片、本进程已等待时间以及上次占用 CPU 时间等。

❖ 事件：进程恢复可以运行之前正在等待的事件。

② 链接信息：一个进程可能要与其他进程链接在一起，组成队列结构、环结构或其他结

构。如相同优先级的就绪进程链在一个队列中，一个进程可以链接它的父子进程（从而形成进程的族系关系）等。进程控制块中包含指针域，用来实现这些结构。

③ 进程间通信信息：两个独立进程间进行通信时会与各种标志、信号和消息等相关联。这些信息保存在接收方的进程控制块中。

④ 存储管理信息：指出该进程的程序和数据的存储情况，如占用内存大小以及指向该进程的段表和/或页表的指针域，而段表和页表的作用是实现进程从虚拟存储空间到物理内存空间的地址映射。

⑤ 资源需求、占有和控制方面的信息：如进程打开的文件、所用文件系统的根目录及工作目录、所需或占有的 I/O 设备及缓冲区地址等。

3. 进程控制块的作用

如上所述，进程控制块是进程组成中最关键的部分。

① 每个进程有唯一的进程控制块。

② 操作系统根据 PCB 对进程实施控制和管理。例如，当进程调度程序执行进程调度时，它从就绪进程的 PCB 中找出其调度优先级；按照某种算法从中选出一个进程，再根据该进程 PCB 中保留的现场信息，恢复该进程的运行现场；进程运行中与其他进程的同步和通信需要使用 PCB 中的通信信息；进程从 PCB 中查找资源需求与分配等方面的信息；进程使用文件的情况记录在 PCB 中；当进程因某种原因而暂停运行时，其断点现场信息要保存在 PCB 中。可见，在进程的整个生存期中，系统对进程的控制和管理是通过 PCB 实现的。

③ 进程的动态、并发等特征是利用 PCB 表现出来的。若没有进程控制块，则多道程序环境中的程序（和数据）是无法实现并发的。

④ PCB 是进程存在的唯一标志。当系统创建一个新进程时，为它建立一个 PCB；当进程终止后，系统回收其 PCB，该进程在系统中就不存在了。

2.2.3 进程队列

系统中处于就绪状态和处于阻塞状态的进程可以分别有多个，而阻塞的原因各不相同。为了对所有进程进行有效的管理，需要将各进程的 PCB 用适当的方式组织起来。一般来说，PCB 的组织方式有线性方式、链接方式和索引方式。

1. 线性方式

操作系统预先确定整个系统中允许同时存在的进程的最大数目 n，静态分配空间时，在系统内存区中建立一个大小为 n 的 PCB 结构数组，所有进程的 PCB 都放在这个队列表中，如图 2-6 所示。创建新进程时，就在这个线性表中找一个空闲表项，填入相应的信息。往往进程的 PID 就是该数组元素的下标值。这样，以 PID 为索引就可以找到对应进程的 PCB。早期的 UNIX 系统就采用这种方式。

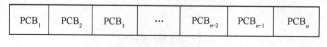

图 2-6　PCB 线性队列

线性方式管理最简单，不需要额外的开销，也最容易实现，适用于系统中进程数目不多的情况。但是，这种方式存在的主要问题是：限定了系统中同时存在的进程的最大数目。当很多用户同时上机时，会造成无法为用户创建新进程的情况。更严重的缺点是，在执行 CPU 调度时，为选择合适的进程投入运行，经常要对整个表进行扫描，降低了调度效率。所以，频繁执行进程调度的环境不适合。

2. 链接方式

链接方式是常用的方式，其原理是：按照各进程的不同状态，分别将它们的 PCB 放在不同的队列中，如图 2-7 所示。在单 CPU 情况下，处于运行状态的进程只有一个，可用一个指针指向它的 PCB。处于就绪状态的进程可以若干，它们排成一个（或多个）队列，通过 PCB 结构内部的链指针把同一队列的 PCB 链接起来。该队列的第一个 PCB 由就绪队列指针指向，最后一个 PCB 的链指针置为 0，表示结尾。CPU 调度程序把第一个 PCB 由该队列中摘下（设想仅一个队列），令其投入运行。新加入就绪队列的 PCB 链在队列尾部（按先进先出的策略）。阻塞队列可以有多个，对应不同的阻塞原因。当某个等待条件得到满足时，可把对应阻塞队列上的 PCB 送到就绪队列中。正在运行的进程如果缺少某些资源而无法继续运行时，就变为阻塞状态，加入相应的阻塞队列。

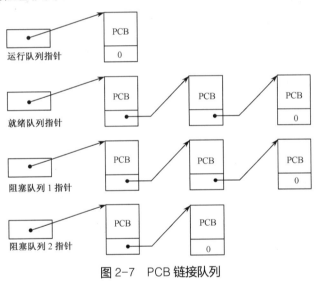

图 2-7　PCB 链接队列

其实，就绪队列往往按进程优先级的高低分成多个队列，具有同一优先级的进程其 PCB 排在一个队列上。现代 UNIX 系统就采用这种方式。

链接表方式没有限制系统中进程的数目，即 PCB 个数可以随机改变，根据需要动态申请 PCB 的内存空间。它的好处是使用灵活，管理方便，PCB 检索速度和内存使用效率可以提高。但带来的不足之处是动态分配内存的算法比较复杂，而且队列的操作（如挂链、摘链）也会花费时间。

3. 索引方式

索引方式利用索引表记载不同状态进程的 PCB 地址，如图 2-8 所示。也就是说，系统建立几张索引表，各对应进程的不同状态，如就绪索引表、阻塞索引表等。状态相同的进程的 PCB

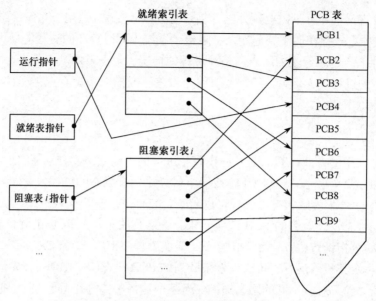

图 2-8　PCB 索引结构

组织在同一索引表中，每个索引表的表目中存放一个 PCB 地址。各索引表在内存的起始地址放在专用的指针单元中。所有 PCB 放在内存的专用区中。

　　这种方式是线性表方式的改进，克服了线性表的缺点，检索速度快。但是，进程的优先级并不完全相同，如果就绪进程都在一张表中，就很难按优先级实施调度；同样，造成进程阻塞的原因是多方面的，如 I/O 请求、申请缓冲区失败、等待其他进程发来的信号、获取数据失败等。如果将它们都放在一张阻塞表中，就不利于进程的唤醒。若采用多张表，则增加所占内存空间，也会增加管理难度。

2.3　进程管理

　　进程存在族系关系，即父进程创建子进程，子进程再创建子进程。通过执行相应的系统调用，可以对进程实施控制，如创建、执行、终止、等待等。

2.3.1　进程图

　　进程图（Process Graph）是描述进程族系关系的有向树。在系统中，众多进程之间存在着族系关系：由父进程创建子进程，子进程再创建子进程，从而构成一棵树形进程族系图，如图 2-9 所示。图中节点代表进程。

　　在开机时，首先引导（Boot）操作系统，由引导程序将操作系统从硬盘装入内存；之后生成第 1 个进程（在 UNIX 系统中称为 0 号进程），由它创建 1 号进程及其他内核进程；1 号进程又为每个终端创建命令解释进程（shell 进程）；用户输入命令后又创建若干进程。这样，便形成了一棵进程树。树的根节点（即第 1 个进程 $0^{\#}$）是所有进程的祖先。上一个节点对应的进程是下一层节点对应进程的父进程，如 $1^{\#}$ 进程是 P_{2a}、P_{2i}、$\cdots$、P_{2n} 这些进程的父进程。

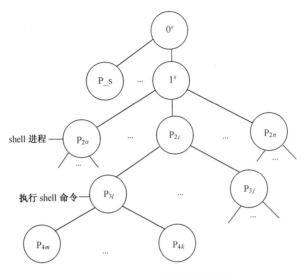

图 2-9　进程创建的层次关系

2.3.2　进程创建

一个进程可以动态地创建新进程，前者称为父进程，后者称为子进程。有 4 类事件会导致创建进程：系统初始化、派生新进程、用户请求创建和批作业初始化。

（1）系统初始化

当开机引导操作系统时，会创建许多进程，其中一些是前台进程，它们与用户交互并为用户提供服务。例如，系统初启时要为每个终端用户创建一个终端进程，由它及其子进程（如 UNIX 系统中的 shell 进程）负责接收并解释用户输入的命令等。其余进程是后台进程，它们不是专为某个或某几个用户服务，而是具有专门的功能，如上节所讲的 1# 进程（它是所有用户进程的祖先）、内存交换、网络服务（如专门接收电子邮件信息和接收 Web 页面请求信息）、网络安全等。诸如此类的进程往往被称为守护进程（daemon）。大型系统中往往有很多守护进程。所以，在系统中运行的进程不仅有用户进程，还有系统进程。

（2）派生新进程

除了在系统初启阶段隐式创建众多进程，还可以显式地创建进程。正在运行的用户进程可以利用操作系统提供的系统调用来创建一个或多个进程，以便协助自己完成任务。例如，要接收来自网络的大量数据，然后进行后续处理，那么可以创建一个进程，负责捕获网上的数据，并把它们放入共享缓冲区；创建第二个进程，它从该缓冲区中取走数据并进行相应处理。这种创建进程的方式很有用。操作系统应一个进程的显式请求而创建新进程的活动称为进程派生。

（3）用户请求创建新进程

为了完成用户的某些请求，操作系统也会创建进程。例如，在交互式系统中，当用户从键盘上输入一条命令或者用鼠标双击一个图标时，操作系统都会建立新进程，由后者运行相应的程序。在 UNIX 和 Windows 系统中，用户可以同时打开多个窗口，每个窗口运行一个进程；通过鼠标用户可以选择一个窗口，并且与该进程交互，如提供所需的数据。

（4）调度新作业

在批处理系统中，提交给操作系统的作业通常存在磁带或磁盘上。当操作系统调度某个作业准备运行前，要把它调入内存，创建相应的进程，为其分配所需的资源，并把新建进程插入就绪队列中。

创建新进程时都要执行创建进程的系统调用（如 UNIX/Linux 系统中的 fork），其主要操作过程有如下 4 步。

① 申请一个空闲的 PCB。从系统的 PCB 表中找出一个空闲的 PCB 项，并指定唯一的进程标识号 PID（即进程内部名）。

② 为新进程分配空间，包括该进程映像的所有成分。根据进程的类型或者（作业创建时）用户提出的申请，为新进程分配私有的用户地址空间（存放其程序和数据）及用户栈。

③ 将新进程的 PCB 初始化。根据调用者提供的参数，将新进程的 PCB 初始化。这些参数包括新进程名（外部标识符）、父进程标识符、处理机状态信息（除了 PC 和系统栈指针，多数置为 0）、进程优先级（通常都置为最低的）、本进程开始地址等。最初，新进程一般不拥有 I/O 设备、文件之类的资源，除非创建它时明确提出请求或者从父进程那里继承。新进程状态一般被设置为就绪状态。

④ 将新进程加入就绪队列。一个进程派生新进程后，有两种可能的执行方式：父进程和子进程同时（并发）执行，或者父进程等待它的某个或全部子进程终止。建立子进程的地址空间也有两种可能的方式：子进程复制父进程的地址空间，或者把程序装入子进程的地址空间。

不同的操作系统采用不同的实现方式来创建进程。例如在 UNIX 系统中，每个进程有唯一的进程标识号（即 PID）。父进程利用 fork 系统调用来创建新进程。父进程创建子进程时，把自己的地址空间制作一个副本，其中包括 user 结构、正文段、数据段、用户栈和系统栈。这种机制使得父进程很容易与子进程通信。两个进程都可以继续执行 fork 系统调用后的指令，但差别是：fork 的返回值（即子进程的 PID）不等于 0 时，表示父进程在执行；而返回值等于 0 时，表示子进程在执行。Linux 系统中也采用这种方式。

子进程被创建后，一般使用 execlp 系统调用——用一个程序（如可执行文件）取代原来内存空间中的内容，然后开始执行。此后，两个进程就各行其道了。父进程可以创建多个子进程。当子进程运行时，如果父进程无事可做，就执行 wait 系统调用，把自己插入睡眠队列中，等待子进程的终止。下面的 C 语言程序展示了 UNIX/Linux 系统中父进程创建子进程及各自分开活动的情况。

```c
#include  <unistd.h>
#include  <sys/types.h>
#include  <stdio.h>

int main(int argc, char *argv[])
{
    int pid;
    pid = fork();                          /* 创建一个子进程 */
    if (pid < 0) {                         /* 出现错误，进程 ID 号不可能小于 0 */
        fprintf(stderr, "Fork Failed");    /* 输出出错消息——Fork Failed */
        return 1;                          /* 程序终止，返回 1 */
    }
    else if (pid == 0) {                   /* 下面是子进程执行 */
        execlp("/bin/ls", "ls", NULL);     /* 执行目录 /bin 下面的 ls 命令 */
```

```
    }
    else {                              /* 下面是父进程执行 */
        wait(NULL);                     /* 父进程等待子进程完成 */
        printf("Child Complete");       /* 输出子进程完成的信息 */
    }
    return 0;                           /* 终止 */
}
```

相反，DEC VMS 操作系统创建新进程后，把一个指定的程序装入该进程的空间中，然后开始运行。而 Microsoft Windows NT 操作系统支持这两种方式：把父进程的地址空间复制给子进程，或者把指定的程序装入新进程的地址空间。

2.3.3 进程终止

导致进程终止的原因很多，可以分为如下三种情况。

（1）正常终止

当一个进程完成自己的任务后（如编译程序完成对用户程序的编译工作），就使用 exit 系统调用，要求操作系统终止它。而在批处理系统中，在作业的最后要有一条 halt 指令，它产生一个中断，通知操作系统：该进程完成工作了。在图形界面环境中，用户通过单击图标或菜单项告诉相应的进程删除所打开的临时文件，然后终止该进程。另外，在分时系统中，当用户退出系统或关闭终端时，系统为该用户建立的进程也被终止。这些终止都是自愿的。

（2）异常终止

在进程运行过程中，如果出现某些错误或故障，会导致进程终止。这类非正常终止的原因很多，包括：运行超时（进程运行时间超出指定的时间限制），内存不足（进程请求的内存超过系统可提供的量），越界错误（进程试图存取不准其存取的内存单元），保护错误（进程试图使用禁用的资源或文件，或者试图以不正确的方式使用它，如写一个只读文件），算术运算错（进程试图进行被禁止的计算，如以 0 做除数，或者要保存的数大于硬件可以容纳的值），等待超时（进程等待某事件发生的时间超过给定的最大值），I/O 故障（在输入或输出过程中出现错误，如无法找到文件、读/写重试次数超出规定值、非法读/写操作），非法指令（进程试图执行不存在的指令，如跳转到数据区去执行），未经授权使用特权指令（进程试图使用专供操作系统使用的指令），数据不可用（一般数据的类型不对，或未被初始化）等。

（3）外部干扰

外部干扰包括：操作员或操作系统的干预（由于某原因，如出现死锁，或者操作员或操作系统终止该进程），父进程终止（当父进程终止时，操作系统自动地终止其所有的子孙进程），父进程请求（父进程有权终止它的任何子孙进程），某个进程使用系统调用（如 UNIX 系统中的 kill）通知操作系统杀死另外的进程等。

一旦系统中出现要求终止进程的事件，便执行终止进程的系统调用（如 UNIX/Linux 系统的 exit）。通常，终止进程的主要操作过程如下：

① 从系统的 PCB 表中找到指定进程的 PCB。若它正处于运行状态，则立即终止该进程的运行。

② 回收该进程所占用的全部资源。

③ 若该进程有子孙进程，则还要终止其所有子孙进程，回收它们所占用的全部资源。

④ 将被终止进程的 PCB 从原来队列中摘走，以后由父进程从中获取数据，并释放它。

为了说明进程执行和终止的过程，下面考虑在 UNIX 系统中的情况。在 UNIX 系统中，用户进程主要作为执行命令的运行单位，这些命令的代码都以系统文件形式存放。当命令执行完，该进程希望终止自己时，就在其程序末尾使用系统调用 exit（status），其中 status 被称为终止码，是终止进程向父进程传送的参数。父进程使用系统调用 wait 等待其子进程的终止。wait 系统调用返回被终止子进程的标识号（PID），所以父进程可以告诉系统是哪个子进程终止了。若父进程终止了，则它的所有子进程就被赋予一个新的父进程，即 init 进程（见 7.3.2 节）。

2.3.4　进程阻塞

一个进程经常需要与其他进程通信。正在运行的进程因为提出的服务请求（如 I/O）未被操作系统立即满足，或者所需数据尚未到达等原因，只能转变为阻塞状态，等待相应事件出现后再把它唤醒。

正在运行的进程通过调用阻塞原语（如 UNIX/Linux 系统的 sleep），主动地把自己阻塞。进程阻塞的过程如下：

① 立即停止当前进程的执行。

② 将现行进程的 CPU 现场送到该进程的 PCB 现场保护区中保存起来，以便重新运行时恢复此时的现场。

③ 把该进程 PCB 中的现行状态由"运行"改为"阻塞"，把该进程插到具有相同事件的阻塞队列中。

④ 转到进程调度程序，重新从就绪队列中挑选一个合适进程投入运行。

在 UNIX 系统中，核心态运行的进程在所需条件不具备时，会调用 sleep(chan, disp) 函数进入睡眠状态，其中参数 chan 是睡眠地址，是指向存放该进程所等待事件对应的核心编码单元的指针，用来表示睡眠原因。如前所述，父进程执行 wait 时，因没有找到其终止状态的子进程而睡眠，则它的 chan 就是指向子进程终止事件信号的指针。参数 disp 是由核心指定的优先数，其值越小，对应的调度优先权越高。

2.3.5　进程唤醒

当阻塞进程所等待的事件出现时（如所需数据已到达，或者等待的 I/O 操作已经完成），则由其他与阻塞进程相关的正运行的进程（如完成 I/O 操作的进程）调用唤醒原语（如 UNIX/Linux 系统的 wakeup），将等待该事件的进程唤醒。可见，阻塞进程不能唤醒自己。

唤醒原语执行过程如下：

① 把阻塞进程从相应的阻塞队列中摘下。

② 将现行状态改为就绪状态，然后把该进程插入就绪队列。

③ 如果被唤醒的进程比当前运行进程的优先级更高，就设置重新调度标志。

阻塞原语与唤醒原语恰好是一对功能相反的原语：调用前者是自己"进入"睡眠，调用后者是把"别人"唤醒。通常成对使用，先有主动睡眠，后有唤醒，否则，前者就要"长眠"了。

在 UNIX 系统中，运行的进程完成某事件（如 I/O 完成、释放缓冲区等）后，往往利用 wakeup(chan)的形式唤醒睡眠进程，其中参数 chan 表示睡眠地址（即睡眠原因）。wakeup 程序唤醒在同一原因上睡眠的所有进程，而不是一次只唤醒一个进程。这样，执行进程调度时，条件最佳的被唤醒进程得到运行。如果进程运行时发现缺少先前等待的事件，它便重新进入睡眠状态。

2.4 线程

很多现代操作系统都支持让一个进程包含多个线程，从而提高程序的并行程度和系统资源的利用率。

2.4.1 线程概念

在上面讨论传统进程概念时讲过，进程体现了两个属性：资源分配的单位和调度运行的单位。作为资源分配的单位，一个进程有自己的地址空间，其中包括程序、数据、PCB 及其他资源，如打开的文件、子进程、未处理的报警、信号、统计信息等。作为调度执行单位，一个进程在执行过程中需要使用一个或多个程序；另外，一个进程的执行过程会与其他进程交叉进行。操作系统根据进程的状态和调度优先级对就绪进程实施调度。

由于进程是资源的拥有者，因此它的负载很重，在实施进程的创建、删除和切换过程中要付出较大的时空开销。这样就限制了系统中进程的数目和并发活动的程度。其实，在很多应用中可以同时发生多个活动，其中有些活动会随着时间的推移被阻塞。通过将这些应用程序分解成多个可以准并行运行的顺序线程，程序设计模型会变得更简单。

进程的上述两个属性其实是彼此独立的，操作系统可以分别对待。所以，为了减少诸如进程创建、删除和切换付出的开销，提高系统的执行效率和节省资源，人们引入了"线程"概念，并在很多现代操作系统中实现。这样就把上述传统进程的两个属性分别赋予不同的实体：进程只作为资源拥有者，而调度和运行的属性赋予新的实体——线程。

线程（thread）是进程中实施调度和分派的基本单位。

如果把进程理解为在逻辑上操作系统所完成的任务，那么线程表示完成该任务的许多可能的子任务之一。例如，用户启动一个窗口中的数据库应用程序，操作系统把对数据库的调用表示为一个进程。假设需要从数据库中产生一份工资单报表，并且传到一个文件中，这是一个子任务；在产生工资单报表过程中，用户又可输入数据库查询请求，这又是一个子任务。于是，操作系统把每个请求——工资单报表和新输入的数据查询——表示为数据库进程中独立的线程。线程可在处理器上独立调度执行。这样，在多处理器环境下就允许几个线程各自在单独的处理器上进行。操作系统提供线程的目的就是方便而有效地实现这种并发性。

1．线程的组成

线程，有时也被称为轻权进程或轻载进程（Light Weight Process，LWP）。线程没有自己的地址空间，隶属于同一进程的所有线程共享分配给该进程的资源。所以，线程的组成比进程简单。线程的组成成分主要有线程控制块、程序计数器、寄存器和用户栈。

每个线程有一个 thread 结构（如图 2-10 所示），即线程控制块（TCB），用于保存自己私有的信息；有一个程序计数器，用来记录下面要执行的指令的地址；拥有一组寄存器，用来保存线程当前的工作变量；还有一个用户栈，用来记录线程执行过程中函数调用的现场信息。

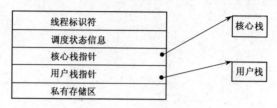

图 2-10　thread 结构

TCB 主要由以下 4 部分组成。

① 一个唯一的线程标识符。

② 调度状态信息，描述处理器工作情况的一组寄存器（如程序计数器、状态寄存器、通用寄存器等）的内容。

③ 每个 thread 结构有两个栈指针：一个指向核心栈，一个指向用户栈。当用户线程转变到核心态方式下运行时，就使用核心栈；当线程在用户态下执行时，就使用自己的用户栈。

④ 私有存储区，存放现场保护信息和其他与该线程相关的统计信息等。

线程是进程的一部分，没有自己的地址空间，必须在某个进程内执行。它所需的其他资源，如代码段、数据段、打开的文件、信号和 I/O 设备等，都由它所属的进程拥有，即：操作系统分配这些资源时以进程为单位。进程不依赖于线程而独立存在。

进程可以包含一个线程或多个线程。其实，传统的进程就是只有一个线程的进程。当一个进程包含多个线程时，这些线程除了自己私有的少量资源，还要共享所属进程的全部资源。

图 2-11 为单线程和多线程的进程模型。

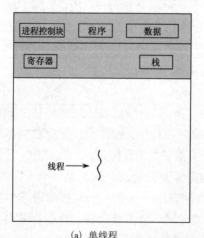
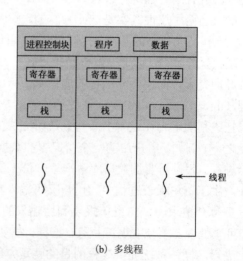

(a) 单线程　　　　　　　　　　(b) 多线程

图 2-11　单线程和多线程的进程模型

在单 CPU 环境中，在一个进程内，这些线程的执行方式类似多个进程并发执行的情况，轮流坐庄。由于同一进程的所有线程共享该进程的地址空间和分配的资源，因此 CPU 在线程之间可以很快来回切换。当然，平均来说，每个线程的速度是单独在实际 CPU 上运行速度的

1/3（就图 2-11(b)而言）。

如果一个进程含有多个线程，这些线程并不像进程之间那样存在很大的独立性。因为它们有完全相同的地址空间（即所隶属进程的地址空间），也就可以共享同一全局变量。这样，一个线程可以读、写或者甚至清除另一个线程的堆栈。然而创建多个线程是让它们密切合作完成一个任务，彼此也就不加保护了。此外，一个进程的所有线程还可以共享一组打开文件、子进程、报警和信号等。

2．线程的状态

与进程相似，线程也有若干状态，如运行状态、阻塞状态、就绪状态和终止状态。

线程是一个动态过程。它的状态转换是在一定的条件下实现的。通常，当一个新进程创建时，该进程的一个线程也被创建。以后，这个线程还可以在它所属的进程内部创建其他线程，为新线程提供指令指针和参数，并为新线程提供私有的寄存器内容和栈空间，放入就绪队列。

当 CPU 空闲时，线程调度程序从就绪队列中选择一个线程，令其投入运行。

线程在运行过程中如果需要等待某事件，就让出 CPU，进入阻塞状态。以后，当该事件发生时，这个线程就从阻塞状态变为就绪状态。

3．线程的管理

① 线程创建。通常，一个进程最初只有一个线程，但该线程有派生新线程的能力，通过调用过程库中的 thread_create 函数可以创建新线程。使用 thread_create 时要提供一个参数——新线程的过程名，但没有必要指明新线程的地址空间，因为它自动运行在创建者线程的地址空间内。创建新线程时，将为新线程建立 thread 结构，分配栈结构等。最后把它设置为就绪状态，放入就绪队列。通常，创建线程后要返回新线程的标识符。

② 线程终止。一个线程完成自己的工作后，通过调用过程库中的 thread_exit 终止自身。此后，它将从系统中消失，不再被调度。

③ 线程等待。在某些线程系统中，一个线程通过调用过程库中的 thread_wait 可以等待指定线程终止。这个过程使调用者线程变为阻塞状态，直至指定的线程终止，它才转为就绪状态。

④ 线程让权。当线程自愿放弃 CPU、让给另外的线程运行时，它可调用过程 thread_yield。

4．线程与进程的关系

① 一个进程可以有多个线程，但至少要有一个线程；并且，一个线程只能在一个进程的地址空间内活动。

② 资源分配给进程，同一进程的所有线程共享该进程的所有资源。

③ 处理机分配给线程，即真正在处理机上运行的是线程。

④ 线程在执行过程中需要协作同步。不同进程的线程间要利用消息通信的办法实现同步。

5．引入线程的好处

① 线程切换开销少。创建进程时，系统要为它分配内存和很多资源；执行进程上下文切换时，须付出较大的时空开销：要保存当前进程的现场，还要恢复选中进程之前保留的环境。这涉及对很多资源的操作。而线程只作为独立调度的基本单位，同一个进程的所有线程共享该进程的资源（除了栈和少量寄存器内容）。显然，创建线程和切换线程上下文要比处理进程快

得多，所需的开销也少得多。

② 提高并发性。利用线程，系统可以方便有效地实现并发性，提高系统效率。进程可创建多个线程，各执行同一进程的不同代码段，实现异步处理，共同完成该进程的任务。这样，不仅进程之间可并发执行，同一个进程中的多个线程也可以并发执行。

③ 提升响应能力。用多线程方式执行交互式应用程序，即使该程序有一部分被阻塞了，或者要执行很长时间，也能保证该程序继续运行，从而提升对用户的响应能力。这在设计用户界面时特别有用。例如，用户敲击键盘是花费时间的，如采用单线程方式，那么在用户敲击键盘的动作完成前，系统不会做出响应，如采用多线程方式，由单独一个线程处理这种费时操作，那么系统会保持对用户的响应。

④ 充分发挥多处理器效能。多处理器系统采用多线程机制，让各线程分别在不同的处理器上运行，从而实现应用程序的并行处理，提高系统的处理速度和效率。

当然，随着线程的引入和应用，也给系统设计带来若干复杂性问题。例如，父进程有多个线程，当父进程利用 fork 系统调用创建子进程时，子进程是否也有这些线程？如果没有，子进程或许不能很好地起作用，因为这些线程可能是必要的。

如果子进程也拥有像父进程一样多的线程，那么，当父进程中的一个线程由于从键盘上读取数据而阻塞时，会发生什么情况？在父进程和子进程中是否各有一个线程被阻塞？当输入一行数据后，两个线程是否都得到该数据？

另一类问题是，若干线程共享多个数据结构，当一个线程关闭一个文件而另一个线程还在从中读取信息时，会产生什么情况？如果一个线程发现内存不足，要求分配更多内存，当分配工作进行一半时，发生线程切换，后面的线程也发现内存不足，要求分配内存，是否分配两次内存？总之，为使多线程程序正确地运行，需要认真思考和精心设计。

2.4.2 线程的实现

在很多系统中已经实现线程，如 Solaris 2、Windows 2000、Linux 等，但是它们实现的方式并不完全相同，主要有在用户空间实现和在内核空间实现两种实现方式。

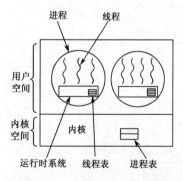

图 2-12　在用户空间实现线程

在用户空间实现线程是指把线程库整个地放在用户空间，内核对线程一无所知，如图 2-12 所示。内核只关心对常规进程进行管理，并不知道线程是否存在。管理线程的工作全部由应用程序完成。这种方式最明显的优点是：在不支持线程的操作系统上也可以实现用户级线程。所有的操作系统都可归为这一类。常见的用户线程库包括 POSIX Pthreads、Mach C-threads 和 Solaris 2 UI-threads。

在用户空间实现线程的优点主要有：① 线程切换速度很快，无须进行系统调度。这比使用系统调用并陷入内核去处理要快得多。② 调度算法可以是应用程序专用的。允许不同的应用程序采用适合自己要求的不同的调度算法，并且不干扰底层的操作系统的调度程序。③ 用户级线程可以运行在任何操作系统上，包括不支持线程机制的操作系统。线程库是一组应用级的实用程序，所有应用程序都可共享。

用户级线程的主要缺点包括：① 系统调用的阻塞问题。在典型的操作系统中，多数系统调用是阻塞式的。当一个线程执行系统调用时，因某种原因（如等待读取信息）不仅它自己被阻塞，而且在同一个进程内的所有线程都被阻塞。② 在单纯用户级线程方式中，多线程应用程序不具有多处理器的优点。因为内核只为每个进程一次分配一个处理器，每次只有该进程的一个线程得以运行，在该线程自愿放弃 CPU 之前，该进程内的其他线程不会运行。

在内核空间实现线程（如图 2-13 所示）时，内核知道线程存在，并对它们实施管理。线程表不在每个进程的空间中，而是在内核空间中。线程表中记载系统中所有线程的情况。当一个线程想创建一个新线程或者删除一个现有线程时，必须执行系统调用，后者通过更新内核空间的线程表来完成上述工作。线程表中的信息与用户级线程相同。另外，内核空间除了保存一个线程表，还保存一个传统的进程表，其中记载系统中所有进程的信息。

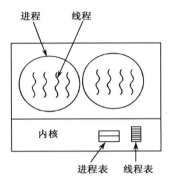

图 2-13　在内核空间实现线程

在内核级线程方式下，将进程作为一个整体来管理，它的有关信息由内核保管。内核进行调度时以线程为基本单位，这种方式克服了用户级线程方式的两个主要缺陷：① 在多处理器系统中，内核可以同时调度同一进程的多个线程；② 如果一个进程的某线程阻塞了，内核可以调度同一个进程的另一个线程。内核级线程方式的一个优点是，内核线程本身也可以是多线程的。

与用户级线程相比，核心级线程方式也存在一些缺点，主要是控制转移开销大。在同一个进程中，从一个线程切换到另一个线程时，需将模式切换到核心态。统计表明，在单 CPU 系统中，针对线程的创建、调度、执行直至完成的时间和线程间同步开销的时间，内核级线程方式都比用户级线程方式高一个数量级。

表面上，利用内核级线程比采用单线程式进程可以明显加快速度；同样，利用用户级线程又可得到更快的速度。然而，能否获得这种效益取决于运行的应用程序。如果一个应用程序内多数线程切换都要进入核心模式，那么用户级线程方式不比内核级线程方式快。

有些操作系统把用户级线程和内核级线程这两种方式结合在一起，从而取长补短。同一个进程的多个用户级线程位于某个或全部内核级线程之上。

在组合方式中，内核只知道内核级线程，也只对它们实施调度。某些内核级线程对应多个用户级线程。这些用户级线程的创建、删除和调度完全在用户空间中进行。

利用组合方式，同一个进程内的多个线程可在多个处理器上并行运行，且阻塞式系统调用不必将整个进程阻塞。所以，组合方式吸收了上述二者的优点，克服了各自的不足。

2.5　进程的同步和互斥

如前所述，进程具有动态性和并发性。由于各进程对资源的共享及为完成一项共同的任务需要彼此合作，便产生了进程间的相互制约的关系。如果对进程的活动不加约束，就会使系统出现混乱，如多个进程的输出结果混在一起，数据处理的结果不唯一，系统中某些空闲的资源无法得到利用等。为了保证系统中所有进程都能正常活动，使程序的执行具有可再现性，就必须提供进程同步机制。

进程间的相互关系主要分为如下 3 种形式。

① 互斥：各进程彼此不知道对方的存在，逻辑上没有关系，由于竞争同一资源（如打印机、文件等）而发生相互制约。

② 同步：各进程不知对方的名字，但通过对某些对象（如 I/O 缓冲区）的共同存取来协同完成一项任务。

③ 通信：各进程可以通过名字彼此之间直接进行通信，交换信息，合作完成一项工作。

2.5.1 竞争条件

2.1.1 节已介绍，多道程序设计带来程序并发执行的特征，进而产生"进程"概念。计算机系统中有很多资源必须互斥使用，如读卡机、打印机等硬件资源和一些公用变量、表格、队列、数据等软件资源。由于资源的固有属性和进程的异步运行，就会出现计算结果不唯一、相互制约等现象。下面分析两个进程公用同一表格的情况。

表 2-1 打印机分配表（初始情况）

打印机编号	分配标识	用户名	设备名
0	1	Meng	PRINT
1	0		
2	1	Liu	OUTPUT

假定进程 Pa 负责为用户作业分配打印机，进程 Pb 负责释放打印机，系统设立一个打印机分配表，由各进程公用，如表 2-1 所示。

Pa 进程分配打印机的过程如下：

① 逐项检查分配标识，找出标识为 0 的打印机号码。

② 把该打印机的分配标识置 1。

③ 把用户名和设备名（由用户定义）填入分配表中相应的位置。

Pb 进程释放打印机的过程如下：

① 逐项检查分配表的各项信息，找出标识为 1 且用户名和设备名与被释放的名字相同的打印机编号。

② 该打印机的标识清 0。

③ 清除该打印机的用户名和设备名。

如果进程 Pb 先执行，它就释放用户 Meng 占用的第 0 号打印机，它的三步动作完成后，再执行 Pa 进程，就能按正常顺序对打印机进行释放和分配。也就是说，只要这两个进程对打印机分配表是串行使用的，那么结果是正确的，不会出现什么问题。

由于进程 Pa 和 Pb 是平等的、独立的，二者以各自的速度并发前进，因此它们的执行顺序有随机性。如果它们按以下次序运行，就会出现问题。

系统调度 Pb 运行：

① 查分配表，找到分配标识为 1、用户名为 Meng、设备名为 PRINT 的打印机，其编号为 0。

② 将 0 号打印机的分配标识置为 0。

接着，系统调度 Pa 运行：

① 查分配表中的分配标识，找到标识为 0 的第 0 号打印机的表项。

② 将分配标识置为1。

③ 填入用户名 Zhang 和设备名 LP。

然后，系统调度 Pb 继续执行：清除 0 号打印机的用户名 Zhang 和设备名 LP。

这样，打印机分配表中的数据就变成如表2-2所示的情况。

由于 0 号打印机的分配标识为 1，又没有用户名和用户定义的设备名，因此它无法被释放。此后，它就再也不能由进程 Pa 分给用户使用了。

表2-2 打印机分配表（出错情况）

打印机编号	分配标识	用户名	设备名
0	1		
1	0		
2	1	Liu	OUTPUT

可以看出，上述分配表中相关信息项的值是与两个进程运行的时间顺序直接相关。

两个或多个进程同时访问和操纵相同的数据时，最后的执行结果取决于进程运行的精确时序，这种情况称为竞争条件（Race Condition）。

对含有竞争条件的程序进行调试是一件令人头疼的事。大多数测试运行结果都正常，但有时会发生一些无法解释的奇怪现象。随着内核数目的增加，并行性增加了，于是竞争条件也变得更常见。为保障执行结果的唯一性，必须采取相应措施。

2.5.2 临界资源和临界区

1. 临界资源和临界区

包含有竞争条件的程序在运行时其结果不确定。实际上，凡涉及共享内存、共享文件、共享任何资源都会出现类似情况。要避免这种情况，关键是找到某种途径来阻止一个以上的进程同时使用这种资源。也就是说，多个进程共享这种资源时必须独占使用，即在一个进程使用期间，不允许其他进程对它做同样的操作。

一次仅允许一个进程使用的共享资源（类）称为临界资源（Critical Resource）。例如，打印机、读卡机、公共变量、表格等资源都是临界资源，也就是独占型资源。

在每个进程中访问临界资源的那段程序称为临界区（Critical Section，CS）。例如，2.5.1 节所写的进程 Pa 和 Pb 的程序段都是 CS 区。

图 2-14 典型进程进入临界区的一般结构

2. 进程进入临界区的一般结构

进程进入临界区都要遵循一种通用模式：进入前要申请，获准后方可进入；执行后要退出，然后才可以执行其他代码。图 2-14 为典型进程进入临界区的一般结构。

3. 临界区进入准则

为使临界资源得到合理使用，必须禁止两个或两个以上的进程同时进入临界区内，即欲进入临界区的进程要满足如下关系：

① 单个进入。如果若干进程要求进入空闲的临界区，则一次仅允许一个进程进入。

② 独自占用。任何时候处于临界区内的进程不可多于一个。如果已有进程进入自己的临界区，那么其他所有试图进入临界区的进程必须等待。

③ 尽快退出。进入临界区的进程一旦完成对相应临界资源的访问，要尽快退出临界区，以便其他进程及时进入自己的临界区。

④ 避免忙等。如果正在运行的进程不能进入自己的临界区，就应让出 CPU，调度其他进程运行，避免出现"忙等"现象。

进程 A 和进程 B 互斥使用临界区的过程如图 2-15 所示。

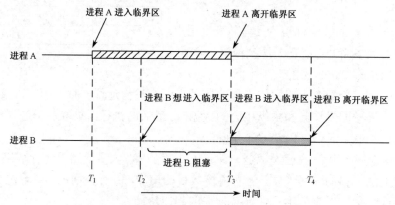

图 2-15　两个进程互斥使用临界区的过程

2.5.3　进程互斥和进程同步

互斥进程遵循上述准则，就能保证安全使用临界资源。由此可见，对系统中任何一个进程而言，它能否正常工作不仅与自身的正确性有关，还与它在执行过程中能否与相关进程实施正确的同步和互斥有关。所以，解决进程间同步和互斥问题是十分重要的。

1. 互斥

逻辑上无关的多个进程由于竞争临界资源而发生的相互制约的关系称为互斥。互斥进程逻辑上彼此无关，各自独立运行；它们在执行时间上没有次序之分，先到先得；竞争使用的资源具有独占型，一个用完另一个再用。所以，互斥进程彼此间存在着间接制约关系。

2. 同步

除了互斥关系，进程间还存在协同操作完成一项任务的情况。例如，SPOOLing 系统的输入功能可以由两个进程 A 和 B 完成，进程 A 负责从读卡机上把卡片上的信息读到一个缓冲区中，进程 B 负责把该缓冲区中的信息进行加工并写到外存输入井中。要实现二者的协同工作，两个进程必须满足如下制约关系：仅当取光该缓冲区中的内容后，进程 A 才能向其中写入新信息；仅当写满该缓冲区后，进程 B 才能从中取出内容做进一步加工和转送工作。可见，在缓冲区内容取空时，进程 B 不应继续运行，需要等待进程 A 送入新信息；反之，当缓冲区中的信息尚未取走时，进程 A 应等待，防止把原有的信息冲掉而造成信息丢失的结果。

逻辑上相关的一组并发进程通过协调活动来使用共有资源而产生的执行时序的约束关系称为同步。

上面公用缓冲区的进程 A 和进程 B 就是一种同步关系。可以看出，同步进程在逻辑上是相关的，是伙伴进程，共同完成一项任务；它们协调使用同一资源，在执行时间的次序上有一定约束；虽然彼此不直接知道对方的名字，但知道对方的存在和作用。这是一种直接制约关系。

2.5.4 互斥方式

为了解决进程互斥进入临界区的问题，需要采取有效措施。从实现机制来说，分为硬件方法和软件方法。

1．利用硬件方法解决进程互斥问题

利用硬件方法解决进程互斥问题有禁止中断和专用机器指令两种常见方式。

（1）禁止中断

在单处理器系统中，最简单的方法是让每个进程在进入临界区后立即关闭所有的中断，在它离开临界区前才重新开放中断。CPU 只在发生时钟中断或其他中断时才会进行进程切换。这样就不会把 CPU 切换到其他进程。因此，一旦禁止中断后，进程就可以放心地向下执行，不必担心其他进程对它进行干扰。

这种把关闭中断的权利交给用户进程的方法存在很大弊病：一旦某进程关闭中断，如果不再开放中断，那么系统可能因此而终止。但是，在操作系统内核中禁止中断的方法是很有用的技术，对一些关键性的数据结构进行更新时往往采取禁止中断的方式。

另外，在多处理器系统中，这种方法并不奏效。因为关闭中断仅对执行本指令的 CPU 起作用，而其他 CPU 照常运行，也就不能保障对临界区的互斥进入。

（2）专用机器指令

很多计算机（特别是多处理器计算机）都有一条名为 TSL（Test and Set Lock，测试并上锁）的指令：

```
    TSL  RX, LOCK
```

把内存字 LOCK 的内容读到寄存器 RX 中，然后在 LOCK 中存入一个非零值。读数和存数的操作是不可分割的，即在这条指令完成前，其他进程不能访问该单元。

下面是使用 TSL 指令进入和退出临界区的一段汇编代码：

```
enter_region:
    TSL     REGISTER, LOCK      /* 将 LOCK 的值复制到寄存器 REGISTER，并将 LOCK 置为 1 */
    CMP     REGISTER, #0        /* 锁是 0 吗 */
    JNE     enter_region        /* 若不是 0，表明已上锁，则循环 */
    RET                         /* 返回调用者，进入临界区 */
leave_region:
    MOVE    LOCK, #0            /* 将 LOCK 置为 0 */
    RET                         /* 返回调用者 */
```

上述解决方案可以防止两个进程同时进入临界区。共享变量 LOCK 的初始值为 0，当某个进程要进入临界区时，就执行子程序 enter_region，测试 LOCK 原来的值是否为 0，并将它的值置为 1。若原来的值不等于 0，则表示已上锁，程序跳到这段代码的开头，重新测试。当进入临界区的进程从临界区退出时，LOCK 的值变为 0。于是，上面执行 enter_region 子程序的进程获得进入临界区的机会。开锁的过程很简单，只需将 LOCK 的值置为 0，然后返回。

利用 TSL 指令解决进程互斥进入临界区问题，方法简单易行，可用于单处理器或共享内

存的多处理器系统上。但其缺点是可能导致"忙式等待"——如果前面已有一个进程进入临界区，后者就不断利用 TSL 指令进行测试并等待前者开锁。另外，在此方式下，进程调用 enter_region 和 leave_region 的时间必须正确，有可能产生饥饿或死锁之类的问题。

2．利用软件方法解决进程互斥问题

利用软件方法也可解决并发进程互斥进入临界区的问题，并且不少专家曾对此问题做过深入研究，提出了各种解决方案，如 Dekker 算法 1~5、Peterson 算法、置锁变量方法、严格"轮流坐庄"法等。然而这些算法有的不能完全解决多个进程互斥问题，有的过于复杂，很难应用。目前，上述软件方法在实际应用中已很少使用。

作为用软件方法解决进程互斥问题的一种方案，下面介绍置锁变量方法。

为解决进程互斥进入临界区的问题，可为每类临界区设置一把锁，该锁有打开和关闭两种状态，进程执行临界区程序的操作按下列步骤进行：

① 关锁。先检查锁的状态，若为关闭状态，则等待其打开，否则将其关闭，继续执行操作②。

② 执行临界区程序。

③ 开锁。将锁打开，退出临界区。

一般情况下，锁可用布尔变量表示，也可用整型量表示。例如，用变量 W 表示锁，其值为 0 表示锁打开，其值为 1 表示锁关闭。这种锁也称软件锁。关锁和开锁的原语可描述如下。

关锁原语 lock(W)：　　　　　　　　　　开锁原语 unlock(W)：

```
    while (W==1) ;                    W=0;
    W=1;
```

下面用锁操作法写一个实现进程互斥执行的程序段。设系统中有一台打印机，进程 A 和 B 都要使用它，以变量 W 表示锁，预先把它的值置为 0。

进程 A：　　　　　　　　　　　　　　进程 B：

```
    ……                              ……
    lock(W);                        lock(W);
    打印信息S;        /* CS区 */      打印信息S;         /* CS区 */
    unlock(W);                      unlock(W);
    ……                              ……
```

用上述软件方法解决进程间的互斥问题有较大的局限性，效果不很理想。例如，只要有一个进程由于执行 lock(W)而进入互斥段运行，则其他进程在检查锁状态时都反复执行 lock(W)原语，从而造成处理机的"忙等"。虽然对上述算法可进行种种改进以便解决问题，但结果并不令人满意。真正有实用价值的软件方法是信号量方法。

3．原语

原语（Primitive）是机器指令的延伸，往往是为完成某些特定的功能而编制的一段系统程序，它在执行时不可分割、不可中断。操作系统在完成某些基本操作时，要利用原语操作。原语操作也被称为"原子操作"（Atomic Action），即一个操作中的所有动作要么全做，要么全不做。为保证操作的正确性，在许多机器中规定，执行原语操作时，要屏蔽中断，以保证其操作的不可分割性。所以，原语操作的代码通常比较短，以便尽快开放中断。另外，原语操作是不

允许并发的。

操作系统的通信机制中设置了若干操作原语,如上面的锁操作和下面的 P、V 操作等。

2.5.5 信号量

信号量(Semaphore)方法是荷兰学者 E.W. Dijkstra 在 1965 年提出的一种解决进程同步、互斥问题的更通用的工具,并在 THE 操作系统中得到实现。信号量也被称为信号灯。

1. 整型信号量

最初,信号量被定义为一个特殊的、可共享的整型量(也被称为整型信号量)。对信号量的操作只能有三个:初始化为一个非负值,以及由 P 和 V 两个操作分别对信号量减 1 和加 1。这些操作都是原子操作。P 操作源于荷兰语 proberen,表示测试;V 操作源于荷兰语 verhogen,表示增加。(注意,在有些文献将 P 操作称为 wait 或者 DOWN 操作,将 V 操作称为 signal 或者 UP 操作。)

P 操作和 V 操作定义的伪代码形式如下:

```
P(S){                                       V(S){
    while(S≤0);    /* 忙等,不执行任何操作 */        S++;
    S--;                                    }
}
```

P(S)测试信号量 S 的值是否大于 0,若是,则 S 的值减 1,程序向下执行,否则循环测试。V(S)只是简单地把 S 的值加 1。P 操作和 V 操作都是原语。

一般使用方式是:当多个进程互斥进入临界区时,需要设置一个信号量 mutex,其初值为 1。这些进程进入、使用和退出临界区的构造形式是一样的。下面是其中任一进程利用信号量实现互斥的伪代码形式:

```
do{
    P(mutex);
    临界区
    V(mutex);
    其他代码区
} while(1);
```

2. 结构型信号量

理论上,利用上述整型信号量和相应操作可以解决进程间的互斥和同步问题,但在实现上这种方法的主要缺点仍是忙式等待问题:当一个进程处于临界区时,其他试图进入临界区的进程必须在入口处持续进行测试。显然,这种循环测试、等待进入的方式在单 CPU 系统中存在很大问题,因为忙式等待要消耗 CPU 的时间,即使其他进程想用 CPU 做有效工作,也无法实现。这种类型的信号量也被称为"转锁"(Spinlock),因为当进程等待该锁打开时要"原地转圈"。然而,在多处理器系统中,转锁仍得到应用。

为克服忙式等待的缺点,人们对信号量和 P、V 操作的定义进行改进,采用结构型信号量。

结构型信号量(又称为记录型信号量,计数信号量,以下简称信号量)一般是由两个成员组成的数据结构。其中一个成员是整型变量,表示该信号量的值,另一个是指向 PCB 的指针。

当多个进程都等待同一个信号量时，它们排成一个队列，由信号量的指针项指示该队列的队首，而 PCB 队列是通过 PCB 自身所包含的指针项进行链接的。最后一个 PCB（即队尾）的链接指针为 0。对信号量只能执行三种操作：初始化、P 操作和 V 操作，它们都是原子操作。

可以将信号量定义为如下结构（C 语言）：

```
typedef struct{
    int value;
    struct PCB *list;
} semaphore;
```

信号量的值与相应资源的使用情况有关。当它的值大于 0 时，表示当前可用资源的数量；当它的值小于 0 时，其绝对值表示等待使用该资源的进程个数，即在该信号量队列上排队的 PCB 的个数。信号量的一般结构和 PCB 队列如图 2-16 所示。

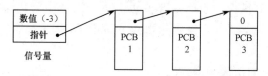

图 2-16　信号量的一般结构和 PCB 队列

对信号量的操作有如下严格限制：

① 信号量可以赋初值，且初值为非负数。信号量的初值可由系统根据资源情况和使用需要来确定。在初始条件下，信号量的指针项可以置为 0，表示队列为空。

② 在使用过程中，信号量的值可以修改，但只能由 P 和 V 操作来访问，不允许通过其他方式来查看或操纵信号量。

设信号量为 S，对 S 的 P 操作记为 P(S)，对 S 的 V 操作记为 V(S)。

P(S)顺序执行下述两个动作：

① 信号量的值 S.value 减 1。

② 若其值大于等于 0，则该进程继续执行，否则把该进程的状态置为阻塞，把相应的 PCB 链入该信号量队列的末尾，放弃处理机，进行等待（直至其他进程在 S 上执行 V 操作，释放它）。

V(S)顺序执行下述两个动作：

① 信号量的值 S.value 加 1。

② 若其值大于 0，则该进程继续运行，否则释放信号量队列上的第一个 PCB（即信号量指针项所指向的 PCB）所对应的进程 Q（把阻塞状态改为就绪状态），执行 V 操作的进程继续运行。

在具体实现时应注意，P、V 操作都是原语，用类程序语言分别描述如下：

```
void P(semaphore S){               void V(semaphore S){
    S.value--;                         S.value++;
    if (S.value<0){                    if (S.value<=0){
        把这个进程加到 S.list 队列;          从 S.list 队列中移走进程Q;
        block();                           wakeup(Q);
    }                                  }
}                                  }
```

其中，block 操作挂起调用它的进程，而 wakeup(Q)操作将进程 Q 移到就绪队列中。这两个操作被操作系统作为基本系统调用。

上述将阻塞状态进程链入相应队列末尾，以及将队列的队首进程从阻塞队列中移至就绪队列中，采用的方法是 FIFO（即先入先出）策略。然而，具体实现并不限于此，管理队列可以采用任何一种链接策略。信号量使用是否正确与信号量队列的排队策略无关。

从物理概念上讲，当信号量 S 的值>0 时，S 的值表示可用资源的数量。执行一次 P 操作意味着请求分配一个单位资源，因此 S 的值减 1。若 S 的值=0，则表示可用资源现已分光。当 S 的值<0 时，表示请求者必须排队，等待其他进程释放该类资源，此时 S 的绝对值就是排队者的个数。而执行一次 V 操作意味着释放一个单位资源，因此 S 的值加 1；当 S 的值≤0 时，表示有某些进程正在等待该资源，所以要把队首的进程唤醒，而释放资源的进程总是可以运行下去的。

由于信号量本身是系统中若干进程的共享变量，所以，P、V 操作本身就是临界区，对它们的互斥进入可借助于更低级的同步工具来实现，如关锁、开锁操作等。

3．二值信号量

二值信号量是上述信号量的一种特例，它的值只能在 0 和 1 之间选择。依赖于底层的硬件体系结构，二值信号量比计数信号量更容易实现。二值信号量类似互斥锁。

二值信号量及其操作的定义用 C 语言描述如下：

```
typedef struct{
    enum{false, true} value;               /* 枚举量 */
    struct PCB *list;
} B_semaphore;

void P_B(B_semaphore S){
    if (S.value == true)
        S.value = false;
    else{
        把该进程放入 S.list 队列;
        block();
    }
}
void V_B(B_semaphore S){
    if(S.list == NULL)
        S.value = true;
    else{
        从 S.list 队列中移走进程 Q;
        wakeup(Q);
    }
}
```

设 S 是一个计数信号量，下面用二值信号量来实现它。首先，定义如下数据结构：

```
B_semaphore S1, S2;
int  c;
```

然后，初始化 S1 和 S2：

```
S1.value = true;                        /* true 的值等于 1 */
S2.value = false;                       /* false 的值等于 0 */
```

并且整数 c 的值被置为计数信号量 S 的初值。

用二值信号量实现计数信号量 S 上 P、V 操作的算法描述如下。

P 操作：   V 操作：

```
P_B(S1);                                P_B(S1);
c--;                                    c++;
if (c<0){                               if (c<=0)
  V_B(S1);                                V_B(S2);
  P_B(S2);                              V_B(S1);
}
else V_B(S1);
```

2.5.6 信号量的一般应用

信号量机制可以解决并发进程的互斥和同步问题。

1. 用信号量实现进程互斥

考虑 2.5.1 节介绍的对打印机分配表的互斥使用情况，可用信号量实现对分配表的互斥操作，设一个互斥信号量 mutex，其初值为 1。这样，Pa（分配进程）和 Pb（释放进程）的临界区代码如下所示。

Pa：   Pb：

```
...                                     ...
P(mutex)                                P(mutex)
分配打印机                               释放打印机
(读/写分配表)                            (读/写分配表)
V(mutex)                                V(mutex)
...                                     ...
```

分析：如果 Pb 先运行，那么当它执行 P(mutex)后，由于 mutex=0，Pb 进入临界区。在 Pb 退出临界区之前，若由于某种原因（如时间片到时）发生进程调度转换，则选中 Pa 投入运行；当 Pa 执行 P(mutex)时，因 mutex=-1 而进入等待队列，直到 Pb 退出临界区后，Pa 才能进入临界区。反之，结果也是正确的。

可见，利用信号量实现互斥的一般模型如下：

```
进程 P1            进程 P2            ...            进程 Pn
...               ...                              ...
P(mutex);         P(mutex);                        P(mutex);
临界区             临界区                            临界区
V(mutex);         V(mutex);                        V(mutex);
...               ...                              ...
```

其中，信号量 mutex 用于互斥，初值为 1。

使用 P、V 操作实现互斥时应注意：① 每个程序中用于实现互斥的 P(mutex)和 V(mutex)

必须成对出现，先做 P 操作后做 V 操作，夹在二者中间的代码段就是该进程的临界区；② 互斥信号量 mutex 的初值一般为 1。

2．用信号量实现进程简单同步

考虑 2.5.3 节中对缓冲区的同步使用问题，供者和用者对缓冲区的使用如图 2-17 所示。

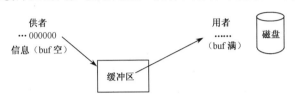

图 2-17　简单供者和用者对缓冲区的使用关系

供者和用者间要交换两个消息：缓冲区空和缓冲区满的状态。当缓冲区空时，供者进程才能把信息存入缓冲区中；当缓冲区满时，表示其中有可供加工的信息，用者进程才能从中取出信息。用者不能超前供者，即缓冲区中未存入信息时不能从中取出信息；如供者已把缓冲区写满，但用者尚未取走信息时，供者不能又写入信息，避免冲掉前面的信息。

为此，设置两个信号量：S1 表示缓冲区是否空（0 表示不空，1 表示空）；S2 表示缓冲区是否满（0 表示不满，1 表示满）。规定 S1 和 S2 的初值分别为 1 和 0，则对缓冲区的供者进程和用者进程的同步关系用下述方式实现：

供者进程：　　　　　　　　　　　　　　　用者进程：

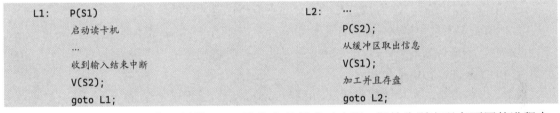

在同步算法中，同一信号量的 P、V 操作也必须成对出现，但是分别出现在不同的进程中。在代码中，P、V 操作出现的顺序与信号量的初值设置有关。例如，本例中若 S1 和 S2 的初值都为 0，那么供者进程代码中 P(S1) 应出现在 V(S2) 后。请读者自行把这种初值设置条件下供者和用者的程序代码写完整，并分析其执行结果是否正确。

2.6　经典进程同步问题

在多道程序环境下，进程同步是一个十分重要而又令人感兴趣的问题。下面介绍几个不同的同步问题，它们代表着几大类并发控制问题。

1．生产者-消费者问题

在计算机系统中，通常每个进程都要使用资源（硬资源和软资源，如缓冲区中的数据、通信的消息等），还可以产生某些资源（通常是软资源）。例如，在上例中，供者进程将读卡机读入的信息送入缓冲区，而用者进程从缓冲区中取出信息进行加工，因此供者进程相当于生产者，用者进程相当于消费者。如果还有一个打印进程，它负责打印加工的结果（设放在另一个缓冲区中），那么在输出时，刚才的用者进程就是生产者，打印进程就是消费者。

所以，针对某类资源抽象地看，若一个进程能产生并释放资源，则该进程称为生产者；若一个进程单纯使用（消耗）资源，则该进程称为消费者。因此，生产者 - 消费者问题是同步问题的一种抽象，是进程同步、互斥关系方面的一个典型，可以表述如下：一组生产者进程和一组消费者进程（设每组有多个进程）通过缓冲区发生联系，生产者进程将生产的产品（数据、消息等统称为产品）送入缓冲区，消费者进程从中取出产品。假定缓冲区有 N 个，设想成一个环形缓冲池，如图 2-18 所示。其中，有斜线的部分表示该缓冲区中放有产品，否则为空。

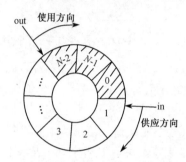

图 2-18　生产者-消费者问题的环形缓冲池示意

为了使这两类进程协调工作，防止盲目的生产和消费，它们应满足如下同步条件。也就是说，进程在前进到某些位置时要发出信息，条件满足后才可继续执行。

① 任一时刻所有生产者存放产品的单元数不能超过缓冲区的总容量（N）。

② 所有消费者取出产品的总量不能超过所有生产者当前生产产品的总量。

设缓冲区的编号为 0～N-1，in 和 out 分别是生产者进程和消费者进程使用的指针，指向下面可用的缓冲区，初值都是 0。

设置三个信号量：两个计数信号量 full 和 empty，一个互斥信号量 mutex。

❖ full：表示放有产品的缓冲区数，其初值为 0。

❖ empty：表示可供使用的缓冲区数，其初值为 N。

❖ mutex：互斥信号量，初值为 1，表示各进程互斥进入临界区，保证任何时候只有一个进程使用缓冲区。

下面是解决这个问题的算法描述。

生产者进程：　　　　　　　　　　　　　　消费者进程：

```
while (TRUE) {                    while (TRUE){
    P(empty);                         P(full);
    P(mutex);                         P(mutex);
    产品送往 buffer(in);              从 buffer(out)中取出产品
    in=(in+1) mod N;   /* 以 N 为模 */   out=(out+1) mod N;    /* 以 N 为模 */
    V(mutex);                         V(mutex);
    V(full);                          V(empty);
}                                 }
```

在生产者 - 消费者问题中应注意下面三点：

① 在每个程序中必须先做 P(mutex)，后做 V(mutex)，二者要成对出现。夹在二者中间的

代码段就是该进程的临界区。

② 对同步信号量 full 和 empty 的 P、V 操作同样必须成对出现，但它们分别位于不同的程序中。

③ 无论在生产者进程中还是在消费者进程中，两个 P 操作的次序不能颠倒：应先执行同步信号量的 P 操作，再执行互斥信号量的 P 操作，否则可能造成进程死锁（见第 8 章）。

请针对以下情况分析上述方案中各进程的执行过程：

① 只有生产者进程在执行，消费者进程未被调度执行。

② 消费者进程要超前生产者进程执行。

③ 生产者进程和消费者进程被交替调度执行。

2. 读者–写者问题

读者–写者问题也是一个著名的进程互斥访问有限资源的同步问题（1971 年由 Courtois 等人解决），描述如下：一个航班预订系统有一个大型数据库，很多竞争进程要对它进行读、写。（其实，这个共享资源可以是一个文件、一个内存块甚至是一组处理器寄存器。）允许多个进程同时读该数据库，但是在任何时候如果有一个进程写（即修改）数据库，就不允许其他进程访问它——既不允许写，也不允许读。显然，系统中读者（进程）和写者（进程）各有多个，各读者的执行过程基本相同。同样，各写者的执行过程也基本相同。

这个问题不同于一般的互斥问题，也不同于生产者–消费者问题。读者不写，写者不读。假如任何进程都可以读写数据库，反而简单了，成为一般的互斥问题，每个进程对数据库访问的那段程序是临界区。但这种一般互斥的解决办法的效率太低。另外，它也不能简化成上面的生产者–消费者问题：生产者不是写者，它要读取缓冲区指针，确定产品送往何处；消费者也不是读者，它必须调整指针，确定从哪个缓冲区中取出产品。

本问题中，处理写者比较简单：设置一个写互斥信号量 wmutex，只要有一个写者访问数据库，就不允许任何写者/读者访问它。读者也要用到 wmutex：当一批读者到来时，其第一个读者要确定有无写者正在访问它；如有，就要等待。只要第一个读者进入，后面接踵而来的读者就无须等待。最后一个读者要开放写临界区。设立一个全局变量 readcount，用来记录读者活动的情况。还要设置一个读互斥信号量 rmutex，用来保证正确实施对 readcount 的更新。

下面是解决这个问题的一种算法。设置两个信号量：读互斥信号量 rmutex 和写互斥信号量 wmutex，一个读计数器 readcount，它是一个整型变量，初值为 0。

rmutex：用于读者互斥地访问 readcount，初值为 1。

wmutex：用于保证一个写者与其他读者/写者互斥地访问共享资源，初值为 1。

读者：

```
while (TRUE){
    P(rmutex);
    readcount = readcount+1;
    if (readcount == 1)
        P(wmutex);
    V(rmutex);
    执行读操作
    P(rmutex);
```

写者：

```
while (TRUE){
    P(wmutex);
    执行写操作
    V(wmutex);
}
```

```
        readcount = readcount-1;
        if (readcount == 0)
            V(wmutex);
        V(rmutex);
        使用读取的数据
    }
```

这个算法隐含读者的优先级高于写者。当若干读者正使用数据库时，如果出现一个写者，它必须等待。即写者必须一直等到最后一个读者离开数据库，才得以执行。请修改上面的算法，使写者的优先权高于读者。

3. 哲学家进餐问题

Dijkstra 在 1965 年提出并且解决了称为哲学家进餐（The Dining Philosophers Problem）的同步问题。问题描述如下（如图 2-19 所示）：五位哲学家围坐在一张圆桌旁进餐，每人面前有一只碗，各碗之间分别有一根筷子。每位哲学家在用两根筷子夹面条吃饭前独自进行思考，感到饥饿时便试图占用其左、右最靠近他的筷子，但他可能一根也拿不到；他不能强行从邻座手中拿过筷子，而且必须用两根筷子进餐；餐毕，要把筷子放回原处并继续思考问题。

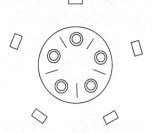

图2-19　哲学家进餐问题

简单的解决方案是，用一个信号量表示一根筷子，5 个信号量构成信号量数组 chopstick[5]，所有信号量初值为 1。第 i 个哲学家的进餐过程可描述如下：

```
while(TRUE){
    思考问题
    P(chopstick[i]);
    P(chopstick[(i+1)mod 5]);
    进餐
    V(chopstick[i]);
    V(chopstick[(i+1)mod 5]);
}
```

上述算法可保证两个相邻的哲学家不可能同时进餐，但不能防止五位哲学家同时拿起各自左边的筷子又试图去拿右边的筷子，这样会引起他们都无法进餐而无限期等待下去的状况，即发生死锁（见第 8 章）。

针对这种情况，解决死锁的方法如下：

① 最多只允许 4 个哲学家同时拿筷子，从而保证有一人能够进餐。

② 仅当某哲学家面前的左、右两支筷子均可用时，才允许他拿起筷子。

③ 奇数号哲学家先拿左边的筷子，偶数号的先拿右边的筷子。

其中方法①最简单，其算法（C 语言）描述如下。程序中使用了一个信号量数组 chopstick[5]，对应 5 根筷子，各元素初值均为 1；将允许同时拿筷子准备进餐的哲学家数量看作一种资源，定义成信号量 count，初值为 4；哲学家进餐前先执行 P(count)，进餐后执行 V（count）。

```
typedef struct{                        /* 定义结构型信号量 */
    int  value;
    struct  PCB *list;
```

```
} semaphore;
semaphore chopstick[5] = {{1},{1},{1},{1},{1}};    /* 信号量数组初始化 */
semaphore count = {4};                             /* 允许同时拿筷子准备进餐的人数 */
int  I;                                            /* 第几位哲学家 */
```

第 I 个哲学家进程 ProcessI：

```
while(TRUE){
    Think;                                /* 哲学家在思考问题 */
    P(count);
    P(chopstick[I]);                      /* 试图拿左边筷子 */
    P(chopstick[(I+1) mod 5]);            /* 试图拿右边筷子 */
    Eat;                                  /* 进餐 */
    V(chopstick[I]);                      /* 左边筷子放回原处 */
    V(chopstick[(I+1) mod 5]);            /* 右边筷子放回原处 */
    V(count);
}
```

上面是用 C 语言描述的算法，并不是完整程序。读者如有兴趣，可以补充 P、V 操作代码，编译并运行上面的程序。

4. 打瞌睡的理发师问题

理发师问题是另一个经典的 IPC（Inter-Process Communication，进程间通信）问题（如图 2-20 所示）：理发店有一名理发师，还有一把理发椅和几把座椅，等待理发者可坐在上面；如果没有顾客，理发师就坐在理发椅上打盹；当顾客到来时，唤醒理发师；如果顾客到来时理发师正在理发，该顾客就坐在椅子上排队；如果满座，他就离开这个理发店，到别处去理发。要为理发师和顾客各编写一段程序，描述他们的行为，并利用信号量机制保证上述过程的实现。

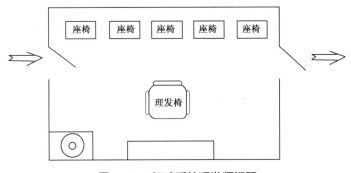

图 2-20 打瞌睡的理发师问题

理发师和每位顾客分别是一个进程。理发师开始工作时，先看看店内有无顾客：如果没有，他就在理发椅上打瞌睡；如果有顾客，他就为等待时间最久的顾客服务，且等待人数减 1。

每位顾客进程开始执行时，先看店内有无空位：如果没有空位，就不等了，离开理发店；如果有空位，则排队，等待人数加 1；如果理发师在打瞌睡，就唤醒他工作。

可见，理发师进程与顾客进程需要协调工作，还要对等待人数进行操作，所以对表示等待人数的变量 waiting 要互斥操作。

设如下三个信号量。

❖ customers：记录等候理发的顾客数（不包括正在理发的顾客），初值为 0。

❖ barbers：等候顾客的理发师数，初值为0。

❖ mutex：用于对 waiting 变量的互斥操作。

再设一个计数变量 waiting，表示正等候理发的顾客人数，初值为0。实际上，waiting 是 customers 的副本，但它不是信号量，所以可在程序中对它进行增减等操作。另外，设顾客座椅数（CHAIRS）为5。下面是解决这个问题的一种算法：

```
#define CHAIRS  5

typedef struct{
    int  value;
    struct  PCB *list;
} semaphore;

semaphore customers = {0};
semaphore barbers = {0};
semaphore mutex = {1};
int waiting = 0;

void barber(void) {
    while (TRUE){
        P(customers);              /* 若没有顾客，则理发师打瞌睡 */
        P(mutex);                  /* 互斥进入临界区 */
        waiting--;
        V(barbers);                /* 一个理发师准备理发 */
        V(mutex);                  /* 退出临界区 */
        cut_hair();                /* 理发（在临界区之外） */
    }
}


void customer(void) {
    P(mutex);                      /* 互斥进入临界区 */
    if (waiting < CHAIRS){
        waiting++;
        V(customers);              /* 若有必要，则唤醒理发师 */
        V(mutex);                  /* 退出临界区 */
        P(barbers);                /* 若理发师正忙着，则顾客打瞌睡 */
        get_haircut();
    }
    else
        V(mutex);                  /* 店里人满了，不等了 */
}
```

理发师为一名顾客理发后，要查看还有无等候的顾客。当没有等候的顾客时，理发师才能打瞌睡。所以在程序中要使用 while 语句，保证理发师循环地为下一位顾客服务。每位顾客在理完发后就离开理发店，不会重复理发。

2.7 管程

利用信号量机制可以解决进程间同步问题，但要设置很多信号量，使用大量的 P、V 操作，还要仔细安排 P 操作的出现顺序（很麻烦），否则会导致计算结果不确定或出现死锁。例如，将生产者代码中的两个 P 操作的次序颠倒，就会产生死锁（见第 8 章）。为了解决这类问题，20 世纪 70 年代中期，Brinch Hansen 和 Hoare 按照抽象数据类型思想分别提出管程（Monitor）这个高级同步机制。

管程概念的定义是：管程定义一个数据结构和能为并发进程在其上执行的一组操作，这组操作能实现进程互斥/同步，能改变管程中的数据。

管程由管程名称、局部于管程的共享数据的说明、对数据进行操作的一组过程和对该共享数据赋初值的语句 4 部分组成。图 2-21 为管程的结构，定义了一种共享数据结构。

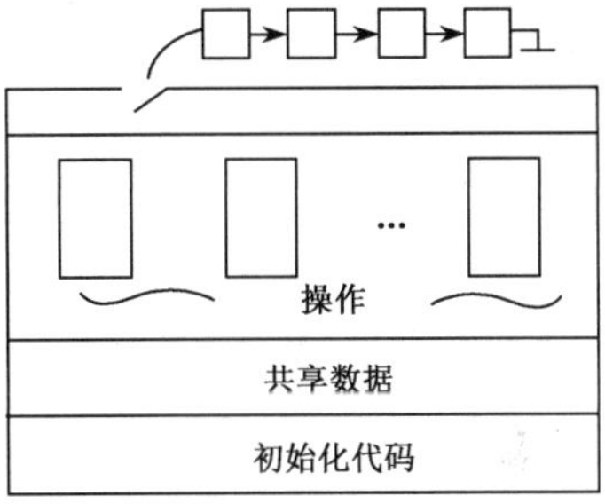

管程已由多种语言实现，如并发 Pascal、Pascal+、Modula-2、Modula-3 和 Java 等，现在它已作为程序库实现。

管程具有以下三个特性：

① 管程内部的局部数据变量只能被管程内定义的过程所访问，不能被管程外面声明的过程直接访问。

图 2-21 管程结构

② 进程要想进入管程，必须调用管程内的某个过程。

③ 一次只能有一个进程在管程内执行，而其余调用该管程的进程都被挂起，等待该管程成为可用的。即管程能有效地实现互斥。

前两个特性就像面向对象软件中的对象。实际上，面向对象的操作系统或程序设计语言可以很容易地实现管程——把它作为具有某种特性的对象。

为了保证一次只有一个进程在管程内活动，管程提供互斥机制。进入管程时的互斥由编译程序负责，通常是使用一个二值信号量。由于实现互斥是由编译程序完成的，不用程序员编程实现，因此出错的概率很小。程序员不必关心如何互斥进入临界区的问题，只需要将所有临界区的操作转换成管程中的过程即可。

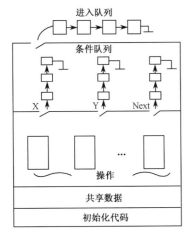

图 2-22 带条件变量的管程结构

为了体现并发处理的优势，管程应包括同步工具。例如，一个进程调用管程，当进入该管程的进程所等待的某个条件未满足时，这个进程必须挂起。在此情况下，不仅需要一个工具挂起该进程，还要释放该管程，以便其他进程可以进入。以后，当所需条件满足了，且该管程处于可用的情况下，就要恢复该进程的执行，让它由先前的挂起点重新进入该管程。

解决这个问题的办法是引入条件变量及相关的两个操作原语：wait 和 signal。条件变量包含在管程内，且只能在管程内对它进行访问，如图 2-22 所示。

例如，定义两个条件变量 x 和 y：

```
condition x, y;
```

操作 wait(x)：挂起等待条件 x 的调用进程，释放相应的管程，以便供其他进程使用。

操作 signal(x)：恢复执行先前因在条件 x 上执行 wait 而挂起的那个进程。如果存在几个这样的进程，就从中挑选一个，否则什么也不做。

注意，管程中的条件变量不是计数器，不能像信号量那样积累信号供以后使用。如果一个在管程内活动的进程执行 signal(x) 而在 x 上没有等待着进程，那么它发送的信号将丢失。换句话说，wait 操作必须在 signal 操作前。这条规则使实现更加简单。

管程自动实现对临界区的互斥，因而用它进行并行程序设计比用信号量更容易保证程序的正确性。但它也有某些缺点：管程是一个程序设计语言的概念，编译程序必须能够识别管程，并用某种方式实现互斥。然而，C、Pascal 及多数编程语言都不支持管程。所以，指望这些编译程序实现互斥规则是不可靠的。实际上，编译程序如何知道哪些过程属于管程内部、哪些不属于管程也是个问题。

虽然上述语言都没有使用信号量，但增加信号量很容易，只要在库中添加两个小的汇编代码例程，用来提供对信号量操作的 P 和 V 系统调用即可。

另一个问题是：在分布式系统中有多个 CPU，每个 CPU 有自己的内存，它们通过网络互连在一起，此时上述有关管程和信号量的操作原语将失效，因为它们只能解决访问公共内存的一个或多个 CPU 的互斥问题。

2.8　进程通信

一个进程对某个信号量的操作可使其他相关进程获得一些信息，从而决定它们能否马上进入临界区执行。但是，信号量能传递的信息量是非常有限的，通信效率低。如果用它实施进程间数据的传送，就会增加程序的复杂性，使用不方便，甚至会因使用不当而产生死锁。为了解决进程间消息通信问题，人们研究和设计了高级通信机构。

进程通信是指进程间的信息交换。各进程在执行过程中为合作完成一项共同的任务，需要协调步伐，交流信息。进程间交换的信息量可多可少，少者仅是一个状态或数值，多者可交换成千上万字节的数据。

上述进程的互斥和同步机构因交换的信息量少，被归结为低级进程通信。本节介绍高级进程通信，它们是方便高效地交换大量信息的通信方式。

高级进程通信方式有很多种，大致可归并为共享内存、消息传递和管道文件三类。

2.8.1　共享内存

共享内存方式在内存中分配一片空间作为共享存储区。需要进行通信的各进程把共享内存附加到自己的地址空间中，然后像正常操作一样对共享区中的数据进行读或写。如果用户不需要某个共享内存区，可以把它取消。通过对共享内存的访问，相关进程间就可以传输大量数据。

2.8.2　消息传递

消息传递系统的功能是允许进程彼此进行通信，而不必借助共享数据。这种方式既可实现进程的同步，又可实现在协作进程间交换信息。另外，消息传递既可以在单 CPU 系统中实现，又可以在共享内存的多 CPU 系统中和分布式系统中实现。

消息传递系统有多种形式，通常提供两个原语，即 send 和 receive。它们与信号量相似，而与管程不同。它们是系统调用，而不是编程语言的构造。

send 和 receive 的一般格式如下：

```
send (destination, message)
receive (source, message)
```

前者向给定的目标进程 destination 发送一条消息 message；后者接收来自给定源进程 source 的一条消息 message。如果没有可用的消息，就接收进程可能被阻塞，直至有一条消息到来，或者返回一个错误码。

在设计消息传送系统时涉及同步、寻址、消息格式和排队规则等问题。

1. 同步

两个进程间进行消息通信，意味着它们彼此需要同步。在一个进程发送消息前，接收进程不能接收消息。当一个进程发出 send 或 receive 原语后会出现多种可能的情况：各自阻塞或不阻塞的各种组合。对不同组合要采取相应办法予以解决。

2. 寻址

从 send 和 receive 格式中可以看到，使用它们时不仅要指明是哪条消息，还要分别指明接收方和发送方是谁。指明对方的方式很多，可分为直接通信方式和间接通信方式两大类。

在直接通信方式下，进行通信的每一方都必须显式地指明消息接收方或发送方是谁。在发送方和接收方之间必须建立一条链路，这种方式是对称寻址，即发送进程和接收进程都必须正确叫出对方的名字。这种方式的一个变种是非对称寻址，即只有发送方知道接收方的名字，而接收方不必知道发送方的名字。非对称寻址方式在不能指定预期源进程的情况下很有用。例如，打印服务器进程可以接收来自其他任何进程的打印请求消息。

在间接通信方式下，消息不是直接由发送方发送到接收方，而是发送到一个共享的数据结构中，该结构由临时存放消息的队列组成，通常称为信箱或者端口。发送方把消息送到信箱，接收方从信箱中取走消息，且每个信箱有唯一的标识。在这种方式下，一个进程可以通过不同的信箱与其他进程通信，仅当两个进程共享一个信箱时才能通信。

信箱可分为如下三类。

① 公用信箱：由操作系统创建，系统中所有被核准进程都可使用它。既可以把消息送到该信箱中，又可从中取出发给自己的消息。

② 共享信箱：由某进程创建，对它要指明共享属性及共享进程的名字。信箱的创建者和共享者都可从中取走发给自己的消息。

③ 私有信箱：用户进程为自己创建的信箱。创建者有权从中读取消息，而其他进程（用户）只能把消息发送到该信箱中。

间接通信方式为消息应用带来更大灵活性。发送方和接收方之间可存在一对一、多对一、一对多或多对多的关系。

3. 消息格式

消息格式取决于消息机制的目标和在什么系统上运行，如是在单 CPU 系统上还是在分布式系统上。有些操作系统采用短的、定长的消息，这样可以减少处理和存储的开销。而另一些系统采用变长的消息，这样可以有更大的灵活性。

图 2-23　一般消息格式

图 2-23 为一般消息格式，适用于支持变长消息的操作系统。消息分为消息头和消息体两部分。消息头包含有关消息的信息，而消息体包含消息的实际内容。消息头中除了上面所示信息，还可以有附加的控制信息，如指向消息队列的指针、消息序号、优先权等。

4. 排队规则

最简单的排队规则是先进先出。如果某些消息比别的消息更紧急，这种方法就不适用了。

另一种办法是优先权法，即根据消息的类型或发送方发送的目的地为消息指定优先权。

还有一种办法是让接收方检查消息队列，从中选出需要接收的消息。

5. 用消息传递方式解决生产者-消费者问题

假设所有的消息都有相同的大小，操作系统自动将已发送、但尚未被接收的消息存入缓冲区中，共有 N 条消息，类似共享 N 个缓冲区。消费者首先将 N 条空消息发送给生产者，当生产者向消费者传递一个数据项时，它取走一条空消息，并送回一条填上内容的消息。这样，系统中消息总数不变，可以存放在事前给定的内存中。

若生产者的速度比消费者快，则最终所有的消息都被填满，于是生产者被阻塞，等待消费者返回一条空消息。反之，则最终所有的消息为空，消费者被阻塞，等待生产者填入一条消息。解法如下：

```
#define       N   100            /* 缓冲区个数 */
void producer(void) {
    int  item;
    message  m;                   /* 消息缓冲区 */
    while(TRUE) {
        item = produce_item();    /* 生成一些数据放入缓冲区 */
        receive(consumer, &m);    /* 等待一条空消息到达 */
        build_message(&m, item);  /* 构造一条可供发送的消息 */
        send(consumer, &m);       /* 向消费者发送一个数据项 */
    }
}
void consumer(void) {
    int  item, i;
    message  m;
    for (i = 0; i < N; i++)
    send(producer, &m);           /* 发送 N 条空消息 */
    while(TRUE) {
        receive(producer, &m);    /* 接收一条包含数据的消息 */
        item = extract_item(&m);  /* 从消息中提取数据项 */
        send(producer, &m);       /* 发回空消息作为应答 */
```

```
        consume_item(item);         /* 使用数据项进行操作 */
    }
}
```

2.8.3 管道文件

利用管道文件可以实现两个或多个进程间的直接通信。很多系统中采用了这种通信机制，如 UNIX、Linux、MS-DOS 系统等。

通常，管道中的各命令是系统中已有的应用程序。用户使用时只要进行适当组合，用管道符号"|"把它们连接起来就可以了。这样书写简便，并且用户可以把注意力集中在整个命令行的执行效果上，而不必关心管道线中每个命令实现的细节。

例如，在 UNIX 系统中

```
$ who | wc -l
5
```

表明当前系统中有 5 个用户在工作。

```
$ cal file1 | more
```

将在屏幕上分屏显示文件 file1 的内容。

一个管道线就是连接两个进程的一个打开文件。一个进程向该文件写入信息，另一个进程从该文件中读出信息，由系统自动处理二者间的同步、调度和缓冲。pipe 文件允许两个进程按先进先出（FIFO）的方式传送数据，而它们可以彼此不知道对方的存在。pipe 文件不属于用户直接命名的普通文件，是利用系统调用 pipe 创建的，在同族进程间进行大量信息传送的打开文件。进程可以利用相关系统调用（如 read、write 等）对它进行操作。一个进程建立 pipe 文件后，其子进程可以共享该文件，但其他进程不能共享。管道文件机制如图 2-24 所示。

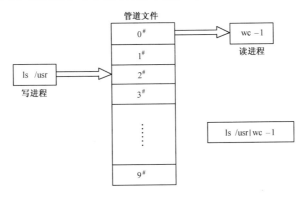

图 2-24 管道文件机制

对于管道文件来说，命令"ls /usr"相当于写进程，它的标准输出送入管道文件；而命令"wc -l"相当于读进程，从管道文件中读取数据，进一步处理。所以，管道把一个命令的标准输出与另一个命令的标准输入连接起来。

创建 pipe 文件可有两种方式，除了上面介绍的利用系统调用 pipe 建立无名文件，还可通过系统调用 mknod 创建一个有名管道文件。它与上述无名管道文件的读写方式基本相同，但它有一个目录项，用户可以通过路径名存取。进程可按常规方式打开它，因而关系不太密切的进程也可以利用它通信。它是长久性文件，而无名 pipe 是临时性文件。

对 pipe 文件的读写可出现下列 4 种情况：① 有空间供写入数据使用；② 有足够数据供读出用；③ 文件中数据不够读进程用的；④ 没有足够空间供写进程使用。

在第①种情况下，允许写进程按常规方式写入数据，但每次写过后都自动增加文件的长度，而不是写到文件的末尾才增加其长度。如果 10 个盘块写完，核心就把文件写指针调整为指向 pipe 的开头，保证不会出现后面信息冲掉前面未读取信息的情况，因为向文件写入前要检查 pipe 的容量。同时，核心最后唤醒等待从中读取数据而睡眠的进程。

在第②种情况下，允许读进程按常规方式读出信息。每读一块，按读出的字节数减小该文件的长度。当读完数据后，核心唤醒所有睡眠的写进程，把当前读指针放在 I 节点中。

在第③种情况下，读进程睡眠，等待写进程唤醒它。

在第④种情况下，写进程睡眠，等待读进程唤醒它。

2.9 信号机制

2.9.1 信号机制概念

1. 信号的概念

异步进程可以通过彼此发送信号来实现简单通信。系统预先规定若干不同类型的信号（如 UNIX S_5 中设置了 19 种信号，而 Linux 系统中设置了 64 种信号），各信号表示发生了不同的事件。运行进程当遇到相应事件或出现特定要求时（如进程终止或运行中出现某些错误，如非法指令、地址越界等），就把一个信号写入相应进程的 PCB 信号项。接收信号的进程在运行过程中检测自身是否收到信号，若已收到信号，则转去执行预先规定好的信号处理程序。处理后，再返回原先正在执行的程序。进程之间利用信号机制实现通信的过程如图 2-25 所示。

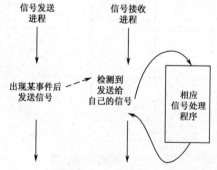

图 2-25　利用信号机制实现进程间通信的过程

2. 信号与中断机制的异同

信号（Signal，亦称软中断）机制是在软件层次上对中断机制的一种模拟，其中，信号的发送者相当于中断源，而接收者（必定是一个进程）相当于 CPU。

（1）信号机制与中断机制的相似之处

① 信号机制与中断机制在概念上是一致的。进程接收到一个信号与处理器接收到一个中

断请求是一样的。进程可向自身或另一个（或另一组）进程发送信号，而处理器可以向自身发出中断请求（即中断源来自本身），也可以在多处理器系统中向其他处理器发出中断请求。

② 二者都是"异步"的。处理器在执行一段程序时，并不需要停下来等待中断的发生，也不知道中断会在何时发生。同样，进程也不需要通过什么操作来等待信号的到达，也不知道什么时候会有信号到达。事实上，在所有的进程间通信机制中只有信号是异步的。

③ 二者在实现上都采用"向量表"的方式。中断机制中有一个"中断向量表"，通过中断号在该表中找到相应的中断向量，进而转到相应的处理程序。信号机制中也有类似的"向量表"结构，通过信号号码对该表进行检索，从中得到相应的信号处理程序的入口地址。

④ 都有屏蔽的手段。在中断机制中对每种中断请求都可进行屏蔽，从而不让处理器对该中断做出响应。在信号机制中也有类似的手段，使进程对发给它的信号不做处理。

（2）信号机制与中断机制的差别

① 中断机制是通过硬件和软件的结合来实现的，而信号完全由软件实现。

② 中断向量表在系统空间中，每个中断向量所对应的中断处理程序也在系统空间中。信号机制与此不同，其"向量表"在系统空间中，相应的信号处理程序却在用户空间中。

③ 在一般情况下，CPU 接到中断请求后会立即做出响应和处理。而信号的检测和响应要在特定情况下进行，如退出中断前。

信号机制不仅可以用于进程间的通信，也可用于内核与进程之间的通信，但只能是内核向进程发送信号，而不能反过来。

信号机制通常包括以下 3 部分：① 信号的分类、产生和传送；② 对各种信号预先规定处理方式；③ 信号的检测和处理。

2.9.2 信号的分类、产生和传送

1. 信号分类

在不同的系统中，信号分类是有差别的，种类有多有少。如 UNIX S_5 设置了 19 种信号（如表 2-3 所示），对应不同的情况，如电话挂起（远地用户）、由键盘按下 Delete 键、按下 Quit 键、非法指令、断点或跟踪指令、IOT 指令、EMT 指令、浮点运算溢出、要求终止该进程、总线超时、段违例、系统调用错、pipe 文件只有写者无读者、报警信号、软件终止信号、子进程终止、电源故障和用户定义的信号等。系统支持的信号数量受到处理器中字的大小限制，如 32 位的处理器最多可以支持 32 个信号。

在系统中，编号为 0 的信号表示没有收到信号。若用户进程发送的信号大于规定的最大信号，则系统不予理睬，发送无效。

2. 信号的产生和传送

当发生上述事件后，系统可以产生信号且向有关进程传送，进程彼此间也可以用系统提供的系统调用 kill 或者 shell 命令 kill 来发送信号。

在 UNIX 系统中，用户进程发送的信号放在接收进程的 proc 结构（相当于一般系统中的 PCB 结构）中，所以不管接收进程是否活动，都可收到发来的信号。

有关信号的内部结构如图 2-26 所示。

表 2-3　UNIX S_5 的信号分类及其含义

信号号码	符号表示	含　义
1	SIGHUP	进程被挂起
2	SIGINT	用户在键盘上按下 Delete 键或 Ctrl+C 键
3	SIGQUIT	用户在键盘上按下 Quit（Ctrl+\）键
4	SIGILL	非法指令
5	SIGTRAP	断点或跟踪指令
6	SIGIOT	IOT 指令
7	SIGEMT	EMT 指令
8	SIGEPE	浮点运算溢出
9	SIGKILL	要求终止该进程
10	SIGBUS	总线超时
11	SIGSEGV	段违例
12	SIGSYS	系统调用错
13	SIGPIPE	pipe 文件只有写进程，没有读进程
14	SIGALRM	报警信号
15	SIGTERM	软件终止信号
16	SIGUSER1	用户定义信号 1
17	SIGUSER2	用户定义信号 2
18	SIGCLD	子进程终止
19	SIGPWR	电源故障

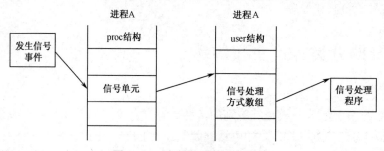

图 2-26　有关信号的内部结构

2.9.3　信号的处理方式

在 UNIX 系统中，进程 user 结构（进程的辅助控制结构）中有一个数组 signal，信号的编号对应数组下标，数组元素的值规定了该进程收到相应信号时所采取的动作。表 2-4 列出了各数组元素的值及约定的动作。

表 2-4　信号的处理方式

u_signal[i]的值	信号的处理方式
零	进程终止自己
非零奇数	忽略该信号
非零偶数	其值为用户空间处理程序的入口地址

设置信号处理方式的情况有以下 5 种：

① 执行 fork 系统调用时，子进程继承父进程 signal 数组的值。

② 执行 exec 系统调用时，进程将该数组中所有非零偶数值改为零。

③ 用户可用 ssig 系统调用改变该数组的内容。

④ 执行 psig 处理某些信号时要将数组对应项清零。

⑤ 执行 rexit 终止自己时，该数组中所有项均置成 1。

0 号信号不要设置。终止进程信号（9 号）不允许用户改变，一旦进程收到该信号后总是终止自己。

2.9.4　信号的检测和处理

对信号的检测与响应总是发生在系统空间。也就是说，只在适当时机进程才检测它是否收到信号；若收到了，则按预定方式进行信号处理。检测信号的时机是以下 3 种情况：

① 在陷入处理子程序 trap 的末尾，从系统空间返回用户空间的前夕。

② 若用户程序遇到时钟中断（每秒 1 次），则时钟中断处理结束之前检测是否收到信号。

③ 进程以低优先级请求睡眠时，系统检查该进程是否收到信号。如果收到信号，该进程就不去睡眠。

当检测到信号后，就进行信号处理（执行 psig 函数）。若该进程 user 结构中对该信号预定的处理方式是终止进程（值为 0），则调用 exit 程序终止本进程；若是非零奇数，则返回，不做处理，相当于对该信号进行"屏蔽"；若是非零偶数且信号的含义不是非法指令或断点跟踪，则核心以此值作为相应信号处理子程序的入口地址，并且清除该进程 proc 表项中相应的信号位，在用户空间中执行预定的处理动作。当信号处理完成后，返回内核，然后从内核返回用户空间，恢复返回地址，从而回到用户程序的中断点。

信号的检测和处理流程如图 2-27 所示。

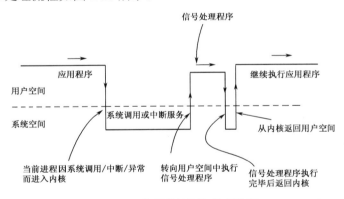

图 2-27　信号的检测和处理流程

2.10　客户—服务器系统中的通信

用户想要访问的数据可能存放在网络的某服务器中。例如，用户统计一个存放在服务器 A 上的文件共有多少行、多少个词和多少个字符。这个请求由远程服务器 A 处理，它访问这个文件，计算出所要的结果，最后把实际的数据传回用户。

在客户—服务器系统中，常用的进程通信方式有 socket 和远程过程调用。

1．socket

socket，也称为套接字或插口，是更一般的进程通信工具，既适用于同一台计算机上的进程通信，也适用于网络环境下的进程通信。socket 好像一条通信线两端的接插口——只要通信双方都有插口，并且中间有通信线路相连，就可以互相通信了。

一对进程通过网络进行通信要用一对 socket，每个进程一个。socket 在逻辑上有网络地址、连接类型和网络规程三个要素。其中，网络地址表明一个 socket 用于哪种网络，如对于互联网，则使用带端口号的 IP 地址。连接类型表明网络通信所遵循的模式，主要分为"有连接"和"无连接"模式。在"有连接"模式中，通信的双方要先通过一定的步骤在相互之间建立一种虚拟的连接，或者说虚拟的线路，然后通过虚拟的连接线路进行通信。在通信过程中，所有报文传递都保持着原来的次序，报文在网络传输过程中受到的不均匀延迟会在接收端得到补偿。所以，所有报文之间都是有关联的，每个报文都不是孤立的。由物理线路引入的差错会由通信规程中的应答和重发机制加以克服。"无连接"模式中可以直接发送或接收报文，但每个报文都是孤立的，其正确性也没有保证，甚至可能丢失。所以，有连接插口是同步传递，而无连接插口是异步传递。网络规程表明具体网络的规程。一般来说，网络地址和连接类型结合在一起就基本上确定了适用的规程。

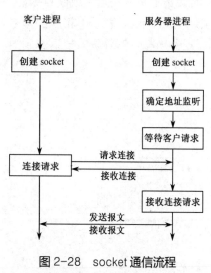

图 2-28　socket 通信流程

通常，socket 采用客户—服务器结构，如图 2-28 所示。服务器通过监听指定的端口，等待即将到来的客户请求。一旦收到客户请求，服务器就接收来自客户插口（socket）的连接，形成完全连接。

当客户进程发出连接请求时，主机就为它分配一个端口，这个端口是大于 1024 的某个任意数。所有的连接都必须是唯一的。如果同一主机上的另一个进程也想与同一个 Web 服务器建立另一条连接，就应为它分配另外一个端口号，从而保证所有的连接都由唯一的一对 socket 构成。

利用 socket 在分布式进程间进行通信是一种公用且有效的方式，但它是一种低级通信形式。原因之一是，socket 只允许在通信线程间交换无结构的字节流，必须由客户或服务器应用程序负责对数据加以构造。

2．远程过程调用

远程过程调用（Remote Procedure Call，RPC）是远程服务的一种最常见的形式。RPC 是网络连接系统之间采用的抽象过程调用机制。

远程过程调用的思想很简单：允许程序调用另外机器上的过程。当机器 A 的一个客户进程（或者线程）调用机器 B 上的一个过程时，A 上的调用进程挂起，被调用过程在 B 上开始执行。调用者以参数形式把信息传送给被调用者，被调用者把过程执行结果回送给调用者。对程序员来说，完全看不到消息传送或者 I/O。RPC 像一个常规过程，需要进行同步。调用者发出命令后就一直等待着，直至它得到结果。RPC 把在网络环境下过程调用所产生的各种复杂情况都隐藏起来。在其内部，RPC 的超时重传软件收集参数值，构成消息，且把这个消息发往远程服务器。服务器接收请求后，打开参数调用过程，并将回答返回给客户。RPC 通信所交换的消息是有一定结构的，不再是简单的数据包。

远程过程调用的具体步骤如下：

① 客户过程以通常方式调用客户代理。

② 客户代理构造一个消息，并且陷入内核。

③ 本地内核发送消息给远程内核。

④ 远程内核把消息送给服务器代理。

⑤ 服务器代理从信包中取出参数，并调用服务器。

⑥ 服务器完成相应的服务，并将结果送给服务器代理。

⑦ 服务器代理将结果打包形成消息，并且陷入内核。

⑧ 远程内核发送消息给客户机内核。

⑨ 客户机内核把消息传给客户代理。

⑩ 客户代理取出结果，并返回客户的调用程序。

由于调用者和被调用者运行在不同的机器上，因此它们在不同的地址空间中执行时会出现复杂的情况。为此 RPC 要解决如下问题：服务器的启动和功能定位，参数的定义和传送，故障处理，安全问题处理，服务器寻找及系统间数据替换处理等。

本章小结

程序顺序执行时具有封闭性和可再现性。为提高计算机的运行速度和增强系统的处理能力广泛采用了多道程序设计技术，能够实现程序的并发执行和资源的共享，但是带来了新的特性，即失去封闭性，程序与计算活动不再一一对应，且程序并发执行时产生相互制约的关系。当然，任何时候共享纯代码都是安全的。

进程是操作系统的最基本、最重要的概念之一，可以表述为：一个具有独立功能的程序关于某数据集合的一次运行活动。简单说，进程就是：程序在并发环境中的执行过程。

进程与程序有密切关系，但是不同的概念。二者的重要区别体现在动态性、并发性、非对应性和异步性等方面。进程最基本的特性是并发性和动态性，以及调度性、异步性和结构性等。

进程的活动是利用状态来反映的。进程至少应有三种基本状态：运行状态、就绪状态和阻塞状态，很多系统中还有新建状态和终止状态。实际系统中有更多状态。这些状态在一定条件下可以转化。实际上，只有占用 CPU 并且正在执行程序的进程才真正处于活动状态。

进程映像通常由程序、数据集合、栈和 PCB 四部分组成，PCB 是最关键的。每个进程都有唯一的 PCB，它是进程存在的唯一标识，其中包含进程的描述信息和控制信息，是进程动态特性的集中反映，是系统对进程施行识别和控制的依据。

PCB 表的物理组织方式有若干种，最常用的是线性表、链接表和索引表方式。线性表实现简单，链接表使用灵活，索引表处理速度快。

在系统中，众多进程之间存在着族系关系。一个进程可以动态地创建新进程，前者称为父进程，后者称为子进程。核心利用原语对进程实施操作，包括创建进程、阻塞进程、终止进程和唤醒进程等主要操作。

为了减少诸如进程创建、删除和切换付出的开销，提高系统的执行效率和节省资源，人们引入了"线程"概念。线程是进程中实施调度和分配的基本单位。这样，进程只作为资源的分配单位和拥有者，而线程才是 CPU 的调度单位和占有者。除了共用进程的地址空间，线程也有私有的信息。线程的组成成分主要有线程控制块、程序计数器、寄存器和用户栈。线程有不同的状态，在一定条件下实现状态转换。

线程可以在用户空间实现，也可以在核心空间实现。对于前者，线程切换速度快；对于后者，支持多线程并发。组合方式则可取长补短。

进程在活动过程中会彼此发生作用，主要是同步、互斥和通信关系。简单地说，同步是协作关系，互斥是竞争关系，通信是信息交流。

一次仅允许一个进程使用的资源称为临界资源，对临界资源实施操作的那段程序称为临界区（CS）。进程进入临界区须满足一定条件。利用信号量和 P、V 操作原语可以解决进程间的互斥与同步问题。从物理概念上，信号量表示系统中某类资源的数目，其值大于 0 时，表示系统中当前可用资源数目；其值小于 0 时，其绝对值表示系统中因请求该类资源而被封锁的进程数目。P 操作意味着请求系统分配一个单位资源，而 V 操作意味着释放一个单位资源。

很多经典进程同步问题，如生产者 - 消费者问题、读者 - 写者问题、哲学家进餐问题和理发师问题等，都是进程同步和互斥的一般化形式，同样可用信号量来解决。使用信号量和 P、V 操作解决较复杂的进程同步问题尚无定式可言，但有些基本点还应注意。

管程是功能更强的同步机制，自动实现进程互斥。管程中可引入条件变量，利用两个操作原语实现进程同步。

高级进程通信方式主要有共享内存区、消息传送和管道文件三种。利用相应原语可实现相关进程的同步，并可交换大量信息。

UNIX/Linux 系统还提供了信号机制，对某些事件转入信号机制处理。信号机制是在软件层次上对中断机制的模拟，二者有不少相同点，又有很大差别。通过设置信号处理方式、检测信号和处理信号等，可以实现对信号的管理。

在网络系统中，进程通信常用的方式是 socket 和远程过程调用。

习 题 2

1. 在操作系统中为什么要引入进程概念？它与程序的区别和关系是什么？

2. PCB 的作用是什么？它是怎样描述进程的动态性质的？

3. 进程的基本状态有哪几种？试描绘进程状态转换图。

4. 如图 2-29 所示的进程状态转换图能够说明有关处理机管理的大量内容。试回答：

① 什么事件引起每次显著的状态变迁？

② 下述状态变迁因果关系能否发生？为什么？

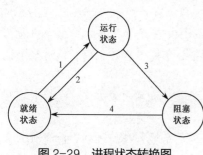

图 2-29　进程状态转换图

（A）2→1　　　　（B）3→2　　　　（C）4→1

5. PCB 表的组织方式主要有哪几种？分别简要说明。

6. 什么是进程的互斥和同步？

7. 什么是临界区和临界资源？进程进入临界区的调度原则是什么？

8. 是否所有的共享资源都是临界资源？为什么？

9. 简述计数信号量的定义和作用，以及 P、V 操作原语是如何定义的。

10. 系统中只有一台打印机，有三个用户程序在执行过程中需要使用打印机输出计算结果。设每个用户程序对应一个进程。问：这三个进程间有什么样的制约关系？试用 P、V 操作写出这些进程使用打印机的算法。

11. 判断下列同步问题的算法是否正确？若有错，请指出错误原因并予以改正。

（1）设 A、B 两个进程共用一个缓冲区 Q，A 向 Q 写入信息，B 从 Q 读出信息，算法框图如图 2-30 所示。

（2）设 A、B 为两个并发进程，它们共享一个临界资源，运行临界区的算法框图如图 2-31 所示。

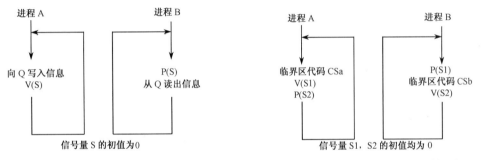

图 2-30　进程 A、B 的算法框图　　　图 2-31　两个并发进程临界区的算法框图

12. 一台计算机有两条 I/O 通道，分别接一台卡片输入机和一台打印机。卡片机把一叠卡片逐一输入到缓冲区 B1 中，加工处理后再搬到缓冲区 B2 中，并在打印机上打印结果。问：

（1）系统要设几个进程来完成这个任务？各自的工作是什么？

（2）这些进程间有什么样的相互制约关系？

（3）用 P、V 操作写出这些进程的同步算法。

13. 设有无穷多个信息，输入进程把信息逐个写入缓冲区，输出进程逐个从缓冲区中取出信息。针对下述两种情况：① 缓冲区是环形的，最多可容纳 n 个信息；② 缓冲区是无穷大的。试分别回答下列问题：

（1）输入、输出两组进程读/写缓冲区需要什么条件？

（2）用 P、V 操作写出输入、输出两组进程的同步算法，并给出信号量含义及初值。

14. 一个阅览室最多可容纳 100 人，读者进入和离开阅览室时都必须在阅览室门口的一张登记表上标记（进入时登记，离开时去掉登记项），而且每次只允许一人登记或去掉登记。问：

（1）完成此项工作应编写几个程序（函数）？应设置几个进程？相应进程何时建立？何时终止？体会进程与程序间有无一一对应关系。

（2）用 P、V 操作写出这些进程的同步通信关系。

15. 在生产者 - 消费者问题中，如果对调生产者（或消费者）进程中的两个 P 操作和两个 V 操作的次序，会发生什么情况？试说明原因。

16. 用 P、V 操作实现本书 2.6 节介绍的哲学家进餐问题的第二种解法,即:仅当某哲学家面前的左、右两支筷子均可用时,才允许他拿起筷子。

17. 一条公路穿过隧道,隧道较窄,只能容纳一辆汽车通过,且不允许两车交会,车辆不能转向或者后退;允许同方向的多辆车依次通行,即:若一方无车辆等待,则另一方可以连续放行多台车辆进入隧道;若双方均有车辆,则双方交替进入。

请用 P、V 操作实现交通管理,防止公路隧道堵塞。

18. 在飞机订票系统中,多个用户共享一个数据库。各用户可以同时查询信息,若有一个用户要订票,需更新数据库时,其余所有用户都不可以访问数据库。请用 P、V 操作设计一个同步算法,实现用户查询与订票功能。要求:当一个用户订票而需要更新数据库时,不能因不断有查询者到来而使其长时间等待。利用信号量机制保证其正常执行。

19. 某高校计算机系开设网络课,安排了上机实习。假设机房共有 $2m$ 台机器,有 $2n$ 名学生选该课,规定:

① 每两个学生为一组,各占一台机器,协同完成上机实习。

② 只有一组两个学生都到齐,并且此时机房有空闲机器时,该组学生才能进入机房。

③ 上机实习由一名教师检查,检查完毕,一组学生同时离开机房。试用 P、V 操作模拟上机实习过程。

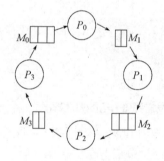

图 2-32　进程同步问题

20. 有 4 个进程 P_0、P_1、P_2、P_3 和 4 个信箱 M_0、M_1、M_2、M_3,进程之间借助相邻的信箱传递消息(如图 2-32 所示)。例如,P_i($i=0,1,2,3$)从 M_i($i=0,1,2,3$)中取出一条消息,经加工送入 $M_{i+1 \bmod 4}$ 中,其中 M_0、M_1、M_2、M_3 分别有 3、2、3、2 个信箱格子,每个信箱格子可以存储一条消息。初始状态下,M_0 装了两条消息,其余为空。试用 P、V 操作为工具,写出进程 P_i 的同步算法。

21. 什么是线程?它与进程有什么关系?

22. 实现线程主要有哪两种方式?各有何优缺点?

23. 什么是管程?它由哪些部分组成?有什么基本特性?

24. 高级进程通信有哪几类?各自如何实现进程间通信?

25. 在客户—服务器系统中,socket 和 RPC 机制各自如何实现进程通信?

26. 为什么引进高级通信机构?它有什么优点?说明消息缓冲通信机构的基本工作过程。

第3章

OS

调　度

作业和进程管理的主要功能之一是作业和进程调度。

调度是指调动、安排，即对有限的资源按照一定的算法进行合理的分配使用。调度是操作系统的基本功能，几乎所有的计算机资源在使用前都要经过调度。CPU 是计算机最主要的资源。在操作系统中，处理机调度的主要目的是分配处理机。具体地讲，处理机分配包括调度和分派两个功能。调度的功能是组织和维护就绪进程队列，包括确定调度算法、按调度算法组织和维护就绪进程队列。分派的功能是指当处理机空闲时，从就绪队列队首中移出一个 PCB，并将该进程投入运行。然而，习惯上上述两种功能往往统称为进程调度。在操作系统中，完成调度工作的程序称为调度程序。相应地，该程序使用的算法称为调度算法。

某些操作系统也可以对输入操作、输出操作实施调度，如磁盘调度、打印机调度等。

调度问题是操作系统设计的一个中心问题。通过调度，实现进程的并发，扩展硬件的功能，提高系统的性能和安全性，改善人机交互作用。调度的实现策略决定了操作系统的类型，其算法优劣直接影响整个系统的性能。

根据调度所实现的功能，处理机调度分为作业调度（高级调度）、进程挂起与对换（中级调度）和进程调度（低级调度）三级。本章分别介绍各自的功能、实现的算法及性能评价。

3.1　调度类型

大型通用系统中往往有数百个终端与主机相连，众多用户共用系统中的一台主机。这样可能有数百个作业存放在磁盘的作业队列中。如何从这些作业中选出作业放入内存，如何在作业或进程之间分配 CPU 等问题，是操作系统资源管理功能中的一个重要问题。

在个人计算机系统中，情况有所变化。一方面，在多数时间只有一个活动进程，如一个用户在 Word 方式下输入文档，当输入 Word 命令时，调度程序就不需要做很多工作，因为只有 Word 进程是唯一的候选者。另一方面，计算机的处理速度越来越快，CPU 几乎不再是稀缺资源。用户输入的速度远远低于 CPU 处理的速度。即使在编译过程中，以往要花费较长时间，现在只用几秒钟。

对于高端网络工作站和服务器来说，情况有所不同，往往有多个进程竞争 CPU，调度工作就是重要问题。例如，用户关闭一个窗口，要运行一个进程更新屏幕；另一个进程要把排队的 E-mail 发送出去。显然，在挑选让哪个进程使用 CPU 时，二者有很大差别。在这种情况下，进程调度就非常关键。

除了挑选合适的进程投入运行，调度程序还要关注 CPU 的利用效率。因为进程切换要付出很大代价，这涉及保留当前进程的运行环境，并恢复选中进程的现场环境。另外，进程切换还要使整个内存高速缓存失效，强迫缓存从内存中动态重新装入两次（进入内核一次，退出内核一次）。所以，如果进程切换太频繁，就会耗费大量 CPU 时间，应予以注意。

如上所述，不同的操作系统采用的调度方式并不完全相同。有的系统中仅采用一级调度，有的系统采用两级或三级，并且所用的调度算法也可能完全不同。

作业从进入系统到最后完成一般可能经历三级调度：高级调度、中级调度和低级调度。这是按调度层次进行分类的。

（1）高级调度

高级调度，又称为作业调度或长期调度，其主要功能是根据一定的算法，从输入的一批作业中选出若干作业，分配必要的资源，如内存、外设等，为它建立相应的用户作业进程和为其服务的系统进程（如输入/输出进程），最后把它们的程序和数据调入内存，等待进程调度程序对其执行调度，并在作业完成后做善后处理工作。

（2）中级调度

中级调度，又称为中期调度。为使内存中同时存放的进程数目不致太多，有时需要把某些进程从内存中移到外存上，以减少多道程序的数目，为此设立了中级调度。特别在采用虚拟存储技术的系统或分时系统中往往增加中级调度。所以，中级调度的功能是在内存使用情况紧张时，将一些暂时不能运行的进程从内存对换到外存上等待；以后，当内存有足够的空闲空间时，再将合适的进程重新换入内存，等待进程调度。引入中级调度的主要目的是提高内存的利用率和系统吞吐量。中级调度实际上是存储管理中的对换功能，将在第 4 章中介绍。

（3）低级调度

低级调度，又称为进程调度或短期调度，其主要功能是根据一定的算法，将 CPU 分派给就绪队列中的一个进程。执行低级调度功能的程序称为进程调度程序，实现 CPU 在进程间的切换。进程调度的运行频率很高，在分时系统中往往几十毫秒就要运行一次。进程调度是操作系统中最基本的一种调度。在一般类型的操作系统中必须有进程调度，而且它的策略的优劣直接影响整个系统的性能。

作业三级调度如图 3-1 所示（为简化起见，新建进程直接进入了就绪队列）。

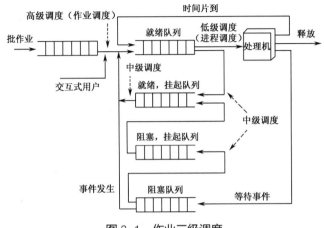

图 3-1 作业三级调度

高级调度为相应作业创建新进程，并把它们加入当前活动的一组进程。中级调度是对换功能的一部分，至少把一个进程的一部分换入内存，使之以后能够执行。低级调度才真正决定哪个就绪进程是下一个得以执行的进程。

另一种较常用的调度分类是按操作系统的类型分类，即批处理调度、交互式系统调度、实时调度和多处理机调度。

3.2 作业调度

3.2.1 作业状态

在批处理系统中，用户的计算任务是按作业方式进行管理的。作业从提交给系统，直到它完成任务后退出系统前，在整个活动过程中会处于不同的状态。通常，作业状态分为提交、后备、执行和完成 4 种（见图 1-9）。

① 提交状态。用户向系统提交一个作业时，该作业所处的状况。如将一套作业卡片交给机房管理员，由管理员将它们放到读卡机上读入，或者用户通过键盘向机器输入其作业。

② 后备状态。用户作业经输入设备（如读卡机）送入输入井（磁盘）中存放，等待进入内存时所处的状况。此时，该作业的数据已经转换成内部的机器可读的形式，并且作业请求资源等信息也交给了操作系统。

③ 执行状态。作业分配到所需的资源，被调入内存，建立相应的进程，且在处理机（CPU）上执行相应的程序时所处的状况。此时，该作业真正处于活动状况。

④ 完成状态。作业完成计算任务，结果由打印机输出，最后由系统回收分配给它的全部资源，准备退出系统时的作业状况。

3.2.2 作业控制块和作业调度的功能

1. 作业控制块

多道批处理系统中通常有上百个作业被收容在输入井（磁盘）中，为了管理和调度作业，系统为每个作业设置了一个作业控制块（Job Control Block，JCB），记录该作业的有关信息，如图 3-2 所示。不同系统的 JCB 的组成内容有所区别。

作业名	主要内容
资源要求	预估的运算时间 最迟完成时间 要求的内存量 要求外设类型、台数 要求的文件量和输出量
资源使用情况	进入系统时间 开始运行时间 已经运行时间 内存地址 外设台号
类型级别	控制方式 作业类型 优先级
状态	后备/执行/完成

图 3-2　作业控制块的主要内容

如同 PCB 是进程在系统中存在的标志一样，JCB 是作业在系统中存在的标志。作业进入系统时由 SPOOLing 系统为每个作业建立一个 JCB；当作业退出系统时，它的 JCB 也一起被撤销。系统利用 JCB 实现对作业的抽象，通过 JCB 实施对作业的管理和调度。

在磁盘输入井中的所有后备作业按作业类型（CPU 型、I/O 型等）组成不同的后备作业队列，由作业调度从中挑选作业，随后放入内存并运行。

2. 作业调度的功能

作业调度的主要任务是完成作业从后备状态到执行状态和从执行状态到完成状态的转换。通常，作业调度程序要完成以下 5 项工作（即作业调度的功能）。

① 记录系统中各作业的情况。作业调度程序必须掌握各作业进入系统时的有关情况，并把每个作业在各阶段的情况（包括分配的资源和作业状态等）都记录在它的 JCB 中。作业调度程序就是根据各作业的 JCB 中的信息对作业进行调度和管理的。

② 按照某种调度算法从后备作业队列中挑选作业，即决定接纳多少个作业进入内存和挑选哪些作业进入内存。这项工作非常重要，取决于多道程序度（Degree of Multiprogramming，即系统允许同时在内存运行的作业个数），直接关系到系统的性能。往往选择对资源需求不同的作业进行合理搭配，使得系统中各部分资源都得到均衡利用。

③ 为选中的作业分配内存和外设等资源。

④ 为选中的作业建立相应的进程，并把该进程放入就绪队列。何时创建新进程一般由多道程序决定，因为创建的进程越多，每个进程占用 CPU 的百分比就越小。为了给当前的一组进程提供良好的服务，作业调度程序要限制多道程序度。

⑤ 作业结束后进行善后处理工作，如输出必要的信息，收回该作业所占用的全部资源，撤销与该作业相关的全部进程和该作业的 JCB。

实际上，内存和外设的分配与释放分别由存储管理程序和设备管理程序完成，通过作业调度程序调用它们来实现。

作业概念主要用于批处理系统。批处理系统的设计目标是最大程度地发挥各种资源的利用率和保持系统内各种活动的充分并行。用户不能直接与系统交互作用，他们要把用某种高级语言或汇编语言编写的源程序和数据穿成卡片，或者存放在磁带上，然后把它们连同操作说明书（控制卡或作业说明书）一起交给操作员。用户提交的作业进入系统后，由系统根据操作说明书来控制作业的运行。这种技术虽然依据优先级做出响应，但基本目标是最大限度减少因大量作业并行、交叉使用硬件所带来的开销。这种多道程序技术的成功取决于选择且对资源需求不同的作业进行合理搭配。为了使系统中各部分资源得到均衡使用，应做到处于并行状态的作业是不同类别的作业。比如，科学计算往往需要大量的 CPU 时间，属于 CPU 繁忙型作业，它们对于输入、输出设备的使用很少；而数据处理恰恰相反，它们要求较少的 CPU 时间，但要求大量的输入、输出时间，属于 I/O 繁忙型作业；有些递归计算产生大量中间结果，需要很多内存单元存放它们，属于内存繁忙型作业。它们搭配在一起，如让程序 A 使用处理机，让程序 B 利用通道 1，而让程序 C 恰好用通道 2 等，这样 A、B 和 C 从来不在同一时间使用同一资源，每个程序就好像单独在一个机器上运行。这是理想的情况，用户实际提交的作业不会搭配得这样好。按用户自然提交作业的顺序，完全可能出现对资源需求"一边倒"的情况。所以，批处理系统中需要收容大量的后备作业，以便从中选出最佳搭配的作业组合。

3. 常用作业调度算法

当一个作业终止时，作业调度就会做出决定，可否调入一个或几个新作业。此外，当 CPU 的空转时间超过某个限度时，作业调度程序也会被激活，进行作业调入工作。

在批处理系统中，常用的调度算法有先来先服务法（First-Come First-Served）、短作业优先法（Shortest Job First）和最短剩余时间优先法（Shortest Remaining Time Next）。先来先服务法是所有调度算法中最简单的方法，将最早提交的作业最先调入内存。短作业优先法是将所需运行时间最短的作业优先调入内存运行。最短剩余时间优先法是将剩余运行时间最短的作业优先调度运行（见 3.5 节）。

3.3　进程调度

进程只有在得到 CPU 后才能真正活动起来。就绪进程怎样获得 CPU 的控制权呢？这是由进程调度实现的。进程调度也叫低级调度。进程调度程序，也称为低级调度程序，完成进程从就绪状态到运行状态的转化。实际上，进程调度程序实现将一台物理 CPU 转变成多台虚拟（或逻辑）CPU 的工作。

1. 进程调度的功能

（1）保存现场

当前运行的进程调用进程调度程序时，表示该进程要求放弃 CPU（因时间片用完或等待 I/O 等原因）。这时，进程调度程序把它的现场信息（如程序计数器及通用寄存器的内容等）保留在该进程 PCB 的现场信息区中。

（2）挑选进程

根据一定的调度算法（如优先级算法），从就绪队列中选出一个进程，把它的状态改为运行状态，准备把 CPU 分配给它。

（3）恢复现场

为选中的进程恢复现场信息，把 CPU 的控制权交给该进程，使它接着上次间断的地方继续运行。

2．进程调度的时机

在系统中发生的某些事件会导致当前进程挂起，或者为其他进程提供抢占在 CPU 上运行的机会。每当出现此类事件时就要执行进程调度。具体地说，一般在以下事件发生后要执行进程调度：

① 创建进程。当创建新进程时，要决定运行父进程还是子进程。

② 进程终止。当一个进程终止时，必须进行调度。因为终止的进程再也不会运行（即不再存在），所以必须从一组就绪进程中选择一个进程投入运行。如果没有就绪进程，通常会运行一个由系统提供的空闲进程。

③ 等待事件。运行进程由于等待 I/O、信号量或其他原因而不得不放弃 CPU，就必须选择另一个进程运行。

④ 中断发生。当 I/O 设备完成其工作后会发出 I/O 中断，原先等待该 I/O 的那个进程就从阻塞状态变为就绪状态。进程调度要决定：是马上让这个新就绪的进程投入运行，还是让正运行的进程继续运行，或者让其他进程运行。

⑤ 运行到时。在分时系统中，当前进程用完规定的时间片，时钟中断使该进程让出 CPU，调度程序选择另一个就绪进程运行。

进程调度方式可以分为两类：非抢占方式（Nonpreemptive）和抢占方式（Preemptive）。

在非抢占方式下，一旦进程被选中运行，它就一直运行，直至完成工作、自愿释放 CPU，或者因等待某事件而被阻塞时为止，才把 CPU 出让给其他进程。即得到 CPU 的进程不管要运行多长时间，都一直运行，决不会因时钟中断等原因而被迫让出 CPU。

与非抢占方式相反，抢占方式允许调度程序根据某种策略中止当前运行进程的执行，将其移入就绪队列，并选择另一个进程投入运行。出现抢占调度的情况有：新进程到达，出现中断且将阻塞进程转变为就绪状态，以及用完规定的时间片等。

抢占式调度比非抢占式调度的开销大，其好处是可以为全体进程提供更好的服务，防止一个进程长期占用处理机。此外，通过采用有效的进程切换机制（尽可能获得硬件支持）和使用大容量内存来存放更多的程序，可以相对降低抢占式调度的代价。

3．交互式系统中常用的调度算法

在交互式系统（如分时系统）中常用的 CPU 调度算法有轮转法、优先级法、多级队列法、短进程优先法、高响应比优先法、多级反馈队列法及公平共享法等。这些方法完全可以用于批处理系统中的 CPU 调度算法。3.5 节将介绍各种算法的具体思想。

4．两级调度模型

作业调度和进程调度是 CPU 主要的两级调度，如图 3-3 所示。

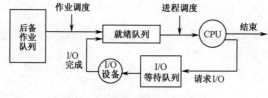

图 3-3　两级调度的简化队列

可以看出，作业调度是宏观调度，所选择的作业只具有获得处理机的资格，但尚未占有处理机，不能立即投入运行。而进程调度是微观调度，根据一定的算法，动态地把处理机实际地分配给所选择的进程，使之真正活动起来。

作业调度和进程调度之间的一个基本区别是它们执行的频率不同。进程调度必须相当频繁地为 CPU 选择进程。进程在等待 I/O 请求之前仅仅执行几毫秒，因而进程调度可能每 10 ms 执行一次。由于执行期间很短，因此进程调度必须非常快。如果进程调度程序运行时间占 1 ms，被选中的进程运行 10 ms，那么有 $1/(10+1) \approx 9\%$ 的 CPU 时间用于这种简单的调度工作。

另一方面，作业调度执行的次数很少，新作业到达系统的间隔可以是几分钟。作业调度控制系统的多道程序度。如果系统中作业道数保持不变，那么进入系统的作业的平均到达速率一定等于离开系统的作业的平均离去速率。这样，仅当作业离开该系统时才需要调用作业调度程序。由于执行它的时间间隔较长，因此作业调度完全可以花费较多的时间去决定哪个作业将被选中执行。

在某些系统中没有作业调度，即使有，也很小。例如，在分时系统中，往往没有作业调度程序。当用户输入命令后，系统就为它创建新进程，并且直接把它装入内存，供进程调度程序使用。这种系统的稳定性既取决于物理上的限制（如可用终端的数目），又取决于用户自身调节的性质。如果性能变得太差了，那么某些用户应退出系统，去干其他事情。

3.4　调度准则

在计算机操作系统中，如何确定调度策略和算法要受到多种因素的影响。因而，对调度性能的评价很复杂，但一般"抓主要矛盾"，兼顾其他。

3.4.1　影响调度算法选择的主要因素

实际系统往往采取"统筹兼顾"的办法，既保证主要目标的实现，又不使相关指标变得太差。下面列举一些在确定调度策略时应考虑的主要因素。

① 设计目标。所用算法应保证实现系统的设计目标，这是主要矛盾。目标不同，系统设计的要求自然不同。批处理系统应当尽量提高各种资源的利用率和增加系统的平均吞吐量（即在单位时间内得到服务的平均作业数）；分时系统应当保证对用户的均衡响应时间；实时系统必须实现对事件的及时可靠的处理；网络系统应当使用户和程序方便、有效地利用网络中的分布式资源。

② 公平性。对所有作业或进程应公平对待，使每个进程公平地共享 CPU。

③ 均衡性。均衡使用资源，尽量使系统中各种资源都同时得到利用，提高资源的利用率。

④ 统筹兼顾。兼顾响应时间和资源利用率。各用户由键盘输入命令后，应在很短的时间内得到响应。这对分时系统尤为重要。

⑤ 优先级。基于相对优先级，但应避免无限期地推迟运行某些进程。随着等待时间的延长，低优先级进程的优先级应得到提升。

⑥ 开销。系统开销不应太大。

应该指出，实际系统中往往采用较简单的算法，以避免复杂算法所带来的额外负担。

3.4.2 调度性能评价准则

不同的调度算法有不同的特性。一种算法可能有利于某类作业或进程的运行，而不利于其他类作业或进程。在选择调度算法时，必须考虑各种算法所具有的特性。

为了比较 CPU 调度算法，人们提出很多评价准则。然而，选择不同准则做比较，在确定最好算法时会产生完全不同的结果。下面是常用的评价调度性能的准则。

1．CPU 利用率

当 CPU 的价格非常昂贵时，希望尽可能使它得到充分利用。CPU 的利用率可从 0%到100%。在实际的系统中，CPU 的利用率一般为 40%（轻负载系统）~90%（重负载系统）。通常，在一定的 I/O 等待时间的百分比之下，运行程序道数越多，CPU 空闲时间的百分比越低。

2．吞吐量

单位时间内 CPU 完成作业的数量称为吞吐量。长作业的吞吐量可能是每小时 1 个，短作业的吞吐量可达每秒钟 10 个。

3．周转时间

从一个特定作业的观点出发，最重要的准则是完成这个作业要花费多长时间。从作业提交到作业完成的时间间隔称为周转时间。周转时间是用于作业等待进入内存、进程在就绪队列中等待、进程在 CPU 上执行和完成 I/O 操作所花费时间的总和。

作业 i 的周转时间为

$$T_i = \mathrm{tc}_i - \mathrm{ts}_i$$

其中，ts_i 表示作业 i 的提交时间，亦即作业 i 到达系统的时间；tc_i 表示作业 i 的完成时间。

系统中 n 个作业的平均周转时间为

$$\overline{T} = \frac{1}{n} \times \sum_{i=1}^{n} T_i$$

平均周转时间可以衡量不同调度算法对相同作业流的调度性能。

作业周转时间没有区分作业实际运行时间长短的特性，因为长作业不可能具有比运行时间还短的周转时间。为了合理地反映长短作业的差别，人们定义了另一个衡量标准——带权周转时间 W，即

$$W = \frac{T}{R}$$

其中，T 为周转时间，R 为实际运行时间。

平均带权周转时间为

$$\overline{W} = \frac{1}{n} \times \sum_{i=1}^{n} W_i = \frac{1}{n} \times \sum_{i=1}^{n} \frac{T_i}{R_i}$$

平均带权周转时间可以用于比较某种调度算法对不同作业流的调度性能。

4．就绪等待时间

CPU 调度算法并不真正影响作业执行或 I/O 操作的时间数量。各种 CPU 调度算法仅影响作业（进程）在就绪队列中所花费的时间数量，因此可简单地考虑每个作业在就绪队列中的等待时间。

5．响应时间

在交互系统中，周转时间不可能是最好的评价准则。往往一个进程很早就产生了某些输出，当前面的结果在终端上输出时，它可以继续计算新的结果。另一个评价准则是从提交第一个请求到产生第一个响应所用的时间，即响应时间。响应时间是刚开始响应的时间，而不是用于输出响应的时间。周转时间通常受到输出设备速度的限制。

3.5　调度算法

通常，计算机系统及其设计目标不同，采用的调度算法也不相同，即不同的系统会采用不同的资源分配办法。在操作系统中存在多种调度算法，有的适于作业调度，有的适于进程调度，也有的调度算法对二者都可用。

3.5.1　先来先服务法

先来先服务（First Come First-Served，FCFS）法是最简单的一种调度算法，其实现思想就是"排队买票"的办法。

对于作业调度来说，先来先服务法每次从后备作业队列（按进入时间先后为序）中选择队首的一个或几个作业，把它们调入内存，分配相应的资源，创建进程，再把进程放入就绪队列。

对于进程调度算法来说，先来先服务法每次从就绪队列中选择一个最先进入该队列的进程，把 CPU 分给它，令其投入运行。该进程一直运行，直至完成或者由于某些原因而阻塞，才放弃 CPU。这样，当一个进程进入就绪队列时，它的 PCB 就链入就绪队列的末尾。每次进程调度时，就从该队列中摘下队首进程，分给它 CPU，使它运行。

设有三个作业，编号分别为 1、2、3，各作业分别对应一个进程。各作业依次到达，相差一个时间单位。图 3-4 是采用 FCFS 方式调度时这三个作业的执行顺序。

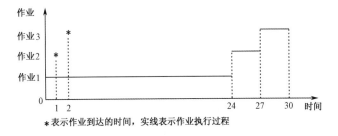

图 3-4　先来先服务调度算法

各作业的周转时间和带权周转时间（省略时间单位）等如表 3-1 所示。

表 3-1　FCFS 调度算法性能指标

作　业	到达时间	运行时间	开始时间	完成时间	周转时间	带权周转时间
1	0	24	0	24	24	1.00
2	1	3	24	27	26	8.67
3	2	3	27	30	28	9.33
		平均周转时间 $\overline{T}=26$		平均带权周转时间 $\overline{W}=6.33$		

由表 3-1 可以看出，FCFS 算法比较有利于长作业（进程），而不利于短作业（进程）。因为短作业运行时间很短，如果让它等待较长时间才得到服务，它的带权周转时间就会很长。

另外，FCFS 调度算法对 CPU 繁忙型作业（指需要大量 CPU 时间进行计算的作业）较有利，而不利于 I/O 繁忙型作业（指需要频繁请求 I/O 的作业）。因为 I/O 繁忙型作业（进程）在执行 I/O 操作时，往往要放弃对 CPU 的占有；当 I/O 操作完成后，则要进入就绪队列排队。它可能要等待相当长的一段时间，才得到较短时间的 CPU 服务。所以，这种类型作业的周转时间和带权周转时间都很大。

FCFS 调度算法容易实现，但效率较低。

3.5.2　短作业优先法

另一种 CPU 调度方式是短作业优先（Shortest-Job-First，SJF）算法。所谓作业的长短，是指作业要求运行时间的多少。当分派 CPU 时，SJF 算法就把 CPU 优先分给最短的作业。

表 3-2　一组作业列表

作　业	运行时间
1	6
2	9
3	8
4	3

例如，考虑表 3-2 给出的一组作业（它们同时提交到系统），利用短作业优先法调度，作业执行的顺序如图 3-5 所示。这 4 个作业的平均周转时间是 13.75 个时间单位。

对于一组给定的作业来说，短作业优先法能够提高系统的吞吐量，并能给出最小的平均等待时间。可以证明，它在这方面是最佳的。因为把一个短作业移到长作业之前所减少的短作业等待时间大于增加的长作业等待时间。相应地，平均等待时间也减少了，如图 3-6 所示。

图 3-5　一组作业的执行顺序

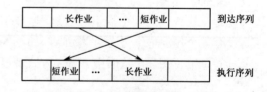

图 3-6　SJF 调度算法执行情况

采用短作业优先法在实现上有困难，问题是怎样知道作业申请运行的时间。对于批处理系统的作业调度来说，可以利用作业时间限度。这就要求各用户准确地估算作业时间限度，因为这个限度值小就意味着它有较快的周转（若该值太小，将导致"时间限度超出"错误，并需要重新申请）。SJF 算法在作业调度上用得很多。

SJF 算法的一个缺点是对长作业很不利。当一个长作业进入系统后，若后面连续进入较短的作业，前面这个作业就要一直等待而无法执行。另外，该算法不能保证及时处理紧迫性作业。

短作业优先法也能用于进程调度，即以作业估计运行时间作为相应进程的估计运行时间。

进程调度时，从就绪进程队列中挑选一个估计运行时间最短的进程投入运行。如果两个进程有相同的估计运行时间，就根据先来先服务法处理。其实，这种方法更恰当的术语应是"短 CPU 用时优先法（Shortest Next CPU Burst）"，因为调度时要测量进程的"CPU 工作用时"的长短，而不是进程整体用时的长短。

实际上，在进程调度这一级无法直接实现 SJF 算法，因为没有办法确切知道下面 CPU 工作的时间有多长。但是，可以采用一种近似的 SJF 算法——虽然不能知道下面 CPU 工作时间多长，但是能够知道它的预计值——预计下面进程 CPU 工作的时间类似前面一个的长短。通过计算下面 CPU 工作用时的近似值，可以选出一个具有最短预计 CPU 用时的进程。

"下面 CPU 用时"一般取作前面各 CPU 用时测量值的指数平均值。

设 t_n 表示第 n 个 CPU 用时的值，T_{n+1} 表示下面 CPU 用时的预计值，α 是一个调节因子，$0 \leq \alpha \leq 1$，则

$$T_{n+1} = \alpha \times t_n + (1-\alpha) \times T_n$$

该式定义了指数平均值。其中，t_n 的值包含最近的信息；T_n 保存过去的历史信息；而参数 α 控制在预计值的计算中最近信息和过去历史的相对权重。若 $\alpha = 0$，则 $T_{n+1} = T_n$，最近信息不起作用；若 $\alpha = 1$，则 $T_{n+1} = t_n$，只有最近的 CPU 用时起作用。通常，取 $\alpha = 0.5$，这样最近历史和过去历史具有同样的权重。

将上面的式子展开，就得到

$$T_{n+1} = \alpha \times t_n + (1-\alpha)\alpha \times t_{n-1} + \cdots + (1-\alpha)^j \alpha \times t_{n-j} + \cdots + (1-\alpha)^{n+1} \times t_0$$

由于 α 和 $1-\alpha$ 都小于或等于 1，因此式中每个后继项都比前项的权重小。也就是说，过去历史越老，对下面预计值的影响越小。

3.5.3 最短剩余时间优先法

最短剩余时间优先（Shortest Remaining Time First，SRTF）调度算法是短作业优先法的变形，采用抢占式策略。当新进程加入就绪队列时，如果它需要的运行时间比当前运行的进程所需的剩余时间还短，就执行切换，当前运行进程被强行剥夺 CPU 的控制权，调度新进程运行。这种算法总能保证新的短作业一进入系统就能很快得到服务。但是，实现这种算法要增加系统的开销（如保存进程断点现场、统计进程剩余时间等）。

作为例子，考虑如表 3-3 所示的 4 个进程，如果这些进程按表中所示的时间进入就绪队列，并且需要表中所指定的运行时间，那么 SRTF 调度的结果如图 3-7 所示。

表 3-3　4 个进程有关时间的列表

进　程	到达时间	运行时间
1	0	8
2	1	4
3	2	9
4	3	5

图 3-7　SRTF 调度算法进程执行序列

进程 1 在时间 0 开始运行，因为就绪队列中只有它。进程 2 到达时，进程 1 剩余的时间为 7 个时间单位，进程 2 申请的时间是 4 个时间单位，所以进程 1 被换下来，调度进程 2 运行。最终，SRTF 的平均周转时间是 52/4=13 个时间单位，而非抢占式 SJF 的平均周转时间是 14.25

个时间单位。

3.5.4　优先级法

优先级调度算法是从就绪队列中选出优先级最高的进程，让它在 CPU 上运行。

进程调度时，当前就绪队列中有最高优先级的那个进程获得 CPU 的使用权。以后在该进程的运行过程中，如果在就绪队列中出现优先级更高的进程，怎么办？处理方式有以下两种。

（1）非抢占式优先级法

当前占用 CPU 的进程一直运行，直到完成任务或者因等待某事件而主动让出 CPU，系统才让优先级更高的进程占用 CPU。

（2）抢占式优先级法

在当前进程运行过程中，一旦有另一个优先级更高的进程出现在就绪队列中，进程调度程序就停止当前进程的运行，强行将 CPU 分给那个进程。

进程的优先级如何确定呢？一般，进程优先级可由系统内部定义或由外部指定。内部定义优先级是利用某些可度量的量来定义一个进程的优先级。例如，根据进程类型、进程对资源的需求（时间限度、需要内存大小、打开文件的数目、I/O 平均工作时间与 CPU 平均工作时间的比值等）计算优先级。外部指定优先级是按操作系统以外的标准设置的，如使用计算机所付款的类型和总数，使用计算机的部门以及其他外部因素。

确定进程优先级的方式有静态方式和动态方式两种。

①　静态优先级是在创建进程时就确定下来的，而且在进程的整个运行期间保持不变。可利用内部定义或外部指定办法规定进程的静态优先级。

优先级一般用某个固定范围内的整数表示，如 0～7 或 0～4095 中的某一个数。这种整数称为优先数。注意，优先级与优先数的对应关系因系统而异，有些系统中优先数越大优先级越高；而另一些系统恰恰相反，如 UNIX 系统。本书采用"优先数小、优先级高"的表示方式。

静态优先级调度算法易于实现，系统开销小。但其主要问题是会出现"饥饿"现象，即某些低优先级的进程无限期地等待 CPU。在负载很重的计算机系统中，如果高优先级的进程很多，形成一个稳定的进程流，就使得低优先级进程任何时候也得不到 CPU。

②　动态优先级是随着进程的推进而不断改变的。解决低优先级进程"饥饿"问题的一种办法是"论年头"，使系统中等待 CPU 很长时间的进程逐渐提升其优先级。例如在 UNIX 系统中，正在运行的用户进程随着占用 CPU 时间的加长，其优先数也逐渐增加（优先级降低）；而在就绪队列中的用户进程随着等待 CPU 时间的加长，其优先数递减（优先级渐升）。经过一段时间后，原来级别较低的进程的优先级上升，正在运行进程的级别下降，从而实现"负反馈"作用——防止一个进程长期占用 CPU，也避免发生"饥饿"现象。

作业调度同样可以采用优先级法，即系统从后备作业队列中选择一批优先级相对高的作业调入内存。

设有如下一组进程，它们都在时刻 0 到达，依次为 $p_1, p_2, \cdots, p_5$，各自的运行时间和优先数如表 3-4 所示。采用优先级调度算法，这 5 个进程的执行顺序如图 3-8 所示。可以算出，这 5 个进程的平均周转时间是 12 个时间单位。

表 3-4　一组进程的信息列表

进　程	运行时间	优先数
p_1	10	3
p_2	1	1
p_3	2	4
p_4	1	5
p_5	5	2

图 3-8　采用优先级调度算法进程执行顺序

3.5.5　轮转法

轮转法（Round-Robin，RR）主要用于分时系统的进程调度。为了实现轮转调度，系统把所有就绪进程按先入先出的原则排成一个队列。新来的进程加到就绪队列末尾。每当执行进程调度时，进程调度程序总是选出就绪队列的队首进程，让它在 CPU 上运行一个时间片的时间。时间片是一个小的时间单位，通常为 10～100 ms 数量级。当进程用完分给它的时间片后，系统的计时器发出时钟中断，调度程序便停止该进程的运行，把它放入就绪队列的末尾；然后，把 CPU 分给就绪队列的队首进程，同样让它运行一个时间片，如此往复。

例如，考虑 4 个进程 A、B、C 和 D 的执行情况，它们依次进入就绪队列，彼此相差时间很短，可以近似认为"同时"到达。4 个进程分别需要运行 12、5、3、6 个时间单位。图 3-9 是时间片 $q=1$ 和 $q=4$ 时的运行情况。

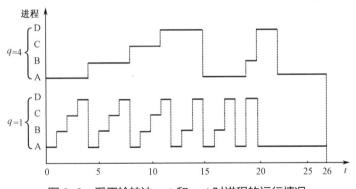

图 3-9　采用轮转法 $q=1$ 和 $q=4$ 时进程的运行情况

各进程的周转时间和带权周转时间等性能指标如表 3-5 所示。

由图 3-9 可以看出，在轮转法中，一次轮回时间内分给任何进程的 CPU 时间都不会大于一个时间片。所以，一个运行较长时间的进程需要经过多次轮转才能完成。

进程的周转时间也依赖于时间片的大小。例如，4 个进程 $p_1 \sim p_4$ 的运行时间分别为 6、3、1、7 个时间单位。当时间片分别取 1～7 个时间单位时，平均周转时间的变化情况如图 3-10 所示。可以看出，这组进程的平均周转时间并未随时间片的增加而得到改进。一般，如果在单个时间片内多数进程能够完成它们的运行工作，平均周转时间就会得到改进。

可见，时间片的大小对轮转法的性能有很大影响。如果时间片太长，每个进程都在这段时间内运行完毕，那么轮转法退化为先来先服务法。显然，对用户的响应时间必然加长。如果时间片太短，那么 CPU 在进程间的切换工作就非常频繁。由于在每个时间片末尾，都产生时钟

表 3-5 RR 调度算法的性能指标

到达时间	进程名	到达时间	运行时间	开始时间	完成时间	周转时间	带权周转时间
时间片 $q=1$	A	0	12	0	26	26	2.17
	B	0	5	1	17	17	3.4
	C	0	3	2	11	11	3.67
	D	0	6	3	20	20	3.33
	平均周转时间 $\overline{T}$=18.5				平均带权周转时间 $\overline{W}$=3.14			
时间片 $q=4$	A	0	12	0	26	26	2.17
	B	0	5	4	20	20	4
	C	0	3	8	11	11	3.67
	D	0	6	11	22	22	3.67
	平均周转时间 $\overline{T}$=19.75				平均带权周转时间 $\overline{W}$=3.38			

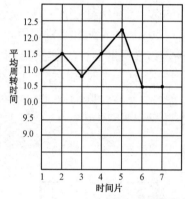

图 3-10 平均周转时间随时间片的变化

中断。操作系统要处理这个中断，在把 CPU 分给另一个进程前，要为"老"进程保留全部寄存器的内容，还要为新选中的进程装配所有寄存器的值，从而导致系统开销增加。

时间片的长短通常由以下 4 个因素确定：

① 系统的响应时间。在进程数量一定时，时间片的长短直接正比于系统对响应时间的要求。

② 就绪队列进程的数目。当系统要求的响应时间一定时，时间片的大小反比于就绪队列中的进程数。

③ 进程的转换时间。若执行进程调度时的转换时间为 t，时间片为 q，为保证系统开销不大于某个标准，应使比值 t/q 不大于某一数值，如 1/10。

④ CPU 运行指令速度。CPU 运行速度快，则时间片可以短些；反之，则应取长些。

3.5.6　多级队列法

另一类调度算法是把多个进程分成不同级别的组，通常划分为前台进程（交互）和后台进程（批处理）。这两类进程对响应时间的要求是完全不同的，所以用不同的调度算法。此外，前台进程的优先级（由外部确定）高于后台进程的优先级。

多级队列（Multilevel Queue）法把就绪队列划分成几个单独的队列（如图 3-11 所示），一般根据进程的某些特性，如占用内存大小、进程优先级和进程类型，永久性地把各进程分别链入不同的队列，每个队列都有自己的调度算法。例如，把前台进程和后台进程各设一个队列，前台进程队列可用轮转法调度，而后台进程队列可用先来先服务法进行调度。

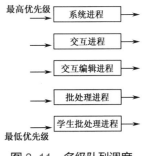

图 3-11　多级队列调度

此外，在各队列之间也要进行调度，通常采用固定优先级的抢占式调度。例如，前台队列的绝对优先级高于后台队列。

下面是多级队列调度法的一个例子，设有如下 5 个队列：系统进程、交互进程、交互编辑进程、批处理进程、学生批处理进程。各队列的优先级自上而下降级。仅当系统进程、交互进程和交互编辑进程三个队列都为空时，批处理队列中的进程才可运行。当批处理进程正在运行时，若有一个交互编辑进程进入就绪队列，则批处理进程就被赶下来。Solaris 2 系统就采用这种调度方法。

在各队列间实施调度的另一种方式是规定时间比例，即每个队列都取得一定的 CPU 时间片段，然后调度本队列中的各进程。例如，在前、后台队列例子中，前台队列可占 80% 的 CPU 时间，采用轮转法调度其中的各进程；后台队列占 20% 的 CPU 时间，按先来先服务法调度该队列中的进程。

3.5.7　多级反馈队列法

通常，在多级队列法中，进程被永久性地放入一个队列，它们不能从一个队列移到另一个队列。例如，前台队列不能移到后台队列中，因为作业本身前台/后台的自然属性没有改变。

多级反馈队列法（Multilevel Feedback Queue，MFQ）是在多级队列法的基础上加进"反馈"措施，如图 3-12 所示（注意：图中"处理机"均为同一个处理机）。其实现思想是：

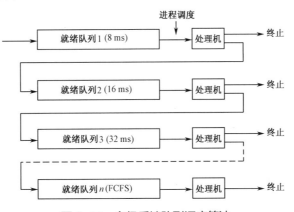

图 3-12　多级反馈队列调度算法

① 系统中设置多个就绪队列，每个队列对应一个优先级，第 1 个队列的优先级最高，第 2 个队列次之，以下各队列的优先级逐个降低。

② 各就绪队列中进程的运行时间片不同，高优先级队列的时间片小，低优先级队列的时间片大。例如，第 1 个队列的时间片为 8 ms，第 2 个队列的时间片为 16 ms，等等，从高到低依次加倍。最后一个队列中的进程按先来先服务法进行调度。

③ 新进程进入系统后，先放入第 1 个队列的末尾。若某进程在相应时间片内没有完成工

作，则把它转到下一个队列的末尾，直至进入最后一个队列。

④ 系统先运行第 1 个队列中的进程；第 1 个队列为空后，才运行第 2 个队列中的进程，以此类推。仅当前面所有队列都为空时，才会运行最后一个队列中的进程。

在以上设定情况下，这种调度算法对 CPU 工作时间小于等于 8 ms 的进程给予最高优先级，这样的进程将很快得到 CPU，实现其计算任务，并且进行下面的 I/O 工作。对 CPU 工作时间大于 8 ms 但小于 24 ms 的进程也可很快得到服务，而长进程自动沉到下面的队列中。

这种调度算法基于抢占式，使用动态优先级机制，可能存在一个问题——进程"饥饿"问题。如果一个很长的作业进入系统，那么它的进程最后要沉到优先级最低的就绪队列中。如果在它之后进入系统的作业都是运行时间较短的作业，并且形成稳定的作业流，那么上面那个长作业就一直就绪等待，始终分不到 CPU，从而无法完成作业。解决"饥饿"问题的一种办法是提升在低优先级队列中等待了很长时间的进程的优先级，从而使它们得到再次运行的机会。

通常，多级反馈队列调度由以下因素确定：① 队列数目；② 每个队列的调度算法；③ 把一个进程升级到较高级队列时的测定方法；④ 把一个进程降级到较低级队列时的测定方法；⑤ 当一个进程需要得到服务时它将进入哪个队列的测定方法。

多级反馈队列法是最通用的 CPU 调度算法。按照设计要求，可以对它进行加工，以适用于专用系统。为了确定最好的调度算法，需要某些确定所有参数值的选择方法。虽然多级反馈队列法最常用，但最复杂。

3.5.8 高响应比优先法

上面的算法通常使用常规周转时间衡量其性能。对于单个进程来说，其带权周转时间应尽量小，而且所有进程的平均带权周转时间也应尽量小。这是一个事后测量方式。可用一个事前测量方式来近似模拟它，即高响应比优先法（Highest Response Ratio First，HRRF）。

高响应比优先法是一种非抢占方式，为每个进程计算一个响应比 RR：

$$RR = \frac{w+s}{s}$$

其中，w 是进程等待处理机所用的时间；s 是进程要求的服务时间。由于 $w+s$ 就是系统对该进程的响应时间，因此 RR 就是进程的响应比。在调度进行时，以各进程的响应比作为其优先级，从中选出级别最高的进程投入运行。

设系统有 3 个进程，它们的到达时间和运行时间如表 3-6 所示。假设系统确定它们全部到达后，才开始采用响应比高者优先的调度算法。下面给出具体处理过程。

根据假设条件，从时间 9.5 开始，计算各进程的响应比：

表 3-6 3 个进程的有关时间

进 程	到达时间	运行时间
1	8.5	1.5
2	9.0	0.5
3	9.5	1.0

$$RR_1 = \frac{9.5-8.5}{1.5}+1 = 1.67$$

$$RR_2 = \frac{9.5-9.0}{0.5}+1 = 2$$

$$RR_3 = \frac{9.5-9.5}{1.0}+1 = 1$$

选择响应比最大的进程 2（短进程）运行，从时间 9.5 开始运行 0.5 个时间单位，到时间 10 结束，然后以时间 10 为起点，再次计算响应比：

$$RR_1 = \frac{10-8.5}{1.5} + 1 = 2$$

$$RR_2 = \frac{10-9.5}{1} + 1 = 1.5$$

选择进程 1（长进程，等待时间长）开始执行，从时间 10 执行到时间 11.5 结束。

最后是进程 3，从时间 11.5 开始执行，到时间 12.5 结束。

所以，调度顺序为进程 2、进程 1、进程 3。

可见，在进程等待时间固定的情况下，高响应比优先法有利于短进程（作业），因为 $RR = w/s + 1$，s 越小，w/s 的值越大。当要求服务时间 s 相同时，等待时间 w 越长的进程的优先级越高，从而实现先来先服务策略。对于长作业（进程），随着其等待时间的延长，相应的优先级可以上升，从而避免"饥饿"问题。

高响应比优先法既照顾到短进程，又考虑了长进程。其缺点是调度前需要计算进程的响应比，从而增加了系统开销，同时对于实时进程无法做出及时反应。

3.5.9 公平共享法

以上讨论仅考虑如何对进程执行调度，好像所有就绪进程都放在一个进程池中，并未涉及谁拥有这个进程。在分时系统中，有的用户可能创建很多进程，而其他用户创建的进程却很少。如果各进程的优先级相同，那么采用轮转法时，拥有进程多的用户就比拥有进程少的用户更多地占用 CPU 时间。

为了防止这种情况出现，可采用公平共享法（Fair Share）。系统在调度进程前需要考虑谁拥有该进程。系统为每个用户分配一定比例的 CPU 时间，然后按照这个比例在各用户之间挑选相应的进程。例如，有两个用户 A 和 B，规定每个用户占用 50%的 CPU 时间，用户 A 有 4 个进程 a1、a2、a3 和 a4，用户 B 只有一个进程 b1，那么进程调度序列是

a1 b1 a2 b1 a3 b1 a4 b1 a1 b1 a2 b1 …

如果规定用户 A 占用 CPU 的时间是用户 B 的 2 倍，那么进程调度序列将是

a1 a2 b1 a3 a4 b1 a1 a2 b1 a3 a4 b1 …

3.5.10 常用调度算法的比较

常用调度算法的比较如表 3-7 所示，其中"选择依据"确定就绪队列中哪个进程被选中运行，可能基于优先级、资源需求或进程的执行特征。其中涉及三个量的含义是：w 为至今在系统中用于等待执行所花费的时间；e 为至今在 CPU 上执行用去的时间；s 为进程所需的总体运行时间（包括 e）。

表 3-7 常用调度算法的比较

| 比较项目 | 算　法 | | | | | |
	FCFS	RR	SJF	SRTF	HRRF	MFQ
选择依据	$\max[w]$	常量	$\min[s]$	$\min[s-e]$	$\max[(w+s)/s]$	见 3.5.7 节
调度方式	非抢占式	抢占式（按时间片）	非抢占式	抢占式（进程到达时）	非抢占式	抢占式（按时间片）

比较项目	算 法					
	FCFS	RR	SJF	SRTF	HRRF	MFQ
吞吐量	不突出	若时间片太小则可能变低	高	高	高	不突出
响应时间	可能很高，特别在进程执行时间有很大变化时	对于短进程提供良好的响应时间	对于短作业（进程）提供良好的响应时间	提供良好的响应时间	提供良好的响应时间	不突出
开销	最小	低	可能高	可能高	可能高	可能高
对进程的作用	不利于短作业（进程）和 I/O 繁忙型作业（进程）	公平对待	不利于长作业（进程）	不利于长进程	良好的均衡	可能偏爱 I/O 繁忙型作业（进程）
"饥饿"问题	无	无	可能	可能	无	可能

3.6 实时调度

3.6.1 实时任务类型

实时系统中存在着若干实时任务，它们对时间有着严格的要求。通常，一个特定任务与一个截止时间相关联。截止时间分以为开始时间和完成时间。根据对截止时间的要求，实时任务可以分为硬实时任务（Hard Real-time Task）和软实时任务（Soft Real-time Task）。硬实时任务是指系统必须满足任务对截止时间的要求，准时开始，准时完成，否则会导致无法预测的后果或对系统产生致命的错误。软实时任务是指任务与预期的截止时间相关联，但不是绝对严格的，即使已超出任务的截止时间，仍然可以对它实施调度并完成。

按照任务执行是否呈现周期性规律，实时任务可以分为周期性任务和非周期性任务。周期性任务是指以固定的时间间隔出现的事件，如每周期 T 执行一次。非周期性任务是指事件的出现无法预计，但规定了必须完成或者开始的截止时间，或者二者都被规定好。

实时系统中可能存在由多个周期性任务形成的任务流，都要求系统做出及时响应。系统能否对它们全部予以处理，取决于每个任务要求的处理时间有多长。例如，系统中有 m 个周期性任务，其中任务 i 出现的周期为 P_i，处理所需的 CPU 时间为 C_i，那么系统能处理这个任务流的条件是

$$\sum_{i=1}^{m} \frac{C_i}{P_i} \leqslant 1$$

该式被称为可调度测试公式，满足这个不等式关系的实时系统被称为可调度的。

3.6.2 实时调度算法

实时调度算法分为静态和动态两种方式。静态调度是在系统开始运行前做出调度决定。仅在预先提供有关需要完成的工作和必须满足的截止时间等信息的情况下，静态调度才能起作用。动态调度是在运行时做出调度决定。动态调度算法不受上述条件的限制。

1．优先级随速率单调的调度算法

优先级随速率单调的调度（Rate Monotonic Scheduling，RMS）是针对可抢占的周期性进程采用的经典静态实时调度算法，用于满足下述条件的进程：

① 每个周期性进程必须在其周期内完成。

② 进程间彼此互不依存。

③ 每个进程在每次运行时需要相同的 CPU 时间。

④ 非周期性进程都没有截止时间限制。

⑤ 进程抢占瞬间完成，开销可以不计。

前 4 个条件是必须的，最后一个条件虽不是必需的，但大大简化了系统模型的建立。RMS 为每个进程分配一个固定的优先级，等于触发事件发生的频度。例如，一个进程每 30 ms 必须运行一次（即 33 次/秒），其优先级就为 33；若它必须每 40 ms 运行一次（即 25 次/秒），其优先级则为 25，即进程的优先级与触发其运行的速率是线性关系，因而该调度算法被称为优先级随速率单调的调度法。在运行时，调度程序总是运行优先级最高的进程。如果需要，就抢占当前正在运行的进程。

2．最早截止时间优先调度算法

最早截止时间优先调度算法（Earliest Deadline First，EDF）是流行的动态实时调度算法，不要求被调度进程具有周期性，也不要求每次占用 CPU 运行的时间相同。其思想是：每当一个进程需要占用 CPU 时，它要表明自己的存在和截止时间等信息，调度程序把所有可以运行的进程按照截止时间先后顺序放在一个表格中；执行调度时，就选择该表中的第一个进程——它的截止时间最近；一旦新进程就绪，系统就查看它的截止时间是否在当前运行进程之前，如果更近，新进程就抢占当前运行进程。

3.7　线程调度

多线程系统提供了进程和线程两级并行机制。因为线程的实现分为用户级线程和内核级（又称为系统级）线程，所以在多线程系统中，调度算法主要依据线程的实现而不同。

1．用户级线程

由于线程是在用户级实现的，内核并不知道线程的存在，因此内核不负责线程的调度。内核只为进程提供服务，即从就绪队列中挑选一个进程（如 A），为它分配一个时间片，然后由 A 内部的线程调度程序决定让 A 的哪一个线程（如 A1）运行。线程 A1 将一直运行，不受时钟中断的干扰，直至它用完进程 A 的时间片。之后，内核将选择另一个进程运行。当进程 A 再次获得时间片时，线程 A1 将恢复运行。如此反复，直到 A1 完成自己的工作，进程 A 内部的线程调度程序再调度另一个线程运行。一个进程内线程的行为不影响其他进程。内核只管对进程进行适当的调度，而不管进程内部的线程。

如果进程分到的时间片长，而单个线程每次运行时间短，那么在 A1 让出 CPU 后，A 的线程调度程序就调度 A 的另一个线程（如 A2）运行。这样，在内核切换到进程 B 前，进程 A

内部的线程就会发生多次切换，如图 3-13 所示。

运行时，系统选择线程的调度算法可以是 3.5 节中的任何一种算法。实际上，最常用的算法是轮转法和优先级法，唯一的限制是时钟中断对运行线程不起作用。

2．内核级线程

在内核支持线程的情况下，由内核调度线程，即内核从就绪线程池中选出一个线程（不必考虑它是哪个进程的线程，当然内核知道是哪个进程的），分给该线程一个时间片，当它用完时间片后，内核把它挂起。如果线程在给定的时间片内阻塞，内核就调度另一个线程运行，后者可能与前者同属一个进程，也可能属于另一个进程，如图 3-14 所示。

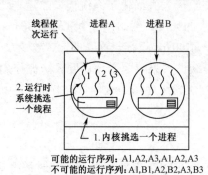

可能的运行序列：A1,A2,A3,A1,A2,A3
不可能的运行序列：A1,B1,A2,B2,A3,B3

图 3-13　用户级线程可能的调度

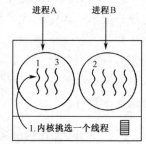

可能的运行序列：A1,A2,A3,A1,A2,A3
也可能的运行序列：A1,B1,A2,B2,A3,B3

图 3-14　内核级线程可能的调度

用户级线程和内核级线程的主要区别如下：

① 性能。用户级线程的线程切换需要少量的机器指令，速度快；而内核级线程的切换需要全部上下文切换，修改内存映像等，因而速度要慢很多。

② 挂起。在内核级线程方式下，一个线程因等待 I/O 而阻塞时，不会挂起整个进程；而在用户级线程方式下，却会挂起整个进程。

3.8　多处理器调度

3.8.1　多处理器系统的类型

多处理器系统是包含两个或更多处理器的计算机系统。与单处理器系统相比，多处理器系统在速度、性能、可靠性等方面都有很大提高；相应地，在结构和管理上也变得更为复杂。

多处理器系统分为以下三种。

① 松散耦合多处理器系统（或称为集群系统）。这是一组相对自主系统的集合体，每台处理器有自己的内存和 I/O 通道。每台处理器上有自己的操作系统。往往通过高速通信线路互连在一起。

② 主从多处理器系统。操作系统和它的表格只放在一个称为主机（Master）的处理器上，而其他处理器是从机（Slaves）。主机是通用处理器，控制各从机的工作和执行 I/O 操作；而从机仅执行主机指派的计算任务，即运行用户进程，为主控机提供服务。所有的系统调用都重定向到主机，由它予以处理。

③ 紧密耦合多处理器系统。一组处理器共享一个内存，并且在一个操作系统的集中控制下工作。最常用的模式是对称多处理器（Symmetric MultiProcessor，SMP）结构，其所有处理器都是同构的。SMP 结构的操作系统负责管理由各处理器组成的集合体，其中任一成员都可控制 I/O 设备或对内存单元进行访问。操作系统是浮动的，可从一个处理器转到另一个处理器上。当前负责管理系统表格和系统函数的处理器被称为"执行机"。任何时候，担当执行机的处理器只能有一个，这样可预防对全局系统信息的竞争。

3.8.2　多处理器调度方法

多处理器调度包括如下三方面。

① 给处理器分配进程，即把进程加到某处理器对应的就绪队列中。如果多处理器的体系结构是相同的，最简单的调度方法就是把所有处理器看成一个资源池，根据要求，把进程分配给处理器。常用的分配方式有静态分配（即把一个进程固定地分给一个处理器）和动态分配（即把系统中所有就绪进程放入一个全局队列，从中选出进程并分派到任何可用的处理器上）。

② 在单个处理器上是否使用多道程序技术。在传统的多处理器中，每个单一的处理器应在若干进程之间进行切换，以便获得高利用率和良好性能。如果一个应用程序由多线程的单个进程实现，它运行在多处理器上，那么保持每个处理器尽可能地忙不再是最重要的因素。在这种情况下，一般考虑的焦点是为应用程序提供更好的性能。如果组成一个应用程序的所有线程同时运行，那么其性能最好。

③ 实际分派进程。在多处理器系统中，不需采用复杂的调度算法。其实，方法越简单，开销越少，效率就越高。有统计资料表明，在双 CPU 系统中，进程采用 FCFS 调度算法与采用轮转法、最短剩余时间优先法相比较，系统吞吐量的变化很小。所以，对于多处理器系统来说，采用简单的 FCFS 算法或带有静态优先级的 FCFS 算法是合适的。

为了防止多个处理器同时从一个就绪队列中选择进程时出现的竞争问题，可以采用转锁（Spin Lock）方式实现互斥。但简单的转锁方式存在"循环等待"问题——当一个进程占用转锁时，如果其他进程也要用该锁，就得循环测试并等待，直至那个进程释放该锁。

有些系统采用"灵巧"调度（Smart Scheduling），即得到转锁的进程设置一个全局标志，声明它当前占用该锁。当它释放该锁时，就清除该标志。调度程序不让占有转锁的进程停止，而是多给它一点儿运行时间，使之尽快完成临界区工作，从而释放该锁。

多处理器系统中线程调度通常有如下 4 种方式，它们各有优缺点。

① 负载共享：不把进程分给具体的处理器，系统维护一个全局的就绪线程队列，当某个处理器空闲时，就从该队列中选择一个线程。

② 成组调度：把一组相关线程作为一个单位同时调到一组处理器上运行，一一对应，所有成组线程一起开始和结束它们的时间片。

③ 专用处理器分配：成组调度的极端形式。当一个进程被调度时，它的每个线程被分配到一个处理器上，在该进程完成前，处理器由相应的线程专用。

④ 动态调度：允许在进程执行期间动态改变其线程的数目。操作系统的调度职责主要限于处理器的分配。

3.9 UNIX/Linux 进程调度

3.9.1 UNIX 进程调度

UNIX 系统的进程调度采用多级反馈队列轮转法。也就是说，内核为一个运行进程分配一个时间片。当时间片用完后，该进程被送回相同优先级队列的末尾，内核动态调整用户态进程的优先级，而 CPU 被另外进程抢占。这样，一个进程从创建到完成任务后终止，需要经历多次反馈循环。当进程再次被调度运行时，它就从上次断点处开始继续执行。

内核进行进程调度的时机有 4 种情况：① 调用 sleep 程序；② 进程终止；③ 进程从系统调用返回到用户态时，但它并不是最适宜运行的进程；④ 内核处理完中断后，进程回到用户态，但存在比它更适宜运行的进程。

进程调度是由 swtch 程序实现的。系统中的所有进程对 CPU 的使用和放弃都要通过执行 swtch 才行。swtch 调度进程的算法如下（用自然语言描述）：

```
swtch() {
    while(没有进程被选中执行) {
        for（所有在就绪队列中的进程）
            选出优先级最高且在内存的一个进程;
        if(没有合适进程可以执行)
            机器作空转;                    /* 当中断发生后，使机器摆脱空转状态 */
    }
    从就绪队列中移走该选中进程;
    恢复选中进程的现场，令其投入运行;
}
```

UNIX S_5 中，进程的优先级分为两大类：用户态优先级和核心态优先级。每类又包含若干优先级，每个优先级在逻辑上都对应一个进程队列，如图 3-15 所示。在图 3-15 中，优先级从下至上依次升高。可以看出，核心态优先级在分界优先级之上，而用户态优先级在分界优先级之下，各种内核事件的优先级高于用户进程的优先级。

在 UNIX 系统中，进程的优先级用相应的优先数来表示：优先数越小，其优先级越高。例如，在 3B2 机上，对换进程的优先数是 0，而等待盘 I/O 的进程优先数是 20。

进程的优先数是动态改变的，而且是在特定的进程状态下发生的。内核用两种方式修改进程的优先级：对核心态进程设置优先数，对用户态进程计算优先数。

① 核心态进程：核心态进程因等待某一事件而调用 sleep 程序去睡眠时，内核根据该进程睡眠的原因为它设置一个确定的优先数。以后该进程被唤醒后，就以睡眠时的优先数作为就绪时的优先数。

② 用户态进程：当系统调用执行结束，进程由核心态返回到用户态，以及进程正在用户态下运行时，由时钟处理程序通过计算方式来调整其优先数。正在运行的进程占用 CPU 的时间越久，其优先数越大；内存就绪态进程排队时间越长，其优先数逐渐降低。这样就实现了反馈作用，防止运行进程总是占用 CPU。

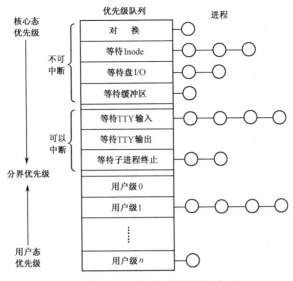

图 3-15　进程优先级的级别

后台命令（在命令行最后有"&"符号，如 cc　f1.c&）对应后台进程（又称为后台作业）。后台进程的优先级低于任何交互（前台）进程的优先级。所以，只有当系统中当前不存在可运行的交互进程时，才调度后台进程运行。后台进程往往按批处理方式调度运行。如果用图表示，后台进程应加在图 3-15 的最下方（"用户级 n"下）。一般，用户（交互）进程可中断后台进程的执行。

为了改善 UNIX 系统的实时性能，在一些版本中提供了实时进程。实时进程通常采取固定的执行优先级。实时进程享有最高的执行优先级，应出现在图 3-15 的最上方（"对换"上）。在一般的 UNIX 作业环境下，并不需要实时进程，若使用不当，将影响整个用户进程的效率。

3.9.2　Linux 进程调度

Linux 系统中的进程既可以在用户模式下运行，又可以在内核模式下运行。内核模式的权限高于用户模式的权限。进程每次执行系统调用时，进程的运行方式就发生变化，从用户模式切换到内核模式。

Linux 系统的进程调度机制主要涉及调度方式、调度策略、调度时机和调度算法。

Linux 系统的调度方式基本上采用"抢占式优先级"方式，当进程在用户模式下运行时，不管它是否自愿，内核在一定条件下（如该进程的时间片用完或等待 I/O）可以暂时中止其运行，而调度其他进程运行。一旦进程切换到内核模式下运行时，就不受以上限制而一直运行，仅在重新回到用户模式前才会发生进程调度。

Linux 系统中的调度基本上继承了 UNIX 系统的以优先级为基础的调度。也就是说，内核为系统中每个进程计算出一个优先级，该优先级反映了一个进程获得 CPU 使用权的资格，即高优先级的进程优先得到运行。核心从进程就绪队列中挑选一个优先级最高的进程，为其分配一个 CPU 时间片，令其投入运行。在运行过程中，当前进程的优先级随时间递减，这样就实现了"负反馈"作用，即经过一段时间后，原来级别较低的进程相对"提升"了级别，从而有机会得到运行。当所有进程的优先级都变为 0（最低）时，就重新计算一次所有进程的优先级。

Linux 系统针对不同类别的进程提供了三种调度策略，即 SCHED_FIFO、SCHED_RR 和 SCHED_OTHER。其中，SCHED_FIFO 适合短实时进程，对时间性要求比较强，每次运行所需的时间比较短。一旦这种进程被调度且开始运行，就一直运行到自愿让出 CPU 或被优先级更高的进程抢占其执行权为止。

SCHED_RR 对应轮转法，适合每次运行需要较长时间的实时进程。一个运行进程分配一个时间片（200 ms），当时间片用完后，CPU 被其他进程抢占，而该进程被送回相同优先级队列的末尾，内核动态调整用户态进程的优先级。这样，一个进程从创建到完成任务后终止，需要经历多次反馈循环。当进程再次被调度运行时，它就从上次断点处开始继续执行。

SCHED_OTHER 是传统的 UNIX 调度策略，适合交互式的分时进程。这类进程的优先级取决于两个因素：一个是进程剩余时间配额，如果进程用完了配给的时间，那么相应优先级降到 0；另一个是进程的优先数 nice，这是从 UNIX 系统沿袭下来的方法，优先数越小，其优先级越高。nice 的取值范围是-20～19。用户可以利用 nice 命令设定进程的 nice 值。但一般用户只能设定正值，从而主动降低其优先级；只有特权用户才能把 nice 的值设置为负数。进程的优先级就是以上二者之和。

系统规定，实时进程的优先级高于其他类型进程的优先级。另外，时间配额和 nice 值不影响实时进程的优先级。如果系统中有实时进程处于就绪状态，那么非实时进程不能被调度运行，直至所有实时进程都完成，非实时进程才有机会占用 CPU。

内核进行进程调度的时机有以下 5 种情况。

① 当前进程调用系统调用 nanosleep( )或者 pause( )，使自己进入睡眠状态，主动让出一段时间的 CPU 的使用权。

② 进程终止，永久地放弃对 CPU 的使用。

③ 在时钟中断处理程序执行过程中，发现当前进程连续运行的时间过长。

④ 当唤醒一个睡眠进程时，发现被唤醒的进程比当前进程更有资格运行。

⑤ 一个进程通过执行系统调用来改变调度策略或者降低自身的优先级（如 nice 命令），从而引起立即调度。

进程调度的算法应该比较简单，以便减少频繁调度时的系统开销。Linux 执行进程调度时，首先查找所有在就绪队列中的进程，从中选出优先级最高且在内存的一个进程。如果队列中有实时进程，那么实时进程优先运行。如果最需要运行的进程不是当前进程，那么当前进程被挂起，并且保存它的现场——涉及的一切机器状态，包括程序计数器和 CPU 寄存器等，然后为选中的进程恢复运行现场。

本章小结

CPU 调度是操作系统中最核心的调度，根据算法选择合适的进程，并把 CPU 分配给该进程使用。

处理机调度可分为三级。作业调度的基本功能是选择有权竞争 CPU 的作业。一般来说，资源的分配策略（特别是内存管理）对作业调度有很大影响。CPU 调度（即进程调度）是从就绪队列中选择一个进程，把 CPU 分配给它。中级调度往往实现进程的挂起和进程映像的对换。处理机调度可由系统进程来实现。在任何系统中都必须有 CPU 调度，而另外两级调度并非必需的。

确定调度策略是件复杂的工作，要兼顾多种因素的影响。调度算法不宜太烦琐。不同的系统适用于不同的环境，因而调度算法各异，也就无法形成一个统一的性能评价标准。但是 CPU 利用率、吞吐量、周转时间、等待时间和响应时间等项目是通常评价性能时要考虑的几个指标。

先来先服务法（FCFS）是最简单的调度算法，但可能导致作业等待很长时间，是非抢占式的。轮转法（RR）对于分时系统更为合适，是抢占式的。轮转法的主要问题是时间片如何选择。时间片太长，就成为了先来先服务法；时间片太短，频繁调度，开销又太大。优先级算法只是简单地把 CPU 分给优先级最高的进程。优先级法可以是抢占式的，也可以是非抢占式的。

短作业优先法和最短剩余时间优先法都可以减少平均等待时间，但可能出现"饥饿"问题。

多级队列算法允许对不同类型的作业使用不同的算法。最常用的方法是对前台队列采用轮转法调度，对后台队列采用先来先服务法。反馈法允许一个进程从一个队列移到另一个队列。多级反馈队列法是目前很多实用系统中采用的调度方法。其他调度算法还有高响应比优先法和公平共享法等。

实时系统的调度可分为静态和动态两种方式，如 RMS 法为进程分配固定的优先级，而 EDF 法是动态实时调度算法。

用户级线程和内核级线程采用不同的调度方式，因为二者的实现机制不同。

多处理器系统中 CPU 调度有很多不同于单 CPU 系统的问题，但采用的调度算法一般比较简单，以提高效率。

UNIX 系统的进程调度采用多级反馈队列轮转法，由 swtch 程序实现进程调度。核心态进程要预先设置固定的优先数，而用户态进程要动态计算其优先数。优先数越小，其优先级越高。

Linux 系统基本上采用抢占式优先级方式。对不同类型的进程采用不同调度策略。短实时进程用先入先出法，长实时进程用时间片轮转法，而其他进程采用传统的 UNIX 系统的调度方法——优先级反馈法。

习 题 3

1. 处理机调度的主要目的是什么？
2. 高级调度与低级调度的主要功能是什么？为什么要引入中级调度？
3. 处理机调度一般分为哪三级？其中哪一级调度必不可少？为什么？
4. 作业在其存在过程中分为哪 4 种状态？
5. 在操作系统中，引起进程调度的主要事件有哪些？
6. 作业调度与进程调度之间有什么差别？二者间如何协调工作？
7. 在确定调度方式和调度算法时，常用的评价准则有哪些？
8. 假定在单 CPU 条件下要执行的作业如表 3-8 所示。作业到来的时间是按作业编号顺序进行的（即后面作业依次比前一个作业迟到一个时间单位）。

（1）用一个执行时间图描述使用下列算法时各自执行这些作业的情况：先来先服务法、轮转法（时间片=1）和非抢占式优先级法。

（2）对于上述每种算法，各作业的周转时间是多少？平均周转时间是多少？

（3）对于上述每种算法，各作业的带权周转时间是多少？平均带权周转时间是多少？

9. 在一个有两道作业的批处理系统中，作业调度采用短作业优先调度算法，进程调度采用抢占式优先级调度算法。设作业序列如表 3-9 所示。其中给出的作业优先数即为相应进程的优先数。其数值越小，优先级越高。

表 3-8 习题 8 的作业列表

作　业	运行时间	优先级
1	10	3
2	1	1
3	2	3
4	1	4
5	5	2

表 3-9 习题 9 的作业列表

作　业	到达时间	预估运行时间	优先数
A	8:00	40 分钟	10
B	8:20	30 分钟	5
C	8:30	50 分钟	8
D	8:50	20 分钟	12

要求：

（1）列出所有作业进入内存的时间及结束时间。

（2）计算平均周转时间和平均带权周转时间。

（3）如果进程调度采用非抢占式优先级法，结果如何？

10. 有 5 个待运行作业 J1、J2、J3、J4、J5，各自预计运行时间分别是 9、6、3、5 和 7 时间单位。假定这些作业同时到达，并且在一台处理机上按单道方式执行。讨论采用哪种调度算法和哪种运行次序将使平均周转时间最短？平均周转时间为多少？

11. UNIX 和 Linux 系统中进程调度的方法各是什么？二者有何异同？

第4章

OS

存储管理

一组进程共享 CPU，通过调度协调地工作，从而改善了 CPU 的利用率和计算机对用户的响应速度。然而为了实现这种改进，必须把若干进程放在内存中，即内存是共享资源。

近年来，随着硬件技术和生产水平的迅速发展，内存的成本迅速下降，容量一直不断扩大，但仍不能满足程序员对内存的期待——空间无限大、速度无限快等。为此，人们提出了"存储器层次结构"模型。所以，对内存的有效管理仍是现代操作系统中十分重要的问题。

在计算机系统中，对内存如何处理在很大程度上将影响整个系统的性能，所以内存也是关键资源。存储管理目前仍是人们研究操作系统的中心问题之一。

本章将介绍操作系统中有关内存管理的基本概念、几种常用的管理技术，分别讲述各自的基本思想、实现算法、硬件支持，比较它们的优缺点。

4.1 引言

内存（Main Memory 或 Primary Memory 或 Real Memory），也称为主存，是指 CPU 能直接存取指令和数据的存储器。硬盘、软盘、光盘、U 盘和磁带等存储器一般被称为外存或辅存（Secondary Storage）。内存是现代计算机系统进行操作的中心。如图 4-1 所示，CPU 和 I/O 系统都要与内存打交道。内存是一个大型的、由字或字节构成的一维数组，每个单元都有自己的地址。对内存的访问是通过一系列对指定地址单元进行读或写来实现的。例如，一条典型指令的执行周期是，首先从内存中取出指令，计算操作数据的有效地址，并映像为物理地址，按照该地址对内存进行存取，然后对数据实施指定的操作。

图 4-1　内存在计算机系统中的地位

4.1.1　用户程序的地址空间

1．地址空间

用户进程的程序和数据（至少有一部分）要预先放在内存，然后才能被调度运行，如果在程序中直接使用物理地址，就等于把物理地址暴露给进程，会带来很多严重问题，主要有两点：

① 如果用户程序可以寻址整个内存的所有单元，就可以容易地访问操作系统的代码，造成可能被破坏的风险，对系统安全是严重威胁（除非有特殊的硬件进行保护）。

② 无法实现多个进程的并发执行。例如在分时系统中，多个用户进程都要在一个 CPU 上轮流执行，如果都使用物理地址，必然会造成相互冲突的混乱局面。

要保证多个应用程序同时处于内存中并且不互相影响，则需要解决两个问题：保护和重定位。对保护来说，可采用给内存块加保护键的方式。但是并没有解决重定位问题。为此，人们提出一个新的内存抽象的概念——地址空间。

地址空间是进程可用于寻址内存的一个地址集合。每个进程都有一个自己的地址空间，并且这个地址空间独立于其他进程的地址空间（除了在一些特殊情况下进程需要共享它们的地址空间）。在计算机系统中，地址空间是对物理内存的一种抽象，其大小取决于 CPU 的字长和地址寄存器的位数，所以它与物理存储器的大小并不一定相等。

地址空间的概念非常通用，如手机号码用 11 位数字表示，其地址空间就是从 00…00（11 个 0）到 99…99（11 个 9）的范围（当然，有些号码并没有被使用）；IPv4 协议采用 32 位的地址空间已经无法满足需求了，因此开发了 IPv6 协议，支持 128 位的地址空间；互联网域名也是地址空间。

2．用户程序的主要处理阶段

在用高级语言编程解决某个特定的任务时，通常先对它进行数学抽象，确定相应的数据结构和算法，然后用高级程序设计语言（如 C、C++、Java 语言等）或汇编语言进行程序设计。这种用高级语言或汇编语言编写的程序被称为源程序。

从用户源程序进入系统，到相应程序在机器上运行，要经历一系列步骤，主要处理阶段有编辑、编译、连接、装入和运行，如图 4-2 所示。

在编辑方式下，用户将源程序输入机器，存放在相应的源文件（如 file1.c）中。用户输入编译命令，调用编译程序，对源文件 file1.c 中的程序进行词法、语法分析及代码生成等一系列加工，产生相应的目标代码。目标代码被存放在目标文件中，如 file1.o。目标代码是不能被 CPU 执行的，还需要进行连接，就是将编译或汇编后得到的一组目标模块及它们所需的库函数装配成一个完整的装入模块的过程，从而产生一个可执行文件。

3．程序装入方式

程序必须装入内存才能运行。也就是说，创建活动进程的第一步就是把程序装入内存并建立进程的映像。装入程序根据内存的使用情况和分配策略，将上述装入模块放入分配的内存区。这时可能需要进行重定位。如上所述，用户程序经编译后的每个目标模块都以 0 为基地址顺序编址，这种由程序产生的相对地址的偏移量被称为相对地址或逻辑地址；内存中各物理存储单元的地址是从统一的基地址开始顺序编址的，这种地址被称为绝对地址或物理地址。所以程序的逻辑地址与物理地址是不同的概念。仅在分配内存后，才根据实际分到的内存情况修改各模块的相对地址。所以，这些模块并不是"钉死"在内存的某部分，而是可以"上下浮动"的。因此，在程序中出现的涉及单元地址的指令、指针变量等，它们的值是与所装入内存的物理地址有关的。

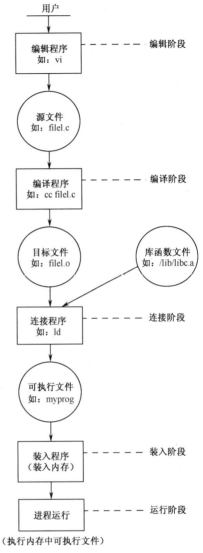

图 4-2　用户程序的主要处理阶段

通常，程序装入内存的方式有以下 3 种。

① 绝对装入方式。将装入模块存放到内存的指定位置中，装入模块中的地址始终与其内存中的地址相同。即在装入模块中出现的所有地址都是内存的绝对地址。

② 可重定位装入方式。由装入程序根据内存当时的使用情况，决定将装入模块放在内存的什么地方。装入模块内使用的地址都是相对地址。

③ 动态运行时装入方式。为使内存利用率最大，装入内存的程序可以换出到磁盘上，以后再换入内存，但对换前后在内存中的位置可能不同。也就是说，允许进程的内存映像在不同时候处于不同的位置。

三种装入方式中，绝对方式最简单，但性能最差；动态运行时装入方式的内存使用性能最佳，但需要硬件支持。

4.1.2　重定位

由程序中逻辑地址组成的地址范围被称为逻辑地址空间，或简称为地址空间；由内存中一系列存储单元所限定的地址范围被称为内存空间，或者物理空间、绝对空间。

由于内存地址是从统一的一个基址 0 开始按序编号的，就像是一个大数组那样，因此内存空间是一维的线性空间。

程序和数据装入内存时，需对目标程序中的地址进行修改。这种把逻辑地址转变为内存物理地址的过程被称为重定位。例如，图 4-3 表示程序 A 装入内存的情况。在地址空间 100 号单元处有一条指令"LOAD　1,500"，把 500 号单元中的数据 12345 装到寄存器 1 中。如果现在将程序 A 直接存放到内存单元 5000～5700 的空间中，不进行地址变换，那么，在执行内存中 5100 号单元中的"LOAD　1,500"指令时，仍然从内存的 500 号单元中取出数据，送到寄存器 1 中。显然，取出的数据不正确。

可以看出，程序 A 的起始地址 0 不是内存空间的物理地址 0。程序 A 的起始地址与物理地址 5000 相对应。同样，程序 A 的 100 号单元中的指令放到了内存 5100 号单元中，程序 A 的 500 号单元中的数据放到内存 5500 号单元。因此正确的方法是：CPU 执行程序 A 在内存的 5100 号单元中的指令时，要从内存的 5500 号单元中取出数据（12345），送至寄存器 1 中。也就是说，程序装入内存时需要进行重定位。

对程序进行重定位的技术按重定位的时机可分为静态重定位和动态重定位两种。

1．静态重定位

静态重定位是在目标程序装入内存时，由装入程序对目标程序中的指令和数据的地址进行修改，即把程序的逻辑地址都改成实际的内存地址。对每个程序来说，这种地址变换只是在装入时一次完成，在程序运行期间不再进行重定位。按照静态重定位方式，图 4-3 所示的程序 A 装入内存时的情况变成图 4-4 所示的样子。

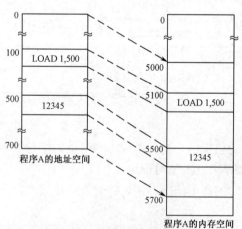

图 4-3　程序装入内存的情况

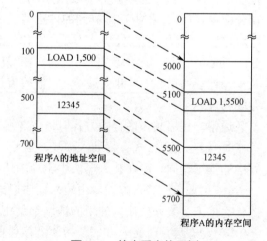

图 4-4　静态重定位示例

可以看出，经过静态重定位，程序中 100 号单元中的指令放到内存 5100 号单元中，该指令中的相对地址 500 相应变成 5500。以后执行程序 A 时，CPU 是从绝对地址 5500 号单元中取出数据 12345，装入寄存器 1 中。如果程序 A 被装入 8000～8700 号内存单元中，那么上述那条指令在内存中的形式将是"LOAD 1,8500"。以此类推，程序中所有与地址有关的量都要相应变更。

静态重定位的优点是不需增加硬件地址转换机构，便于实现程序的静态连接。在早期计算机系统中大多采用这种方案。其主要缺点是：① 程序的存储空间只能是连续的一片区域，而且在重定位之后就不能再移动，这不利于内存空间的有效使用；② 各用户进程很难共享内存中的同一程序的副本。

2. 动态重定位

动态重定位是在程序执行期间，每次访问内存之前进行重定位。也就是说，进程装入内存后，其内存空间中的内容与逻辑空间中的内容一样，即：将该进程的程序和数据原封不动地装入内存中。当调度该进程在 CPU 上执行时，才进行相关地址的重定位。

动态重定位经常用硬件实现。所需的硬件支持包括一对寄存器：一个存放用户程序在内存的起始地址，称为基址寄存器；另一个存放用户程序逻辑地址的最大范围，称为限长寄存器。例如，某进程（进程 3）装入内存的起始地址是 64K，其大小是 24 KB。当进程 3 执行时，操作系统自动将该进程在内存的起始地址（64K）放入基址寄存器中，把其大小（24 KB）放入限长寄存器中。动态重定位的实现过程如图 4-5 所示。

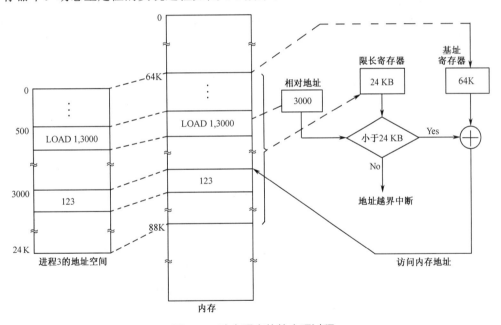

图 4-5 动态重定位的实现过程

当执行"LOAD 1,3000"指令时（即把相对地址为 3000 的单元中的数据 123 取到 1# 寄存器），操作对象的相对地址（3000）先与限长寄存器的值（24 KB）进行比较：若前者小于后者，则表示地址合法，在限定范围之内。再将相对地址与基址寄存器中的地址相加，所得结果就是真正访问内存的地址；若前者不小于后者，则表示地址越界，发出相应中断，进行处理。

如果用(BR)表示基址寄存器的内容，用 addr 表示操作对象的相对地址，那么操作对象的绝对地址就是(BR) + addr 的值。通常，系统中有很多用户进程，但是基址/限长寄存器只有一对。它们是专用的特权寄存器，只能由操作系统设置它们的值。每当选中一个进程运行，就要为它设置这对寄存器的值。

动态重定位的优点是：① 程序占用的内存空间动态可变，不必连续存放在一处；② 比较容易实现几个进程对同一程序副本的共享使用；③ 提供了实现虚拟存储器的基础。

动态重定位的缺点是需要附加硬件支持，增加了机器成本，而且实现存储管理的软件算法比较复杂。

与静态重定位相比，动态重定位的优点是很突出的。所以，现在的计算机系统都采用动态重定位方法。

4.1.3　覆盖技术

在早期的操作系统中，由于可用的内存空间有限，大作业不能一次全部装入而无法运行。引入覆盖（overlap 或 overlay）技术是希望能够在较小的内存空间中运行较大的程序。

覆盖技术的基本原理是，将内存的可用空间划分成一个固定区和多个覆盖区，把程序划分为若干功能上相对独立的程序段，按照其自身的逻辑结构，使那些不会同时运行的程序段共享同一块内存区域。程序段先保存在磁盘上，有关程序段的前一部分执行结束后，把后续程序段调入内存，覆盖前面的程序段。主程序一般放在固定区，无直接调用关系的子程序和数据则放在同一个覆盖区，操作系统提供实现覆盖功能的系统调用函数，在转到子程序之前调用它。覆盖技术一般要求程序各模块之间有明确的调用结构，程序员要向系统指明覆盖结构，然后由操作系统完成自动覆盖。

例如，设某作业由 A、B、C、D、E 和 F 程序段组成，它们之间的调用关系如图 4-6 所示，主程序 A 调用子程序 B 和 C，子程序 B 调用子程序 F，子程序 C 调用子程序 D 和 E。

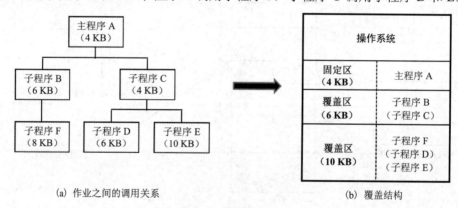

(a) 作业之间的调用关系　　　　　　　　　(b) 覆盖结构

图 4-6　覆盖技术

由图 4-6(a) 可知，子程序 B 不会调用子程序 C，因此 B 和 C 不需同时驻留内存，可以共享同一内存区域；同理，子程序 D、E、F 可以共享同一内存区域，如图 4-6(b) 所示。

在图 4-6(b) 中，除了操作系统占据内存一部分空间（低地址部分），内存可用空间划分成一个固定区和两个覆盖区，其大小由所存放的程序决定。主程序 A 与所有的被调用程序有关，需常驻内存，放在固定区，不能被覆盖。一个覆盖区由子程序 B 和 C 共享，另一个覆盖区由子程序 F、D、E 共享。可以看出，采用覆盖技术后，原来该作业需要的内存空间是 38 KB，现在只需 20 KB 的内存空间即可开始执行。

覆盖技术的缺点是，编程时必须划分程序模块和确定程序模块之间的覆盖关系，增加用户负担。从外存装入覆盖文件，通过延长作业的周转时间来达到节省内存空间的目的。

覆盖技术和对换技术（见 4.1.4 节）都可以解决在小的内存空间运行大作业的问题，是从逻辑上"扩充"内存容量和提高内存利用率的有效措施。覆盖技术主要用在早期的操作系统中，对换技术则用在现代操作系统中。

4.1.4 对换技术

对换技术，也称为交换技术，是早期分时系统中（如 CTSS 和 Q-32 系统）采用的基本内存管理方式。

早期的对换技术用于单用户系统，其思想是：除了操作系统占用部分内存，其余内存空间只供一个用户进程使用，其他进程都放在外存上；每次只调一个进程进入内存；当这个进程用完分给它的时间片后，它就换到外存上，并释放内存；系统把选中的另一个进程调入内存，让它运行一个时间片的时间，如此轮转，如图 4-7 所示。这种对换技术是利用外存来解决内存不足的问题，但效率很低，因为在执行进程的换入/换出时，CPU 是空闲的，也不能保证充分利用内存，现在已经很少采用。

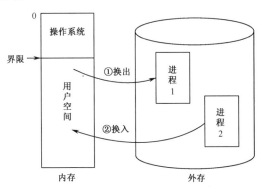

图 4-7　对换两个进程

在多道程序环境中也可采用对换技术，此时内存中保留多个进程。当内存空间不足以容纳要求进入内存的进程时，系统就把内存中暂时不能运行的进程（包括程序和数据）换出到外存中，腾出内存空间，把具备运行条件的进程从外存换到内存中，如图 4-8 所示。在 UNIX 系统中，内存管理就是利用了这种多道程序对换技术。

图 4-8 展示了对换系统的一般操作过程。最初，除了操作系统必须常驻内存，只有进程 A 在内存；接着进程 B 和 C 被创建或者从磁盘上换入内存；然后是 A 换出，D 换入，B 换出，最后 A 再次换入。注意，A 的新位置与原来位置不同，其中涉及的地址必须重定位。

如果创建进程时，其大小固定且以后不再改变，那么只需根据所需的大小进行分配即可。如果进程的数据段可以动态增长，就涉及该进程相邻的内存区是否空闲的问题。如果空闲，就把该空闲区分配给这个进程，满足其增长的需要；如果相邻区不空闲，正被其他进程占用，那么该进程只好移到另一个有足够大空间的空闲区中，或者把一个或多个进程换出，以满足该进程的扩充需求。如果系统中大部分进程在运行时都要增长，就可以在换入或移动进程时为它分配一些额外的内存空间。当换出它时，只把进程实际使用的内存空间中的内容换到磁盘上。

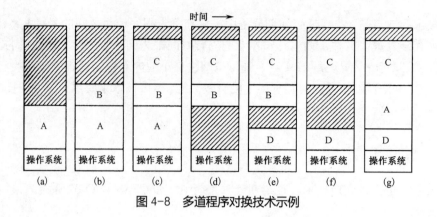

图 4-8　多道程序对换技术示例

4.2　分区法

存储管理的基本操作是把程序放入内存，供处理器执行时使用。存储管理系统可以分为两类：一类不提供虚拟存储器，另一类提供虚拟存储器。几乎所有的现代操作系统都提供虚拟存储器。当然，在实现上，后者比前者更复杂。在介绍虚拟存储器前，我们先介绍一些简单的存储管理技术，包括分区法、单纯分页和分段技术。这些技术在早期操作系统中用得较普遍，现代操作系统的存储管理技术就是由这些技术逐步发展而来的。

分区分配是为支持多道程序运行而设计的一种最简单的存储管理方式。在这种方式下，除了操作系统占用内存的某固定分区（通常是低址部分），其余内存供用户程序使用，并且划分成若干分区，每个分区容纳一个作业。按照划分方式，分区可以分为固定分区法和动态分区法。

4.2.1　固定分区法

固定分区就是内存分区的个数和各分区的大小都固定不变，但不同分区的大小可以不同，每个分区只可装入一个进程，如图 4-9 所示。

分区的划分有两种方式：一种是等分方式，即各分区都一样大；另一种是差分方式，即不同分区有不同大小。等分方式有明显的缺点，如浪费大、可能无法装入大程序等。所以，实际运行的系统大多采用差分方式，即有些分区容量较小，适于存放小程序；有些分区容量较大，适于存放大程序。为了便于内存分配，系统建立一张分区说明表。每个分区对应表中的一项。各表项包含相应分区的起始地址、分区大小和状态（是否正被使用），如图 4-10 所示。

当用户进程向系统提出分配内存的申请时，要给出所需内存空间的数量；系统检索分区说明表，从中找出一个能满足要求的且是空闲（即未使用）的分区，将它分给该进程；然后修改分区说明表中该表项的状态栏，即把状态置为"正使用"。如果找不到满足要求的分区，就拒绝为该用户进程分配内存。

当一个用户进程终止运行、不再使用占用的分区时，就释放相应的内存空间。系统根据分区始址或分区号在分区说明表中找到相应的表项，把它的状态改为"未使用"。

固定分区法管理方式简单，所需操作系统软件和处理开销都小，但它的缺点是：

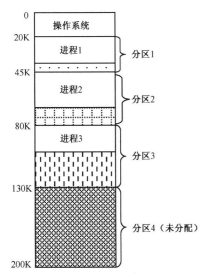

图 4-9 固定分区管理示意

分区号	大小（KB）	开始地址（K）	状态
1	25	20	正使用
2	35	45	正使用
3	50	80	正使用
4	70	130	未使用

图 4-10 分区说明表

① 内存空间利用率不高，有时浪费情况会相当严重，即存在碎片问题。在图 4-9 中，进程 4 提出内存申请——需要 10 KB 空间，系统可以满足其要求——将分区 4 分给它。这样，分区 4 就有 60 KB 的空间白白浪费了。因为进程 4 占用这个分区后，不管剩余多大空间，都不能再分给其他进程使用。

② 要在系统生成时就确定分区的个数和各自大小，这不仅限制了系统中处于活动（不是阻塞的）状态的进程数目，也往往不符合实际需求，因为在多数情况下并不能预先知道所有进程对内存大小的需求。

固定分区法曾用于早期的 IBM 大型机操作系统 OS/MFT（Multiprogramming with a Fixed number of Tasks，具有固定任务数的多道程序设计）。如今几乎没有操作系统还支持这种模式。

4.2.2 动态分区法

1. 分区的分配

由于用户进程的大小不可能预先规定，而且进程到来的分布情况也无法预先确定，因此固定分区法中分区的大小不会总与进程大小相符。为了解决内存浪费问题，可把分区的大小和个数设计成可变的。也就是说，各分区是在相应进程要进入内存时才建立的，使其大小恰好适应进程的大小，即动态分区法。IBM 的 OS/360 MVT（Multiprogramming with Variable number of Tasks，具有可变任务数的多道程序设计）操作系统就是采用这种技术。

在采用动态分区法的系统中，操作系统内部设置一个内存登记表，记载整个内存中所有空闲区和已用区的情况，每个分区占一个表项，每个表项包括相应分区的大小、位置和状态等。最初，除了操作系统占用的分区，全部内存对用户进程都是可用的，可视为一大块。当某个进程（设其大小为 50 KB）需要装入内存时，系统就从该表的开头依次搜索各表项，从中找一个足以放下这个进程的空闲区：如果该分区的大小恰好是 50 KB，就把该区分给这个进程使用，并且在其表项中做上"已用"标记；如果这个空闲区比进程需要的还大，如为 70 KB，于是该分区一分为二，一部分（50 KB）是该进程要用的，另一部分是剩下的较小空闲区（20 KB），为此要建立一个新表项，登记这个较小空闲分区。当某个进程终止后，应释放其所占分区，并在相应表项中做上"空闲"标记。另外，如果新释放的分区恰好与其他空闲区相邻接，那么系统还要将它们合并，成为一个连续的更大的空闲区。当然，相应的表项要归并。

图 4-11 为 MVT 的内存分配和进程调度示例。可以看出，开始时整个内存中只装入操作系统，占用 40 KB 空间。之后有 5 个进程到来，要求装入内存。依次给进程 1、进程 2 和进程 3 分别分配 60 KB、100 KB 和 30 KB 的内存空间。此时，内存空闲空间的大小为 26 KB，无法满足进程 4（70 KB）或进程 5（50 KB）的要求，它们要等待。当进程 2 执行完毕，释放所占用的 100 KB 空间。于是，进程 4 可以装入内存，用去 70 KB，剩余 30 KB。进程 5 仍不能装入。等到进程 1 完成后，释放所占用的 60 KB 空间，能满足进程 5 的需求。此时装入进程 5，结果余下 10 KB 的空闲区。

进程队列		
进程	需要内存大小	运行时间
1	60 KB	10
2	100 KB	5
3	30 KB	20
4	70 KB	8
5	50 KB	15

（a）内存初始情况和进程队列

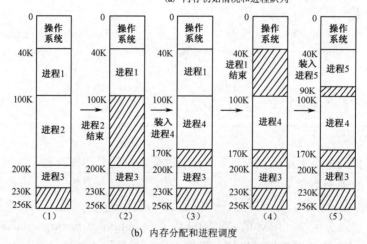

（b）内存分配和进程调度

图 4-11　MVT 的内存分配和进程调度示例

注意，MFT 和 MVT 是功能不同的两个系统，但只是软件不同，而硬件是一样的。所以，相同的硬件基础经过操作系统的扩充，可以呈现不同性质的虚拟机。

2．数据结构

为了实现分区分配，系统要设置相应的数据结构来记录内存的使用情况。常用的数据结构形式有空闲分区表和空闲分区链两种。

空闲分区表的格式如图 4-12 所示。内存中每个空闲的分区占用该表的一项，每个表项的内容包括分区号、分区大小、分区起始地址及其状态等。当分配内存空间时，就查表，如果找到满足要求的空闲分区，就实施分配。

分区号	分区大小(KB)	分区起始地址(K)	状态
1	50	75	空闲
2	26	170	空闲
3	40	275	空闲
4	60	418	空闲
5	…	…	…

图 4-12　空闲分区表的格式

空闲分区链是使用链指针把所有的空闲分区链接成一条链。为此，在每个分区的开头要设置状态位和表示分区大小的项目，状态位标示该分区是否已分配出去；还要设置前向指针，用来链接前一个分区；在每个分区的尾部要设置一个后向指针，用来链接后一个分区。分区的中间部分是可以存放进程的空闲内存空间。当该分区被分配后，就把状态位由“0”（空闲）改为“1”（已用）。

3. 分配算法

当把一个进程装入内存或者换入内存时，若有多个容量满足要求的空闲内存区，操作系统必须决定分配哪个分区。从一组空闲区中选择一个可用区的策略有三种：最先适应算法（First-fit）、最佳适应算法（Best-fit）和循环适应算法（Next-fit）。

（1）最先适应算法

在最先适应算法中，空闲表是按地址排列的，即起始地址小的分区在表中的序号也小。当要为进程分配内存空间时，就从表的开头依次向下查找能满足大小要求的可用分区。只要找到第一个就停止查找，并把它分配出去；如果该空闲分区与所需内存的大小一样，那么从空闲表中取消该项；如果该空闲分区大于所需内存，那么分出所需内存空间后，余下的仍留在空闲表中，并且修改这个小分区的大小和起始地址。

最先适应算法的优点是：便于释放内存时进行合并，且在高地址部分为大进程预留了较大的空闲区。其缺点是：内存高地址部分和低地址部分的利用不均衡，且会出现许多很小的空闲分区，影响内存效率。

（2）最佳适应算法

在最佳适应算法中，空闲表是以空闲分区的大小为序、按增量形式排列的，即小分区在前，大分区在后，在满足需要的前提下，尽量分配最小的空闲分区。

最佳适应算法产生的剩余空闲分区是最小的，但在不便于释放内存时，会与邻接空闲分区合并，同样会出现许多难以利用的小空闲分区。

（3）循环适应算法

循环适应算法是最先适应算法的变种，不从空闲表的开头查找，而从上次找到的可用分区的下一个空闲分区开始、查找满足要求的第一个空闲分区。

循环适应算法能使内存中的空闲分区分布得更均匀，减少查找空闲分区的开销。在实现时，设置一个指针，用于指示下一次搜索的起始位置，但无法为大作业预留大的空闲分区。

图 4-13 是采用上述三种算法分配 16 KB 空闲分区之前和之后的内存配置情况。可以看出，三种算法的分配结果是不同的。最先适应算法是从 22 KB 的空闲分区中分出 16 KB 空间，余下 6 KB；最佳适应算法是从 18 KB 空闲分区中分出 16 KB，余下 2 KB；而循环适应算法从 36 KB 空闲分区中分出 16 KB，余下 20 KB。

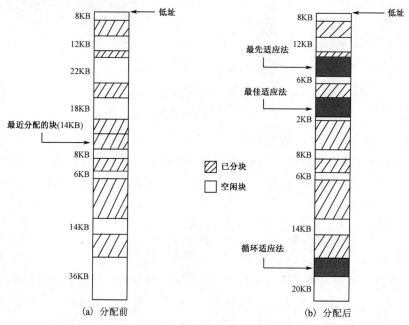

图 4-13　分配 16 KB 空闲分区之前和之后的内存配置

4. 碎片问题

在固定分区法和动态分区法中，必须把一个系统程序或用户程序装入一个连续的内存空间中。虽然动态分区法比固定分区法的内存利用率高，但由于各进程申请和释放内存的结果，在内存中经常出现大量的分散的小空闲区。如对于图 4-11（b），当进程 5 装入内存后，出现 3 个空闲分区，其大小分别为 10 KB、30 KB 和 26 KB，三者的总和是 66 KB。如果此时进程 6 到达，它需要分配 35 KB 的内存空间。由于这三个空闲分区中的任何一个均小于 35 KB，因而进程 6 无法进入内存运行。内存中这种容量太小、无法利用的小分区称为"碎片"或"零头"。

碎片依据出现的位置，分为内部碎片和外部碎片两种。在一个分区内部出现的碎片（即被浪费的空间）称为内部碎片，如固定分区法会产生内部碎片。在所有分区外新增的碎片称为外部碎片，如在动态分区法实施过程中出现的越来越多的小空闲分区，由于它们太小，无法装入一个小进程，因而被浪费。

4.2.3　可重定位分区分配

1. 紧缩

大量碎片的出现不仅限制了内存中进程的个数，还造成了内存空间的大量浪费。怎样使这些分散的、较小的空闲区得到合理使用呢？最简单的办法是定时或在分配内存时把所有碎片合并为一个连续区，如图 4-14 所示。实现的方法是移动某些已分配区的内容，使所有进程的分区紧挨在一起，而把空闲区留在另一端，称为紧缩（或拼凑）。采用紧缩技术的动态分区法也被称为可重定位分区法。

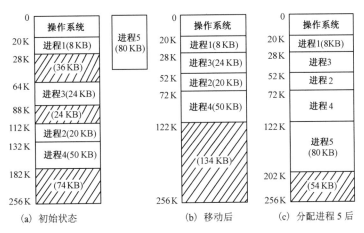

图 4-14　可重定位分区的紧缩

由于紧缩过程中内存中的进程要"搬家"，因而所有对地址敏感的项都必须适当修改，如基址寄存器、访问内存的指令、参数表和使用地址指针的数据结构等。动态重定位技术可以较好地解决这个问题。

利用紧缩法消除碎片，需要对分区中的大量信息进行传送，这要花费大量的 CPU 时间。为了减少进程移动的数量，可对紧缩方向加以改进。进程装入内存时，不是从上至下依次放置，而是采用"占两头、空中间"的办法。当紧缩时，各进程按地址大小分别向两端靠拢，从而使空闲区保留在内存的中间部位。

什么时候进行紧缩呢？方案有两种。

方案一：当进程结束、释放所占用的分区时，如果它不与空闲区邻接，就立即进行紧缩，使得空闲区总是连续的一片空间，不会出现分散的碎片。这样，对空闲区的管理和为进程分配内存分区就很容易。但是紧缩会花费很多时间。

方案二：为进程分配分区时，如果各空闲区都不能满足该进程的需求，就进行紧缩，即：回收分区时和有足够大的空闲区时都不做紧缩。这样，紧缩的次数就比前者少得多。但空闲区的管理较前者复杂。

2．可重定位分区分配的优缺点

可重定位分区分配技术的优点是：可以消除碎片，能够分配更多的分区，有助于多道程序设计，提高内存的利用率。

可重定位分区分配技术的缺点是：为消除碎片，紧缩花费了大量 CPU 时间，从而降低了处理器的效率；当进程大于整个空闲区时，仍要浪费一定的内存；进程的存储区内可能放有从未使用的信息；进程之间无法对信息共享。

4.3 分页技术

无论是分区技术还是对换技术，都要求把一个进程放置在一片连续的内存区域中，从而出现碎片问题。解决这个问题通常有两种办法：一种是紧缩法，通过移动信息，使空闲区变成连续的较大的一块，从而得以利用，但这要花费很多 CPU 时间；另一种是分页管理，允许程序的存储空间不一定连续。也就是说，数据被分散地放在各空闲的内存块中，既不需要移动内存中原有的信息，又解决了外部碎片问题，从而提高了内存的利用率。（这里是单纯分页技术，与 4.7 节的请求分页技术有区别。）

4.3.1 分页存储管理的基本概念

（1）逻辑空间分页

将一个进程的逻辑地址空间划分成若干大小相等的部分，每部分被称为页或页。每页都有一个编号，称为页号。页号从 0 开始依次编排，如第 0 页、第 1 页、第 2 页等。

（2）内存空间分块

把内存等分成与页大小相同的若干存储空间，称为内存块或页框。同样对它们编号，块号从 0 开始依次顺序排列，如 0#块、1#块、2#块等。

页（或块）的大小是由硬件（系统）确定的，一般选择 2 的若干次幂。例如，IBM AS/400 规定的页大小为 512 B，而 Intel 80386 的页大小为 4 KB（即 4096 B）。所以，不同机器中的页大小是有区别的。

（3）逻辑地址表示

在分页存储管理方式中，地址结构如图 4-15 所示。

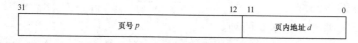

31	12	11	0
页号 p		页内地址 d	

图 4-15 分页技术的地址结构

逻辑地址由两部分组成：前一部分表示页号 p，后一部分表示页内位移 d，即页内地址。图 4-15 所示的地址字长为 32 位。其中，0～11 位为页内地址，表示每页大小是 4 KB（2^{12} B）；12～31 位为页号，表示地址空间中最多可容纳 2^{20} 个页。

不同机器上地址字的长度是不同的，有的是 16 位，有的是 64 位。一般，如果地址字长为 m 位，而页大小为 2^n 字节，那么页号占 $m-n$ 位（高位），而低 n 位表示页内地址。

具体机器的地址结构是一定的。如果给定的逻辑地址是 a，页的大小为 l，那么页号 p 和页内地址 d 可按下式求得：

$$p = \text{INT}(a/l) \qquad\qquad d = a \text{ MOD } l$$

其中，INT 是向下整除的函数，MOD 是取余函数。例如，设某系统的页大小为 1 KB，$a=3456$，则 $p=\text{INT}(3456/1024)=3$，$d= 3456 \text{ MOD } 1024 = 384$。用一个数对 (p, d) 来表示，就是 $(3, 384)$。

（4）内存分配原则

在分页情况下，系统以块为单位给各进程分配内存，每个页对应一个内存块，并且一个进程的全体页可以分散装入不连续的内存块，如图 4-16 所示。当把一个进程装入内存时，首先

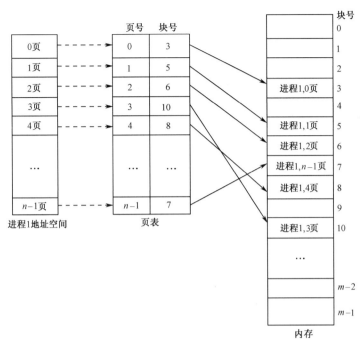

图 4-16 分页存储管理系统

检查是否有足够可用内存空间。如果该进程有 n 页，那么至少应有 n 个空闲块才能装入该进程。如果满足要求，那么分配 n 个空闲块，把它装入，且在该进程的页表中记下各页对应的内存块号。可以看出，进程 1 的页是连续的，而装入内存后，被放在不相邻的块中，如第 0 页放在 3#块、第 1 页放在 5#块等。

（5）页表

在分页系统中，允许将进程的各页离散地装入内存的任何空闲块，就会出现进程的页号连续而块号不连续的情况。怎样找到每个页在内存中对应的物理块呢？为此，系统为每个进程设立一张页映像表，简称页表（见图 4-16）。

页表的作用主要是实现从页号到物理块号的地址映射。在进程地址空间内的所有页（0~n-1）依次在页表中有一个页表项，其中记载了相应页在内存中对应的物理块号。进程执行时，按照逻辑地址中的页号查找页表中的对应项，找到该页在内存中的物理块号。从图 4-16 中的页表可知，页号 3 对应内存的 10#块。

（6）内存块表

操作系统管理整个内存，必须知道哪些块已经被占用，哪些块是空闲的，共有多少块等物理存储的情况。这些信息保存在称为内存块表的数据结构中，整个系统有一个内存块表。每个内存块在内存块表中占一项，表明该块当前是空闲的，还是已被占用；如果已被占用，是分给哪个进程的哪个页了。

4.3.2 分页系统中的地址映射

通常，页表都放在内存中。当进程需要访问某个逻辑地址中的数据时，分页地址映像硬件自动按页大小将 CPU 得到的有效地址（相对地址）分成两部分：页号和页内地址(p, d)。其中，前 20 位表示页号，后 12 位表示页内地址。以页号 p 为索引去检索页表。这种查找操作由硬件自动进行。从页表中得到该页的物理块号，把它装入物理地址寄存器。同时，将页内地址 d 直接送入物理地址寄存器的块内地址字段。这样，物理地址寄存器中的内容就是由二者拼接成的实际访问内存的地址，从而完成从逻辑地址到物理地址的转换，如图 4-17 所示。

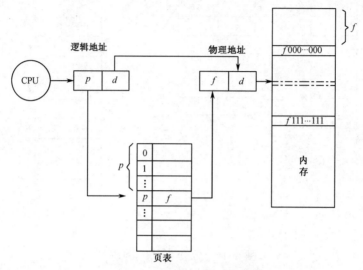

图 4-17   分页系统的地址转换

可以看出，分页本身就是动态重定位形式。由分页硬件机构把每个逻辑地址与相应的物理地址关联在一起。

分页技术不存在外部碎片，因为任何空闲的内存块都可分给需要它的进程。当然会存在内部碎片，因为分配内存时是以内存块为单位进行的。如果一个进程的大小没有恰好填满所分到的内存块，最后一个内存块中就有空余的地方，这就是内部碎片。最坏情况下，一个进程有 n 个整页加 1 字节，也要为它分 $n+1$ 个内存块。这样，最后一块几乎都是内部碎片。如果进程大小与页大小无关，那么每个进程平均有半个页的内部碎片。从这点看，似乎页越小越好。选择页尺寸要综合考虑多种因素，如页长度、盘 I/O 次数等（见 4.3.3 节）。

4.3.3   页尺寸

页尺寸经常是操作系统选择的一个参数。即使硬件设计只支持每页 512 B，操作系统也可以容易地把两个连续的页（如第 0 页和第 1 页，第 2 页和第 3 页，等等）视为一个 1 KB 的页，相应地分配内存块时，就一次分配两个连续的内存块（各 512 B）。

选择最佳页尺寸需要在几个互相矛盾的因素之间进行折中，没有绝对最佳方案。例如，在分页系统中，每个进程平均有半个内存块被浪费，这就是内部碎片。从这个意义上，似乎页尺寸越小越好。然而页越小，同一程序需要的页数越多，就需要用更大的页表，同时页表寄存器的装入时间就越长；页小，意味着程序需要的页多，页传输的次数就多，而每次传输一个大页的时间与传输小页的时间几乎相同，从而增加了总体传输时间。

设进程的平均大小为 s 字节，页尺寸为 p 字节，每个页表项占 e 字节，那么每个进程需要的页数大约为 s/p，占用 se/p 字节的页表空间。每个进程的内部碎片平均为 $p/2$。因此，页表和内部碎片带来的总开销是 $se/p+p/2$。当页较小时，第一项（页表尺寸）大；在页尺寸大时，第二项（内部碎片）大。最佳值应在中间某个位置。对 p 求导，令其等于 0，得到

$$-\frac{se}{p^2}+\frac{1}{2}=0$$

可以得出最佳页尺寸公式（仅考虑上述两个因素）

$$p=\sqrt{2se}$$

如果 $s=1\,\text{MB}$，$e=8\,\text{B}$，那么最佳页尺寸是 4 KB。商用计算机使用的页尺寸范围为 512 B～64 KB。典型值是 1 KB，但近年来更倾向于 4 KB 或 8 KB。随着内存空间越来越大，页尺寸也会越来越大（当然不是线性关系）。

4.3.4 硬件支持

每个操作系统都有自己保存页表的方式，大多数是为每个进程分配一个页表，在进程控制块（Process Control Block，PCB）中存放指向该页表的指针。当调度一个进程令其投入运行时，就必须重新加载其各寄存器，且使硬件页表取得正确的值。

由硬件实现页表的方式有多种，最简单的方式是由一组专门的寄存器来实现。这些寄存器都有非常高的访问速度，因而大大加快了由逻辑页号转换为物理块号的速度。当调度程序为选中进程加载寄存器时，这些页表寄存器也一起加载。

如果页表较小（如 256 项），那么整个页表都由寄存器实现也是可以的。然而，在大多数现代计算机中页表可能很大（如有 100 万项），完全由寄存器实现页表就不大可能了。通常将页表保存在内存中，由一个页表基址寄存器 PTBR 指向该页表。整个系统只有一个 PTBR。当发生进程切换时，只需改变 PTBR 的指向，使它指向选中进程的页表，这会缩短上下文切换的时间。

在内存中放置页表也带来存取速度下降的矛盾。因为存取一个数据（或一条指令）至少要访问两次内存：一次是访问页表，确定存取对象的物理地址；另一次是根据这个物理地址存取数据（或指令）。显然，这时的存取速度为通常寻址方式速度的 1/2，这种延迟在大多数情况下是不能容忍的。

解决这个问题的常用方法是使用专用的、高速小容量的联想存储器（Associative Memory），也称为变换先行缓冲器（Translation Lookaside Buffer，TLB），即快表。快表每项包括键号和值两部分，键号是当前进程正在使用的某个页号，值是该页所对应的物理块。当把一个页号交给快表时，同时与所有的键进行比较，如果找到该页号，该项中的值就是对应的物理块号，并被立即输出，以便形成访内地址。这种查找是非常快的，但硬件成本很贵。所以，快表中的项数很少，一般为 64～1024。

如果没有在快表中找到该页号，就必须访问页表，从中得到相应的块号，用它形成访内地址，同时把该页号和相应块号写入快表，以利于后面使用。如果快表中没有空闲单元，那么操作系统必须从快表中选择一项进行置换。置换策略有多种——从最近最久未使用算法（即 LRU，见 4.8.4 节）到随机挑选。置换时淘汰该项原有的内容，装入新的页号和块号。利用快表实现地址转换的示例如图 4-18 所示。

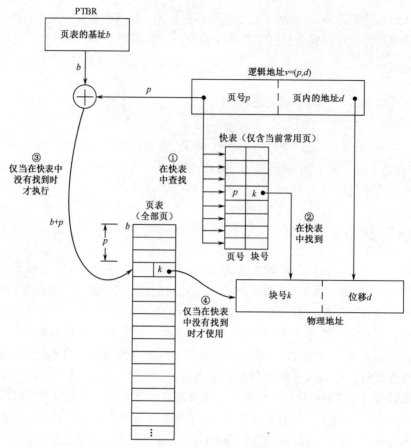

图 4-18 利用快表实现地址转换的示例

有些快表在每项中还设置了地址空间标识符（Address-Space Identifier, ASID），每个进程对应唯一的 ASID，用来保护该进程的地址空间。当利用快表将页号映射到内存块号时，需要保证当前运行进程的 ASID 与该页的 ASID 相匹配。如果二者不匹配，就称为快表未命中。此外，ASID 可允许快表中同时包含若干不同进程的映射项。如果快表不支持单独的 ASID，那么每当进程切换时，就要激活新选中进程的页表，必须相应地刷新快表，以保证运行进程取得正确的地址转换信息，而不会误用先前进程留下来的信息。

在快表中成功找到指定页号的次数占总搜索次数的百分比称为命中率。80%的命中率就意味着要用的页号有 80%的时间是在快表中。随着快表项数的增加，命中率也会提高，从而访问内存的性能就越好。

4.3.5 保护方式

分页环境中有多个进程的映像存放在内存中，并且不同进程所用的内存块会交错分布。为了防止不同进程间的非法访问以及本进程对自己地址空间中数据的错误操作，必须提供相应的保护措施。分页系统中提供的存储保护方式有以下三种形式。

（1）利用页表本身进行保护

每个进程有自己的页表，页表的基址信息放在该进程的 PCB 中。访问内存需要利用页表进行地址变换。这样使得各进程在自己的存储空间内活动。

为了防止进程越界访问，某些系统提供页表长度寄存器 PTLR 的硬件，记载该页表的长度。当进程访问某个逻辑地址中的数据时，分页地址映像硬件自动将有效地址分为页号和页内地址。在检索页表前，先将页号与页表长度（即 PTLR）进行比较，如果页号大于或等于页表长度，就向操作系统发出一个地址越界中断，表明此次访问的地址超出进程的合法地址空间。

（2）设置存取控制位

通常，在页表的每个表项中设置存取控制字段，用于指明对应内存块中的内容允许执行何种操作，从而禁止非法访问，一般设定为只读（R）、读写（RW）、读和执行（RX）等权限。如果一个进程试图写一个只允许读的内存块时，就会引起操作系统的一次中断——非法访问性中断，操作系统会拒绝该进程的这种尝试，从而保护该块的内容不被破坏。

（3）设置合法标志

一般，页表的每项中还设置合法/非法位。当该位设置为"合法"时，表示相应的页在该进程的逻辑地址空间中是合法的页；如果设置为"非法"，就表示该页不在该进程的逻辑地址空间内。利用这一位可以捕获非法地址。操作系统为每个页设置这一位，从而规定允许或禁止对该页的访问。例如，系统地址空间为 14 位（地址为 0~16383）表示，程序使用的地址空间只是 0~10468，页大小为 2 KB，那么页表的 0~5 号页应置为合法的，可进行正常地址转换；页表的 6 和 7 号页的表项中应置"非法"标志，禁止对这两个空页进行访问。

4.3.6 页表的构造

1. 多级页表

由上面介绍可知，每个进程仅用一个页表实现地址转换，在逻辑地址空间较小的情况下是合适的。但大多数现代计算机系统都支持非常大的逻辑地址空间，如 $2^{32} \sim 2^{64}$。在这种情况下，只用一级页表会使页表变得非常大。例如，对于逻辑地址空间用 32 位表示的系统，页大小为 4 KB，那么每个进程的页表中就有高达 2^{20} 个表项，设每个表项占 4 B，每个进程仅页表就要占用 4 MB 的内存空间，而且必须是连续的。这显然是不现实的。解决此问题的简单方法是把页表分成若干较小的片段，离散地存放在内存中，并且只将当前需要的部分表项调入内存，其余页表项根据需要动态地调入内存。

一种方法是利用两级页表，即把页表本身也分页，使每个页的尺寸与物理内存块的大小相同，并且按序为这些页编号 0~n。例如，在 32 位机器上，页大小为 4 KB，表示逻辑地址的页号占用 20 位，页内地址占用 12 位。把页表也分页，每个页表项占 4 B，于是页号就分为两部分：高 10 位表示外层页号，低 10 位表示内层页号，如图 4-19 所示。其中，p_1 是访问外层页表的索引，外层页表中的每项是相应内层页的起始地址；p_2 是访问内层页表的索引，其中的表项是相应页在内存中的物理块号。图 4-20 为两级页表结构。

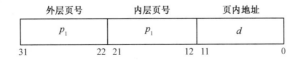

图 4-19 两级页表地址结构

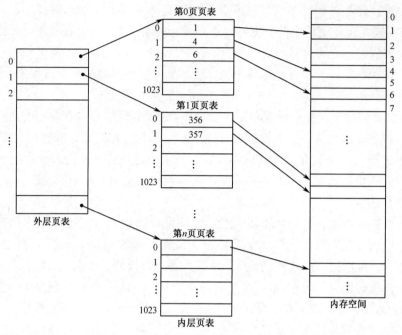

图 4-20 两级页表结构

在具有两级页表结构的系统中，地址转换的方法是：利用外层页号 p_1 检索外层页表，从中找到相应内层页表的基址；再利用 p_2 作为该内层页表的索引，找到该页在内存的块号；用将块号与页内地址 d 拼接起来，形成访问内存的物理地址，如图 4-21 所示。

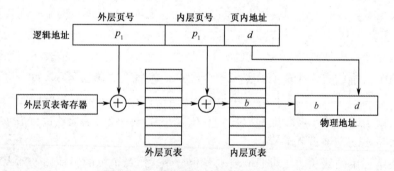

图 4-21 两级页表结构的地址转换

上述方式可把进程的内层页表离散地存放在内存块中。为了不让大量内层页表占用过多的内存块，可以采取动态调入内层页表的方式，只把当前所需的一些内层页表装入内存，而其余根据需要陆续调入。

当系统的逻辑地址空间非常大时，如 64 位，那么两级页表方式也不够用。因为外层页表要有 2^{42} 项，即 2^{44} B。为此把外层页表再分页，得到三级页表结构，如图 4-22 所示。

事实上，对 64 位机器用三级页表结构都无法满足要求，因为外层页表仍需占用 2^{34} B 的空间，此时需要采用更多级的页表形式。在 32 位的 SPARC 处理器上支持三级页表结构，而 32 位的 Motorola 68030 处理器支持 4 级页表结构。

外层页号	中间页号	内层页号	页内地址
p_1	p_2	p_3	d
32位	10位	10位	12位

图 4-22　三级页表结构

2. 散列页表

处理大于 32 位地址空间的通用方式是使用散列页表（Hashed Page Table），以页号作为参数形成散列值。散列表中的每一项有一个链表，把有相同散列值的元素链接起来。每个链表元素由三部分组成：页号（如 q、p），对应的内存块号（如 s、r），指向链表中下一个元素的指针，如图 4-23 所示。

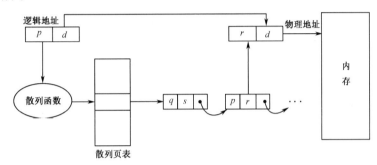

图 4-23　散列页表构成及地址转换过程

地址转换过程是：以逻辑地址中的页号 p 作为散列函数的参数，得到一个散列值；以它作为检索散列页表的索引，把逻辑页号 p 与相应链表的第一个元素内表示页号的字段进行比较，若匹配，则将相应的内存块号与逻辑地址中的页内地址拼接起来，形成访问内存的物理地址；否则，沿着链表指针向下搜索，直至找到匹配的页号。

散列页表的一个变形是成簇页表，64 位的大地址空间往往采用这种方式。它与散列页表相似，但差别是：它在散列表中的每一项不是仅引用一页，而是引用若干页（如 16 页）构成的簇。这样，一个页表项就可以保存多个物理块的映像。散列页表对于稀疏地址空间特别有用，因为其内存引用是不连续的，而且散布在整个地址空间中。

3. 倒置页表

通常，每个进程有一个页表，它们都在页表中占一项。进程访问页需要进行地址转换，以逻辑地址中的页号为索引去搜索页表。也就是说，页表是按虚拟地址排序的。这样，操作系统能够求出每页相应的物理地址，直接用来形成访问内存的地址。

随着 64 位虚拟地址空间在处理器上的应用，使物理地址空间显得很小。在这种情况下，如果直接以逻辑页号为索引来构造页表，那么页表会大得无法想象。尽管虚拟地址空间很大，而物理内存块数有限。

为了减少页表占用过多内存空间，可以采用倒置页表（Inverted Page Table）。倒置页表的构造恰好与普通页表相反，是按内存块号排序的，每个内存块占有一个表项。每个表项包括存放在该内存块中页的页号和拥有该页的进程标识符。这样，系统中只有一个页表，每个内存块对应唯一的表项。图 4-24 为倒置页表的操作过程。Ultra SPARC 和 Power PC 系统就采用了这种技术。

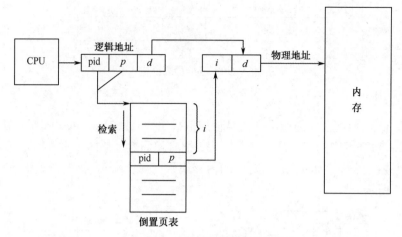

图 4-24　倒置页表的操作过程

利用倒置页表进行地址转换的过程是：逻辑地址由进程标识符 pid、虚拟页号 p 和页内地址 d 三部分组成。用进程标识符和页号去检索倒置页表。如果找到与之匹配的表项，那么该表项的序号 i 就是该页在内存中的块号，块号 i 与逻辑地址中的页内地址 d 拼接起来就构成访问内存的物理地址；如果搜索完整个页表都没有找到相匹配的页表项，那么表示发生了非法地址访问，即此页目前尚未调入内存。具有请求调页功能的存储管理系统应产生请求调页中断，否则表示地址有错。

倒置页表可减少页表占用的内存，却增加了检索页表时所耗费的时间，或许要查完整个页表才能找到匹配项。为了解决这个问题，可以采用散列页表方式，即用一个简单的散列函数将逻辑地址的页号映射到散列表，散列表项中包括指向倒置页表的指针。这样可把搜索工作限定在一个页表项或多个页表项上。当然，对散列表的访问也增加了访问内存的次数：一次是访问散列表，另一次是访问倒置页表。为了改善性能，倒置页表可以与快表一起使用。

4.3.7　页共享

在多道程序系统中，数据共享很重要。尤其在一个大型分时系统中，往往有若干用户同时运行相同的程序，如有 30 个用户同时使用文本编辑器编写程序。如果各自在内存中都有一个编辑器副本，就要占用很多内存空间。其实也没有必要。如果程序代码是纯码，那么它们对应的页就可以共享。共享方法是使这些相关进程的逻辑空间中的页指向相同的内存块（该块中放有共享程序或数据）。图 4-25 是三个进程共享大小为三个页的编辑器的示例，每个进程都有自己的私有数据页。

可以看到，该编辑器只有一个副本保存在物理内存中，每个用户的页表映射到编辑器的同一物理副本上，而各自的数据页映射到不同的内存块上。页共享可以有效地节省内存。

其他大量使用的程序，如编译程序、窗口系统、运行库、数据库系统等，也可共享。要求可共享的代码必须是纯码。进程间共享内存类似线程间共享进程的地址空间。另外，共享内存作为进程间通信的一种方式，在某些操作系统中用共享页来实现。

然而，使用倒置页表的系统很难实现共享页。因为共享内存往往是多个虚拟地址映射到同一物理地址，而倒置页表方式中的每个物理内存块对应唯一的逻辑页。

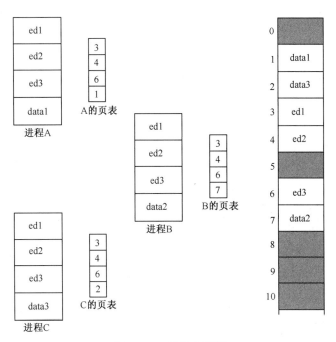

图 4-25　页共享示例

应当指出，在分页系统中实现页的共享比较困难，因为分页系统中把作业或进程的地址空间划分成页的做法对用户是透明的。也就是说，用户并不知道该作业一共分了多少页，每页的界限在什么地方，即无法将看待存储管理的用户观点与物理内存管理的实现观点相分离。

作业或进程的逻辑地址空间是连续的。当系统将进程的逻辑地址空间划分成大小相同的页时，被共享的程序文本部分不一定恰恰分在一个或几个完整的页中，就会出现这样的情况：在一个页中既有共享的程序又有不能共享的私有数据。如果共享该页，那么不利于对私有数据保密；如果不共享该页，那么该部分可共享的程序就会在各进程占用的内存块中多次出现，造成内存浪费。

4.4　分段技术

前面介绍的各种存储管理技术提供给用户的逻辑空间是一维的线性空间。这与内存的物理组织基本相同，但用户所写程序的逻辑结构不是这样的。通常，用户程序由若干程序模块和数据模块组成，有各自的名字，实现不同的功能，大小不同。

例如，一个 C 语言程序有一个主函数 main()，它调用 3 个子函数 f1()、f2() 和 f3()，又都调用标准库函数 printf() 和 scanf()。我们希望这个程序的地址空间按照程序自身的逻辑关系划分为若干段，如每个函数一个段，各段单独占用一片内存空间。这样，程序在内存中的存放情况与我们知道的程序的逻辑结构相对应。另外，把程序和数据分隔为逻辑上独立的地址空间，有助于存储共享和保护。为了满足用户（程序员）在编程和使用等方面的需求，引入了分段存储管理技术。（注意：这里是单纯分段技术，与 4.10 节讲的请求分段技术有区别。）

4.4.1 分段存储管理的基本概念

1. 分段

通常，一个用户程序是由若干相对独立的部分组成的，它们各自完成不同的功能。为了编程和使用方便，用户希望把自己的程序按照逻辑关系组织，即划分成若干段，并且按照这些段来分配内存。所以，段是一组逻辑信息的集合，支持看待存储管理的用户观点。例如，有主程序段 MAIN、子程序段 P、数据段 D 和栈段 S 等，如图 4-26 所示。

每段都有自己的名字和长度。为管理方便，系统为每段规定一个内部段名。内部段名实际上是一个编号，称为段号。例如，在图 4-26 中，段 MAIN 对应的段号是 0，段 P 对应的段号是 1。每段都从 0 开始编址，段内地址空间是连续的，但各段彼此是独立的。段长度由该段所包含的逻辑信息的长度决定，因而不同段的长度可以不同。

通常，用户程序需要进行编译，编译程序自动为输入的程序构建各段。如 C 语言编译程序会为如下成分创建单独的段：① 每个过程或函数的代码部分；② 全局变量；③ 过程调用堆栈，用来存放参数和返回地址；④ 每个过程和函数的局部变量；⑤ 标准 C 语言库。

2. 逻辑地址结构

由于整个进程的地址空间分成多个段，因此逻辑地址要用段号和段内地址的二元对来表示：$<s, d>$，如图 4-27 所示。也就是说，在分段存储情况下，进程的逻辑地址空间是二维的。在该地址结构中，允许一个进程最多有 64K 个段，每段的最大长度为 64 KB。通常，规定每个进程的段号从 0 开始顺序编排，如 0 段、1 段、2 段等。

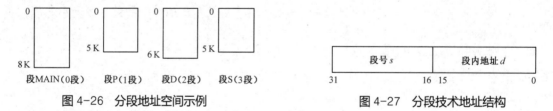

图 4-26　分段地址空间示例　　　　　　图 4-27　分段技术地址结构

不同机器中指令的地址部分会有差异，如有些机器指令的地址部分占 24 位，其中段号占 8 位，段内地址占 16 位。

3. 内存分配

在分段存储管理中，内存以段为单位进行分配，每段单独占用一块连续的内存分区。各分区的大小由对应段的大小决定。这类似动态分区分配方式，但不同。在分段存储管理系统中，一个作业或进程可以有多个段，这些段可以离散地放入内存的不同分区。也就是说，一个作业或进程的各段不一定放入彼此相邻的分区。

4. 段表和段表地址寄存器

与分页一样，为了找出每个逻辑段在所对应的物理内存中分区的位置，系统为每个进程建立一个段映射表，简称"段表"。每个段在段表中占有一项，段表项中包含段号、段长和段起始地址（又称为"基址"）等。段基址包含该段在内存中的起始地址，而段长指定该段的长度。段表按段号从小到大顺序排列。一个进程的全部段都应在该进程的段表中登记。当作业调度程序调入该作业时，就为相应进程建立段表；在撤销进程时，清除此进程的段表。

通常，段表放在内存中。为了方便地找到运行进程的段表，系统还要建立一个段表地址寄存器，包括两部分：一部分指出该段表在内存的起始地址，另一部分指出该段表的长度，表明该段表中共有多少项，即该进程一共有多少段。

5．分页和分段的主要区别

分页和分段存储管理系统有很多相似之处，如二者在内存中都不是整体连续的，都要通过地址映射机构将逻辑地址映射到物理内存中。但是二者在概念上有以下不同。

（1）页是信息的物理单位

好像系统用"一把尺子"（即固定大小的字节数）去丈量用户程序的长度：量了多少"尺"，就有多少页，根本不考虑一页中是否包含完整的函数，甚至一条指令可能跨两个页。所以，用户本身并不需要把程序分页，完全是系统管理上的要求。

段是信息的逻辑单位。每段在逻辑上是相对完整的一组信息，即段是一个逻辑实体，如一个函数、一个过程、一个数组等，一般不会同时包含多种不同的内容。用户可以知道自己的程序分成多少段，以及每段的作用。所以，分段是为了更好地满足用户的需要。

（2）页的大小是由系统确定的

硬件把逻辑地址划分成页号和页内地址两部分。在一个系统中，所有页的大小都一样，并且只能有一种大小。

段的长度因段而异，取决于用户所编写的程序，如主程序段为 8 KB，子程序只有 5 KB 等。

（3）分页的进程地址空间是一维的

分页的进程地址编号从 0 开始顺次递增，一直排到末尾。因而只需用一个地址编号（如10000）就可确定地址空间中的唯一地址。

分段的进程地址空间是二维的。标识一个地址时，除了给出段内地址，还必须给出段名。只有段内地址是不够的。

（4）分页系统很难实现过程和数据的分离

因此无法分别对它们提供保护，也不便于在用户之间对过程进行共享。而分段系统可以容易实现这些功能。

4.4.2 段地址转换

在分段系统中，用户可用二维地址表示程序中的对象，但实际的物理内存仍是一维的字节序列，为此必须借助段表把用户定义的二维地址映射成一维物理地址。

段地址转换与分页地址转换的过程基本相同，如图 4-28 所示。

① CPU 计算出的有效地址（逻辑地址）分为两部分：段号 s 和段内地址 d。

② 该进程段表地址寄存器中的内容 B（表示段表的内存地址）与段号 s 相加，得到查找该进程段表中相应表项的索引值。从该表项中得到该段的长度 limit 及该段在内存中的起始地址 base（设该段已经调入内存）。

③ 将段内地址 d 与段长 limit 进行比较。若 d 不小于 limit，则表示地址越界，发生地址越界中断，终止程序执行；若 d 小于 limit，则表示地址合法，将段内地址 d 与该段的内存始址 base 相加，得到所要访问单元的内存地址。

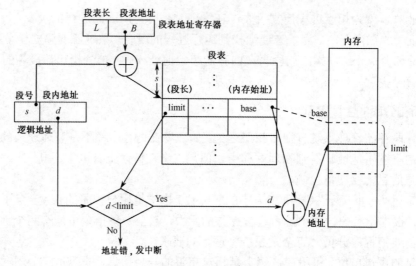

图 4-28　段地址转换

4.4.3　段的共享和保护

1．段的共享

分段管理的一个优点是提供对代码或数据的有效共享。每个进程有一个段表。当不同的进程想要共享某个段时，只需在各进程的段表中都登记一项，使它们的基地址都指向同一个物理单元，如图 4-29 所示。

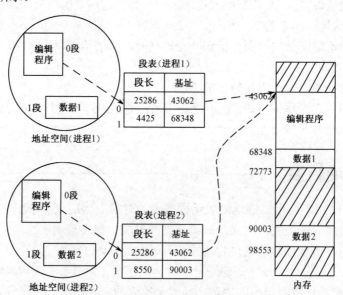

图 4-29　分段系统中段的共享

共享是在段一级实现的，任何共享信息可以单独成为一段。例如，在分时系统中使用的正文编辑程序，整个编辑程序相当大，由很多段组成，它们可被所有用户共享。这样，在内存中只需保留一个编辑程序的副本，每个用户的存储空间都对这个副本实现地址覆盖。而每个用户单独使用的局部量分别放在各自的、不能共享的段中。

也可以只共享部分程序。如果把共用的子程序包定义成可共享的只读程序段，那么很多用户可以对它们进行共享。尽管共享看起来很简单，但有些敏感问题必须考虑。若要共享一个代码段，所有共享进程必须以同样的段号定义该段，因为代码段中的转移地址包含段号和段内地址两部分，转移地址的段号是该代码段的段号。

2. 段的保护

分段管理的另一个突出优点是便于各段保护。因为各段是有意义的逻辑信息单位，即使在进程运行过程中也不失去这些性质，所以段中所有内容可用相同的方式使用。例如，一个程序中某些段只含指令，另一些段只含数据。一般指令段是不能修改的，它的存取方式可以定义为只读和可执行；数据段则可读可写，但不能执行。在程序执行过程中，存储映射硬件对段表中保护位信息进行检验，防止对信息进行非法存取，如对只读段进行写入操作，或把只能执行的代码段当做数据加工。当出现非法存取时，产生段保护中断。

段的保护措施包括以下 3 种。

① 存取控制。在段表的各项中增加几位，用来记录对本段的存取方式，如可读、可写、可执行等。

② 段表本身可起保护作用。每个进程都有自己的段表，在表项中设置段表长（即段表有多少项）。在进行地址映射时，段内地址先与段表长进行比较，如果超过段表长，便发出地址越界中断。这样，各段都限定自己的活动范围。另外，段表地址寄存器中有段表长的信息。当进程逻辑地址中的段号不小于段表长时，表示该段号不合法，系统会产生中断。从而每个进程也被限制在自己的地址空间中运行，不会发生一个用户进程破坏另一个用户进程空间的问题。

③ 保护环。它的基本思想是把系统中所有信息按照其作用和相互调用关系分成不同的层次（即环），低编号的环具有高优先权，如操作系统核心处于 0 环内；某些重要的实用程序和操作系统服务位于中间环；而一般的应用程序（包括用户程序）在外环上。即每一层次中的分段有一个保护环，环号越小，级别越高。

在环保护机制下，程序的访问和调用遵循如下规则：一个环内的段可以访问同环内或环号更大的环中的数据段；一个环内的段可以调用同环内或环号更小的环中的服务。

4.5 段页式技术

分页存储管理能够有效地提高内存利用率，而分段存储管理能够很好地满足用户需要。这两种管理技术有机结合，"各取所长"，就形成了新的存储管理系统，即段页式存储管理系统。

4.5.1 段页式存储管理的基本原理

段页式存储管理的基本原理如下：

① 等分内存。把整个内存分成大小相等的内存块，内存块从 0 开始依次编号。

② 进程的地址空间采用分段方式。把进程的程序和数据划分为若干段，每段有一个段名。

③ 段内分页。把每段划分成若干页，页的大小与内存块相同。每段内的各页都从 0 开始

依次编号。

④ 逻辑地址结构。一个逻辑地址表示由三部分组成：段号 s、页号 p 和页内地址 d，记作 $v = (s, p, d)$，如图 4-30 所示。

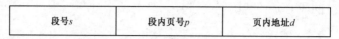

段号 s	段内页号 p	页内地址 d

图 4-30　段页式存储逻辑地址结构

⑤ 内存分配。内存的分配单位是内存块。

⑥ 段表、页表和段表地址寄存器。为了实现从逻辑地址到物理地址的转换，系统要为每个进程建立一个段表，还要为每段建立一个页表。这样，进程段表的内容不再是段长和该段在内存的起始地址，而是页长和页表地址。为了指出运行进程的段表地址，系统有一个段表地址寄存器，指出进程的段长和段表起始地址。

在段页式存储管理系统中，面向用户的地址空间是按段划分的，而面向物理实现的地址空间是按页划分的。内存划分成对应大小的块。进程映像对换是以页为单位进行的，使得逻辑上连续的段存放在分散的内存块中。

4.5.2　地址转换过程

图 4-31 是段页式系统的地址转换过程。

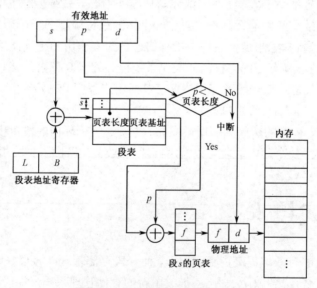

图 4-31　段页式系统的地址转换

① 地址转换硬件将段表地址寄存器的内容 B 与有效地址（逻辑地址）中的段号 s 相加，得到访问该进程段表的入口地址（第 s 段）。

② 将段 s 表项中的页表长度与逻辑地址中的页号 p 进行比较。若页号 p 小于页表长度，则表示未越界，向下正常进行，否则发中断。

③ 将该段的页表基址与页号 p 相加，得到访问段 s 的页表中第 p 页的入口地址。

④ 从该页表的对应页表项中读出该页所在的物理块号 f，再用块号 f 与页内地址 d 拼接成

访内地址。

⑤ 若对应的页未在内存中，则发缺页中断，系统进行缺页中断处理。若该段的页表未在内存中建立起来，则发缺段中断，然后由系统为该段在内存建立页表。

4.6 虚拟存储器

4.6.1 虚拟存储器的概念

上述存储管理技术都要求把一个进程的全部内容装入内存后才可以被调度运行，这就存在一系列问题：如果一个进程的地址空间大于整个内存空间，它就无法装入运行；在大型分时系统中，同时上机的用户可能有几十个，受内存容量所限，它们建立的进程也不能全都装入内存，从而影响系统的性能。虽然内存的容量快速增长，价格持续下降，但开发软件的大小却膨胀得更快。既然一味扩充硬件空间不成，那就需要另辟蹊径。

进程在执行之前要全部装入内存，这种限制是不合理的，会造成内存浪费。例如：

① 程序中往往含有不会被执行的代码，如对不常见的错误进行处理的代码。因为这种错误很罕见，实际上几乎从来也不执行这个代码。

② 一般为数组、队列、表格等数据结构分配的内存空间会大于它们的实际需要。如一个数组定义为100×100，而实际使用中很少超过10×10。

③ 一个程序的某些选项和特性可能很少使用，如把某些行中所有的字符都转换成大写字符的正文编辑命令。

即使整个程序在执行过程中都要用到，但不会同时用到。因此，把进程"一次性地"全部装入内存的方法必然造成内存空间的浪费或使用效率的下降。

类似于人们的活动范围有一定的局限性，程序的执行过程也显示出局部性。考察进程活动的行为，在一个短时间内，只有某一部分程序得到执行；另外，所访问的存储空间也局限于某一部分，如一个数组等。既然如此，就没有必要在进程运行前把它全部装入内存，只需把当前运行所需的那部分程序和数据装入内存，就可启动程序运行；其余部分暂时放在外存上，待以后实际需要它们时，再分别调入内存。这样做至少会带来如下好处：

① 用户编制程序时不必考虑内存容量的限制，只要按照实际问题的需要来确定合适的算法和数据结构就可简化程序设计的任务。

② 由于每个进程只有一部分装入内存，因而占用内存空间较少，在一定容量的内存中就可同时装入更多的进程，也相应增加了 CPU 的利用率和系统的吞吐量。

为了给用户（特别是大作业用户）提供方便，操作系统应把各级存储器统一管理起来。也就是说，应该把一个程序当前正在使用的部分放在内存中，而其余部分放在磁盘上，在这种情况下启动进程执行。操作系统根据程序执行时的要求和内存的实际使用情况，随机地对每个程序进行换入/换出。为此引入虚拟存储器的概念。虚拟存储器（Virtual Memory）是用户能作为可编址内存对待的虚拟存储空间，使用户逻辑存储器与物理存储器分离，是操作系统给用户提供的一个比真实内存空间大得多的地址空间。也就是说，虚拟存储器并不是实际的内存，它的大小比内存空间大得多；用户感觉能使用的"内存"非常大，这是操作系统对逻辑内存的扩充。

实现虚拟存储技术的基础是二级存储器结构和动态地址转换（Dynamic Address Translation, DAT）。经过操作系统的改造，将内存和外存有机地联系在一起，在用户面前呈现一个足以满足编程需要的特大内存空间，这就是单级存储器的概念。

虚拟存储器实质上是把用户地址空间和实际的存储空间区分开来，当做两个不同的概念。动态地址转换在程序运行时把逻辑地址转换成物理地址，以实现动态定位。

注意，虚拟存储器虽然给用户提供了特大地址空间，用户在编程时一般不必考虑可用空间有多大，但虚拟存储器的容量不是无限大的，主要受到两方面的限制：

① 指令中表示地址的字长。机器指令中表示地址的二进制位数是有限的，若地址单元以字节编址，且表示地址的字长是 16 位，则可以表示的地址空间最大是 64 KB。若表示地址的字长是 32 位，则可以表示的地址空间最大是 4 GB。

② 外存的容量。从实现观点来看，用户的程序和数据都必须完整地保存在外存（如硬盘）中。然而，外存容量、传输速度和使用频率等方面都受到物理因素的限制。也就是说，磁盘的容量有限，并非真正"无穷大"，其传输速率也不是"无限快"，所以虚拟空间不可能无限大。

现代操作系统大多采用了虚拟存储器的技术。根据地址空间的结构，虚拟存储器可以分为分页虚拟存储器和分段虚拟存储器两类。二者也可以结合，构成段页式虚拟存储器。

4.6.2　虚拟存储器的特征

对于虚拟存储器概念应从以下 4 方面进行理解，也是虚拟存储器所具有的基本特征：

① 虚拟扩充。虚拟存储器不是扩大物理内存空间，而是扩充逻辑内存容量。也就是说，用户编程时所用到的地址空间可以远大于实际内存的容量。例如，实际内存只有 1 MB，而用户程序和数据所用的空间可以达到 10 MB 或者更多，所以用户"感觉"内存扩大了。

② 部分装入。每个进程不是全部一次性地装入内存，而是分成若干部分。当进程要执行时，只需将当前运行需要用到的那部分程序和数据装入内存。以后在运行过程中用到其他部分时，再分别把那些部分从外存调入内存。

③ 离散分配。一个进程分成多个部分，它们没有被全部装入内存。即使装入内存的那部分也不必占用连续的内存空间，一个进程在内存的部分可能散布在内存的不同地方，彼此并不连续。这样不仅可避免内存空间的浪费，还为进程动态调入内存提供方便。

④ 多次对换。一个进程在运行期间，它所需的全部程序和数据分成多次调入内存。每次调入一部分，只解决当前需要，而在内存的那些暂时不被使用的程序和数据，可换出到外存的对换区；甚至把暂时不能运行的进程在内存的全部映像都换出到对换区，以腾出尽量多的内存空间供可运行进程使用。被调出的程序和数据在需要时可以重新调入内存（换入）。

4.7　请求分页技术

4.7.1　请求分页存储管理的基本思想

4.3 节讲的分页技术是单纯分页技术，利用进程的内存块不一定连续的办法可有效解决内存碎片问题，更好地支持多道程序设计，提高内存和 CPU 的利用率。然而，单纯分页系统并未提供虚拟存储器。例如，一个进程有 100 页，在内存中必须占用 100 块。

请求分页技术是在单纯分页技术的基础上发展起来的，二者的根本区别在于请求分页提供虚拟存储器。其基本思想是：当一个进程的部分页在内存时就可调度它运行；在运行过程中若用到的页尚未在内存，则把它们动态换入内存。这样就减少了对换时间和所需内存数量，允许增加程序的道数。

为了标示进程的页是否已在内存，在每个页表项中增加一个标志位，其值为 1 表示该页已在内存，其内存块可以访问；其值为 0 表示该页尚未装入内存，不能立即进行访问。

如果地址转换机构遇到一个具有标志位为 0 的页表项时，便产生一个缺页中断，告诉 CPU 当前要访问的这个页还未装入内存，这不是用户程序的错误。操作系统必须处理这个中断，即装入所要求的页，相应调整页表的记录，再重新启动该指令。由于这种页是根据请求而被装入的，因此被称为请求分页存储管理。通常在进程最初投入运行时，仅把它的少量几页装入内存，其他各页是按照请求顺序动态装入的。这就保证用不到的页不会被装入内存。

4.7.2 硬件支持及缺页处理

为了实现请求分页，系统必须提供一定的硬件支持，除了需要一定容量的内存和外存并支持分页机制，还需要有页表机制、缺页中断机构及地址转换机构。

1. 页表机制

如上所述，分页系统中地址映射是通过页表实现的。页表项的构造依赖于机器，但其中的信息种类大致相同。在请求分页系统中，典型页表表项如图 4-32 所示。不同计算机的页表表项的大小不一样，但一般采用 32 位。页表项通常包含下列 5 种信息：

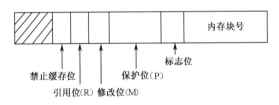

图 4-32 典型的页表表项

① 内存块号。这是最重要的数据，页映射的目的就是要找到这个值。

② 标志位，说明对应的页是否已装入内存。若该位是 1，表示该表项是有效的，可以使用，即该页在内存中；若该位是 0，则表示该表项对应的页目前不在内存中，访问该页会引起缺页中断。

③ 保护位，规定该页的访问权限。最简单的情况下它只有一位：0 表示允许读写，1 表示只允许读。更复杂的方式使用 3 位，各位分别表示允许对该页读、写、执行。

④ 修改位和引用位，用来记录该页的使用状况。当写入一页时，硬件自动置上该页的修改位。如果某页在内存块中的内容被修改过，那么该页在内存块和在磁盘块中的内容就会不一致。当进行页置换时，若选中该内存块，就必须将该页写回外存，以保证外存中保存的内容也是最新的。如果修改位未置上，表示该页的内容未做更改，在置换该页时就不必把它写回外存，

以减少写回引起的系统开销和盘 I/O 的次数。

引用位用来记载最近对该页访问过没有，不论读还是写，在访问该页时都置上引用位。在发生缺页时，操作系统可能淘汰某些页。如果设置了该页的引用位，就不会淘汰它，该页的内容仍留在相应内存块中。

⑤ 禁止缓存位。该位用于禁止该页被缓存。对那些内容要映射到设备寄存器而不是内存的页来说，这个特性很重要。如果操作系统为某 I/O 设备发出命令，然后循环等待该设备做出的响应，那么应让硬件从设备中读取数据，而不要使用旧的被缓存的副本。利用这一位可以禁止缓存。如果机器中有单独的 I/O 空间，并且不使用内存映射 I/O，就不需要这一位。

注意，当某页不在内存时，存放该页的磁盘地址不是页表的一部分。因为页表中存放的信息只是把逻辑地址转换成物理地址时硬件所需的信息。处理缺页时操作系统所需要的信息保存在操作系统内部的软件表格中，硬件不需要知道该页的外存地址。地址转换机构不需要磁盘地址信息。

2．缺页中断机构

在硬件方面，还要增加对缺页中断进行响应的机构。一旦发现所访问的页不在内存中，就立即产生中断信号，随后转入缺页中断处理程序进行相应处理。

缺页中断的处理过程是由硬件和软件共同实现的，如图 4-33 所示（有关中断处理的详细内容见 6.2 节）。

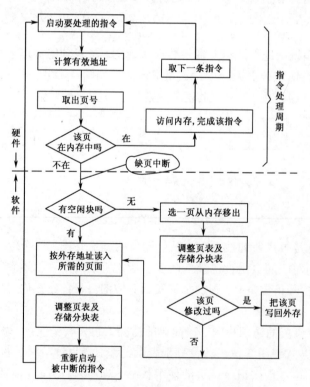

图 4-33　指令执行步骤与缺页中断处理过程

可以看出，上半部是硬件指令处理周期，由硬件自动实现，是最经常执行的部分。下半部是由操作系统中的中断处理程序实现的，处理后再转入硬件周期。软件和硬件的关系如此密切，以至在有些实验性系统中用硬件机构来实现上述软件功能。

例如，MITRE 公司在 Interdata 3 上实现的 Venus 操作系统就将它的缺页中断处理用微程序代码实现了，并且成为该机器的重要组成部分。显然，这大大加快了指令执行的速度。

3．缺页对系统性能的影响

请求分页会对计算机系统的性能产生重要影响。为了说明这个问题，计算一下请求分页系统的有效存取时间。对多数计算机系统来说，内存存取时间 ma 一般为 10～200 ns，只要不出现缺页中断，有效存取时间等于内存存取时间。如果发生缺页中断，就首先必须从外存读入该页，然后才能进行内存存取。

令 p 表示缺页中断的概率（$0 \leqslant p \leqslant 1$），简称缺页率，等于缺页次数与访问内存总次数之比。p 与 0 越接近越好，这样仅有很少的缺页中断发生。有效存取时间可表示为

$$有效存取时间 = (1-p) \times ma + p \times 缺页处理时间$$

为了算出有效存取时间，必须知道处理缺页中断所需的时间。缺页导致以下一系列动作（设当前进程为 A）：

① 系统对缺页中断做出响应，转入执行操作系统的相应处理程序。

② 保存进程 A 的各寄存器和进程状态信息。

③ 确定该中断是缺页引起的。

④ 检查对该页的访问是合法的，并确定该页在磁盘上的地址。

⑤ 把该页从盘上读到空闲内存块中，其中包括在设备队列中等待，直至该请求得到服务；等待盘寻道和旋转延迟时间；把该页传送到空闲内存块。

⑥ 在等待盘 I/O 完成时，把 CPU 分给其他进程，如进程 B。

⑦ 盘 I/O 完成，发出盘中断。

⑧ 保存进程 B 的用户寄存器和进程状态。

⑨ 确定该中断来自磁盘。

⑩ 调整页表和其他表格，标明所需页已放入内存。

⑪ 进程 A 就绪，等待分配 CPU。

⑫ 调度到进程 A，则恢复它的各寄存器、进程状态和新的页表，然后重新执行前面被中断的指令。

当然，并不是在任何情况下都要执行以上各步，如有时并不执行第⑥步。然而，这一步实现进程切换有利于多道程序设计，但会增加相关处理时间。

在任何情况下，缺页中断处理的时间主要包括以下三项：① 处理缺页中断的时间；② 调入该页的时间；③ 重新启动该进程的时间。

其中，第①项和第③项对应的工作可以通过精心设计，使代码减至几百条指令，每项执行的时间为 1～100 μs。而第②项是将页从盘上读到内存，这个过程花费的时间包括磁盘寻道时间（即磁头从当前磁道移至指定磁道所用的时间）、旋转延迟时间（即磁头从当前位置落到指定扇区开头所用的时间）和数据传输时间三部分，典型磁盘的旋转延迟时间约为 8 ms，寻道时间约为 15 ms，传输时间是 1 ms。这样全部换页时间将近 25 ms，包括硬件和软件处理的时间。注意，这仅仅考虑了设备的服务时间，还有很多用于排队等待的时间没有计算在内。

如果把平均缺页服务时间取为 25 ms，内存存取时间取为 100 ns，那么

$$有效存取时间= (1-p)\times100 + p\times25000000 = 100 + 24999900\times p（ns）$$

可以看出，有效存取时间直接正比于缺页率。若缺页率为 0.1%，则有效存取时间为 25 ms。由于请求分页导致计算机慢了 250 倍！若期望下降率不超过 10%，则

$$110>100 + 25000000\times p \qquad \Rightarrow \qquad p<0.0000004$$

也就是说，为使存取速度下降控制在 10% 内，缺页率不能超过 0.00004%。所以，在请求分页系统中使缺页率保持在很低水平是非常重要的。

另外，请求分页系统一般都使用对换空间。利用磁盘对换区实施进程对换一般比用文件系统传送信息的效率高很多，因为对换空间通常是磁盘上一片连续的扇区，硬盘读写一片连续扇区的速度很快，而文件系统中的文件往往放在分散的盘块上。此外，访问对换空间不采用诸如文件寻查和间接定位等烦琐方式。可在进程启动时把整个文件复制到对换空间，然后由对换空间调页。也可以最初由文件系统调页，当页置换时，把它们写到对换空间。

4.8　页置换算法

4.8.1　页置换

1. 页置换过程

由图 4-33 可知，若被访问的页不在内存中，则产生缺页中断。操作系统进行中断处理，把该页从外存调入内存：若内存中有空闲块，则把该页装入任何空闲块中，调整页表项及存储分块表；否则，必须先淘汰已在内存的某页，腾出空间，再把所需的页装入。页置换过程如图 4-34 所示，主要包括以下 4 个步骤：

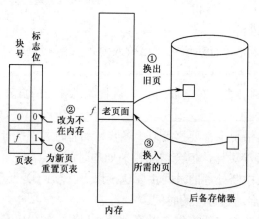

图 4-34　页置换过程

① 选择一个页，将其换出内存。

② 修改被换出页的页表项，将其标志位改为不在内存。

③ 把所需页换入刚刚腾出的空闲块。

④ 修改换入页的页表项，重新启动该用户进程。

可见，如果内存中没有空闲块可用，就要发生两次页传送——换出和换入，造成缺页处理

时间加倍，相应增加了有效存取时间。当然，利用页表项中的修改位可以适当减少这种开销。因为选中一页进行置换时，如果它在页表中的修改位没有设置，就不必把它写回盘上。

实现请求分页必须解决内存块的分配算法和页置换算法两个主要问题。若有多个进程在内存，必须决定为每个进程分配多少内存块；另外，当需要置换页时，必须确定淘汰哪个内存块。

2．页走向

置换算法的好坏直接影响系统的性能。若采用的置换算法不合适，可能出现这样的现象：刚被换出的页，很快又被访问，为把它调入而换出另一页，之后又访问刚被换出的页……如此频繁地更换页，以致系统的大部分时间花费在页的调度和传输上。此时，系统好像很忙，但实际效率很低。这种现象被称为"抖动"（见4.9.2节）。

好的页置换算法能够适当降低页的更换频率（减少缺页率），尽量避免系统"抖动"。

为评价一个算法的优劣，可将该算法应用于一个特定的存储访问序列上，并且计算缺页数量。存储访问序列也称为页走向，可由人工生成（如用随机数生成程序）或者通过跟踪一个给定的系统，记下每个存储访问的地址。后者要产生非常多的数据（约100万个地址每秒）。为减少计算量，可进行如下合理的简化：

① 对于给定的页大小，仅考虑其页号，不关心完整的地址。

② 如果当前对页 p 进行了访问，那么马上对该页访问就不会缺页。这样连续出现的同一页号就简化为一个页号。如果追踪特定程序，可记下如下地址序列（也称为访问串，用十进制数表示）：0100，0432，0101，0612，0102，0103，0104，0101，0611，0102，0103，0104，0101，0610，0102，0103，0104，0101，0609，0102，0105。若每页100字节，则页走向简化为：1，4，1，6，1，6，1，6，1，6，1。

对特定的访问序列来说，为确定缺页数量和页置换算法，还要知道可用的内存块数。一般来说，随着可用块数的增加，缺页数将减少。例如，对上述给定的页走向，若有3个或更多的块可供使用，则仅有3次缺页。各次缺页分别对应第一次访问的新页。另一方面，若只有一块可用，则每次访问页都要进行淘汰，共11次缺页。通常，期望随内存块数的增加，缺页数下降到最小，如图 4-35 所示。

为了说明下面的页置换算法，统一采用下述页走向：7，0，1，2，0，3，0，4，2，3，0，3，2，1，2，0，1，7，0，1，并且假定每个进程只有三个内存块可供使用。

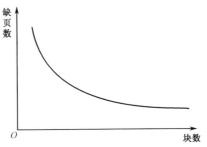

图 4-35　缺页量与内存块数关系

4.8.2　先进先出法

最简单的页置换算法是先进先出（First-In First-Out，FIFO）法，总是淘汰在内存中停留时间最长（年龄最老）的页，即先进入内存的页先被换出。其理由是：最早调入内存的页不再被使用的可能性要大于刚调入内存的页。当然，这种理由并不充分。把一个进程所有在内存的页按进入内存的次序排队，淘汰页总是在队首进行。如果一个页刚被放入内存，就把它插在队尾。

最初可用的三个内存块都是空的（如图4-36所示）。访问前三个页（即7，0，1）都导致缺页；把它们分别调入这三个内存块中，随后访问页2，它没在内存，发生缺页；因为三个内存块中都有页，所以淘汰最先进入的页 7。接着，访问页 0，它已在内存，不发生缺页。这样顺次做下去，就产生如图 4-36 所示的情况。每出现一次缺页，在图中就示出淘汰后的情况。经计算，共 15 次缺页。

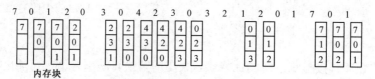

图 4-36　先进先出法

先进先出法的优点是容易理解且方便程序设计。然而它的性能并不很好。仅当按线性顺序访问地址空间时，这种算法才是理想的；否则，效率不高。因为那些常被访问的页，往往在内存中驻留最久，结果它们因变"老"而不得不被淘汰出去。请读者分析，针对下述页走向的页置换过程（设有三个内存块可用）：1，2，3，4，1，2，5，1，2，3，4，5。

先进先出法的另一个缺点是存在 Belady 异常现象，即缺页率随内存块增加而增加。例如，针对上一行给出的页走向和不同内存块数，则有如图 4-37 所示的缺页曲线。当然，导致这种异常现象的页走向实际上是罕见的。

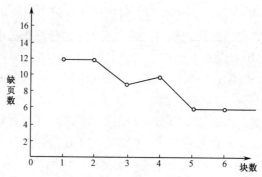

图 4-37　关于一个页走向的先进先出法的缺页曲线

4.8.3　最佳置换法

最佳置换法（Optimal Replacement，OPT）是 1966 年由 Belady 提出的一种算法，其实质是：为调入新页而必须预先淘汰某个旧页时，所选择的旧页应在将来不被使用，或者是在最远的将来才被访问。这是"向前看"的算法，它能保证有最小缺页率。

例如，针对上面给定的页走向，最佳置换法仅出现 9 次缺页中断，如图 4-38 所示。

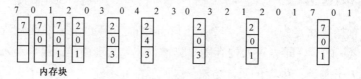

图 4-38　最佳页置换序列

最佳置换法在实现上有困难，因为需要预先知道一个进程整个运行过程中页走向的全部情况。不过，这个算法可作为一个标准，用来衡量（如通过模拟实验分析或理论分析）其他算法的优劣。

4.8.4　最近最久未使用置换法

先进先出法和最佳置换法之间的主要差别是，前者以页调入内存时间的长短作为淘汰依据，而后者是按今后使用页的时间为依据。如果以"最近的过去"作为"不久将来"的近似，就可以把最近最长一段时间里不曾使用的页淘汰掉。它的思想是：当需要置换一页时，选择在最近一段时间最久没有使用过的页予以淘汰。这种算法称为最近最久未使用法（Least Recently Used，LRU），如图 4-39 所示。

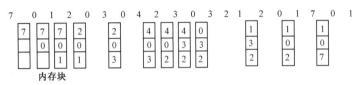

图 4-39　最近最久未使用算法页置换序列

最近最久未使用法与每个页最后使用的时间有关。该置换方法赋予每个页一个访问字段，用来记录一个页自上次被访问以来所经历的时间 t，当必须淘汰一个页时，LRU 算法选择现有页中 t 值最大的那个页。这就是最佳置换法在时间上"向后看"、而不是向前看的情况。

在图 4-39 的示例中，应用最近最久未使用法产生 12 次缺页。其中前面 5 次缺页情况和最佳置换法一样。然而，当访问到第 4 页时，LRU 算法查看内存中的三个页：从当前时刻向后看过去，第 0 页刚刚用过，而第 2 页很久未使用了。所以，LRU 算法淘汰第 2 页，而不管将来是否要用它。当以后 3 号页发生缺页时，LRU 就淘汰 0 号页。尽管这样做比最佳置换法效果差，但缺页情况还是比先进先出法好得多。

最近最久未使用法是经常采用的页置换算法，被认为是相当好的，但存在如何实现的问题。最近最久未使用法需要实际硬件的支持。实现时的问题是：怎样确定上次访问以来所经历时间长短的页顺序。对此，有以下两种可行的办法。

① 计数器。最简单的办法是每个页表项增加一个使用时间字段，并给 CPU 增加一个逻辑时钟或计数器，每进行一次存储访问，该时钟都加 1。每当访问一个页时，时钟寄存器的内容就被复制到相应页表项的使用时间字段中。这样可以始终保留每个页上次访问的"时间"。在淘汰页时，选择该时间值最小的页（因为它是很久之前被访问的）。可见，为了确定淘汰哪个页，这种方式要查寻页表，而且每次存储访问时，都要修改页表中的使用时间字段。另外，当页表改变时（由于 CPU 调度），必须维护这个页表中的时间，还要考虑到时钟值溢出问题。

② 栈。用一个栈保留页号。每当访问一个页时，就把它从栈中取出，放在栈顶上。这样，栈顶总放有目前最近使用的页，而栈底放着目前最久未使用的页（如图 4-40 所示）。由于要从栈中间移走一项，因此要用具有首指针和尾指针的双向链把各栈单元连起来。移走页 7 并把它放在栈顶，需要改动 6 个指针。每次修改链都要有开销，却可直接确定淘汰哪个页，因为尾指针指向栈底，其中放有被淘汰页。

从上面分析看出，实现最近最久未使用法必须有大量硬件支持，同时需要一定的软件开销，所以实际实现的都是一种简单有效的近似法。

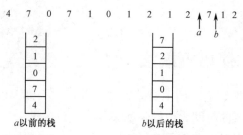

图 4-40　利用栈记录目前访问最多的页示例

4.8.5　第二次机会置换法

第二次机会置换法（Second Chance Replacement，SCR）是对先进先出法的改进——避免把经常使用的页置换出去，其思想与先进先出法的基本相同。当选择某一页置换时，就检查最旧页的引用位：如果是 0，就立即淘汰该页；如果是 1，就给它第二次机会，将引用位清 0，并把它放入页链表的末尾，把它的装入时间重置为当前时间；然后选择下一个先进先出的页。这样，得到第二次机会的页将不被淘汰，直至所有其他页都被置换过（或者给了第二次机会）。因此，如果一个页经常使用，它的引用位总保持为 1，就不会被淘汰。

图 4-41 为第二次机会置换法的示例。在图 4-41(a) 中，页 A～H 按进入内存时间的先后为序排列在链表中。最早进入的是页 A。设在时刻 20 出现一次缺页，若页 A 的引用位为 0，则把它淘汰出内存；若其修改位为 1，则写回磁盘；否则，只是简单地放弃。若页 A 的引用位为 1，则把它放入链尾，其引用位清 0，然后由 B 开始寻找置换页，如图 4-41(b) 所示。

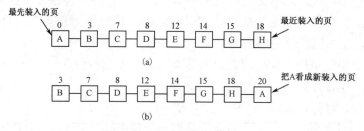

图 4-41　第二次机会置换法示例

由图 4-41 可见，如果所有的页先前都被访问过，即它们的引用位都为 1，那么该算法降为纯粹的 FIFO 算法。第一遍扫描将所有页的引用位清 0，第二遍检查找出 A，把 A 淘汰。

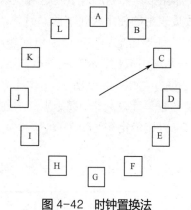

图 4-42　时钟置换法

4.8.6　时钟置换法

时钟置换法（Clock）既是对第二次机会法的改进，也是对最近最久未使用法的近似，避免采用第二次机会置换法需要页在链表中移动所带来的效率问题。具体办法是：把所有页保存在一个类似钟表表盘的环状链表中，如图 4-42 所示，由一个指针指向最旧页。当发生缺页时，首先检查指针指向的页，如果它的引用位是 0，就淘汰该页，且把新页插入这个位置，然后把指针向前移一个位置；如果是 1，就清 0，且把指针前移一个位置。重复这个过程，直至找到引用位为 0 的页为止。

4.8.7　最近未使用法

最近未使用法（Not Recently Used，NRU）的基本思想是由系统统计哪些页最近使用过，哪些页未使用，对未使用的页予以淘汰。为此在页表项中设置两个状态位，即引用位 R 和修改位 M（见图 4-32）。每次访问内存时要更新这些位，由硬件设置它们。一旦某位被置为 1，就一直保留为 1，直至操作系统把它重新置为 0。

当启动一个进程时，它所有页的引用位和修改位都由操作系统置为 0。引用位被定期（如每次时钟中断时）清 0。每次访问内存时，该页的引用位就置 1。这样，通过检查引用位就可确定哪些页最近使用过，哪些页自上次置 0 以后还未用过。

当发生缺页时，操作系统检查所有页，并根据它们当前的引用位和修改位的值，把它们分为如下 4 类。

❖ 第 0 类：最近未访问过，未修改（值为 00）。
❖ 第 1 类：最近未访问过，已修改（值为 01）。
❖ 第 2 类：最近访问过，未修改（值为 10）。
❖ 第 3 类：最近访问过，已修改（值为 11）。

第 3 类页的引用位被时钟中断清 0 后就成为第 1 类。而修改位并不被时钟中断清除，该位作为今后是否写回磁盘的一个条件。

在内存中的每页必定是这 4 类中的某一类。在进行页替换时，检查该页所属的类。具体来说，其执行过程如下：

① 从指针所指向的当前位置开始，扫描循环队列，寻找第 0 类页（引用位和修改位都是 0），所遇到的第一个第 0 类页就是选中的淘汰页，而在第 1 次扫描期间不改变引用位。

② 若第①步失败（即第 0 类为空），则重新开始第 2 轮扫描，寻找第 1 类页（引用位为 0、修改位为 1），遇到的第一个第 1 类页就作为选中的淘汰页。在第 2 轮扫描期间，将所经过的每个页的引用位都置为 0。

③ 若第②步也失败（即第 1 类为空），则将指针返回最初位置，且将队列中所有页的引用位清 0。然后重复第①步，继续执行。此时必定能找到被淘汰的页。

这个算法循环扫描队列中的所有页，首先淘汰的页是最近未访问过且没有被修改过的页。这样做的好处是不必把选中的页写回磁盘。若第 1 轮未找到淘汰页，在第 2 轮中就寻找最近未访问过但修改过的页，该页必须被写回。因为按照局部化理论，它可能不会很快被访问。如果第 2 轮也未找到淘汰页，就把队列中所有页都标志为最近未访问，第 3 轮会执行成功。

4.8.8　最不经常使用法

最不经常使用（Least Frequently Used，LFU）法是基于访问计数的页置换法，要为每页设置一个软件计数器，用于记载该页被访问的次数，其初值为 0。在每次时钟中断时，操作系统扫描内存中的页，将每页的引用位 R 的值（0 或 1）加到对应的计数器上。这个计数器可粗略反映各页被访问的频繁程度。发生缺页时，淘汰其计数值最小的页。

一般计数方式会出现如下主要问题：某些页在进程刚开始时频繁使用，而后不再使用，其计数器的值一直保持很大，因而操作系统将淘汰有用的页而不是后面不再使用的页。

为很好地模拟本算法，应对最近最久未使用法的计数方式进行如下修改：① 先将计数器右移一位，再加上引用位 R 的值；② 将引用位 R 加到计数器的最左端，而不是最右端。

修改后的算法也称老化（Aging）算法。页最近被使用的情况由 ΣRi 反映，使用得越多，该值越大。而最早访问的页，随着计数器的右移，其作用越来越小。

该算法与最近最久未使用法仍有差别：一是无法区分在一个时钟周期内较早和较晚时间的访问，因为在每个周期中只记录一位；二是计数器只有有限位，无法真正反映页使用的历史情况，因为更早的使用情况无法在计数器中反映出来。

4.8.9　页缓冲法

页缓冲法（Page Buffering）是对先进先出法的改进。该算法维护两个链表：一个是空闲页（未被修改）链表，另一个是修改页链表。空闲页链表其实是空闲内存块链表，可用于读入页；修改页链表是由页被修改过的内存块构成的链表。

当发生缺页时，按照先进先出法选取一个淘汰页，并不是清除它，而是把它放入两个链表中的一个。如果该页未被修改，就放入空闲页链表的末尾，否则放入修改页链表的末尾。注意，此时被淘汰页并不是从内存中真的移走，只是将该页表的表项链入相应的链表。需要读入的页装入空闲页链表链头的内存，直接冲掉原有内容，使得该进程尽可能快地重新启动，不必等待淘汰页被写出。当淘汰页以后要写出时，也只是把该页的内存块链入空闲页链表的末尾。类似地，当选中的淘汰页为已修改页时，也把该页的内存块链入修改页链表的末尾。

这种方式可使被淘汰页当时还留在内存中。当进程又访问该页时，只需花费较少的开销就使它回到该进程的驻留集（进程在内存映像的集合）中，不需要进行输入/输出。当修改页链表中的页数达到一定数量时，就把它们一起写回磁盘，而不是一次一页操作。这就显著减少了磁盘 I/O 操作的次数和磁盘存取时间。事实上，这两个链表起到了页缓存的作用。

页缓冲算法的简化版本已在 Mach 操作系统中实现，只是没有区分修改页和未修改页。

4.9　内存块的分配和抖动问题

4.7.3 节中介绍过，请求分页的性能与缺页率有密切关系。不同的页置换算法直接影响缺页率的高低和系统实现的复杂程度。除此之外，缺页率还与进程所分得的内存块数目有密切关系。直观上，分到的内存块越多，缺页率越低，但对多道程序会产生不利影响。在请求分页系统中，如果过分追求提高多道程序度，反而会使系统性能下降，出现抖动现象。因此，在分页系统设计中必须处理好内存分配，预防抖动的发生。

4.9.1 内存块的分配

在单用户系统中，除了操作系统占用的空间，整个内存全部留给一个用户使用。如果它的程序空间大于可用内存空间，就会出现页淘汰问题，按某种算法把旧页换出，然后调入新页。

在多道程序设计环境下，允许两个或多个程序同时在内存中，那么每个进程分得多少个空闲块呢？下面介绍常用的分配方式。

1．最少内存块数

给进程分配的内存块数目是受限制的，显然，为所有进程分配的总块数不能超出可用块的总量（除非存在页共享的情况）。另一方面，每个进程需要有最少的内存块数。如上所述，随着分给每个进程内存块数的减少，缺页率将上升，进程的执行速度将降低。

分给每个进程的最少内存块数是指保证进程正常运行所需的最少内存块数，是由指令集结构决定的。如果正在执行的指令在完成操作之前出现缺页，就在缺页中断处理后，该指令必须重新启动。相应地，必须有足够的内存块把一条指令所访问到的多个页都存起来。

例如，一台机器的所有访问内存的指令都只有一个地址，这样至少要有一个内存块存放该指令，还要有一个内存块存放访问对象。另外，指令中的地址可能是间接访问形式。例如，load指令在页16，它所访问对象的地址在页0，而后者间接访问到页23，因此每个进程至少需要3个内存块。而对于某些功能更强的机器来说，指令本身占多个字，两个操作对象又都间接访问，这样每个进程至少需要6个内存块。

当然，分给每个进程的最多块数是由可用内存的总量决定的，所以要在两者之中进行平衡，做出有意义的选择。

2．内存块的分配策略

在请求分页系统中，没有必要、也不可能在一个进程运行前就把它的所有页都装入内存。这样，操作系统必须决定给每个进程分配多少个内存块。可以采用两种内存块分配策略，即固定分配和可变分配。

① 固定分配策略（又称为驻留集大小固定不变策略）分配给进程的内存块数（也称为驻留集）是固定的，且在最初装入时（即进程创建时）就确定分配块数。分给每个进程的内存块数基于进程类型（交互式、批处理型、应用程序型等），或者根据程序员或系统管理员提出的建议。当一个进程在执行过程中出现缺页时，只能从分给该进程的内存块中进行页置换。4.8节所讲的页置换算法都是基于固定分配策略的。

② 可变分配策略（又称为驻留集大小可变策略）允许分给进程的内存块数随进程的活动而改变。如果一个进程运行过程中持续缺页率太高，表明该进程的局部化行为不好，需要给它分配另外的内存块，以便减少它的缺页率。如果一个进程的缺页率特别低，就可减少分配它的内存块，但不要造成缺页率显著增加。

可变分配策略的功能相对较强，但需要操作系统预估各活动进程的行为，这就增加了操作系统的软件开销，并且依赖于处理器平台所提供的硬件机制。

3．页置换范围

内存块分配的另一个重要问题是页置换范围。多个进程竞争内存块时，可把页置换分成两个主要类型：全局置换和局部置换。全局置换允许一个进程从全体内存块的集合中选取淘汰块，尽管该块当前已分给其他进程，还是能强行占用。而局部置换是每个进程只能从分给它的一组内存块中选择淘汰块，不能抢占分给其他进程的内存块。

置换范围和分配策略可以结合起来，以下3种方式是可行的。

（1）局部置换与固定分配策略相结合

在这种情况下，每个运行进程分到固定数量的内存块。当出现缺页时，操作系统只能从分给它的一组内存块中选择一页淘汰出去。这种方式存在的不足是：若给进程分配的内存块太少，则缺页率会很高，导致整个多道程序系统运行速度降低；若分配得太多，则内存中的程序太少，处理器空转时间或用于对换的时间会加长。

（2）局部置换与可变分配策略相结合

在此情况下，内存块分配和置换基本过程如下：

① 当新进程装入内存时，根据应用程序类型、程序需求或其他准则，分配一定数量的内存块。

② 当出现缺页时，从该进程的驻留集中选择淘汰页。

③ 经常重新评估分给该进程的内存块数量，并进行适当调整，以改进系统总体性能。

一种称为工作集策略的算法就采用了这种方式。真正的工作集策略很难实现，但可以作为比较的基准。

（3）全局置换只能与可变分配策略相结合

这种方式最容易实现，已在很多操作系统中使用。在任何时候，内存中有若干进程，每个进程都分到一定数目的内存块。特别地，操作系统会保持一个空闲内存块链表。当出现缺页时，由系统从空闲链中取出一个空闲块分给相应进程，且把所需页装入该内存。发生过缺页的进程就得到更多的内存块，有助于减少系统中总体的缺页。

当空闲块链表中的内存块用完时，操作系统必须从当前在内存的所有页中选择一页予以淘汰，除已被加锁的内存块（如内核页）之外。这样，选中的淘汰页可能属于任意一个进程，相应的进程会减少其内存块数，且导致其缺页率增加。

4．内存块分配算法

为每个进程分配内存块的算法主要有等分法、比例法和优先权法三种。

（1）等分法

平分是最简单的办法。若有 m 个内存块、n 个进程，则每个进程分 m/n 块（其值向下取整），即等分法。若有93块、5个进程，则每个进程分得18块，余下3块作为自由缓冲池。

等分法不区分具体进程的需求，"一视同仁"地进行分配。其结果造成有的进程用不了那么多块，而另一些进程远远不够用。

（2）比例法

为解决等分法出现的问题，采取按需成比例分配的办法。

设进程 p_i 的地址空间大小为 s_i，则总地址空间 $S = \sum s_i$。若可用块的总数是 m，则分给进程 p_i 的块数是 $a_i = m s_i / S$。当然，a_i 必须是整数，大于所需最少块数，且总数不超过 m。

以上两种算法分给每个进程的块数依据多道程序数目而变。多道程序数增加了，每个进程就要少分一些块。相反，多道程序数减少了，分给每个进程的块数可多一些。

（3）优先权法

以上两种算法没有考虑优先级问题，即把高优先级进程和低优先级进程一样对待。为了加速高优先级进程的执行，可给高优先级进程分配较多内存。当采用比例法时，分给进程的块数不仅取决于程序的相对大小，也取决于优先级的高低。

4.9.2 抖动问题

从技术角度，虽然能够把分给进程的内存块数缩减到最少块数，但是有很多页是进程正在使用且不能缺少的。如果一个进程没有一定数量的内存块，很快就会发生缺页。此时，它必须淘汰某页。由于这些页都正在使用，因此刚被淘汰的页很快又被访问，还要把它重新调入，于是形成了这样的局面：某页被调入不久又再次被淘汰出去；再访问，再调入，如此反复，使得整个系统的页置换非常频繁，以致机器的大部分时间都用在来回进行的页调度上，只有一小部分时间用于进程的实际运算。这种局面被称为系统"抖动"（Thrashing）。

1. 产生抖动的原因

操作系统会监控 CPU 的使用。如果 CPU 的利用率太低，CPU 调度程序就会增加多道程序度，将新进程引入系统。新进程的启动运行，要从正在运行的进程那里取得一些内存块，结果导致更多缺页，磁盘设备频繁地进行页的换入和换出，而 CPU 利用率进一步下降；调度程序进一步增加多道程序度。这样恶性循环，出现了抖动。其结果是，缺页率急剧增加，内存的有效存取时间加长，系统吞吐量骤减。其实，此时的系统已经不能完成什么任务，因为各个进程几乎都把它们的全部时间花在页置换上。

图 4-43 为 CPU 利用率与多道程序度之间的关系。开始阶段随着多道程序度的增加，CPU 利用率也缓慢增加；当到达最大值后，多道程序度进一步增大，出现抖动，CPU 利用率急剧下降。此时为增加 CPU 利用率和消除抖动，必须减少多道程序度。

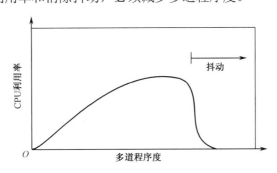

图 4-43　CPU 利用率与多道程序度之间的关系

2. 防止抖动的方法

防止抖动发生或者限制抖动影响有多种方法。根据产生抖动的原因，这些方法都基于调节多道程序度。

① 采用局部置换策略。如果一个进程出现抖动，它不能从其他进程那里获取内存块，不会引发其他进程出现抖动，使抖动局限于一个小范围内。然而，这种方法并未消除抖动的发生，而且在一些进程发生抖动的情况下，等待磁盘 I/O 的进程增多，使得平均缺页处理时间加长，

延长了有效存取时间。

② 利用工作集策略防止抖动（见 4.10 节）。

③ 挂起某些进程。当出现 CPU 利用率很低而磁盘 I/O 非常频繁的情况时，可能因为多道程序度太高而造成抖动。为此可以挂起一个或几个进程，腾出内存空间供抖动进程使用，从而消除抖动现象。被挂起进程的选择策略有多种，如选择优先权最低的进程、缺页进程、最近激活的进程、驻留集最小的或最大的进程等。

④ 采用缺页频度法（Page Fault Frequency，PFF）。抖动发生时缺页率必然很高，通过控制缺页率就可预防抖动。如果缺页率太高，就表明进程需要更多的内存块；如果缺页率很低，就表明进程可能占用了太多的内存块。这里规定一个缺页率，依次设置相应的上限和下限，如图 4-44 所示。如果实际缺页率超出上限值，就为该进程分配另外的内存块；如果实际缺页率低于下限值，就从该进程的驻留集中取走一个内存块。通过直接测量和控制缺页率，就可避免抖动。

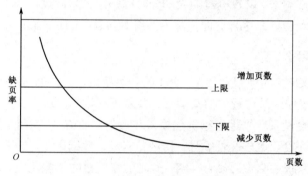

图 4-44　缺页频度的上限和下限

3．工作集

（1）局部性模型

由上面讨论可知，一个页置换算法的优劣与进程运行时的页走向有很大关系。同一个算法对不同的进程来说，其效果可能相差很大。测试表明，虚拟存储系统的有效操作依赖于程序中访问的局部化程度。对于 LRU 算法而言，局部化程度越突出，进程运行效率越高。

对一个进程的程序和数据的访问都趋向于聚在一起，就标志它的局部性很好。可以认为，一个进程在一个很短的时间间隔里只需要少量页。也就是说，能够对一个进程在不久的将来需要哪些页做出合理的推测，从而避免抖动。证实局部性模型的一个办法是在虚拟存储器环境中查看进程的性能。在进程的生存期中，存储访问被限制为页的子集。

局部化分为时间局部化和空间局部化两类。时间局部化是指一旦某条指令或数据被访问过，往往很快被再次访问。这是大多数程序所具有的性质，如程序中的循环部分、常用的变量和函数等。空间局部化是指一旦某位置被访问过，它附近的位置也可能很快要用到，如程序中的顺序指令串、数组及若干放在一起的常用变量等，都具有空间局部化的性质。这种情况反映在页走向上，就是在任何一小段时间里，进程运行只集中于访问某几页。

（2）工作集模型

Denning 于 1968 年提出工作集理论，研究和描述这种局部性。所谓工作集，就是一个进程在某小段时间 　 内访问页的集合。如用 $WS(t_i)$ 表示在 $t_i - \Delta$ 到 t_i 之间所访问的不同页，那么它就是进程在时间 t_i 的工作集，如图 4-45 所示。

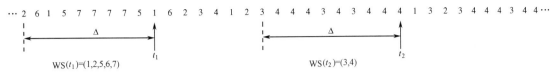

图 4-45　工作集模型

　　对于给定的页走向，如果 $\Delta = 10$ 次存储访问，在 t_1 时刻的工作集是 $(1, 2, 5, 6, 7)$，而在 t_2 时刻的工作集是 $(3, 4)$。

　　可以看出，如果页正在使用，它就落在工作集中；如果不再使用，它将不出现在相应的工作集中。所以，工作集是程序局部性的近似表示。

　　通常，在不同运行时刻，进程的工作集是不同的。也就是说，工作集依赖于程序的行为，并且其大小与 Δ 的取值有关。如果 Δ 取得过大，就会覆盖若干局部区。极端情况下，如果 Δ 与进程运行时间接近，那么工作集不再反映局部特性，其大小接近于整个程序所需页的总数。反之，如果 Δ 过小，就不能体现工作集过渡缓慢变化的局部化特性。所以，进程工作集也是时刻 t_i 与时间间隔 Δ 的函数。

　　工作集最重要的性质是它的大小。工作集越小，反映程序局部性越好。如果计算出系统中每个进程的工作集大小为 $\mathrm{WS}(S_i)$，那么

$$D = \sum_{i=1}^{n} \mathrm{WS}(S_i)$$

其中，D 是系统中全部（n 个）进程对内存块的总请求量。此时每个进程都在利用工作集中的页。如果请求值 D 大于可用内存块的总量 m（$D>m$），将出现抖动，因为某些进程得不到足够的内存块。

　　利用工作集模型可以防止抖动。操作系统监督每个进程的工作集，并且给它分配工作集所需的内存块。若有足够多的额外块，就可装入并启动其他进程。若工作集增大，超出可用块的总数，操作系统则要选择一个进程挂起，把它的页换出，将它占用的内存块分给其他进程。被挂起的进程将在以后适当时机重新开始执行。

4.10　请求分段技术

　　4.4 节介绍的分段技术是不带虚存的段式存储管理技术，在此基础上再引入虚拟存储器技术，就形成了带虚存的段式存储管理技术，即请求分段存储管理技术。

　　在段式虚存系统中，一个进程的所有分段的副本都保存在外存上。当它运行时，先把当前需要的一段或几段装入内存，其他段仅在调用时才装入。其过程一般是：当所访问的段不在内存时，便产生缺段中断；操作系统接到中断信号后，进行相应处理，按类似申请分区的方式，在内存中找一块足够大的分区，用于存放所需分段。若找不到这样的分区，则检查未分配分区的总和，确定是否需要对分区进行紧缩，或者移出（即淘汰）一个或几个分段后再把该分段装入内存。这样一个进程只有部分分段放在内存，从而允许更多的进程和更大的程序（不受实际内存容量限制）同时在内存中执行。

　　为了记录进程的各分段是否在内存，在该进程的各段表项中要增加一位，以表明该段的存

在状态。

在段表项中还要增加另一些控制位。其中一位是修改位，表明该段的内容自最近一次装入内存以来是否修改过。如果没有修改，那么淘汰该段时就不必把它写回磁盘，否则必须写回磁盘。同时，保护位或共享位分别表明相应段的存取权限和共享方式。

采用段式虚存系统可以实现程序的动态链接。也就是说，仅当用到某个分段时才对它进行链接，从而避免不必要的链接。

例如，MULTICS系统采用了动态链接技术。为了支持动态链接，还要附加间接编址和链接故障指示位两个硬件设施。间接编址是指令中表示地址的部分并不是所要存取数据的直接地址，而是间接地址——存放直接地址的地址，即它所指向的单元中存放所需数据的地址。包括直接地址的字称为间接字。链接故障指示位设在间接字中，用于表示所访问的段号是否已链接上。直接编址与间接编址的区别如图4-46所示。

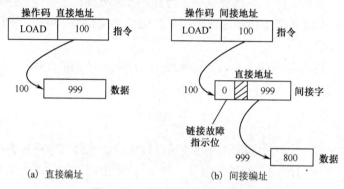

图 4-46　直接编址与间接编址

如果所要访问的段尚未链接上（即相应指令利用间接字寻址时，发现链接故障位被置为1），那么硬件产生链接中断，控制转向操作系统的链接故障处理程序去处理。如果所要访问的段不在内存，那么由动态地址转换机构产生缺段中断，由操作系统进行相应处理。

注意，并不是动态链接后该段就已在内存了。所以，重新启动被中断指令时就会发生缺段中断。当采取一定的算法将该段装入内存后，相应程序才能真正执行下去。

4.11　Linux 系统的存储管理

Linux系统采用虚拟内存管理机制，即使用交换和请求分页存储管理技术。当进程运行时，不必把整个进程的映像都放在内存中，而只需在内存保留当前用到的那部分页。当进程访问到某些尚未在内存的页时，就由核心把这些页装入内存。这种策略使进程的虚拟地址空间映射到机器的物理空间时具有更大的灵活性，通常允许进程的大小可大于可用内存的总量，允许更多进程同时在内存中执行。

4.11.1　Linux 的多级页表结构

在x86平台的Linux系统中，地址码采用32位，因而每个进程的虚拟存储空间可达4GB。

Linux 内核将 4 GB 空间分为两部分：最高地址的 1 GB 是"系统空间"，供内核本身使用，系统空间由所有进程共享；而较低地址的 3 GB 是各进程的"用户空间"。虽然理论上每个进程的可用用户空间都是 3 GB，但实际的存储空间大小受到物理存储器（包括内存及磁盘交换区或交换文件）的限制。进程的虚拟存储空间如图 4-47 所示。

图 4-47　Linux 进程的虚拟存储空间

由于 Linux 系统中页的大小为 4 KB，因此进程虚拟存储空间要划分为 2^{20}（1M）个页。如果直接用页表描述这种映射关系，那么每个进程的页表就要有 2^{20}（1M）个表项。显然，用大量的内存资源来存放页表是不可取的。为此 Linux 系统采用三级页表的方式，如图 4-48 所示。PGD 表示页目录，PMD 表示中间目录，PT 表示页表。一个线性虚拟地址在逻辑上划分成 4 个位段，从高位到低位，分别用做检索页目录 PGD 的下标、中间目录 PMD 的下标、页表 PT 的下标和物理页（即内存块）内的位移。

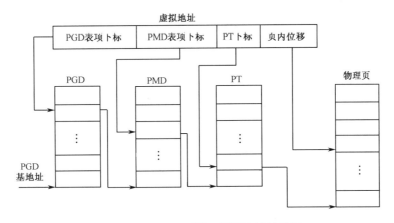

图 4-48　Linux 系统三级页表地址映射

把一个线性地址映射成物理地址分为以下 4 步：

① 以线性地址中最高位段作为下标，在 PGD 中找到相应的表项，该表项指向相应的 PMD。

② 以线性地址中第 2 个位段作为下标，在 PMD 中找到相应的表项，该表项指向相应的 PT。

③ 以线性地址中第 3 个位段作为下标，在 PT 中找到相应的表项，该表项指向相应的物理页（即该物理页的起始地址）。

④ 线性地址中的最低位段是物理页内的相对位移量，此位移量与该物理页的起始地址相加就得到相应的物理地址。

地址映射是与具体的 CPU 和 MMU（内存管理单元）相关的。对于 i386 来说，CPU 只支持两级模型，实际上跳过了中间的 PMD 这一级。从 Pentium Pro 开始，允许将地址从 32 位提高到 36 位，并且在硬件上支持三级映射模型。

4.11.2　内存页的分配与释放

当一个进程开始运行时，系统要为其分配一些内存页；当进程结束运行时，要释放其所占用的内存页。一般，Linux 系统采用位图和链表两种方法来管理内存页。

位图可以记录内存单元的使用情况，用一个二进制位（bit）记录一个内存页的使用情况：若该内存页是空闲的，则对应位是 1；若该内存页已经被分配，则对应位是 0。例如，有 1 MB 的内存，内存页的大小是 4 KB，则可以用 32 B 构成的位图来记录这些内存的使用情况。分配内存时检测该位图中的各位，找到所需个数的、位值为 1 的位段，从而获得所需的内存空间。

链表可以记录已分配的内存单元和空闲的内存单元。采用双向链表结构将内存单元链接起来，可以加速空闲内存的查找或链表的处理。

Linux 系统的物理内存页分配采用链表和位图相结合的方法。为满足某些进程需要一大片连续的内存页的需求，并且尽可能解决"外部碎片"问题，Linux 内存管理系统对空闲内存管理采用伙伴算法——将两块连续的页看作一对"伙伴"。图 4-49 为空闲内存的组织结构。图中，数组 free_area 的各项分别描述相应空闲页组（即由相邻空闲内存页构成的组）的使用状态信息。其中，第 0 项描述孤立出现的 1 个（2^0）空闲内存页的信息，第 1 项描述以 2（2^1）个连续空闲内存页为一组的页组的信息，而第 2 项描述以 4（2^2）个连续空闲内存页为一组的页组的信息，以此类推。

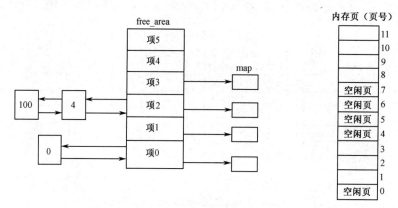

图 4-49　空闲内存的组织

free_area 数组的每项有两部分：一是双向链表 list 的指针，链表中的每个节点包含对应的空闲页组的起始内存页编号；二是指向 map 位图的指针，map 中记录相应页组的分配情况。例如，free_area 数组的第 0 项包含 1 个空闲内存页；第 2 项中包含 2 个空闲内存页组（该链表中有两个节点），每个页组包括 4 个连续的内存页，第 1 个页组的起始内存页编号是 4，另一个页组的起始内存页编号是 100。

在分配内存页组时，如果系统有足够的空闲内存页满足请求，Linux 的页分配程序首先在 free_area 数组中搜索等于要求数量的最小页组的信息，然后在对应的 list 双向链表中查找空闲页组。若没有所需数量的空闲内存页组，则继续查找下一个空闲页组（其大小为上一个页组的 2 倍）。若找到的页组大于所要求的页数，则把该页组分为两部分：满足请求的部分，把它返回给调用者；剩余部分，按其大小插入相应的空闲页组队列。

当释放一个页组时，页释放程序会检查其上下，看是否存在与它邻接的空闲页组。如果有的，就把释放的页组与所有邻接的空闲页组合并成一个大的空闲页组，并且修改有关的队列。

4.11.3　内存交换

当系统出现内存不足时，Linux 内存管理系统就要释放一些内存页，从而增加系统中空闲内存页的数量。此任务是由内核的交换守护进程 kswapd 完成的。kswapd 有自己的进程控制块 task_struct 结构，与其他进程一样受内核的调度，但没有自己独立的地址空间，只使用系统空间，所以也被称为线程。它的任务就是保证系统中有足够的空闲内存页。

当系统启动时，交换守护进程由内核的 init（初始化）进程启动。它在一些简单的初始化操作之后便进入无限循环。在每次循环的末尾会进入睡眠。内核在一定时间后又会唤醒并调度它继续运行，这时它回到无限循环开始的地方。通常的间隔时间是 1 秒钟，但在有些情况下，内核也会在不到 1 秒钟的时间内把它唤醒，使 kswapd 提前返回并开始新一轮的循环。

交换守护进程所做的工作主要有两部分：

① 在发现可用的内存页短缺时，找出若干不常用的内存页，使它们从活跃状态（即至少有一个进程的页表项指向该页）变为不活跃状态（即不再有任何进程的页表项指向该页），为页换出做好准备。

② 每次都要把那些已经处于不活跃状态的"脏"页（内存页的内容与盘上的页内容不一致）写入交换设备，使它们成为不活跃的"干净"页（内存页内容与盘上的页内容一致），继续缓存它们，或者回收一些内存页，使之成为空闲内存页。

为了决定是否回收一些内存页，系统设置两个量，分别表示上限值和下限值。若空闲内存页数量高于上限值，则交换守护进程不做任何事情，进入睡眠状态；若系统空闲内存页数量低于上限值甚至低于下限值，则交换守护进程将用以下三种办法减少系统正在使用的内存页数。

① 减少缓冲区和页高速缓存的大小。若这些缓存中包含的某些页不再需要，则释放它们，使之成为空闲内存页。

② 把共享内存页（实际上是一种进程间的通信机制）换到交换文件，从而释放物理内存。

③ 换出内存页或者直接将它们抛弃。kswapd 进程首先选择可以交换的进程，把该进程一部分页换出内存（如果它们是"脏"的），而大部分页可直接抛弃——因为其中的内容可从磁盘文件中直接获取。上述两种情况下的那些物理页都成为可供进程分配使用的空闲内存页。

实际上，作为交换空间使用的交换文件就是普通文件，但它们所占的磁盘空间必须是连续的，即文件中不能存在"空洞"（中间没有任何数据，但也无法写入的空间）。因为进程使用交换空间是临时性的，速度是关键性问题，并且系统一次进行多个盘块 I/O 传输比每次一块、多次传输的速度要快，所以核心在交换设备上分配一片连续空间，而不管碎片问题。另外，交换文件必须保存在本地磁盘上。

交换分区与其他分区没有本质区别，可像建立其他分区一样建立交换分区，但交换分区中不能包含任何文件系统。通常，将交换分区类型设置为 Linux Swap。

本章小结

内存是现代计算机系统进行操作的中心。用户进程的程序和数据（至少有一部分）要预先放在内存，然后才能被调度运行。

地址空间是操作系统中一个重要概念，是对物理内存的一种抽象。每个进程都有自己的独立的地址空间。用户程序中使用逻辑地址，组成逻辑空间，是虚拟空间；内存单元的地址是物理地址，组成内存空间，是实际空间。重定位实现地址由虚到实的转换，有静态和动态之分。

用户程序在计算机上从进入系统到运行需要经历编辑、编译、连接、装入和运行等阶段，其中与内存分配有密切关系的阶段是连接阶段和装入阶段。

操作系统用于多道程序存储管理的方法很多，如最简单的分区方法、对换技术、覆盖技术、重定位技术、分页技术、分段技术、段页式方法，以及提供虚拟存储器的请求分页技术和请求分段技术等。在一个特定系统中，采用何种策略的决定因素取决于硬件提供的支持。由 CPU 生成的所有地址都必须进行合法性检查，且尽可能映像到物理地址。由于效率原因，这种检查用软件不能实现，必须用硬件来完成。

以上讨论的存储管理算法在很多方面存在差异，下面列出不同存储管理算法进行比较时应重点考虑的 7 方面。

① 硬件支持。一对基址/限长寄存器适用于动态重定位分区管理，而分页和分段方式需要映像表，用于确定地址映像。

② 性能。随着算法更加复杂，把一个逻辑地址映射成物理地址所需的映射时间也增加了。对于简单系统，只需比较或加上逻辑地址，操作相当快。对分页和分段方式来说，如果映像表用联想存储器实现，那么操作也很快。如果这些表在内存中，那么用户的存储访问就明显地变慢了。利用一组联想存储器可改善其性能。

③ 碎片。在多道程序系统中，一般要有较多的进程进入内存，为此必须减少内存的损耗或碎片。具有固定大小分配单元的系统，如 MFT 或分页系统，会产生内部碎片；而具有可变大小分配单元的系统，如 MVT 和分段系统，会出现外部碎片。

④ 重定位。解决外部碎片的一个办法是紧缩。紧缩通过移动内存中的程序或数据，使空闲区连成一片。这就要求逻辑地址在执行时是动态重定位的。如果地址仅在装入时被重定位，将无法紧缩内存。

⑤ 对换。任何算法都可加上对换技术。对换由操作系统确定，通常受 CPU 调度策略的支配，在此期间，进程的程序和数据等从内存复制到后备存储器上，再复制回内存。用种方式可支持多个进程运行，进程数可以超过内存能够同时容纳的数目。

⑥ 共享。为了提高多道程序度，可在不同用户间共享代码和数据，一般采用分页或分段技术，提供可以共享的小的信息段（页或段）。共享方式可避免同一副本占用多处内存区，从而在有限的内存中运行多个进程。

⑦ 保护。如果采用分页或分段技术，那么用户程序的不同部分应加上相应的保护说明信息，如可执行、只读、可读写等。在共享代码或数据时必须有这种限制，对于运行时进行一般性的程序设计错误检验也是有用的。

虚拟存储技术实现了用户逻辑存储器与物理存储器的分离，允许把大的逻辑地址空间映射到较小的物理内存上，这样就提高了多道程序并发执行的程度，增加了 CPU 的利用率。虚拟存储器具有一系列新的特性，包括虚拟扩充、部分装入、离散分配和多次对换等。

请求分页式存储管理是根据程序执行的实际顺序，动态申请存储块，并不是把所有页一次性放入内存。对一个程序的第一次访问将产生缺页中断，转入操作系统进行相应处理。操作系统依据内部表格确定页在外存上的位置，然后找一个空闲块，把该页从外存读到内存块中。同时修改页表有关项目，以反映这种变化，产生缺页中断的那条指令被重新启动执行。在这种方式下，即使一个程序的整个存储映像并没有同时在内存中，也能正确运行。只要缺页率足够低，其性能还是很好的。

请求分页用来减少分配给一个进程的内存块数，使更多进程同时执行，并且允许程序所需内存量超出可用内存总量。所以，各程序是在虚拟存储器中运行的。

当对内存的总需求量超出实际内存量时，为释放内存块给新页，需要进行页置换。有多种页置换算法可供使用。FIFO 最容易实现，但性能不是很好。OPT 需要未来知识，有理论价值。LRU 是 OPT 的近似算法，但实现时要有硬件的支持和软件开销。

对每个进程的页分配可以是固定的，建议采用局部淘汰；如果是动态的，建议使用全局淘汰。工作集模型假定程序执行有局部化性质，工作集就是当前局部范围内页的集合。相应地，每个进程应分到足够的内存块数，以满足当前工作集的需要。

如果一个进程的内存块数不足以应付工作集的大小，就会发生抖动。为了防止抖动发生，需要调节多道程序度。

分段是一组信息的逻辑单位，提供用户可见的二维地址空间。利用段表可实现二维逻辑地址对一维内存空间的映射。分段技术能够很好地满足用户需要。

段式虚拟存储管理是在分段管理基础上加进虚拟存储技术。一个进程的各模块可以根据调用需要动态装入。

在大型通用系统中，往往把段页式存储管理和虚拟存储技术结合起来，形成带虚拟存储的段页式系统，兼顾分段在逻辑上的优点和请求分页在存储管理方面的长处，是最通用、最灵活的方式。

Linux 系统采用交换和请求分页存储管理技术，页淘汰采用 LRU 算法；为实现对换和请求分页，设立了很多数据结构，便于各分区的共享和保护。

习 题 4

1. 用户程序在计算机系统中主要分为哪些处理阶段？

2. 解释下列概念：物理地址、逻辑地址、地址空间、内存空间、重定位、静态重定位、动态重定位、碎片、紧缩。

3. 解释固定分区法和动态分区法的基本原理。

4. 说明内部碎片和外部碎片的不同形成原因。

5. 动态重定位分区管理方式如何实现虚实地址映射？

6. 什么是虚拟存储器？它有哪些基本特征？

7. 什么是分页？什么是分段？二者有何主要区别？

8. 在分页系统中，页的大小由谁决定？页表的作用是什么？如何将逻辑地址转换成物理地址？

9. 请求分页技术与简单分页技术的根本区别是什么？

10. 某虚拟存储器的用户编程空间共 32 个页，每页为 1 KB，内存为 16 KB。假定某时刻一个用户页表中已调入内存的页号和物理块号如表 4-1 所示，则逻辑地址 0A5CH 对应的物理地址为_____。

表 4-1　习题 10 页表内容

页号	物理块号
0	5
1	10
2	4
3	7

11. 为了提高内存的利用率，在可重定位分区分配方式中可以通过_____技术来减少内存碎片；为了进行内存保护，在分段存储管理方式中可以通过_____和段表中的_____来进行越界检查。

12. 外存（如磁盘）上存放的程序和数据（　　　）。

A. 可由 CPU 直接访问　　　　　　　B. 必须在 CPU 访问之前移入内存

C. 是使用频度高的信息　　　　　　D. 是高速缓存中的信息

13. 虚拟存储管理策略可以（　　　）。

A. 扩大逻辑内存容量　　　　　　　B. 扩大物理内存容量

C. 扩大逻辑外存容量　　　　　　　D. 扩大物理外存容量

14. 在请求分页存储管理中，若把页大小增加 1 倍，则一般缺页中断次数（程序顺序执行）（　　　）。

A. 增加　　　　　　　　　　　　　B. 减少

C. 不变　　　　　　　　　　　　　D. 可能增加也可能减少

15. 下面的存储器管理方案中，只有（　　　）会使系统产生抖动。

A. 固定分区　　　　　　　　　　　B. 可变分区

C. 单纯分区　　　　　　　　　　　D. 请求分页

16. 已知段表如表 4-2 所示，下述逻辑地址的物理地址是什么？

（1）0, 430　　　　　　　　　　（2）1, 10

（3）1, 11　　　　　　　　　　　（4）2, 50

（5）3, 400　　　　　　　　　　（6）4, 112

表 4-2　习题 16 的段表内容

段号	基址	长度	合法（0）/非法（1）
0	219	600	0
1	2300	14	0
2	90	100	1
3	1327	580	0
4	1952	96	0

17. 为什么分段技术比分页技术更容易实现程序或数据的共享和保护？

18. 考虑下述页走向：

1, 2, 3, 4, 2, 1, 5, 6, 2, 1, 2, 3, 7, 6, 3, 2, 1, 2, 3, 6

当内存块数分别为 3 和 5 时，试问 LRU、FIFO、OPT 三种置换算法的缺页次数各是多少？（注意，所有内存块最初都是空的，凡第一次用到的页都产生一次缺页）

19. 考虑下面的存储访问序列，该程序大小为 460 字：

10, 11, 104, 170, 73, 309, 185, 245, 246, 434, 458, 364

设页的大小是 100 字，请给出该访问序列的页走向。又设该程序基本可用内存是 200 字，采用 FIFO 置换算法，求其缺页率。如果采用 LRU 置换算法，缺页率是多少？如果采用最优淘汰算法，缺页率又是多少？

20. 何谓工作集？它有什么作用？

21. 什么是页抖动？系统怎样检测是否出现抖动？一旦检测到抖动，系统如何消除它？

22. 考虑一个请求分页系统，测得的利用率如下：CPU—20%，磁盘—99.7%，其他 I/O 设备—5%。下述哪种办法能改善 CPU 的利用率？为什么？

（1）用更快的 CPU　　　　　　　　（2）用更大的磁盘

（3）增加多道程序的道数　　　　　（4）减少多道程序的道数

（5）用更快的其他 I/O 设备

23. 有矩阵 int a[100][100]，按行进行存储；虚拟存储系统的物理内存有三块，其中一块用来存放程序，其余两块用来存放数据。假设程序已在内存中占一块，其余两块空闲。

程序 A：   程序 B：

```
for(i=0;i<100;i++)          for(j=0; j<100; j++)
   for(j=0;j<100;j++)          for(i=0;i<100;i++)
      a[i][j]=0;                  a[i][j]=0;
```

若每页可存放 200 个整数，程序 A 和程序 B 在执行过程中各会发生多少次缺页？若每页只能存放 100 个整数呢？上面情况说明了什么问题？

第 5 章

OS

文件系统

计算机中有大量用户程序、应用程序和系统程序，所有程序在运行过程中都要保存和读取信息。当一个进程运行时，可以把有限的信息存放在分给自己的内存空间中。但是，计算机系统需要处理的信息量太大，而内存容量有限，无法把所有信息全部保存在内存中。同时，进程地址空间中存放的信息是临时性的，当进程终止后，信息就丢失了，这不符合长期保存信息的要求。此外，系统中往往有多个进程需要同时访问一个信息，而进程地址空间中的信息不允许这样做。为了解决这些问题，实现大量信息的长期存储，通常将系统中绝大部分信息存放在外存，一般是保存在磁盘（指硬盘）中，不经常使用的信息才保存在磁带、光盘或软盘中。对这些信息在存储介质上的存放和管理必须利用文件和文件系统。

对于"文件"术语，大家并不陌生。比如，我们知道怎样建立一个 Word 文件，如何复制文件、删除文件、更改工作目录、列出目录内容，等等。用户的程序和数据都要以文件形式存放在系统中，所以文件系统与用户的关系最为密切。

操作系统通过管理多种存储设备（如第 6 章将介绍的磁盘）来实现抽象的文件概念。本章将介绍把文件映像到设备的各种方法。

本章还将介绍目录结构形式、文件存储空间管理、文件的一般操作、系统的安全性及保护机制。

5.1 文件概述

本节介绍文件的定义、分类、命名属性、存取方式及文件结构等。

5.1.1 文件及其分类

1．文件

文件（File）是从存储设备上抽象出来的被命名的相关信息的集合体，通常存放在外存（如磁盘、磁带）上，可以作为一个独立单位存放和实施相应的操作（如打开、关闭、读、写等）。例如，用户编写的源程序、经编译后生成的目标代码程序、初始数据和运行结果等，均可以以文件形式保存。所以，文件表示的对象相当广泛，是由进程创建的信息逻辑单位。

文件中的信息由创建者定义，通常是由二进制代码、字节、行或记录组成的序列。很多不同类型的信息都可存放在文件中，如源程序、目标程序、可执行程序、数值数据、文本、工资单、图形图像、录音等。根据信息类型，文件具有一定的结构。例如，文本文件是一行一行（或页）的字符序列；源文件是子程序和函数序列，它们又有自己的构造，如数据说明和后面的执行语句；目标文件是组成模块的字节序列，系统连接程序知道这些模块的作用；而可执行文件是由一系列代码段组成的，可以被装入内存然后运行。

2．文件类型

常用的文件分类方法如下。

（1）按用途分类

① 系统文件：由操作系统及其他系统程序的信息所组成的文件。系统文件对用户不直接开放，只能通过操作系统提供的系统调用为用户服务。

② 库文件：由标准子程序及常用的应用程序组成的文件。库文件允许用户使用，但用户不能修改它们。

③ 用户文件：由用户建立并委托保存、管理的文件，如源程序、目标程序、原始数据、计算结果等。用户文件可由创建者（即文件主）或被授权者进行适当的读、写或其他操作。

（2）按文件中的数据形式分类

① 源文件：从终端或输入设备输入的源程序和数据所构成的文件，通常由 ASCII 字符或其他字符组成。

② 目标文件：源程序经过相应语言的编译程序进行编译后，尚未经过连接处理的目标代码所形成的文件，属于二进制文件。

③ 可执行文件：经过编译、连接后所形成的可执行目标文件。

（3）按存取权限分类

① 只读文件：仅允许对其进行读操作的文件，不允许写操作。

② 读/写文件：允许文件主和被授权用户对其进行读或写操作的文件。

③ 可执行文件：允许被授权用户执行它，但通常不允许读或写。

（4）按保存时间分类

① 临时文件：用户在一次解题过程中建立的"中间文件"，只保存在磁盘上，当用户退出系统时，它也随之撤销。

② 永久文件：长期保存的有价值的文件，以备用户经常使用。它不仅在磁盘（硬盘或软盘）上存有副本，同时在磁带上有一个可靠的副本。

（5）在 UNIX/Linux 和 MS-DOS 系统中，按文件的内部构造和处理方式分类

① 普通文件：由表示程序、数据或文本的字符串构成，内部没有固定的结构。这类文件包括一般用户建立的源程序文件、数据文件、目标代码文件，也包括各种系统文件（如操作系统本身的众多代码文件）和库文件（如标准 I/O 文件和数学函数文件）。

② 目录文件：由下属文件的目录项构成的文件，类似人事管理方面的花名册——本身不记录个人的档案材料，仅仅列出姓名和档案分类编号。目录文件可以进行读、写等操作。

③ 特别文件：特指各种外部设备。为了便于统一管理，系统把所有 I/O 设备都作为文件对待，按文件格式提供用户使用，在目录查找、存取权限验证等方面与普通文件相似，而在具体读、写操作上，要针对不同设备的特性进行相应处理。特别文件分为字符特别文件和块特别文件。前者是有关输入、输出的设备，如终端、打印机和网络等；后者是存储信息的设备，如硬盘、软盘和磁带等。

普通文件通常分为 ASCII 文件和二进制文件。ASCII 文件由只包含 ASCII 字符的正文行组成，每个正文行以回车符或换行符终止，各行的长度可以不同。ASCII 文件又称为文本文件，常用来存储资料、程序源代码和文本数据。文本文件的最大特点是可以直接显示和打印，可用普通文本编辑器进行编辑加工。

二进制文件包含的每字节可能有 256（2^8）种取值。因此，对于表达信息来说，二进制文件是一种更为有效的方式，但不能在终端上直接显示。通常，可执行的二进制文件都有内部结构。在 UNIX 系统中，二进制文件有 5 个区，依次是文件头、正文段、数据段、重定位区和符号表区，如图 5-1 所示。文件头结构由幻数（标志可执行文件的特征）、正文段长度、数据段长度、BSS（Block Started by Symbol，存放未初始化的数据）段长度、符号表长度、入口单元和各种标志组成。重定位区在重定位时使用，符号表用于调试程序。

存档文件是二进制文件的另一种。在 UNIX 系统中，存档文件由编译过但未连接的库过程（模块）集合组成。每个存档文件的结构是在目标模块前有一个文件头，由模块名、创建日期、文件拥有者、保护代码和文件长度等项组成，如图 5-2 所示。文件头全是二进制数码。

所有操作系统都必须至少识别一种文件类型——它自己的可执行文件。有些操作系统可以识别多种文件类型。一般情况下，对文件进行操作时必须注意其类型，特别是不同操作系统所识别的文件类型是不一致的。

5.1.2 文件命名

文件是抽象机制，提供在磁盘上存放信息和以后从中读出的方法。用户不必了解信息如何存放、存放在何处、磁盘如何实际工作等细节。抽象机制最重要的特性就是"按名"管理对象。用户对文件也是"按名存取"的。

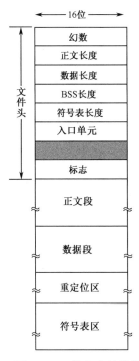

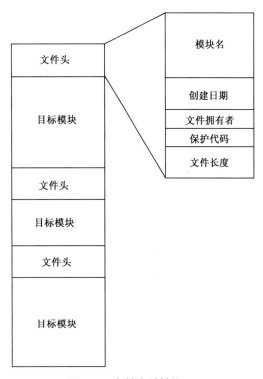

图 5-1 可执行文件结构　　　　　　　　图 5-2 存档文件结构

不同系统对文件的命名规则是不同的，但所有操作系统都允许由 1～8 个字母构成的字符串作为合法的文件名。数字和特殊字符也可出现在文件名中。有些文件系统区分文件名中的大小写字母，如 UNIX 和 Linux 系统，而其他文件系统不加区分，如 MS-DOS。Windows 95/98都采用 MS-DOS 文件系统，因而继承了它的很多特性，包括文件名构成。Windows NT 和Windows 2000 支持 MS-DOS 文件系统，也继承它的特性，当然也有自己的文件系统。

很多操作系统支持的文件名都由文件名和扩展名两部分构成。二者间用"."分开，如 prog.c。扩展名也称为后缀，可以用于区分文件的属性。常见文件扩展名及其含义如表 5-1 所示。

表 5-1　常见文件扩展名及其含义

扩展名	文件类型	含　　义
exe，com，bin	可执行文件	可以运行的机器语言程序
obj，o	目标文件	编译过的、尚未连接的机器语言程序
c，cpp，java，pas，asm，a	源文件	用各种语言编写的源代码
bat，sh	批文件	由命令解释程序处理的命令
txt，doc	文本文件	文本数据、文档
wp，tex，rrf，doc	字处理文档文件	各种字处理器格式的文件
lib，a，so，dll	库文件	供程序员使用的例程库
ps，pdf，jpg	打印或视图文件	以打印或可视格式保存的 ASCII 文件或二进制文件
arc，zip，tar	存档文件	相关文件组成一个文件（有时压缩）进行存档或存储
mpeg，mov，rm	多媒体文件	包含声音或 A/V 信息的二进制文件

5.1.3 文件属性

通常，文件都有文件名和数据。操作系统还把其他一些信息与每个文件关联起来，如文件创建日期、文件大小等。描述文件特征的属性称为文件属性。文件属性并不是文件本身的一部分。不同系统中定义的文件属性不同，如表 5-2 所示。

表 5-2 可能用到的文件属性

属　性	含　义	属　性	含　义
保护	谁能访问该文件，以何种方式访问	临时标志	0 表示正常，1 表示进程结束时删除文件
口令	访问该文件所需的口令	锁标志	0 表示开锁，非 0 表示上锁
创建者	文件创建者的标识	记录长度	一个记录的字节数
文件主	当前文件主	关键字位置	每个记录中关键字偏移
只读标志	0 表示读/写，1 表示只读	关键字长度	关键字字段中字节数
隐藏标志	0 表示正常，1 表示不在列表中显示	创建时间	创建文件的日期和时间
系统标志	0 表示一般文件，1 表示系统文件	最后存取时间	最后存取文件的日期和时间
存档标志	0 表示已经备份，1 表示需要备份	最后修改时间	最后修改文件的日期和时间
ASCII/二进制标志	0 表示 ASCII 文件，1 表示二进制文件	当前长度	文件字节数
随机存取标志	0 表示只能顺序存取，1 表示随机存取	最大长度	文件允许最大字节数

其中，"保护""口令""创建者""文件主"属性与文件保护有关，涉及谁可以存取这个文件。一些标志或短字段用于对某些特殊属性的禁止或允许，如"隐藏"文件不能出现在文件列表中，"存档标志"记载该文件是否已备份。执行备份程序会清除该存档位，每当文件修改后，操作系统会置该位。备份程序用这种办法可以知道哪些文件需要备份。"临时标志"表明创建该文件的进程终止时，自动删除该文件。

"记录长度""关键字位置"和"关键字长度"出现在只能用关键字查找记录的文件中，提供查找该关键字所需的信息。各时间字段记载文件的创建时间、最近访问时间、最近修改时间，有各自的用途。例如，在目标文件生成后，源文件被修改了，就需要重新编译源文件。

"当前长度"指出当前文件的大小。在一些老式大型机操作系统中，当创建文件时，需要给出文件的最大长度，以便操作系统事先按最大长度留出存储空间。工作站和个人计算机操作系统则不需要这个属性。

5.1.4 文件存取方法

文件的基本作用是存储信息。当使用文件时，必须存取这些信息，且把它们读入计算机内存。文件存取方法是由文件的性质和用户使用文件的方式决定的。按存取的顺序来分，文件存取方法通常有顺序存取和随机存取两类。顺序存取严格按字符流或记录的排列次序依次存取。如在提供记录式文件结构的系统中，当前读取记录 R_i，则下次要读取的记录自动地确定为 R_{i+1}。随机存取允许按用户要求随意存取文件中的一个记录，下次要存取的记录和当前存取的记录间并不存在顺序关系。

1. 顺序存取方法

对文件的大量操作是读和写。读文件操作是按照文件指针指示的位置读取文件的内容，并且文件指针自动地向前推进。类似地，写文件操作是把信息附加到文件的末尾，且把文件指针移到文件的末尾。这样的文件可以看成一条信息带，按顺序存取，如图5-3所示。在早期的操作系统中，这种方法是唯一的存取文件方法，针对的存储介质是磁带，而不是磁盘。

图5-3　顺序存取定长记录文件

可用一个文件读写指针 rp 指向下一次要读出的记录的起始地址。当该记录读出后，对 rp 做相应的修改。例如，对定长记录文件，有

$$\mathrm{rp}_{i+1} = \mathrm{rp}_i + l$$

其中，l 是记录长度。

对变长记录文件进行顺序存取时，当记录被读或写后，rp 同样进行调整，指向下一个要存取的记录的起始地址。但由于各记录的长度不同，因此有如下关系：

$$\mathrm{rp}_{i+1} = \mathrm{rp}_i + l_i$$

其中，l_i 是第 i（$1 \leq i < m$）个记录的长度，如图5-4所示。

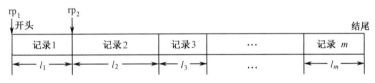

图5-4　顺序存取变长记录文件

2. 随机存取方法

随机存取也称为直接存取，是基于磁盘的文件存取模式。对于定长记录文件来说，随机存取是把一个文件视为一系列编上号的块或记录。通常每块的大小是一样的，被操作系统作为最小的定位单位，如图5-5所示。每块大小可以是 1 B、512 B、1024 B 或其他值，取决于系统。

图5-5　随机存取定长记录文件

随机存取文件方式允许以任意顺序读取文件中的字节或记录，如当前读取第14块，接着读取第53块、第7块等。随机存取方式主要用于对大批信息的立即访问，如对大型数据库的访问。当接到访问请求时，系统计算出信息所在块的位置，然后直接读取其中的信息。

进行随机存取时，先设置读写指针的当前位置，可用专门的 seek 操作实现，然后从这个位置开始读取文件内容。

随机方式下读写文件等操作都以块号为参数。用户提供的操作系统的块号通常是相对块号。相对块号是相对文件开头的索引。文件的第1个相对块号是0，下一个是1，以此类推。

但是，该文件在磁盘上的相应物理块号不是按这样的顺序排列的，由操作系统依据磁盘空间的具体使用情况动态分配。这有助于信息保护，防止用户存取不属于自己文件的那些盘块。用户对文件的存取是逻辑操作，由操作系统将逻辑地址转换为设备的物理地址，然后驱动设备进行相应操作。

3．其他存取方法

其他存取方法是建立在随机存取方法之上的。这些方法一般包含对文件的索引构造。例如，对于变长记录结构的文件，通过计算从头至指定记录的长度来确定读/写位移，这种方式很不方便。通常采用索引表组织方式，如图 5-6 所示。每个文件有一个索引表。索引表是按记录号顺序排列的，每个表项有两个数据项：记录长度和指向该记录在文件空间中首地址的指针。为了找到文件中的一个记录，首先利用记录号作为索引，可以很快找到表中的项，从而获取所需记录的首地址。当然，该表要占用一部分存储空间。

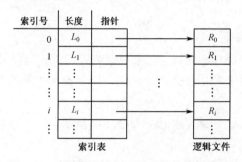

图 5-6　直接存取变长记录文件的索引表结构

对于大型文件，索引文件本身也变得很大，需占用大量内存。解决此问题的一种办法是建立二级索引，即主索引文件包含的项是指向次索引文件的指针，次索引文件包含的项才是指向实际数据项的指针。例如，IBM 的索引顺序存取方法（ISAM）使用一个小型的主索引，它指向次索引所在的磁盘块，而次索引块指向实际的文件块。文件按定义的键排序。若要找出特定的项，先对主索引进行二分法查找，找到次索引文件的块号，读入这个块；再进行二分法查找，找到包含所要记录的块；最后，顺序查找这块。利用这种方法，至多两次直接存取就可以利用键找出任意记录的位置。

5.1.5　文件结构

文件可用不同的方式构造，通常有三种方式，即无结构文件（如图 5-7 所示）、有结构文件（如图 5-8 所示）和树形文件（如图 5-9 所示）。

1．无结构文件

无结构文件是指文件内部不再划分记录，是由一组相关信息组成的有序字符流，即流式文件（见图 5-7），其长度直接按字节计算。大量的源程序、可执行程序、库函数等采用的是无结构文件形式。在 UNIX 和 Windows 系统中，所有文件都被看作流式文件。事实上，操作系统不知道或不关心文件中存放的内容是什么，见到的都是一个一个字节。文件中任何信息的含义都由用户级程序解释。

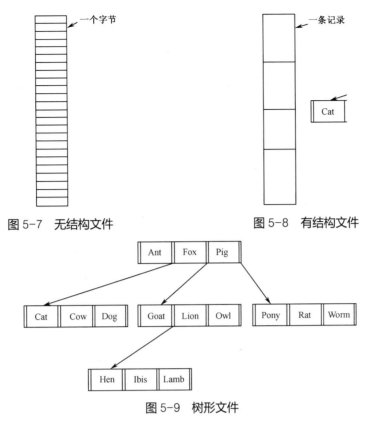

图 5-7 无结构文件   图 5-8 有结构文件

图 5-9 树形文件

把文件看作字符流，为操作系统带来了灵活性。根据需要，用户可以在自己的文件中加入任何内容，不用操作系统提供任何额外帮助。

2. 有结构文件

有结构文件又被称为记录式文件，在逻辑上被看成一组连续记录的集合，即文件由若干相关记录组成，且对每个记录编上号码，依次为记录 1，记录 2，…，记录 n（见图 5-8）。每个记录是一组相关的数据集合，用于描述对象某方面的属性，如年龄、姓名、职务、工资等。

按记录长度是否相同，记录式文件可分为定长记录文件和变长记录文件两种。

① 定长记录文件。文件中所有记录的长度都相同。文件的长度可用记录的数目来表示。定长记录处理方便，开销小，被广泛用于数据处理中。

② 变长记录文件。文件中各记录的长度不相同。如姓名、单位地址、文章的标题等，有长有短，并不完全相同。在处理前，每个记录的长度是已知的。

有结构文件源于早期穿孔卡片的使用，每张卡片由 80 个字符组成一个记录。如 CP/M 操作系统就把文件看作定长记录序列。

3. 树形文件

树形文件由一棵记录树构成（见图 5-9），各记录的长度可以不同。在记录的固定位置上有一个关键字字段，这棵树按该字段进行排序，从而可以对特定关键字进行快速查找。对文件中"下一个"记录的存取其实是获得具有特定关键字的记录。用户不必关心记录在文件中的具体位置。另外，新记录可以添加到文件中。可见，树形文件与 UNIX 和 Windows 系统中采用的无结构文件有明显差别，被广泛用于某些商业数据处理的大型计算机中。

5.2 文件系统的功能和结构

5.2.1 文件系统的功能

现代操作系统中都配置较为完备的文件管理系统，简称文件系统。所谓文件系统，就是操作系统中负责操纵和管理文件的一整套设施，实现文件的共享和保护，方便用户"按名存取"。文件系统为用户提供存取简便、格式统一、安全可靠的管理各种文件的方法。有了文件系统，用户就可以用文件名对文件实施存取和相应管理，而不必考虑其信息放在磁盘的哪个面、哪个道、哪个扇区上，也不必关心启动设备进行 I/O 操作的具体实现细节。因而，文件系统提供了用户与外存的接口。

一般来说，文件系统应具备以下功能：

① 文件管理。文件系统能够按照用户要求创建一个新文件，删除一个旧文件，对指定文件进行打开、关闭、读、写、执行等操作。

② 目录管理。为每个文件建立一个文件目录项，若干文件的目录项构成一个目录文件。根据要求，创建或删除目录文件，对用户指定的文件进行检索和权限验证，更改工作目录等。

③ 文件存储空间管理。由文件系统对文件存储空间进行统一管理，包括对文件存储空间的分配与回收，且为文件的逻辑结构与它在外存（主要是磁盘）的物理地址之间建立映射关系。

④ 文件的共享和保护。在系统控制下，一个用户可以共享其他用户的文件。为了防止对文件的未授权访问或破坏，文件系统应提供可靠的保护和保密措施，如口令、存取权限、加密等，为了防止意外事故对文件信息的破坏，应有转储和恢复文件的能力。

⑤ 提供方便的接口。文件系统为用户提供统一的文件操作方式，即用户只用文件名就可以对存储介质上的信息进行相应操作，从而实现"按名存取"。操作系统应向用户提供一个使用方便的接口，主要是有关文件操作的系统调用，供用户编程时使用。

看待文件系统有不同的观点，主要是用户观点（即外部使用观点）和系统观点（即内部设计观点）。从用户来看，文件系统应该做到存取文件方便，信息存储安全可靠，既能实现共享又可做到保密。从系统来看，它要对存放文件的存储空间实现组织、分配、信息的传输，对已存信息进行检索和保护等。

5.2.2 文件系统的结构

一般，文件系统本身由若干层次构成（如图 5-10 所示），其中每层都利用低层的特性。

底层是 I/O 控制，包括设备驱动程序和中断处理程序，实现内存和磁盘系统之间的信息传输。可以把设备驱动程序想象成一个"翻译"，它接收的输入是高级命令，如"取 123 号块"；它的输出是低层的硬件专用指令，由硬件控制器使用。硬件控制器实

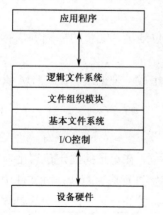

图 5-10 文件系统的结构

现 I/O 设备与系统其余部分的接口。通常，设备驱动程序把一些专用的位模式写到 I/O 控制器存储器的特定位置，告诉控制器哪个设备要做什么动作。

基本文件系统只需向相应的设备驱动程序发出通用命令，令其读/写盘上的物理块，每个物理块由盘地址编号来标识，如驱动器 1、柱面 73、磁道 2、扇区 10。

文件组织模块知道各文件及其逻辑块、物理块。根据文件类型和文件的位置，文件组织模块把文件的逻辑块地址转换成物理块地址，传输给基本文件系统。每个逻辑块都有一个编号，通常从 0（或者 1）至 N，而包含数据的物理块通常与逻辑块的号码不同，这样就要有一个转换，以确定每个逻辑块的物理块号。文件组织模块也负责管理空闲盘空间，记载文件系统中未分配的盘块，并在需要时分配或回收相应的盘块。

顶层是逻辑文件系统，管理元数据信息。元数据包括除实际数据（即文件内容）以外的所有文件系统结构。逻辑文件系统管理目录结构，提供文件组织模块需要的信息，实现按名存取；为每个文件提供一个文件控制块（File Control Block，FCB），其中包含文件主、使用权限、文件存放位置等信息。逻辑文件系统也负责文件的保护和安全。

目前，在使用的文件系统有很多种。多数操作系统支持一种以上的文件系统。例如，UNIX 系统以 UFS（UNIX 文件系统）作为基础，同时支持 EAFS（Extended Accr Fast Filesystem，扩展宏基快速文件系统）、DTFS（压缩文件系统）、XENIX（XENIX 文件系统）等，而 Windows NT 支持多种磁盘文件系统，如 FAT、FAT32 和 NTFS（Windows NT 文件系统）等。层次结构的文件系统可以尽量减少代码的重复。I/O 控制代码和基本文件系统代码可被多个文件系统使用，而每个文件系统都有自己的逻辑文件系统和文件组织模块。

5.3 目录结构和目录查询

每个进程有唯一的进程控制块，记载了与进程活动有关的各种信息。同样，文件也有相应的控制结构。通常，文件系统用目录或文件夹来记载系统中文件的信息。而且在很多系统中，目录本身也是文件。

5.3.1 文件控制块和目录

1. 文件控制块

用户对文件是"按名存取"的，所以用户先要创建文件，为它命名。以后对该文件的读、写和删除都要用到文件名。为了便于对文件进行控制和管理，在文件系统内部，给每个文件唯一地设置一个文件控制块（File Control Block，FCB）。这种数据结构通常由下列信息项组成。

① 文件名：符号文件名，如 file5、mydata、m1.c 等。

② 文件类型：指明文件属性是普通文件还是目录文件或特别文件，是系统文件还是用户文件等。

③ 位置：即指针，指向存放该文件的设备和该文件在设备上的位置，如放在哪台设备的哪些盘块上。

④ 大小：当前文件大小（以字节、字或块为单位）和允许的最大值。

⑤ 保护信息：对文件读、写及执行等操作的控制权限标志。

⑥ 使用计数：表示当前有多少个进程正在使用（打开了）该文件。

⑦ 时间：日期和进程标志，反映文件创建、最后修改、最后使用等情况，可用于对文件实施保护和监控等。

操作系统利用这种结构对文件实施各种管理。例如，按名存取文件时，先要找到对应的控制块，验证权限；仅当存取合法时，才能取得存放文件信息的盘块地址。

2. UNIX 系统的 I 节点

UNIX 系统的 I 节点起到文件控制块的作用。I 节点有静态和动态两种形式：静态形式存放在磁盘的专设 I 节点区中，称为盘 I 节点；动态形式又称为活动 I 节点，存放在系统专门开辟的活动 I 节点区（在内存）中。

盘 I 节点是一种数据结构，其定义形式（简化）如下（用 C 语言描述）：

```
struct  dinode
{
    ushort  di_mode;          /* 文件属性和类型 */
    short   di_nlink;         /* 文件连接计数 */
    ushort  di_uid;           /* 文件主标号 */
    ushort  di_gid;           /* 同组用户标号 */
    off_t   di_size;          /* 文件字节数 */
    char    di_addr[40];      /* 盘块地址，用于多重索引文件 */
    time_t  di_atime;         /* 最近存取时间 */
    time_t  di_mtime;         /* 最近修改时间 */
    time_t  di_ctime;         /* 创建时间 */
};
```

除了具有盘 I 节点的主要信息，活动 I 节点增加了下列反映该文件活动状态的项目。

① 散列链指针（i_forw 和 i_back）和自由链指针（av_forw 和 av_back）：构成两个队列。利用散列链可加快检索 I 节点的速度。散列值是利用 I 节点号和其所在的逻辑设备号求得的。

② 状态标志（i_flag）：表示该 I 节点是否被封锁，有无进程等待它解除封锁，是否被修改过，是否是安装文件系统的节点等。

③ 访问计数（i_count）：表示在某时刻该文件被打开后进行访问的次数。当它为 0 时，该 I 节点被放到自由链中，表示它是空闲的。

④ I 节点所在设备的逻辑号（i_dev）：表明文件系统可由多台逻辑设备构成。

⑤ I 节点号（i_number）：对应的盘 I 节点在盘区中的顺序号。

⑥ 指针项：分别指向安装设备 I 节点、相关数据流、多文件映象盘块号等。

每个文件对应唯一的盘 I 节点，每个打开的文件都有一个对应的活动 I 节点。

3. 目录

为了加快对文件的检索，以便获取文件属性的信息，操作系统往往将文件控制块集中在一起进行管理。这种文件控制块的有序集合称为目录（或称为文件夹）。文件控制块就是其中的目录项。从实现角度，目录也是一种文件。

目录具有将文件名转换成该文件在外存的物理位置的功能,实现文件名与存放盘块之间的映射。这是目录提供的基本功能。

在 MS-DOS 系统中,一个目录项有 32 字节,其中包含文件名、扩展名、属性、时间、日期、首块号和文件大小,如图 5-11 所示。利用首块号作为查找物理块链接表的索引,按索引链向下查找,可以找到该文件所有的盘块。在 MS-DOS 中,一个目录中可以包含其他目录,从而形成层次结构的文件系统。

UNIX 系统的目录项非常简单,只由文件名和 I 节点号组成,如图 5-12 所示。有关文件的类型、大小、时间、文件主和磁盘块等信息都包含在 I 节点中。UNIX 系统的所有目录文件都由这种目录项组成,按照给定路径名的层次结构,一级一级地向下找。由文件名找到对应的 I 节点号,再从 I 节点中找到文件的控制信息和盘块号。

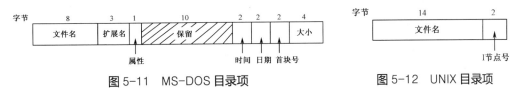

图 5-11 MS-DOS 目录项   图 5-12 UNIX 目录项

在考虑具体的目录结构时,必须注意对目录所实行的操作。目录操作主要有如下 5 种。

① 查找:通过查找一个目录结构,找到特定文件对应的项,实现按名查找。

② 建立文件:建立新文件,把相应控制块加到目录中。

③ 删除文件:当一个文件不再需要时,把它从目录中抹掉。

④ 列出目录清单:显示目录内容和该清单中每个文件目录项的值。

⑤ 备份:为了保证可靠性,需要定期备份文件系统。通常的办法是把全部文件复制到磁盘上,这样在系统失效需要重新恢复运行时能够提供备份副本。目录经常要存档或转储。

5.3.2 单级目录结构

如何组织文件目录是文件系统的主要内容之一,直接关系到用户存取文件是否方便和文件系统所能提供的性能,如同一个组织的内部机构的设置。目录的基本组织方式包含单级目录、二级目录、树形目录和非循环图目录。

最简单的目录结构是单级目录,在实现和理解上都很容易。例如,设备目录就是单级目录。在这种组织方式下,全部文件都登记在同一目录中,如图 5-13 所示。

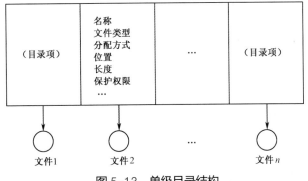

图 5-13 单级目录结构

在单级目录中，每当创建一个新文件时，就在目录表中找一个空目录项，把新文件名、物理地址和其他属性填入该目录项。在删除一个文件时，从目录中找到该文件的目录项，回收该文件占用的外存空间，然后清空其占用的目录项。

单级目录结构的优点是简单，能够实现按名存取。

但是，单级目录结构的缺点如下。

① 查找速度慢。当系统中存在大量文件或众多用户同时使用文件时，由于每个文件占一个目录项，单级目录中就拥有数目很大的目录项。如果从目录中查找一个文件，就需花费较长时间才能找到。平均而言，找一个文件需要扫描半个目录表。

② 不允许重名。因为各文件都在同一目录中管辖，它们各自的名字应是唯一的。如果两个用户都为自己的文件起了同一名字（如 file1），就破坏了文件名唯一的规则。然而，用户对文件命名完全是根据需要和个人习惯，无法由系统强行规定各用户的命名范围。这样，在多个用户（如学生）上机过程中，文件同名现象经常会发生。出现同名时，系统无法实现"辨认"工作，即使只有一个用户，随着大量文件的创建，也难于记住哪些名字已过时，不再使用了。

③ 不便于共享。因为各用户对同一文件可能用不同的名称，而单级目录要求所有用户用同一名字来访问同一个文件。

5.3.3　二级目录结构

单级目录无法解决多个用户间文件"重名"的问题。标准的解决办法是为每个用户单独建立一个目录，各自管辖自己下属的文件。在大型系统中，用户目录是逻辑结构，它们在逻辑上分开，而在物理上都可放在同一设备上。

图 5-14 为二级目录结构。每个用户有自己的用户文件目录（User File Directory，UFD），用户文件目录都有同样的结构，其中只列出每个用户的文件。主文件目录（Master File Directory，MFD）中记载各用户的名称。当用户作业开始或用户登录时，需要检索主文件目录，找到唯一的用户名（或用户编号），再按项中指针的指向找到对应的用户目录。用户使用特定文件时，只需在自己的用户目录中检索，与其他用户目录无关，从而使不同用户能够使用相同的文件名，只要单独的用户目录中所有文件不重名即可。建立或删除文件也仅限于一个用户目录。

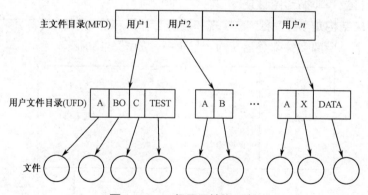

图 5-14　二级目录结构示意

用户目录本身也需要创建或删除，这是由专用的系统程序实现的，用户则要提供相应的用户名和某些说明信息。当创建一个用户文件目录时，要在主文件目录中附加相应的项。主文件目录也放在磁盘上，如果用户需要删除自己的用户文件目录，可请求系统管理员将它撤销。

用户利用系统调用创建新文件时，系统先找到该用户的用户文件目录，在判定该 UFD 中的文件没有与新建文件同名后，在 UFD 中建立一个新的目录项，填入新文件名及有关属性信息。当用户要删除一个文件时，系统从主文件目录中找到该用户的 UFD，再从 UFD 中找到指定文件的目录项，然后回收该文件占用的外存空间，清空该目录项。

可把二级目录想象成一棵分成两层的树：树根是主文件目录，它的直接分枝是用户文件目录，而实际文件是该树的叶子。因而，文件的路径名是由用户名和文件名来定义的。

二级目录结构基本上解决了单级目录存在的问题。其优点是：不同用户可有相同的文件名；提高了检索目录的速度；不同用户可用不同的文件名访问系统中同一文件。

二级目录结构能够把一个用户与其他用户有效地隔开。当各用户间毫无联系时，它是优点；当多个用户要对某些盘区共同操作和共享文件时，它就是缺点。也就是说，这种结构仍不利于文件共享。

5.3.4　树形目录结构

1．树形目录

为了给使用多个文件的某些用户提供检索方便，以及更好地反映实际应用中多层次的复杂文件结构关系，二级目录自然可以推广成多级目录，即每级目录中可以包含文件，也可以包含下一级目录。从根目录开始，一层一层扩展，形成一个树形结构，如图 5-15 所示。每个目录的直接上一级目录称为该目录的父目录，而它的直接下一级目录称为子目录。除了根目录，每个目录都有父目录。这样，用户创建自己的子目录和相应的文件就很方便。

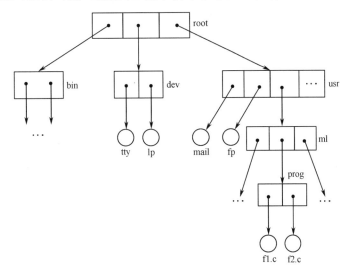

图 5-15　树形目录结构示意

树形目录结构中只有一个根目录。系统中的每个文件（包括目录文件本身）都有唯一的路径名，是从根目录出发、经由所需子目录、最终到达指定文件的路径分量名的序列。

在树形目录结构中，末端一般是普通的数据文件（图中用圆圈表示），而路径的中间节点是目录文件（用方框表示）。

2．路径名

在树形目录结构中，从根目录到末端的数据文件之间只有一条唯一的路径，这样利用路径名就可唯一地表示一个文件。路径名有绝对路径名和相对路径名两种表示形式。

（1）绝对路径名

绝对路径名又称为全路径名，是指从根目录开始到达所要查找文件的路径名。例如，在UNIX/Linux 系统中，以"/"表示根目录。从根目录开始到所需文件，所经历的各目录或文件称为"节点"。各节点之间以"/"分开。例如，图 5-15 中文件 f1.c 的绝对路径名是

$$(root)/usr/ml/prog/f1.c$$

其中，usr、ml、prog 和 f1.c 都是路径分量名。通常，根节点 root 被省略，但绝对路径名中最左边的"/"不能省略，以它开头，表示文件路径名是从根节点开始的。

在 Windows 系统中，各文件分量名之间的分隔符是"\"。这样，文件 f1.c 的绝对路径为

$$\usr\ml\prog\f1.c$$

可见，不管分隔符是什么，只要路径名中第一个字符是分隔符，就表示该路径是绝对路径。

（2）相对路径名

在一个多层次的树形文件目录结构中，如果每次都从根节点开始检索，很不方便，多级检索要耗费很多时间。一种捷径是为每个用户设置一个当前目录（又称为工作目录），访问某个文件时就从当前目录开始向下顺次检索。由于当前目录是在根目录下，靠近常用文件的一个目录，因此检索路径缩短，处理速度提高。如当前目录是 ml，访问 f1.c 就可以直接从目录 ml 开始向下按级查找。

当用户登录时，操作系统为用户指定一个当前目录，通常是用户的主目录。在以后的使用过程中，用户可根据需要随时改变当前目录的定位，系统提供相应的命令。其实，每个进程有自己的工作目录，所以当一个进程改变其工作目录并且随后终止时，对其他进程没有影响，在文件系统中也不会留下修改目录的痕迹。

绝对路径名从根目录开始书写，如

$$/usr/ml/prog/f1.c$$

而相对路径名是从当前目录的下级开始书写，如当前目录是"/usr/ml"，则

$$prog/f1.c$$

UNIX、Linux 和 Windows 系统中约定，不以分隔符（"/"或"\"）开头的文件路径名就表示相对路径名。

在这种目录结构下，文件的层次和隶属关系很清晰，便于实现不同级别的存取保护和文件系统的动态装卸。但是，在上述纯树形目录结构中，只能在用户级对文件进行临时共享。也就是说，文件主创建一个文件并指定对其共享权限后，有权共享的用户可以利用相同的路径名对文件实施限定操作（如读、写、执行等）。当文件主删除该文件后，其他用户就无法再使用该文件了。当然，其他用户可以使用 copy 命令把共享文件复制到自己的目录下，但这样做不符合共享的本义，既占用额外的存储空间，又花费 I/O 时间。

对目录的删除不同于对普通文件的删除。若一个目录是空的，可简单清空它在父目录中所占的项。若所要删除的目录不空，其中含有若干文件或子目录，则可采用如下两种方法处理：

① 等到该目录为空时再删除。也就是说，为删除一个目录，必须先删除该目录中的全部

文件。如果有子目录，这项工作就要递归地进行，这样做的工作量是很大的。

② 当出现删除一个目录的请求时，就认为它的所有文件和子目录也都被删除。

选择哪种方法是由系统所用的策略决定的。

5.3.5 非循环图目录结构

树形目录结构的自然推广就是非循环图目录结构，如图 5-16 所示，允许一个文件或目录在多个父目录中占有项目，但并不构成环路。

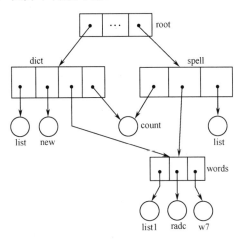

图 5-16 非循环图目录结构示意

在 MULTICS 和 UNIX 系统中，这种目录结构被称为链接（Link）。由图 5-16 可以看出，文件共享通过两种链接方式实现：① 允许目录项链接到任一表示文件目录的节点上；② 只允许链接到表示普通文件的叶节点上。

第①种方式表示可共享被链接的目录及其各子目录所包含的全部文件。例如，dict 链接 spell 的子目录 words，这样 words 目录中包含的三个文件（list1、radc 和 w7）都为 dict 共享。也就是说，可以通过两条不同的路径访问上述三个文件。在这种结构中，所有共享的文件可以放在一个目录中，所有共享这些文件的用户可以建立自己的子目录，并且链接共享目录。这样做的好处是便于共享，但问题是限制太少，对控制和维护造成困难，甚至因为使用不当而造成环路链接，产生目录管理混乱。

UNIX 系统基本上采取第②种方式，即只允许对单个普通文件链接，从而通过几条路径来访问同一文件，即一个文件可以有几个"别名"。例如，"/spell/count"和"/dict/count"表示同一文件的两个路径名。这种方式虽限制了共享范围，但更可靠，且易于管理。

应该指出，一般常说 UNIX 文件系统是树形结构的，严格地说，是带链接的树形结构，也就是上述非循环图结构，而不是纯树形结构。

5.3.6 目录查询方法

为了实现用户对文件的按名存取，操作系统要对文件目录进行查询，找出该文件的文件控制块或索引节点，进而找到该文件的物理地址，对其进行读、写操作。如何查询目录涉及目录管理算法，对文件系统的效率、性能和可靠性有很大影响。

目录查询的方式主要有线性检索法和散列法两种。

1．线性检索法

线性检索法又称为顺序检索法，是检索目录的最简单方法。目录文件由目录项构成一个线性表，每个目录项包括文件名和指向数据块的指针。当创建一个新文件时，首先检索该目录，保证不发生文件重名问题，然后把新文件的目录项添加到目录的末尾。删除一个文件时，要检索目录，找到该目录项，然后释放分给它的全部空间，并且清空该项。

对每级目录的检索都采用线性检索方式。例如，在 UNIX/Linux 系统中，要检索文件 f1.c，其绝对路径名为"/usr/mengqc/f1.c"，操作过程如下：首先读入第 1 个文件分量名 usr，在根目录文件中一项一项地与 usr 文件名比较，以便找到与之匹配的目录项；在根目录中找到 usr 后，则在目录 usr 中依次检索文件分量名 mengqc；最后在目录文件 mengqc 中顺序查找文件名 f1.c。

线性检索法简单易行，但是速度慢。作为改善性能的办法之一，很多操作系统使用软件缓存来存放最近用过的目录信息。如果缓存命中，就避免了反复从磁盘上读入目录信息。如果把目录项排序，就可以使用二分法检索，从而缩减平均查找时间，但会使文件的创建和删除变得复杂。当然，更高级的数据结构（如 B 树）会使目录表排序更简便。

2．散列法

散列（Hash）法需要有目录文件和散列表，每个散列值是由文件名计算出来的，并且散列表项中有指向线性表中文件名的指针。这种方法利用线性表存放目录项（与线性法相同），利用散列数据结构进行检索。

例如，一个散列表有 64 项，散列函数把文件名转换成 0～63 的整数（如把文件名中各字符的值加起来，其和被 64 取模）。如果从目录中检索一个文件，就用该文件名对应的散列值去查散列表，由相应表项中的指针找到目录文件中的对应目录项。由于不必进行线性检索，因而大大减少了目录查询时间。另外，目录项的存放方式采用线性表方式，插入或删除目录项也相当简便。但是，散列法需要预防冲突问题，即两个文件名有相同的散列值。使用散列表的主要困难是它有固定的大小，并且散列函数也依赖该大小。

如果散列表有 64 项，要创建第 65 个文件，就必须扩大目录散列表，如增加到 128 项。为实现这个目标，需要新的散列函数，能把文件名映像成 0～127 的整数，且要重新构造现有的目录项，以反映新的散列值。改进的办法是把超出的目录项链入有相同散列值的队列，即每个散列项可以是一个队列，而非单个值，把新项添加到队列中，从而解决上述冲突问题。当然，这样做会使查询变慢，因为当多个文件名的散列值相同时，要依次检索该散列项对应的队列，但是仍然比线性检索遍历整个目录要快得多。

5.4　文件操作和目录操作

5.4.1　文件操作

文件是一种抽象数据类型。为了正确定义文件，需要了解对文件实施的操作。操作系统提供一组系统调用，用于文件的创建、删除、打开、关闭、读、写等。不同的操作系统提供的文件操作是不同的。下面是常用的有关文件操作的系统调用。

1．创建文件 create

创建一个新文件时要做两步工作：首先，为该文件在文件系统中分配必要的空间；然后，生成一个新的目录项，添加到相应的目录中。目录项中记载该文件的名字、文件类型、在外存上的位置、大小、建立时间等有关文件属性信息。

2．删除文件 delete

如果不再使用某文件，必须删除它，以释放其占用的空间。若要删除一个文件，先在相应目录中检索该文件，找到相应的目录项后，释放该文件占用的全部空间，以便其他文件使用，并且清除该目录项中的内容（使之成为空项）。

3．打开文件 open

在使用文件前，进程必须打开相应文件。打开文件的目的是把文件属性和磁盘地址表等信息装入内存，以便后续系统调用能够快速存取该文件。

打开文件的主要过程如下：

① 根据给定的文件名查找文件目录。如果找到该文件，就把相应的文件控制块调入内存的活动文件控制块区。

② 检查打开文件的合法性。如果用户指定的打开文件后的操作与文件创建时规定的存取权限不符，就不能打开该文件，返回不成功标志。如果权限相符，就建立文件系统内部控制结构（如 UNIX 系统中的用户打开文件表、系统打开文件表和活动 I 节点等）之间的通路联系，返回相应的文件描述字 fd。

4．关闭文件 close

对文件存取后，不再需要文件属性和文件的地址等信息，这时应当关闭文件，释放打开该文件时所分配的内部表格。很多系统对进程同时打开文件的个数有限制，提倡用户关闭不再用的文件。另外，关闭文件可以防止对打开文件的非法操作，起到保护作用。

关闭文件的过程是：如果该文件的最后一块尚未写到盘上，就强行写盘，不管该块是否为满块；根据文件描述字（打开该文件时的返回值），依次找到相应的内部控制结构，切断彼此间的联系，释放相应的控制表格。

5．读文件 read

读文件是指从文件中读取数据。一般读出的数据来自文件的当前位置，调用者还要指明一共读取多少数据，以及把它们送到用户内存区的什么地方。

读文件的主要过程如下：

① 根据打开文件时得到的文件描述字找到相应的文件控制块，确定读操作的合法性，设置工作单元初值。

② 把文件的逻辑块号转换为物理块号，申请缓冲区。

③ 启动盘 I/O 操作，把盘块中的信息读入缓冲区，然后送到指定的内存区，同时修改读

指针，供后面读、写定位之用。

如果文件大，读取的数据多，上述步骤②和③会反复执行，直至读出所需数量的数据或读至文件尾。

6. 写文件 write

写文件是指将数据写到文件中。通常，写操作也是从文件当前位置开始向下写入。如果当前位置是文件末尾，那么文件长度增加。如果当前位置在文件中间，那么现有数据被覆盖，并且永久丢失。

写文件的主要过程如下：

① 根据文件描述字找到文件控制块，确认写操作的合法性，置工作单元初值。

② 由当前写指针值得到逻辑块号，然后申请空闲物理盘块，申请缓冲区。

③ 把指定用户内存区中的信息写入缓冲区，然后启动磁盘进行 I/O 操作，将缓冲区中的信息写到相应盘块上。

④ 修改写指针的值。

如果需要写入的数据很多，那么②～④步会反复执行，直至把给定的数据全部写入。

7. 附加文件 append

附加文件是写文件的受限形式，只能把数据添加到文件的末尾。如果系统只提供系统调用的最小集合，那么通常没有附加文件操作。很多系统对同一操作提供多种实现方法，这些系统往往包含附加文件操作。

8. 读写定位 seek

读写定位是指，对于随机存取文件，需要指定从何处开始读或写数据。通常的办法是使用系统调用 seek，把文件的读写指针设置为给定的地址。该调用完成后，进行读、写文件操作时就从新位置开始。

9. 取文件属性 get_attributes

进程在执行过程中经常需要读取文件属性，如文件建立时间或修改时间。系统根据调用者提供的文件名从目录中找到相应的目录项，再从目录项获取该文件的属性。

10. 设置文件属性 set_attributes

文件的某些属性可由用户设置，并且在文件创建后也可由用户修改。该系统调用可以改变文件属性，如更改文件保护模式。一般，改变文件属性的用户必须是文件主或特权用户。系统根据给定的文件名从目录中找到相应的目录项，然后按给定的文件属性修改原有信息。

11. 重命名文件 rename

用户常常要更改现有文件名，利用该系统调用可以实现这个功能。

其实，该系统调用并非必备，可以通过把旧文件复制到新文件中，然后删除旧文件的方法达到文件重命名的目的。

5.4.2 目录操作

与普通文件操作相似，操作系统也通过一组系统调来管理目录。不同操作系统中的系统调用差别很大。下面介绍目录操作的系统调用如何工作（主要取自 UNIX 系统）。

1．创建目录 create

被创建的新目录中仅含有目录项"."（表示该目录本身）和".."（表示父目录）。目录项"."和".."是系统自动放在该目录中的。系统首先根据调用者提供的路径名进行目录检索，如果存在同名目录文件，那么返回出错信息；否则，为新目录文件分配盘空间和控制结构，进行初始化；将新目录文件对应的目录项添加到父目录中。

2．删除目录 delete

只有空目录才可以删除。空目录是其中只含目录项"."和".."的目录。系统首先进行目录检索，在父目录中找到该目录的目录项；验证用户权限，检查该目录是否为空目录；释放该目录所占的空间，从父目录中清除相应的目录项。

3．打开目录 opendir

打开目录调用可以读目录的内容。例如，要列出一个目录中所有文件名，则在读取目录前也要打开它。这类似在读文件前要打开该文件。打开目录时要占用一些内部表格。

4．关闭目录 closedir

在读取目录后，应关闭目录，以便释放所占用的内部空间。

5．读目录 readdir

读目录调用返回打开目录的下一个目录项。以前利用读文件的系统调用 read 来读目录，但存在缺点：程序员必须知道目录的内部结构，并据此进行处理。而 readdir 系统调用总是以标准格式返回一个目录项，并不关心所用的目录结构如何。

6．重新命名目录 rename

目录在很多方面与文件相似，同样可以重新命名。

7．链接文件 link

链接技术允许一个文件同时出现在多个目录中。这样可以通过多条不同的路径存取同一个文件，从而实现对文件的共享。

链接的操作过程是：根据源文件名检索目录树，找到对应的文件控制块并复制到内存中；再根据目标文件名（又称为新名）检索目录树，如发现新名，则判出错；若未找到，则在新名文件的父目录中登记这个新目录项，增加源文件的链接计数值。这种链接也称为硬链接（与此对应的是符号链接，它在目标目录中建立一个小文件，其中包含源文件的全路径名）。

8．解除链接 unlink

当进程不再需要对某文件链接共享时，可以解除链接。文件的解除链接与文件的删除往往使用同一个程序。删除文件是从文件主角度出发，而解除对文件的链接是从共享该文件的其他用户角度出发。如果被解除链接的文件只出现在一个目录中（通常如此），那么从文件系统中删除该文件；如果它出现在多个目录中，那么只删除指定的路径名，其余的路径名依然保留。

5.4.3　UNIX 系统的文件操作示例

通常，使用文件的规则是先打开后使用，用后关闭。打开文件的目的是建立从用户文件管理机构到具体文件的控制块之间的一条通路，从而加速系统对文件的检索、权限验证、读写指针共享等操作，改善文件系统的性能。而关闭文件的作用有两个：一是防止对打开文件的非法操作，可保护文件；二是有效地使用系统资源，限制一个进程同时打开文件的数量。

1．用户打开文件表和系统打开文件表

为了打开文件并便于共享管理，操作系统设置了用户打开文件表和系统打开文件表两个数据结构。用户打开文件表又称为用户文件描述字表或进程打开文件表，是 user 结构中的一个指针数组（见 2.2.2 节），各指针分别指向对应的系统打开文件表项。系统打开文件表又称为文件表，是系统设置的一个共用数据结构组成的数组。各结构中含有指向对应活动 I 节点的指针、共享计数（f_count）和读/写位移等信息。

2．打开文件

打开文件的过程为：按照给定的文件名在目录结构中查找该文件，得到相应的 I 节点号；检查打开文件的合法性（权限），若权限不对，则不能打开文件；若该文件没有在活动 I 节点区中，则为它分配一个活动 I 节点；在系统打开文件表中分配一项，使它的指针指向该文件的活动 I 节点；在该进程的用户打开文件表中分配一个空项，使它指向对应的系统打开文件表项；最后返回文件描述字 fd。

进程 A 和 B 打开文件后，各数据结构的示例如图 5-17 所示。

系统创建每个进程时，自动为它打开三个标准文件，即标准输入文件 stdin、标准输出文件 stdout 和标准出错输出文件 stderr，它们是用户打开文件表中前三项所对应的文件。在 UNIX 系统中，对用户来说，所有设备都统一按文件进行处理。标准输入文件对应键盘，标准输出文件和标准出错输出文件都对应显示器。由于这三个文件自动打开，因此运行程序时可以直接从键盘输入数据，从屏幕上看到信息。

3．关闭文件

关闭文件的过程为：根据文件描述字找到用户打开文件表项，再找到系统打开文件表项；释放用户打开文件表项，即将它置为空（NULL）；将系统打开文件表中的文件访问计数减 1，只有当该计数为 0 时，才减少活动 I 节点中的访问计数（减 1），关闭该系统打开文件表项；当活动 I 节点访问计数为 0 时，则释放该 I 节点；若该文件的链接计数也为 0，则删除该文件，释放其占用的全部资源（盘空间、盘 I 节点等）。

4．主要数据结构之间的关系

UNIX 文件系统数据结构之间的关系如图 5-18 所示。

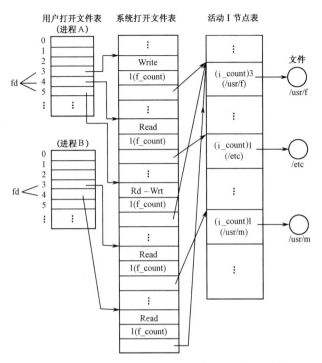

图 5-17　两个进程打开文件后的数据结构示例

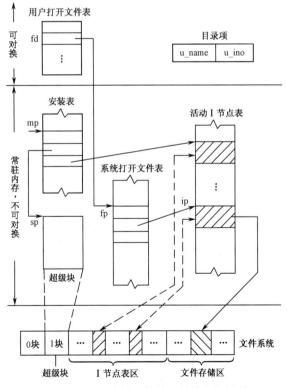

图 5-18　UNIX 文件系统数据结构之间的关系

5.5 文件系统的实现

前面介绍了从用户观点看待文件系统的情况，用户关注的往往是文件如何命名、允许对文件进行什么操作，目录树是什么样的，以及界面的情况；而文件系统的设计者关注的是如何存放文件和目录，磁盘空间如何管理，如何使每件事情都做得高效可靠。下面介绍文件系统实现方面的内容。

5.5.1 文件系统的格式

1. 文件系统的不同含义

构成操作系统的最重要的部件就是进程管理和文件系统。然而，并非所有的操作系统都同时具有这两个部件。如一些嵌入式操作系统可能有进程管理而没有文件系统，而另一些操作系统（如 MS-DOS）则有文件系统，但没有进程管理。

以上介绍文件定义时，主要指磁盘文件，进而把内存中有序存储的一组信息也称为文件。有些系统开辟一片内存区，用于存放文件，以加快数据存取速度，因而这片内存区被称为虚拟盘。广义上讲，UNIX 把外部设备（如终端、打印机、磁盘等）都称为文件。

与"文件"含义有狭义和广义之分相似，"文件系统"在不同情况下也有不同含义。上面对文件系统的定义是指在操作系统内部（通常在内核中）用来对文件进行控制和管理的一套机制及其实现。而在具体实现和应用上，文件系统又指存储介质按照一种特定的文件格式加以构造。例如，Linux 的文件系统是 ext2、ext3、ext4，MS-DOS 的文件系统是 FAT16，而 Windows NT 的文件系统是 NTFS 或 FAT32，对文件系统可以进行安装或拆卸等操作。

2. 磁盘分区

为了建立文件系统，首先应该对磁盘（如硬盘）正确地分区。

对磁盘分区后，每个分区好像是单独的。如果系统中只有一个磁盘，但希望安装多个操作系统，就可以分成多个分区。每个操作系统可以任意使用自己的分区，不会干扰另一个操作系统的正常工作，方便管理和维护。通过对磁盘分区，多个操作系统可以共存于同一个磁盘中。

当然，磁盘分区还有如下原因：当系统中磁盘容量较大时，使用分区可以提高磁盘的访问效率。

软盘不需要分区。因为软盘的容量太小，没有必要分区。CD-ROM 也没有必要分区，因为光盘中没有安装多操作系统的需求，而且就容量（650 MB 左右）来说，也没有必要分区。

磁盘分区的信息存放在它的第 1 个扇区（对应于 0 号磁头的 0 柱面 0 扇区），该扇区就是整个硬盘的主引导记录（Main Boot Record，MBR）。如果该磁盘是多磁盘系统的第 1 个，那么该扇区就是系统的 MBR。计算机引导时，BIOS 从该扇区读入并且执行其中的程序。MBR 中包含一小段程序，其功能是读入分区表（MBR 的末尾给出每个分区的开始和结束地址），检查系统的活动分区（即默认引导分区。分区表中只有一个分区标记为活动），读入活动分区的第 1 个扇区（与 MBR 略有不同，它表示某分区上的启动扇区。该启动扇区包括另一个应用程序，用于读入该分区上操作系统的引导部分，然后执行它）。引导块中的程序把该分区中的操作系统装入内存。为保证一致性，每个分区开头都有引导块，即使它不包含可引导的操作系统。由于将来有可能包含一个操作系统，因此每个分区都保留一个引导块，这是个好主意。

3．一般文件系统的格式

除了磁盘分区都以引导块开头，各文件系统的分区格式差别很大。一般来说，文件系统的格式如图 5-19 所示。

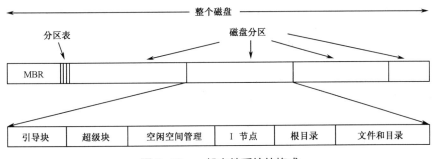

图 5-19　一般文件系统的格式

其中，超级块（Superblock）包含有关该文件系统的全部关键参数。当计算机加电进行引导或第一次遇到该文件系统时，就把超级块中的信息读入内存。超级块中包含标识文件系统类型的幻数、文件系统中的盘块数量、修改标记及其他关键管理信息。

在超级块后是有关空闲块的信息，可能用位示图形式给出，也可能用指针链表形式表示。接着是 I 节点（一个结构数组）。每个文件都有一个 I 节点，其中包含有关该文件的全部管理信息。之后是根目录，它是文件系统目录树的顶端。最后，磁盘的其余部分包含除根目录以外的所有目录和全部文件。

4．UNIX 文件系统结构

在 UNIX 系统中，文件信息是以物理块为单位存放在介质上的，每块 1 KB（或 512 B）。每个文件都有相应的控制管理结构。若干文件和它们的管理结构按照一定的逻辑形式构成一个集合体，就组成了文件系统。UNIX S_5 文件系统的构造形式如图 5-20 所示。应当指出，不同类型的文件系统有不同的构造形式。

0 块是系统引导块，只有 ROOT（根）文件系统的引导块中才存放引导程序，而一般文件系统的引导块并不被使用。另外，当操作系统引导起来以后，引导块就不再被该文件系统使用。1 块是文件系统的超级块

图 5-20　UNIX S_5 文件系统的构造

（也称为专用块），既是文件系统控制块，也是对空闲块和 I 节点等资源的管理表；2～k+1 块，共 k 块（k 值由系统配置给定），作为 I 节点区；k+2～n 块为文件（包括目录）存储区。

5．Linux 文件系统结构

Linux 系统的一个重要特征就是支持多种不同的文件系统，如 FAT、ext2、ext3、ext4、Minix、MS-DOS、SYSV 等。目前，Linux 主要使用的文件系统是 ext4。ext2 是一种十分优秀的文件系统，即使发生系统崩溃也能很快修复。ext3 是 ext2 的升级版本，其主要优点是在 ext2 基础上加入了记录数据的日志功能，且支持异步的日志。ext4 是 ext3 文件系统的后继版本，是扩展日志式文件系统，在 ext3 的基础上做了很多改进，引进了大量新功能，具有一系列新

的特点。

与其他文件系统一样，ext2 文件系统中的文件信息都保存在数据块中。对同一个 ext2 文件系统而言，所有数据块的大小都是一样的，如 1024 B。但是，不同的 ext2 文件系统中数据块的大小可以不同。ext2 文件系统的物理结构形式如图 5-21 所示。可以看出，每个块组重复保存着一些有关整个文件系统的关键信息，以及真正的文件和目录的数据块，其中包含超级块、块组（Block Group）描述结构、块位示图、索引节点位示图、索引节点表和数据块。

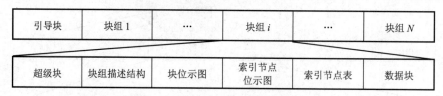

图 5-21　ext2 文件系统的物理结构

块组对于提高文件系统的可靠性有很大好处。由于文件系统的控制管理信息在每个块组中都有一个副本，当文件系统意外出现崩溃时就可以容易恢复它。另外，在有关块组的内部，索引节点表和数据块的位置相距很近，在对文件进行 I/O 操作时可以减少硬盘磁头的移动距离。

每个块组都有一个描述它的数据结构，即块组描述结构，包含块位示图、索引节点位示图、索引节点表、空闲块数、空闲索引节点数和已用目录数等信息。

5.5.2　文件存储分配

文件的物理组织涉及一个文件在存储设备上是如何放置的，与文件的存取方法有密切关系，也取决于存储设备的物理特性。从逻辑上，所有文件都是连续的，但在物理介质上存放时不一定连续。所以，文件的存储分配涉及以下 3 个问题：

① 当创建新文件时，是否一次性为该文件分配所需的最大空间？

② 为文件分配的空间可以是一个或多个连续的单位，每个连续单位的范围从单一盘块到整个文件。分配文件空间时应采用的单位有多大？

③ 为了记录分配给各文件的连续单位的情况，应该使用哪种形式的数据结构或表格？

目前常用的文件分配方法有连续分配、链接分配和索引分配三种。不同的操作系统往往采用不同的分配方法，而在同一个操作系统中采用同一种方法。

1．连续分配

连续分配是最简单的分配方法，把一组连续的盘块分给一个文件，这样形成的物理文件被称为连续文件（或顺序文件）。连续文件是基于磁带设备的最简单的物理文件结构（当然，在磁盘上也能存放连续文件），它把一个逻辑上连续的文件信息存放在连续编号的物理块（或物理记录）中，如图 5-22 所示。由于在创建文件时根据其大小分配盘空间，因此采用的是预分配策略，并且连续盘块的数量是可变的，不同的文件往往有不同的大小。例如，文件 FileA 的起始地址为盘块 2，长度为 3，表示占用的盘块依次为 2、3 和 4；文件 FileB 的起始地址为盘块 9，长度为 5，占用的连续盘块为 9、10、11、12 和 13 等。每个文件在目录中单独占一项，记录了该文件的存储分配情况，包括文件名、文件起始块号和文件长度（占用盘块数量）。

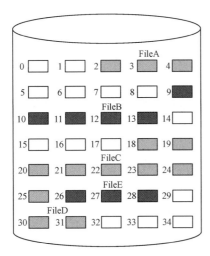

目录		
文件名	起始块	长度
FileA	2	3
FileB	9	5
FileC	18	8
FileD	30	2
FileE	26	3

图 5-22　文件连续分配

连续分配的优点是在顺序存取时速度较快，一次可以存取多个盘块，改进了 I/O 性能，所以常用于存放系统文件，如操作系统文件、编译程序文件和其他由系统提供的实用程序文件。因为这类文件往往被从头至尾依次存取，也容易直接存取文件中的任意一块。例如，文件的起始块是 b，则访问该文件第 i 块的地址就是 $b+i$。

连续分配也存在如下缺点：

① 要求建立文件时就确定它的长度，以此来分配相应的存储空间，这往往很难实现。

② 不便于文件的动态扩充。在实际计算时，作为输出结果的文件往往随执行过程而不断增加新内容。当该文件需要扩大空间而其后的存储单元已被其他文件占用时，就必须寻找另一个足够大的空间，并复制原空间中的内容和新加入内容。这种文件的"大搬家"很费时间。

③ 可能出现外部碎片。即在存储介质上存在很多空闲块，但它们都不连续，无法被连续的文件使用，从而造成浪费。

当创建一个文件时，实现连续盘块分配的策略有以下三种（类似内存的动态分配算法）。

① 最先适应算法：选择大小满足要求的、第一个未用的连续盘块组。

② 最佳适应算法：选择大小满足要求的、最小的未用的盘块组。

③ 最近适应算法：当扩充文件时，选择满足大小要求的、最接近该文件先前位置的未用盘块组。

这三种方法各有利弊，分不出哪个最好，但最先适应算法通常执行得更快。为了解决外部碎片问题，可以执行紧缩算法。当然，这是有开销的。

2．链接分配

（1）链接分配方法

为了克服连续分配的缺点，可把一个逻辑上连续的文件分散存放在不同的物理块中，这些物理块不要求连续，也不必规则排列。为了使系统找到下一个逻辑块所在的物理块，可以在各物理块中设立一个指针（称为链接字），它指示该文件的下一个物理块，如图 5-23 所示。同样，每个文件在目录中单独占一项，其中包括文件名、起始块号和最后块号。这里起始块号相当于指向该文件的首指针。

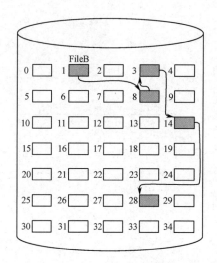

图 5-23　文件链接分配

当创建新文件时，就在相应的目录中建立一个新项，其中的文件首指针初始为 NULL（链尾指针值），表示是个空文件，文件长度置为 0。当发生写文件时，从空闲盘块管理系统中找一个空闲盘块，把信息写到该块上，然后把它链入该文件的末尾。读文件只是简单地沿着链接指针一块挨一块地读。虽然在链接分配方法中也可采用预分配策略，但是更常用的方法是"按需分配"。这样，挑选空闲盘块就很简单，任何空闲盘块都可供写文件使用。

采用链接分配不会产生磁盘的外部碎片，因为每次按需要只分配一块，若不够，再分配另外的块。所以，文件可以动态增长，只要有空闲块可供使用就行。这种方法从来不需要紧缩磁盘空间。

这种物理结构形式的文件称为链接文件或串连文件。链接文件克服了连续文件的缺点，但又带来以下三个新的问题：

① 一般仅适合对信息的顺序访问，而不适合对文件的随机存取。例如，为了存取一个文件的第 i 块中的信息，必须从头向后顺次检索，直至找到所需的物理块号。而每次存取链接字都需要读盘，甚至寻道，因此对链接文件进行随机存取的效率是很低的。

② 每个物理块上增加一个链接字，管理更麻烦。例如，每个链接字占用 4B，每个物理盘块 512B，那么链接字占用盘块的 0.78%，这部分空间没有存放文件信息。为了方便管理，信息块大小通常是 2^n（n 为 9、10、11 或 12），然而链接字破坏了信息块的这种规范尺寸。解决这个问题的办法通常是按簇分配盘空间。簇是多个连续盘块构成的组，如 4 个磁盘块。这样，每个簇有一个链接指针，节省了指针所占的空间，提高了磁盘的吞吐量，减少了磁盘分配和释放的次数，代价是增加了内部碎片。

③ 可靠性。因为文件是通过指针将散布在盘上的盘块链接在一起的，如果因指针丢失或受损出现故障，就会导致链接到空闲空间队列或链入另一文件的盘块链。对此可以采用双链表，或者在每个盘块中存放文件名和相关块号。但这样做会带来更大开销。

（2）文件分配表

MS-DOS、Windows 和 OS/2 等操作系统往往采用文件分配表（File Allocation Table，FAT）的方法来管理链接文件。FAT 出现在每个磁盘分区开头的扇区中。每个盘块在表中占一项，表的序号是物理盘块号，每个表项中存放链接下一盘块的指针。这样，FAT 用作链表，如图 5-24

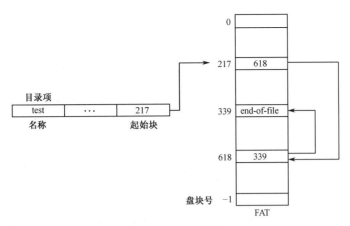

图 5-24 FAT 示意

所示。文件目录项中包含该文件首块的块号，利用盘块号去检索 FAT，从中得到下一个盘块号。由一个盘块链接另一个盘块，直至该文件的最后一块——相应的 FAT 项中有一个专用的文件结束（end-of-file）标志。而未用盘块对应的表项中用 0 作为标志。当一个文件需要分配一个新盘块时，就在 FAT 中找到第 1 个标志为 0 的表项，然后把该块链入该文件的队尾。

为了克服磁头寻道次数增加带来的问题，可以把 FAT 放在内存中。这样，整个盘块都可用来存放数据，进行随机存取也容易一些。但是，其代价是占用相当数量的内存空间。

注意，FAT 也代表一种文件系统，是微软最初为 DOS 操作系统开发的简单的文件系统。FAT 文件系统先后有 FAT12、FAT16 和 FAT32 三个版本。FAT 文件系统包括 4 部分：① 保留扇区，位于最开始的位置，第一个保留扇区是引导区（分区启动记录）；② FAT 区域，包括两个文件分配表（二者完全相同，冗余考虑）；③ 根目录区域，用于存储文件和目录的目录表；④ 数据区域，实际的文件和目录数据存储的区域，占据了分区的绝大部分。

3．索引分配

链接分配解决了连续分配所存在的外部碎片和预先说明文件大小的问题，但是在没有采用 FAT 的情况下，并不能有效地支持随机存取。为了解决这个问题，引入索引分配。

索引分配是实现非连续分配的另一种方案。系统为每个文件建立一个索引表，其中的表项指出存放该文件的各物理块号，如索引表中的第 i 项就存放该文件的第 i 个盘块号。而索引表本身存放在一个盘块中，由文件对应的目录项指出该索引盘块的地址，如图 5-25 所示。这种物理结构形式的文件被称为索引文件。

索引分配类似第 4 章介绍的分页方式。当创建一个文件时，为它建立一个索引表，其中所有的盘块号为一个特殊值，如-1。当首次写入第 i 块时，从空闲盘块中取出一块，然后把它的地址（即物理块号）写入索引表的第 i 项。若要读取文件的第 i 块，就检索该文件的索引表，从第 i 项中得到所需盘块号。

索引文件除了具备链接文件的优点，还克服了它的缺点。索引文件可以方便地进行随机存取，但是需要增加索引表带来的空间开销。如果这些表格仅放在盘上，那么，在存取文件时，首先要取出索引表，然后才能查表，得到物理块号。这样至少增加一次访盘操作，从而降低了存取文件的速度，加重了 I/O 负担。一种改进办法是：把索引表部分或全部放入内存。这是以内存空间代价来换取存取速度的方法。

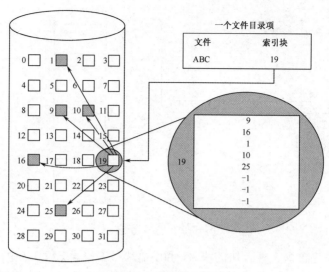

图 5-25　文件索引分配

4．多重索引文件分配

为了用户使用方便，系统一般不应限制文件的大小。如果文件很大，那么不仅存放文件信息需要大量盘块，相应的索引表也必然很大。例如，盘块大小为 1 KB、长度为 100 KB 的文件需要 100 个盘块，索引表至少包含 100 项；若文件大小为 1 GB，则相应索引表项要有 2^{20} 项。设盘块号用 4 字节表示，则该索引表至少占用 4 MB。显然，在这种情况下，把索引表整个地放在内存是不合适的，而且不同文件的大小也不同，文件在使用过程中很可能需要扩充空间。单一索引表结构无法满足灵活性和节省内存的要求，为此引出多重索引结构（又称为多级索引结构）。这种结构采用间接索引方式，即由最初索引项中得到某个盘块号，该块中存放的信息是另一组盘块号；而后者每块中可存放下一组盘块号（或者是文件本身信息），这样间接几级（通常为 1～3 级），末尾的盘块中存放的信息一定是文件内容。

多重索引方式可以将直接索引与间接索引结合在一起，操作系统既采用直接地址，又采用一级索引、二级索引甚至三级索引方式。例如，UNIX 的文件系统就采用这种改进的多重索引方式（又称为组合索引分配方式），如图 5-26 所示，左部是从 I 节点中节选的有关文件存放盘块的信息（见 5.3.1 节）。一个打开文件的 I 节点放在系统内存区。与文件物理位置有关的索引信息是 I 节点的一个组成部分，这里仅画出这部分 I 节点的内容。它是由 13 项整数构成的数组，其中放有盘块号。前 10 项标志为直接索引，以下依次为一次间接、二次间接和三次间接。直接项对应的盘块中放有该文件的数据，这种盘块称为直接块。一次间接项对应的盘块（间接块）中放有直接块的块号表。为了通过间接块存取文件数据，核心必须先读出间接块，找到相应的直接块项，然后从直接块中读取数据。二次间接项对应盘块中放有一次间接块号表，三次间接项对应的盘块中放有二次间接块号表。

一般文件的大小多数在 10 块内，可以利用直接项立即得到存放数据的盘块号，因而存取文件的速度较快。对于大于 10 块的"大型"文件，可对 10 块以上部分采用一次间接（至多可以放 256 个块号），允许文件长达 266（256+10）KB；如仍旧放不下，则接着采用二次间接（至多可以放 256^2 个盘块号），允许文件长达 64 MB；对巨型文件，可能用到三次间接（至多可以放 256^3 个盘块号），允许文件长达 16 GB。

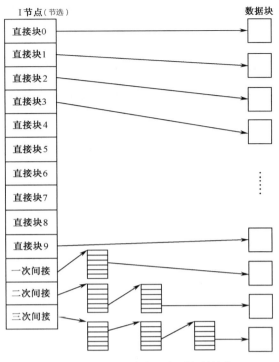

图 5-26 UNIX 的多重索引文件结构

多重索引方式具有一般索引文件的优点,但存在着间接索引需要多次访盘而影响速度的缺点。由于 UNIX 分时环境中多数文件都较小,这就减弱了其缺点造成的不利影响。

5.5.3 空闲存储空间的管理

当用编辑命令创建一个新文件时,在编辑工作的末尾要执行写盘操作,就是把编辑缓冲区中的内容写到磁盘的盘块上。也就是说,当一个用户要求创建一个新文件时,系统要为用户的文件分配相应的外存空间。相应地,当用户要求删除一个旧文件时,系统要回收该文件占用的外存空间,供新建文件使用。

为了能对外存空间有效地利用,提高对文件的访问速率,系统对外存中的空闲块资源需要妥善管理,在多数情况下利用磁盘存放文件。下面基于磁盘文件讨论目前常用的磁盘空闲空间管理技术,主要有空闲空间表法、空闲块链接法、位示图法和空闲块成组链接法。

1. 空闲空间表法

操作系统在工作期间频繁地创建和删除文件。由于磁盘空间是有限的,因此对过时无用的文件要清除,腾出地方供新文件使用。

(1) 空闲空间表

为了记载磁盘上哪些盘块当前是空闲的,文件系统需创建一个空闲空间表,如图 5-27 所示。可以看出,所有连续的空闲盘块在表中占据一项,其中标出第 1 个空闲块号和该项中所包含的空闲块个数,以及相应的物理块号。如第 1 项(序号为 1)中,表示空闲块有 4 个,首块是 2,即连续的空闲块依次是 2、3、4、5。

序号	第1个空闲块号	空闲块数目	物理块号
1	2	4	2，3，4，5
2	18	9	18，19，20，21，22，23，24，25，26
3	59	5	59，60，61，62，63
…	…	…	…

图 5-27　空闲空间表示例

（2）空闲块分配

在建新文件时，要为它分配盘空间。为此系统检索空闲空间表，寻找合适的表项。如果对应空闲区的大小恰好是所申请的值，就把该项从表中清除；如果该区大于所需数量，就把分配后剩余的部分记在表项中。

（3）空闲块回收

当用户删除一个文件时，系统回收该文件占用的盘块，且把相应的空闲块信息填回空闲空间表中。如果释放的盘区和原有空闲区相邻接，就把它们合并成一个大的空闲区，记在一个表项中。

这种方法把若干连续的空闲块组合在一个空闲表项中，它们一起被分配或释放，特别适合存放连续文件。但是，若存储空间有大量的小空闲区，则空闲表变得很大，使检索效率降低。同时，如同内存的动态分区分配一样，随着文件不断地创建和删除，将使磁盘空间分割成许多小块。这些小空闲区无法用来存放文件，从而产生了外存碎片，造成磁盘空间的浪费。虽然理论上可采用紧缩办法，使所有文件紧靠在一起，所有外存碎片拼接成一大片连续的磁盘空闲空间，但这样做要花费大量的时间，没有实用价值。

2．空闲块链接法

空闲块链接法与链接文件结构有相似之处，只是链上的盘块都是空闲块而已。如图 5-28 所示，所有空闲盘块链接在一个队列中，用一个指针（空闲块链头）指向第 1 个空闲块，而各空闲块中都含有下一个空闲区的块号，最后一块的指针项记为 NULL，表示链尾。

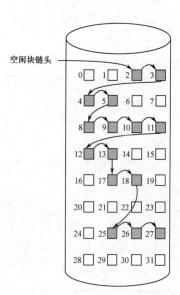

当分配空闲块时，从链头取下一块，然后使空闲链头指向下一块。若需 n 块，则重复上述动作 n 次。当删除文件时，只需把新释放的盘块依次链入空闲链头，且使空闲链头指向最后释放的那一块。空闲块链接法易于实现，只需要用一个内存单元保留链头指针。但其工作效率低，因为每当在链上增加或移走空闲块时都需要很多 I/O 操作。

3．位示图法

位示图（Bit Map）法利用一串二进位值反映磁盘空间的分配情况，也称为位向量（Bit Vector）法。每个盘块都对应一个二进制位。若盘块是空闲的，则对应位是 1；若盘块已分出去，则对应位是 0（注意，有些系统标志方式与此恰好相反）。例如，设下列盘块是空闲的：2，3，4，5，8，9，10，11，12，13，17，18，25，26，27，…，则位示图向量是

图 5-28　空闲块链接法

00111100111111000110000000111…

194

位示图法的优点是在寻找第一个空闲块或几个连续的空闲块时相对简单和有效。实际上，很多计算机提供位操作指令，可以有效地用于查找。例如，Intel 系列从 80386 开始，Motorola 系列从 68020 开始都有这样的指令，它们返回第一个值为 1 的位在字中的偏移量。事实上，MacOS 操作系统利用位示图方式来分配盘空间。为了找到第一个空闲块，该系统顺序检查位示图中的每个字，查看其值是否等于 0。若不为 0，则第一个不是 0 的位对应第 1 个空闲块。块号的计算公式如下：字长ד0"值字数 + 首位"1"的偏移。

位示图大小由盘块总数确定，如果磁盘容量较小，那么它占用的空间较少，因而可以复制到内存中，使得盘块的分配和释放都可高速进行。当关机或文件信息转储时，位示图信息需完整地在磁盘上保留。为节省位示图所占用的空间，可把盘块成簇构造。

4．空闲块成组链接法

（1）空闲块成组链接

用空闲块链接法可以节省内存，但实现效率低。一种改进办法是把所有空闲盘块按固定数量分组，如每 50 个空闲块为一组，组中的第 1 块为"组长"块。第 1 组的 50 个空闲块块号放在第 2 组的组长块中，第 2 组的其余 49 块是完全空闲的。第 2 组的 50 个块号又放在第 3 组的组长块中。以此类推，组与组之间形成链接关系。最后一组的块号（可能不足 50 块）通常放在内存的一个专用栈（即文件系统超级块中的空闲块号栈）结构中。这样，平常对盘块的分配和释放在栈中（或构成新的一组）进行，如图 5-29 所示。UNIX 系统就采用这种方法。

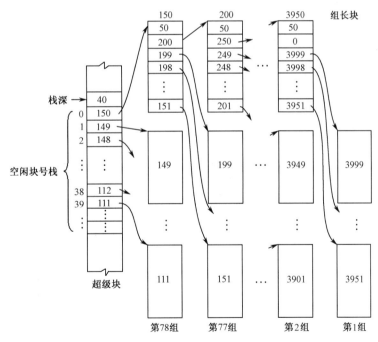

图 5-29　空闲块成组链接法分配过程示例

（2）空闲块分配

当需要为新建文件分配空闲盘块时，总是先把超级块中表示栈深（即栈中有效元素的个数）的数值减 1，如图 5-29 中所示的情况 40-1=39。以 39 作为检索超级块中空闲块号栈的索引，得到盘块号 111，它就是当前分出去的第一个空闲块。如果需要分配 20 个盘块，那么上述操作就重复执行 20 次。

如果当前栈深的值是 1，需要分配 2 个空闲盘块，那么栈深值（1）减 1，结果为 0，此时系统做特殊处理：以 0 作为索引下标，得到盘块号 150，它是第 78 组的组长；然后，把 150 号盘块中的内容——下一组（即第 77 组）所有空闲盘块的数量（50）和各盘块的块号——分别放入超级块的栈深和空闲块号栈，于是超级块的栈中记载了第 77 组盘块的情况；最后，把 150 盘块分配出去。至此分出去 1 块。

接着分配一个盘块，此时工作简单多了：50-1=49，以 49 为索引得到第 77 组的 151 号块。

（3）空闲块释放

在图 5-29 中，若要删除一个文件，它占用 3 个盘块，块号分别是 69、75 和 87。首先释放 69 号块，其操作过程为：把块号 69 放入栈深 40 所对应的元素，然后栈深值加 1，变为 41；接着，分别释放 75 号块和 87 号块。最后，超级块中栈深的值为 43，空闲块号栈中新加入的 3 个盘块出现的次序是 69、75、87。

栈深的值为 50，表示该栈已满，若还要释放一个盘块 89 号，则进行特殊处理：先将该栈中的内容（包括栈深值和各空闲块块号）写入需要释放的新盘块（即 89 号）；将栈深及栈中盘块号清为 0；以栈深值 0 为索引，将新盘块号 89 写入相应的栈单元，然后栈深值加 1，栈深值变为 1。这样，盘块 89 就成为新组的组长块。

在图 5-29 中，第 1 组只有 49 块，它们的块号存入第 2 组的组长块 3950。该块中记录第 1 组的总块数为 50，而首块块号标志为 0。这是什么意思？原来这个 "0" 并不表示物理块号，而是分配警戒位，作为空闲盘块链的结束标志。如果盘块分配用到这个标志，说明磁盘上所有空闲块都用光了，系统要发告警信号，必须进行特殊处理。

空闲块成组链接法是 UNIX 中采用的空闲盘块管理技术，兼具空闲空间表法和空闲块链接法的优点，克服了两种方法中表（或链）太长的缺点。当然，空闲块成组链接法在管理上要复杂一些，尤其当盘块分配出现栈空，盘块释放遇到栈满时，要特殊处理。

5.6 文件系统的可靠性

文件系统受到破坏所造成的损失往往比计算机自身受到破坏的损失还大。如果计算机系统中的终端、内存甚至 CPU 由于物理原因（如火灾、雷击、短路等）受到破坏，可以再买一台机器取代它，不必过于着急。如果计算机的文件系统由于硬件或软件的原因造成关键信息丢失，其损失是无可挽回的，即使有时能够利用数据修复工具恢复一些信息，但也很困难。这个问题在大型系统或关键部门中显得尤为重要。为此，文件系统必须采取某些保护措施，预防此种情况的发生。这就是文件系统的可靠性问题。

通常，造成数据丢失或数据损坏的原因有多种：① 用户误操作，强行删除或覆盖一些重要的文件；② 硬件发生故障，导致数据的丢失；③ 因为软件本身存在故障而造成的数据丢失。系统中数据的丢失和损坏，轻则破坏用户关键数据，重则导致系统不能正常工作。

为了提高文件系统的可靠性，通常采用以下常用的有效办法。

5.6.1　磁盘坏块管理

磁盘经常有坏块，有的坏块是从一开始就存在的（如硬盘中），有的是在使用中出现的。由于硬盘修复特别昂贵，因此多数硬盘制造商会给出每个驱动器的坏块清单。

解决坏块问题有硬件和软件两种方案。

硬件方案是在磁盘的一个扇区上记载坏块清单。当控制器第一次进行初始化时，它会读取坏块清单，并且挑选多余的块（或者磁道）取代有缺陷的块，在坏块清单中记下这种映像。以后用到坏块时就由对应的多余块代替（见 6.5.2 节）。

软件方案需要用户或文件系统仔细地构造一个文件，它包含全部坏块。这样把这些坏块从自由链中清除，使之不出现在数据文件中。只要不对坏块文件进行读、写，就不会出现问题。但是，在磁盘备份时要格外小心，避免读这个文件。

5.6.2　备份

大家越来越认识到保护文件系统中数据免受损坏的重要性。虽然可以采取种种安全措施预防人为侵害或自然灾害，但万一出现数据破坏或丢失的故障怎么办？如果预先制作了这些数据的备份，若发生问题，可以利用备份数据进行恢复。

备份要花费很长时间，并占用大量存储空间，应当尽量使备份工作高效简便。预先需要指定备份范围，是对整个文件系统备份，还是仅对其中一部分备份？实际上，机器中很多可执行程序保存在文件系统树的有限部分，这些文件不必备份，因为可从销售商那里买到相应的光盘，重新安装一遍就行了。

定期进行系统和用户数据的备份是系统管理员的基本职责之一。进行文件系统备份应当考虑备份介质、备份策略和备份工具的选择。

1．备份介质

备份介质的选择比较直观。目前，比较常用的备份介质有软盘、磁带、光盘和硬盘等。软盘比较适合少量数据备份；光盘（CD-R 或 CD-RW）适合大量数据备份，不过这些介质的写入次数有限；磁带适合大量数据备份，性价比高，是顺序存取，不能随机存取；硬盘适合各种数据类型的备份，不过价格较贵。

2．备份策略

根据使用环境选择适当备份策略是相当关键的，通常有以下三种备份策略。

（1）完全备份

完全备份也称为简单备份，即每隔一定时间就对系统做一次全面备份，这样在备份间隔期间出现数据丢失或破坏，可以使用上一次的备份数据将系统恢复到上一次备份时的状态。

这也是最基本的系统备份方式。但是每次都需要备份所有的系统数据。这样每次备份的工作量相当大，需要很大的存储介质空间。因此，不可能太频繁地进行这种系统备份，只能每隔一段较长的时间（如一个月）才进行一次完全备份。在这段相对较长的时间间隔内（整个月），一旦发生数据丢失现象，所有更新的系统数据都无法恢复。

（2）增量备份

在这种备份策略中，首先进行一次完全备份，然后每隔一个较短的时间段进行一次备份，但仅仅备份在这段时间间隔内修改过的数据。当经过一段较长的时间后，再重新进行一次完全备份……依照这样的周期反复执行。

由于只在每个备份周期的第一次备份中进行完全备份，其他备份只对修改过的文件做备份，因此工作量较小，也能够进行较为频繁的备份。例如，可以将一个月作为备份周期，每个月进行一次完全备份，每天下班后或业务量较小时进行当天的增量数据备份。这样，一旦发生数据丢失或损坏，首先恢复前一个完全备份，然后按照日期依次恢复每天的备份，一直恢复到前一天的状态为止。所以，这种备份方法比较经济，也较为高效。

（3）更新备份

更新备份方法与增量备份相似。首先每隔一段时间进行一次完全备份，然后每天进行一次更新数据的备份。不同的是：增量备份是备份当天更改的数据，而更新备份是备份从上次进行完全备份后至今更改的全部数据文件。一旦发生数据丢失，首先可以恢复前一个完全备份，然后使用前一个更新备份恢复到前一天的状态。

增量备份每天都保存当天的备份数据，需要过多的存储量；而更新备份只需保存一个完全备份和一个更新备份即可。在进行恢复工作时，增量备份需要顺序进行多次备份的恢复，而更新备份只需要恢复两次。因此更新备份的恢复工作相对较为简单。更新备份的缺点是，每次做备份工作的任务比增量备份的工作量要大。

3．备份工具

选定备份策略后，可以利用系统提供的备份工具软件备份数据。如 UNIX、Linux 系统的备份软件有 tar、cpio、dump 等。

将磁盘上的数据转储到磁带上有物理转储和逻辑转储两种方式。

物理转储是从磁盘上第 0 块开始，把所有的盘块按照顺序写到磁带上；当复制完最后一块时，转储结束。这种方式实现起来简单，主要缺点是无法跳过选定的目录，以便执行增量转储，也无法根据需要恢复单个文件。

逻辑转储方式是从一个或多个指定的目录开始，递归地转储自某个日期以来被修改过的所有文件和目录。逻辑转储方式可以在转储带上得到一系列精心标识的目录和文件，从而根据需要，很容易恢复一个特定文件或目录。

5.6.3 文件系统和一致性

对文件进行操作时，文件系统往往需要读取盘块内容，在内存中修改它们后，把它们写出。如果在所有修改过的内容写出前系统崩溃了，那么，文件系统处于不一致的状态，即该文件有一部分是新内容，其余是旧内容。如果某些未更新的内容是有关 I 节点、目录或空闲盘块链表等信息，那么问题会很严重。为了解决文件系统的不一致性问题，多数操作系统都有一个实用程序，用来检查文件系统的一致性，如 UNIX 系统的 fsck、Windows 系统的 scandisk。每当系统进行引导，特别是崩溃后，都要运行它。

在 UNIX 系统中需要检查两类一致性：盘块一致性和文件一致性。

1. 盘块一致性检查

检查程序建立两个表格，即使用表和空闲表。每个盘块在两个表中各对应一项，其实各表项就是一个计数器。使用表记载各盘块在文件中出现的次数（在用块），而空闲表记录各盘块在自由链（或空闲块位示图）中出现的次数（空闲块）。所有表项的初值都为 0。

检查程序读取全部 I 节点，从而建立相应文件所用盘块号的清单。每读到一个盘块号，使用表中对应项加 1。把所有 I 节点处理完之后，检查空闲链或位示图，找出所有未用盘块；每找到一个，空闲表对应项就加 1。

检查后，如果文件系统是一致的，那么每个盘块在两个表中对应项的值加在一起是 1，即每个盘块或者在文件中使用，或者处于空闲，如图 5-30 所示。如果系统失败，就会造成盘块丢失现象，如图 5-31 所示，其中盘块 4 在两个表中都未出现。解决办法很简单：把丢失的盘块添加到空闲链中。

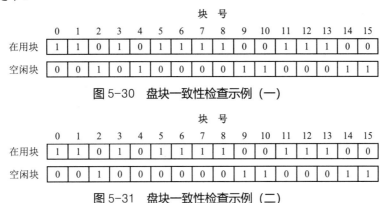

块 号

	0	1	2	3	4	5	6	7	8	9	10	11	12	13	14	15
在用块	1	1	0	1	0	1	1	1	1	0	0	1	1	1	0	0
空闲块	0	0	1	0	1	0	0	0	0	1	1	0	0	0	1	1

图 5-30　盘块一致性检查示例（一）

块 号

	0	1	2	3	4	5	6	7	8	9	10	11	12	13	14	15
在用块	1	1	0	1	0	1	1	1	1	0	0	1	1	1	0	0
空闲块	0	0	1	0	0	0	0	0	0	1	1	0	0	0	1	1

图 5-31　盘块一致性检查示例（二）

可能出现如图 5-32 所示的情况，即盘块 9 在空闲链中出现两次，解决办法是重建空闲链。最麻烦的情况是同一数据块在两个或更多文件中出现，如图 5-33 所示，盘块 7 在使用表中计数值为 2。若删除其中一个文件，则该盘块同时出现在两个表中；若删除这两个文件，则它在空闲表中的计数是 2。对此可让系统分配一个空闲块，把盘块 7 的内容复制到其中，并把该复制插入一个文件。如果一个盘块既在使用表中又在空闲表中，就把它从空闲链中去掉。

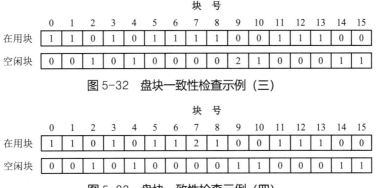

块 号

	0	1	2	3	4	5	6	7	8	9	10	11	12	13	14	15
在用块	1	1	0	1	0	1	1	1	1	0	0	1	1	1	0	0
空闲块	0	0	1	0	1	0	0	0	0	2	1	0	0	0	1	1

图 5-32　盘块一致性检查示例（三）

块 号

	0	1	2	3	4	5	6	7	8	9	10	11	12	13	14	15
在用块	1	1	0	1	0	1	1	2	1	0	0	1	1	1	0	0
空闲块	0	0	1	0	1	0	0	0	0	1	1	0	0	0	1	1

图 5-33　盘块一致性检查示例（四）

2. 文件一致性检查

系统检查程序查看目录系统，也使用计数器表，每个文件对应一个计数器。从根目录开始，沿目录树递归向下查找。对于每个目录中的每个文件，其 I 节点对应的计数器值加 1。当检查完毕，得到一个以 I 节点号为下标的列表，说明每个文件包含在多少个目录中。然后，把这些数目与存放在 I 节点中的链接计数进行比较。如果文件系统保持一致性，那么两个值相同；否则，出现两种错误，即 I 节点中的链接计数太大或太小。

如果 I 节点中的链接计数大于目录项个数，即使所有文件都从全部目录中删除，该计数也不会等于 0，从而无法释放 I 节点。该问题并不太严重，只是浪费了盘空间。对此可把该计数置为正确值。若正确值为 0，则应删除该文件。

如果该计数太小，两个目录项链接到一个文件，但 I 节点链接计数是 1，只要其中有一个目录项删除，I 节点链接计数就变为 0。此时，文件系统标记它不可使用，并释放其全部盘块。结果导致还有一个目录指向不可用的 I 节点，它的盘块可能分给其他文件，这就造成了严重的后果。解决办法是，使 I 节点链接计数等于实际的目录项数。

为了提高效率，可把检查盘块和检查文件这两种操作集成在一起进行。当然，文件系统还会出现其他不一致现象，如 I 节点模式异常（不允许文件主访问，而其他用户可以读、写此文件），文件放在普通用户目录中却被特权用户拥有等，对此要根据具体情况具体处理。

本章小结

文件是被命名的数据的集合体，是由操作系统定义和实施管理的抽象数据类型。可以从不同角度划分文件的类型，如在 UNIX 和 MS-DOS 系统中，文件分为普通文件、目录文件和特别文件。而普通文件又分为 ASCII 文件和二进制文件两种。

不同的文件系统对文件的命名规则是不同的，通常由文件名和扩展名（即后缀）组成。一般可利用扩展名区分文件的属性。文件的属性描述文件特征，它决定了对文件的操作。

看待文件系统有不同的观点，主要是用户观点和系统观点。从用户观点看，文件系统是文件和目录及对它们的操作的集合。可以对文件和目录进行创建、删除、读、写等操作，实现用户对文件的按名存取。从系统观点来看，需要考虑如何实现文件系统的功能。一般地，文件系统应具备以下功能：文件管理、目录管理、文件存储空间管理、文件共享和保护，以及提供方便的对外接口。文件系统本身一般具有层次结构。

文件的逻辑组织有三种形式：有结构文件、无结构文件和树形文件。有结构文件又称为记录式文件，又分为定长和变长的记录文件。而无结构文件又称为字符流文件，UNIX 系统中采用流式文件。用户对文件的存取通常有顺序存取和随机存取两种。而树形文件是有结构文件的变形，是按树形结构排序的文件。

通常，文件存放在磁盘的盘块上。文件的物理组织涉及文件信息如何在磁盘上放置。文件的物理组织形式有连续文件、串连文件、索引文件和多重索引文件。它们各有优缺点，其性能依次递增。

核心对文件的管理是通过文件控制块实施的。每个文件有唯一的文件控制块，在 UNIX 系统中被称为 I 节点。

由文件控制块构成的文件称为目录文件，简称目录。文件控制块就是其中的目录项。不同的文件系统中目录项的组成是不同的，有的简单（如 UNIX 系统），有的复杂。

文件系统的目录结构是多种多样的。单级目录最简单，但存在重名问题，难以保证所有文件的名字都是唯一的。二级目录为各个用户单独建立一个目录，从而解决了上述问题，每个用户的文件都在他自己的目录下。为了使用方便，对二级目录进行扩展，成为树形文件目录。这种多分支多层次的目录结构允许用户创建自己的子目录，便于用户更合理地组织文件。非循环图目录结构是带链接的树形目录结构，有利于实现对文件或目录的共享。UNIX 系统中的目录结构采用带链接的树形目录结构。目录查询的方式主要有线性检索法和散列法。

创建新文件或扩充老文件时，需要申请空闲盘块；删除文件时需要回收释放的文件块。对空闲盘块的管理方式主要有空闲空间表、空闲块链接、位示图和空闲块成组链接等。

不同的文件系统有不同的格式。通常在硬盘上划分多个分区，每个分区的开头有一个主引导记录，用于引导该分区中的操作系统。系统分区表中只有一个分区被标记为活动的，这就是引导时默认的操作系统。

文件信息可能因硬件或软件的故障而遭到损坏，为此必须加强对文件系统可靠性的管理，如文件系统的备份和必要时的恢复。备份就是把硬盘上的文件转储到其他外部介质上。备份策略有完全备份、增量备份和更新备份，按实施策略，又分为"物理转储"和"逻辑转储"。文件系统出现故障后（如非正常关机）则要进行一致性检查，包括盘块一致性检查和文件一致性检查。

习 题 5

1. 解释以下术语：文件、文件系统、目录项、目录文件、路径、当前目录。
2. 一般来说，文件系统应具备哪些功能？文件系统的层次结构是怎样的？
3. 在 UNIX 系统中，文件主要分为哪些类型？
4. 什么是文件的逻辑组织和物理组织？通常，文件的逻辑组织有几种形式？
5. 文件的物理组织形式主要有哪几种？各有什么优缺点？
6. 什么是文件控制块？它与文件有何关系？
7. 文件系统中的目录结构有哪几种基本形式？各有何优缺点？UNIX 系统采用哪种目录结构？
8. 常用的磁盘空闲区管理技术有哪几种？试简要说明各自的实现思想。
9. 什么是文件共享？文件链接如何实现文件共享？
10. 什么是文件备份？数据转储方法有哪两种？按时间划分，备份分为哪几种？
11. 文件系统的一般格式是怎样的？其中引导块和超级块的作用各是什么？
12. 在实现文件系统时，为了加快文件目录的检索速度，可用"文件控制块分解法"。假设目录文件存放在磁盘上，每个盘块为 512 B。文件控制块占 64 B，其中文件名占 8 B。通常将文件控制块分解成两部分，第 1 部分占 10 B（包括文件名和文件内部号），第 2 部分占 56 B（包括文件内部号和文件其他描述信息）。

① 假设某个目录文件共 254 个文件控制块，试分别给出采用分解法前后，查找该目录文件的某个文件控制块的平均访问磁盘次数。

② 一般地，若目录文件分解前占用 n 个盘块，分解后改用 m 个盘块存放文件名和文件内部号，请给出访问磁盘次数减少的条件。

13. 在 UNIX 系统中，假定磁盘块大小是 1 KB，每个盘块号占 4 B，文件索引节点中的磁盘地址明细表如图 5-34 所示，请将下列文件的字节偏移量转换为物理地址（写出计算过程）。

(1) 8000　　　　　　　　(2) 13000　　　　　　　　(3) 350000

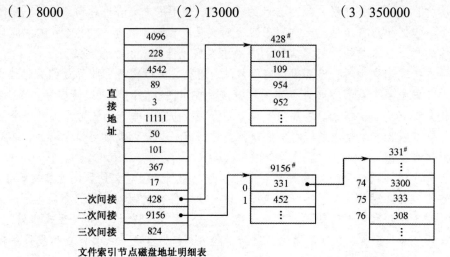

图 5-34　习题 13 有关文件盘块的数据结构

第6章

OS

输入和输出

通常，用户操作计算机时需要从键盘上输入数据，从屏幕上读取结果和信息，用打印机打印结果，在磁盘上存放文件等。总之，要用到很多外部设备。操作系统为用户提供了众多服务，其中对各种外部设备进行管理是操作系统的一个重要任务，也是其基本组成部分。

外部设备种类繁多，它们的特性和操作方式有很大差别，因此无法按一种算法统一进行管理。在操作系统设计中，I/O（输入/输出）管理可能是最烦琐和最复杂的，而且与硬件紧密相关。

在操作系统中，I/O 管理的关键目标有两个：一是提供与操作系统其他部分的最简单接口，方便使用，并且这种接口在可能条件下应对所有设备是相同的（即具有设备无关性）；二是优化 I/O 操作，实现最大并行性，因为 I/O 设备往往是系统性能的瓶颈。

并发是现代计算机系统的重要特性，允许多个进程同时在系统中活动。而实施并发的基础是由硬件和软件结合而成的中断机制。

操作系统的作用就是在进行输入和输出时，管理、控制输入和输出操作与 I/O 设备。本章先简要介绍 I/O 硬件基本原理，再介绍 I/O 软件的总体情况（通常，I/O 软件都具有层次结构，每层完成自己的任务），最后介绍磁盘调度等内容。

6.1 I/O 管理概述

6.1.1 外部设备分类和标识

外部设备种类繁多，特性各异。终端、打印机、鼠标、时钟、硬盘驱动器、软盘驱动器、CD-ROM、U 盘驱动器等，有不同的物理特性，各自实现不同的 I/O 功能。下面介绍一般的分类方式和设备标识方法。

1．外部设备分类

外部设备可以从不同角度进行分类，按照工作特性，外部设备可以分为存储设备和输入/输出设备两大类。

（1）存储设备

存储设备也称为外存或备份存储器、辅助存储器，是计算机用来存储信息的主要设备。虽然它们的存储速度较内存慢，但比内存容量大得多，价格相对便宜。存储设备在现代计算机系统中得到广泛应用，多数处理过程都是基于磁盘系统的。特别是硬盘，它提供基本的联机信息（程序和数据）的存储。存储设备通常包括硬盘、软盘、CD-ROM、U 盘、磁带等。大多数程序，如编译程序、汇编程序、排序例程、编辑程序、格式化程序等，都存放在硬盘上，在使用时才调入内存。存储设备上存储的信息在物理上往往是按固定大小的块组织的，每块都有自己的地址，因此也被称为面向块的设备，或简称块设备。块的大小可以是 512 B～64 KB，通常是 512 B。块设备的基本特征是可以独立地读或写每一块。

硬盘的内部结构如图 6-1 所示。

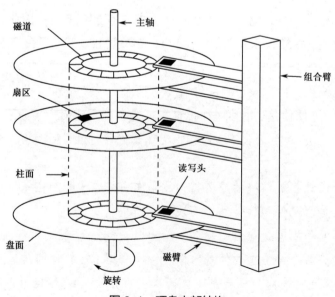

图 6-1 硬盘内部结构

硬盘的常用术语如下。

① 读写头（Head）

通常看到的硬盘都是封装好的，看不到内部的构成情况。事实上，在同一个硬盘中存在好几张硬盘盘片（通常为 9 片）。每片硬盘盘片与双面软盘一样，每面有一个读写头（即磁头）。只不过在这些盘片中，最上面和最下面两张盘片的外存储面分别与硬盘顶部和底座接触，所以通常这两个存储面不存放数据，也没有对应的磁头。这样，硬盘包含的盘片数可以通过磁头数用如下公式计算出来：

$$硬盘盘片数 = (磁头数+2) / 2$$

例如，常见的 16 个磁头的硬盘，通常有 $(16+2)/2 = 9$ 个存储盘片。

② 柱面（Cylinder）

通常，磁盘存储面上的存储介质同心圆圆环被称为磁道（Track）。对于硬盘来说，由于有多个盘片，这些盘片中同一位置的磁道不但存储密度相同，而且几何形状就像一个存储介质组成的圆柱，所以硬盘上的多个盘片上的同一磁道被称为柱面。例如，WD 3000 HLFS 硬盘的柱面数为 36481。

③ 扇区（Sector）

根据几何特性，扇区将磁道按照相同角度等分的扇形。每个磁道上的等分段都是一个扇区。如 IBM 360 KB 软盘每个磁盘的扇区数是 720，而 WD 3000 HLFS 硬盘每个磁盘的扇区数是 586 072 368。扇区对应的数据存储量就是数据块大小。通常，磁盘扇区的大小为 512 B～2048 B。如 IBM 360 KB 软盘和 WD 3000 HLFS 硬盘的每个扇区的字节数都是 512。

从几何形状上，内磁道与外磁道的周长差距很大。所以，在现代磁盘技术中，盘面分为若干区，外区的每个磁道包含的扇区数比内区的多。例如，外区的每个磁道有 32 个扇区，内区的每个磁道有 16 个扇区。对于实际磁盘，如 WD 3000 HLFS 硬盘有 16 个或更多个区。

为了隐藏每个磁道有多少扇区的细节，现代磁盘驱动器提供给操作系统的是虚拟的几何参数，如有 x 个柱面、y 个磁头，每个磁道 z 个扇区。当操作系统提出寻道请求时，再由磁盘控制器把请求的参数重新映射成实际的磁道地址。也就是说，磁盘的逻辑地址是由逻辑块构成的一维数组，逻辑块是传输的最小单位，其大小一般为 512 B。当然，某些磁盘可以低级格式化，此时可以选择其他逻辑块大小。当文件系统读、写某文件时，就要由逻辑块号映像成物理块号，由磁盘驱动程序把它转换成磁盘地址，再由磁盘控制器把它映像成具体的磁盘地址。

磁盘有很多种，最常见的是硬盘。磁盘读与写的速度相同，因而用于辅助存储器。

（2）输入设备、输出设备

输入设备是计算机用来接收来自外部世界的信息的设备，如终端键盘、卡片输入机、纸带输入机等。输出设备是将计算机加工处理好的信息送向外部世界的设备，如终端屏幕显示器、行式打印机、卡片输出机等。由于 I/O 设备上的信息往往是以字符为单位组织的，因此这种设备也被称为面向字符的设备，或简称字符设备。字符设备还包括网卡、Modem、鼠标及其他众多与磁盘不同的设备。字符设备不编址，也没有任何寻址操作。

个别设备并不符合上述两类设备的特性，如时钟用于定时产生中断，但既不是存储设备，也不能产生或接收字符流。

还可以从其他角度对外部设备进行分类。例如，按传输速率的快慢，外部设备可以分为低速设备（如键盘、鼠标等）、中速设备（如行式打印机、激光打印机等）、高速设备（如磁盘机、磁带机等);按设备的共享属性分类,外部设备可以分为独占设备、共享设备和虚拟设备;按设备的从属关系,外部设备可以分为系统设备和用户设备;等等。

注意,I/O 设备的速度相差悬殊。例如,键盘的速度为 10 Bps,鼠标为 100 Bps,56k Modem 为 7 KBps,激光打印机为 100 KBps,USB 2.0 为 60 MBps,SATA3 磁盘驱动器为 600 MBps,Single-lane PCIe 3.0 总线为 985 MBps,SONET OC-768 网络为 5 GBps 等。

2．外部设备标识

计算机系统中可以配置多种类型的设备,并且同一类型的设备可以有多台,如 10 台终端、3 台打印机。那么,怎样标识各台设备呢?也就是说,如何给每台设备命名呢?各系统中设备命名的方法虽不相同,但基本思想相似。系统按某种原则为每台设备分配唯一的号码,用于硬件(设备控制器)区分和识别设备的代号,称为设备绝对号(或绝对地址)。这种方式如同内存中每个单元都有一个地址那样。

在多道程序环境中,系统的设备被多个用户共享,用户并不知道系统中哪台设备忙,哪台设备闲,哪台可用,哪台不可用,只能由操作系统根据当时设备的具体情况决定哪个用户用哪台设备。这样,用户在编写程序时就不能通过设备绝对号来使用设备,只需向系统说明他要使用的设备类型,如打印机还是显示器。为此,操作系统为每类设备规定了一个编号,称为设备类型号。如在 UNIX 系统中,设备类型号称为主设备号。UNIX 系统中,所有块设备的设备名由主设备号和次设备号两部分构成,前者表示设备类型,后者表示同类设备中的相对序号。如 rfd0、rfd1 分别表示第 1 个和第 2 个软盘驱动器。

用户程序往往同时使用几台同类设备,并且每台设备都可能多次使用,用户程序必须向操作系统说明,当时它要用的设备是哪类设备的第几台。这里的"第几台"是设备相对号,是用户自己规定的所用同类设备中的第几台,应与系统为每台设备规定的绝对号相区别。

用户程序中提出使用设备的申请时,使用系统规定的设备类型号和用户规定的设备相对号,由操作系统进行"地址转换",变成系统中的设备绝对号。

6.1.2　I/O 结构

不同规模的计算机系统,其 I/O 结构存在差异。在大多数微型机和小型机中,都使用总线 I/O 结构,如图 6-2 所示。总线是组成计算机的各部件间进行信息传送的一组公共通路,传输的信息都遵循严格定义的协议。由图 6-2 可知,各部件只与总线连接,它们的信息发送和接收通过总线实现。目前,微机上常用的公共系统总线是 PCI(Peripheral Component Interconnect,外部设备互连)总线结构,它把处理器 - 内存子系统与高速设备连接起来。另外,扩展总线把相对慢速的设备(如键盘、串行和并行端口)连接起来。

6.1.3　设备控制器

I/O 设备一般由机械部分和电子部分组成。为了达到模块化和通用性要求,设计时往往将这两部分分开处理。电子部分称为设备控制器或适配器,常以印制线路板的形式插入主机槽中。电子部分可以管理端口、总线或设备,实现设备主体(即机械部分)与主机间的连接与通

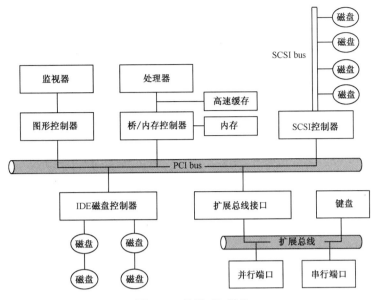

图 6-2 总线 I/O 结构

信。通常，一台控制器可以控制多台同一类型的设备。因此，操作系统总是通过设备控制器实施对设备的控制和操作。控制器是可编址的设备。

1．控制器接口

设备控制器有两个方向的接口：一个是与主机之间的系统接口，用于控制设备与总线之间交换数据；另一个是与设备驱动电路之间的低层次接口，用于根据主机发来的命令，控制设备动作。

2．控制器功能

控制器功能如下：

① 实现主机和设备之间的通信控制，进行端口地址译码。

② 把计算机的数字信号转换成机械部分能够识别的模拟信号，或者反过来。

③ 实现数据的缓冲。例如，磁盘控制器把来自磁盘驱动器的串行位流进行组装，存入控制器内部的缓冲区，形成以字节为单位的块，然后进行错误校验，若无误，则把该块复制到内存中。通常，在接口电路中设置一个或几个数据缓冲寄存器，传输数据时先送入缓冲寄存器，然后送入相应设备（输出时）或主机（输入时）。

④ 接收主机发来的控制命令。当控制器接收一条命令后，CPU 转去完成其他工作，而控制器独立完成命令规定的操作。当命令完成后，控制器产生一个中断，CPU 执行相应的中断处理程序。

⑤ 将设备和控制器当前所处的状态提供给主机。

3．存储器映像 I/O

为了实现与 CPU 通信，每个控制器都有几个寄存器。例如，控制寄存器用来选择外部设备的某功能，如全双工或半双工通信方式、激活奇偶校验等；状态寄存器记载当前设备所处的状态，如当前命令是否完成、设备是否出错等；数据寄存器保存当前输入或输出的数据。操作系统的 I/O 指令经由总线写入这些寄存器，命令设备发送/接收数据，打开/关闭开关，或执行其他动作。操作系统从这些寄存器中读取数据，从而知道设备的当前状态，并判定是否准备接收新的命令等。

除了控制寄存器，很多设备还有数据缓冲区，由操作系统对它进行读或写。例如，为了在屏幕上显示像素，通常在显示器中有视频 RAM。它是一个数据缓冲区，程序和操作系统都可以把数据写入其中。

CPU 与控制寄存器和设备数据缓冲区的通信方式有两种。

一种方式是为每个控制寄存器分配一个 I/O 端口号（8 位或 16 位整数），使用专门的 I/O 指令，CPU 可以读、写控制寄存器。那么，内存与 I/O 地址空间是不同的，如图 6-3 所示。

另一种方式是把所有控制寄存器映像到存储器空间，如图 6-4 所示。每个控制寄存器分配唯一的存储器地址，且与实际内存单元的地址不冲突。这种模式称为存储器映像（Memory-Mapped）I/O。通常，为控制寄存器分配的地址位于地址空间的顶端。

还有组合方式，既有存储器映像 I/O 数据缓冲器，又采用单独的 I/O 端口，如图 6-5 所示。例如，Pentium 采用这种结构：640K～1M-1 的地址保留用于设备数据缓冲区，而 I/O 端口号是 0～64K-1。

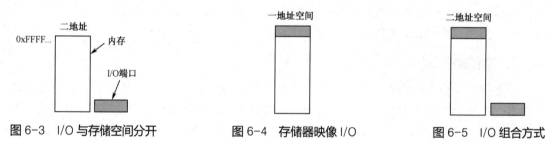

图 6-3　I/O 与存储空间分开　　　图 6-4　存储器映像 I/O　　　图 6-5　I/O 组合方式

组合方式的基本工作过程是：① CPU 把所需数据地址（内存或 I/O 端口）放在地址总线上；② 在控制总线上插入读信号，表明数据来自 I/O 空间还是存储器空间；③ 由相应的对象（I/O 设备或存储器）对请求做出回答。

6.1.4　I/O 系统的控制方式

I/O 设备品种繁多，物理特性各异，与主机的连接方式不同，且控制方式也不同。随着计算机技术的发展，I/O 控制方式逐渐由简到繁，由低级到高级，主要发展方向是 CPU 与外围系统并行工作。根据 I/O 设备的速度和工作方式的差别，I/O 控制方式可分为以下 6 种。

1．程序控制直接传递方式

早期的 I/O 方式很简单，由程序员利用 I/O 指令编写输入、输出程序，直接控制数据传输，不需查询外设状态。此方式虽简单，但只能应用于外设确已准备就绪的状态下。

2．程序查询方式

在尚无中断的早期计算机系统中，输入、输出过程完全由 CPU 控制。例如，CPU 通过端口写输出，I/O 控制的工作过程如下：① CPU 循环读取（控制器）状态寄存器中的 busy（忙）位，直至该位被清除——表示设备就绪，可以接收下一条命令；② CPU 置上命令寄存器中的

write（写）位，并且把 1 字节写入数据输出寄存器，CPU 置 ready（命令就绪）位；③ 当控制器得知"命令就绪"位置好，置 busy 位；④ 控制器读取命令寄存器，并看到 write 命令，接着从数据输出寄存器中读取一个字节，传给设备，进行输入或输出；⑤ 控制器清除 ready 位，清除状态寄存器中的 error（出错）位，表明输入或输出成功，清除 busy 位表明完成 1 字节的输出。对每个输出字节都循环执行以上步骤。

在进行输入或输出传输的开头，CPU 需要一次又一次地读取状态寄存器，直至其中 busy 位被清除，此时 CPU 处于"忙式等待"或"轮询"状态。在通常情况下，I/O 设备的读写速率远低于 CPU，造成 CPU 高速处理能力浪费。因此中断概念出现后，很快被用于 I/O 系统。

3．中断控制方式

为克服上述方式的缺点，使 CPU 与 I/O 设备能够并行工作，现代计算机系统广泛采用中断控制方式。其基本工作过程如下：

① CPU 执行设备驱动程序，发出启动 I/O 设备的指令，使外设处于准备工作状态。然后，CPU 继续运行程序，进行其他信息的处理。

② I/O 控制器按照 I/O 指令的要求，启动并控制 I/O 设备的工作。此时，CPU 与设备并行工作。

③ 当输入就绪、输出完成或发生错误时，I/O 控制器便向 CPU 发送一个中断信号。

④ CPU 接收到中断信号后，保存少量的状态信息，如指令计数器和程序状态寄存器的内容，然后将控制发给中断处理程序。

⑤ 中断处理程序确定中断原因，执行相应的处理工作，最后退出中断，返回中断前的执行状态。

⑥ CPU 恢复对被中断任务的处理工作。

上述过程反复执行（详见 6.2 节）。

中断处理方式一般用于随机出现的 I/O 请求。每当完成一次输入或输出都要执行中断处理程序，所以费时多，只适用于中、慢速外设。

4．直接存储器访问方式

（1）DMA 控制方式的引入

磁盘、磁带等以数据块为单位的存储设备具有容量大、传输速度快的特点。如果仍以上述中断控制方式实现数据的传送，即每传输 1 字节 I/O 控制器就向 CPU 发一次中断，使 CPU 执行一次中断服务。显然，CPU 被中断的次数过多，会降低 CPU 的工作效率。由于 CPU 执行中断处理程序，可能延误数据的接收，会导致数据丢失，因此引入了 DMA（Direct Memory Access，直接存储器存取）方式。如果硬件设施中有 DMA 控制器，那么操作系统就使用 DMA 方式，多数系统都这样做。

DMA 方式具有以下 4 个特点：

① 数据是在内存和设备之间直接传输的，传输过程中不需要 CPU 干预。

② 仅在一个数据块传输结束后，DMA 控制器才向 CPU 发中断请求。

③ 数据的传输控制工作完全由 DMA 控制器完成，速度快，适用于高速设备的数据成组传输。

④ 在数据传输过程中，CPU 与外设并行工作，提高了系统效率。

可以看出，DMA 方式与中断控制方式相比，大幅减少了 CPU 对 I/O 控制的干预，因而 DMA 方式的基本思想是用硬件机构实现中断服务程序所要完成的功能。

（2）DMA 的传输操作

DMA 控制器包含几个寄存器，如内存地址寄存器、字节计数寄存器和一个或多个控制寄存器。控制寄存器指明所用的端口、传输方向（是读还是写）、传输单位（一次 1 字节还是 1 个字），以及本次传输的字节数。CPU 可以读或写这些寄存器。

DMA 传输过程如下（如图 6-6 所示）：

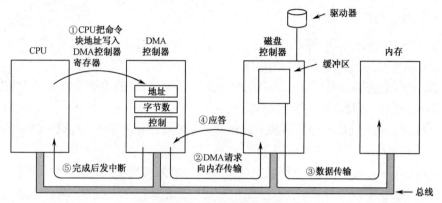

图 6-6　DMA 传输过程

① CPU 把一个 DMA 命令块写入内存，该命令块包含传输数据的源地址、目标地址和传送的字节数；CPU 把这个命令块的地址写入 DMA 控制器的寄存器。CPU 向磁盘控制器发送一个命令，让它把数据从磁盘读到内部缓冲区中，并进行校验。然后，CPU 去处理其他任务。当有效数据存入磁盘控制器的缓冲区后，就开始直接存储器存取。

② DMA 控制器启动数据传输。通过总线，向磁盘控制器发送一个读（盘）请求，让它把数据传输到指定的内存单元。

③ 磁盘控制器执行从内部缓冲区到指定内存的数据传送工作，一次传输一个字。

④ 当把数据字写入内存后，磁盘控制器通过总线向 DMA 控制器发一个应答信号。

⑤ DMA 控制器把内存地址增 1，并且减少字节计数。如果该计数值仍大于 0，那么重复执行上述第②～④步，直至计数值为 0。此时 DMA 控制器中断 CPU，告诉 CPU 传输已完成。

（3）DMA 控制器的工作模式

某些 DMA 控制器可以在每次一字模式和整块模式两种模式下工作。上面介绍的模式就是每次一字模式，即 DMA 控制器一次请求传输 1 个字。在 DMA 控制器启动数据传输时，要占用总线。如果此时 CPU 也想用总线，那么 CPU 必须等待，因为 I/O 访问的优先权高于 CPU 访问。在一个数据字从内部缓冲区传输到内存期间，设备控制器偷偷挪用了 CPU 的总线周期，即 CPU 空出一个总线周期，让磁盘将数据送入内存，所以这种机制也被称为挪用周期。

在整块模式下，DMA 控制器命令设备占用总线，发出一连串数据进行传输，然后释放总线。这种方式也被称为阵发模式，比挪用周期模式效率更高。因为占用总线需要花费时间，而一次传输多个字只需付出一次占用总线的代价。阵发模式的缺点是：当进行很长的阵发传输时，会在一段时间内封锁 CPU 和其他设备。

在每次一字模式中，使用了 DMA 控制器的内部缓冲区。其作用是：① 磁盘控制器在开始传送之前可以进行校验，以避免传输错误数据；② 避免因申请占用总线而延误对后续数据字的接收。因为磁盘控制器把数据直接写到内存时，必须占用总线来传输每个字。

可以看出，DMA 控制方式具有数据成块传输、仅在整块数据传输完成后才中断 CPU 等特点。然而，并非所有计算机都使用 DMA。批评者的意见是：主 CPU 往往比 DMA 控制器快得多，可以把 I/O 工作干得更快。对于低端（嵌入式）计算机来说，这种意见是重要的。

5. 独立通道方式

（1）通道的引入

DMA 方式可以成块传输数据，显著减少产生中断的次数，但是仍然需要 CPU 进行干预，特别当一次需要读取多个离散的数据块且将它们传输到不同的内存区域，或者反向传输时，CPU 需要分别发出多条 I/O 指令，进行多次中断处理。

为了使 CPU 摆脱繁忙的 I/O 事务，现代大、中型计算机设置了专门处理 I/O 操作的机构，即通道。通道相当于一台小型处理机，接受主机的委托，独立执行通道程序，对外部设备的 I/O 操作进行控制，以实现内存与外设之间的成批数据传输。当主机委托的 I/O 任务完成后，通道发出中断信号，请求 CPU 处理。这样就使 CPU 基本上摆脱了 I/O 处理工作，提高了 CPU 与外设工作的并行程度。

通道程序由通道执行的指令组成。通道指令比较简单，一般有三组基本操作：数据传输（读、写）、设备控制和转移。一个通道可以分时执行几个通道程序，每道程序的控制部分称为子通道。这样，一个通道可以具有多个子通道，由它们各自控制各通道程序的执行，管理外部设备的工作。

（2）通道类型

虽然各种 I/O 通道的基本功能是相同的，但其形式和规模相差很大，有的很简单，有的甚至用 CPU 作为 I/O 通道。根据信息交换的方式，通道可以分为字节多路通道、选择通道和成组多路通道三种。

① 字节多路通道：以字节作为信息输送单位，服务于多台低速 I/O 设备，如卡片输入机、打印机等。当通道为一台设备传输一个字符后，立即转向为下一台设备传送字符，从而交叉地控制下属各设备的工作。如 IBM 370 中，这样一个通道最多可以连接 256 台低速设备。

② 选择通道：在同一时间里只能为一台设备服务，连续地传输一批数据，故传输速率很高，主要用于连接高速外部设备，如磁盘、磁带等。当一个 I/O 请求完成后，再选择另一个设备执行 I/O 操作。

③ 成组多路通道：结合字节多路通道分时操作和选择通道高速传送的优点，广泛用于连接高速和中速设备。成组多路通道允许多个通道程序在同一 I/O 通道中并行运行，每当执行完一条通道指令，它就转向另一通道程序。它在任意时刻只能为一个设备服务，因此类似选择通道；但不必等到整个通道程序结束就能为另一设备服务，又类似字节多路通道。

图 6-7 描述了 IBM 370 系统的结构，包括上述三种通道。

6. I/O 处理器方式

虽然独立通道方式可以完成数据传输工作，使 CPU 主要致力于计算工作，但是通道并不

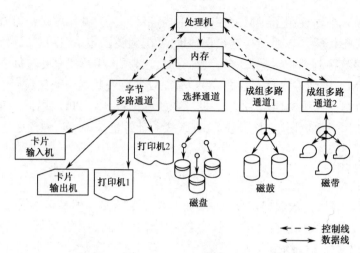

图 6-7　IBM 370 系统的结构及三种通道

能承担全部的 I/O 工作，仍需 CPU 的干预。例如，通道开始工作时，需要 CPU 执行相应的 I/O 指令；启动设备；在工作结束时，CPU 要进行善后处理，如数据格式的转换、数据区的整理等；当通道出现故障时，CPU 要做检测与故障处理。特别在数据输入、输出过程中，CPU 要进行码制转换、格式处理、数据校验等工作。

为了使 CPU 充分发挥高速计算的能力，真正摆脱上述 I/O 事务，一些大型、高速的计算机往往利用专用的处理器来独自完成全部的 I/O 管理工作，包括设备管理、文件管理、信息传输和转换、故障检测与诊断等。这样，整个计算机系统就由集中控制变成分散控制，使计算机性能有明显的飞跃。当然，这种方式增加了系统成本；当 I/O 任务不是很繁重时，I/O 处理器的负载不是很饱满。

6.1.5　I/O 管理的功能

1．I/O 软件的主要目标

计算机系统中包含众多 I/O 设备，它们种类繁多，物理特性各异，所以 I/O 管理在操作系统中占很大比重。从操作系统的观点看，I/O 软件要达到如下 4 个目标。

（1）与设备无关

与设备无关也称为设备独立性。也就是说，用户程序应与实际使用的物理设备无关，由操作系统考虑因为实际设备不同而需要使用不同的设备驱动程序等问题。这样，用户程序的运行就不依赖于特定设备是否完好、是否空闲，而由系统合理地进行分配，不论实际使用哪一台同类设备，程序都应正确执行；还要保证用户程序可在不同设备类型的计算机系统中运行，不致因设备型号的变化而影响程序的工作。

在已经实现设备独立性的系统中，用户编写程序时一般不再使用物理设备，而使用虚拟设备，由操作系统实现虚实对应。如在 UNIX 系统中，外部设备作为特别文件，与其他普通文件一样由文件系统统一管理，在用户面前对各种外设的使用如同对普通文件那样，用户具体使用的物理设备由系统统一管理。

例如，输入如下命令：

其功能是对输入文件 input 进行排序，且将排序结果送往输出文件 output。其中，input 可以来自软盘、硬盘或者键盘，output 可以对应任何类型的磁盘或屏幕（"<" 是输入重定向符，">" 是输出重定向符）。

（2）统一命名

为了实现设备无关性，对文件和设备应统一命名，即它们的名字应该是一个简单、规范的字符串或整数，而不依赖于具体设备。这样，用户不必知道哪个名字对应哪个设备。例如，在 UNIX 和 Linux 系统中，可以把一个 U 盘设备安装到主文件系统的某空目录上，按照常规的文件路径名方式可以读或写 U 盘的信息。

（3）层次结构

按照功能和彼此接口，组成 I/O 软件的各程序划分成若干层次。与用户 I/O 程序相关的部分在高层，直接与硬件动作相关的部分（如中断处理程序）在低层，而且在设计上尽可能采用统一的管理方法，使 I/O 管理系统结构简练，性能可靠，易于维护。

（4）效率高

为了提高外设的使用效率，除了合理分配各种外部设备，还要尽量提高外部设备与 CPU、外部设备之间的并行性，通常可采用通道和缓冲技术；还要均衡系统中各台设备的负载，最大限度地发挥所有设备的潜力。

2. I/O 管理的主要功能

为了实现上述目标，操作系统的 I/O 管理系统应具备以下 4 项功能。

（1）监视设备状态

计算机系统中存在许多设备以及控制器、通道，在系统运行期间它们完成各自的工作，处于不同的状态。例如，系统内共有 3 台打印机，其中 1 台正在打印、1 台出现故障、1 台空闲。系统要知道 3 台打印机的情况，当有打印请求时，就能进行合理的分配，把空闲的打印机分出去。所以，I/O 管理功能之一是记录所有设备、控制器和通道的状态，以便有效地管理、调度和使用它们。

（2）进行设备分配

按照设备的类型（独占的、可共享或虚拟的）和系统采用的分配算法，实施设备分配，即决定把一台 I/O 设备分给哪个要求该类设备的进程，并且把使用权交给它。大、中型系统还要分配相应的控制器和通道，以保证 I/O 设备与 CPU 之间有传输信息的通路。如果一个进程没有分到所需的设备或控制器、通道，那么它就进入相应的等待队列。完成这个功能的程序被称为设备分配程序（或 I/O 调度程序）。

（3）完成 I/O 操作

通常，完成 I/O 操作功能的程序被称为设备驱动程序。在设置有通道的系统中，应根据用户提出的 I/O 要求，构成相应的通道程序。通道程序由通道指令构成，它们实现简单的 I/O 控制和操纵。通道程序由通道去执行。总之，系统按照用户的要求调用具体的设备驱动程序，启动相应的设备，进行 I/O 操作；并且处理来自设备的中断。操作系统的每类设备都有自己的设备驱动程序。

（4）缓冲管理与地址转换

为了使计算机系统中各部分充分并行，不致因等待外设的输入、输出而妨碍 CPU 的计算工作，应减少中断次数；同时，大多数 I/O 操作涉及缓冲区，所以系统应对缓冲区进行管理。此外，用户程序应与实际使用的物理设备无关，这就需要将用户在程序中使用的逻辑设备转换成物理设备的地址。

6.2　中断处理

6.2.1　中断概述

现代计算机系统的一个重要特性是允许多个进程同时在系统中活动，即并发。实施并发的基础是由硬件和软件结合而成的中断机制。中断对于操作系统非常重要，它就好像机器中的齿轮，驱动各部件的动作。所以，许多人称操作系统是由"中断驱动"的。

1．中断的概念

所谓中断，是指 CPU 对系统发生的某个事件做出的一种反应，使 CPU 暂停正在执行的程序，保留现场后自动执行相应的处理程序，处理该事件后，如被中断进程的优先级最高，则返回断点继续执行被"打断"的程序，如图 6-8 所示。

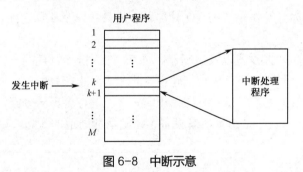

图 6-8　中断示意

引起中断的事件或发出中断请求的来源称为中断源。中断源向 CPU 提出的处理请求称为中断请求。发生中断时，被打断程序的暂停点称为断点。

前面讲过，中断最初是作为通道（或设备）与 CPU 之间进行通信的工具。中断的概念后来得到进一步扩展。在现代计算机系统中，不仅通道或设备控制器可向 CPU 发送中断信号，其他部件也可以造成中断。例如，程序在 CPU 上运行时出现运算溢出、取数时奇偶错、电源故障、时钟计数到时等，都可成为中断源。

中断概念的另一个发展是访管指令（或系统调用）的使用。用户程序中可以使用操作系统对外界提供的系统调用，得到系统内部服务。当用户程序执行到系统调用时，进程状态从用户态变为核心态。内核根据系统调用的编号，转去执行相应的处理程序，如对文件的读/写、对进程的控制等。硬件保证用户态下运行的程序不得访问内核空间的数据，从而保护了操作系统。系统调用的出现为用户编制程序提供了方便和可靠性保证。

214

2．中断系统的作用

中断系统是当代计算机必不可少的组成部分之一。中断系统的作用主要有以下5点。

① 提高主机的利用率，使高速 CPU 可以与低速的外部设备并行工作。

② 及时进行事故处理。当计算机发生硬件故障或出现程序性错误（如运算结果溢出、除数为 0、地址错、非法操作码等）时，可以通过中断系统进行处理。操作系统通过程序复执来排除偶然性错误，或记录故障与错误，为故障诊断和机器恢复做好准备。

③ 实现分时操作。如前所述，在分时系统中正在运行的进程用完所分到的时间片后，就要让出 CPU，排到相应的就绪队列中。依靠定时时钟对时间片进行计时，到达预定值时就产生时钟中断，调用进程调度程序进行相应处理。也就是说，通过中断，系统将 CPU 的时间分配给各进程使用。

④ 实现实时操作。在实时控制系统中，很多信号是随机产生的，只有通过中断系统才能对它进行及时处理，避免丢失信息。

⑤ 方便程序调试。利用中断，操作系统可以方便地调试程序，可人为设置断点，随时中断程序的执行，查看中间结果，了解工作状态，输入临时命令等。

3．中断类型

现代计算机根据实际需要配置不同类型的中断机构，有的简单，有的复杂。因此，按照不同的分类方法有不同的中断类型，如按功能、按产生中断的方式划分等。目前，很多小型机系统和微机系统都按中断事件来源划分中断，分为两类：

① 中断：由 CPU 以外的事件引起的，如 I/O 中断、时钟中断、控制台中断等。中断是异步的，因为从逻辑上，中断的产生与当前正在执行的进程无关。

② 异常（Exception）：来自 CPU 内部的事件或程序执行中的事件引起的过程，如 CPU 本身故障（电源电压低于 105 V 或频率在 47～63 Hz 之外）、程序故障（非法操作码、地址越界、浮点溢出等）和请求系统服务的指令（即访管指令）引起的事件等。可见，异常包括很多方面，主要有出错、陷入和可编程异常。出错和陷入之间最重要的区别是处理完异常事件返回时，出错事件会重新执行导致异常的那条指令，如缺页故障；而陷入事件不会重新执行那条指令。陷入主要用于程序调试。异常是同步的，因为它们是由于执行指令引起的。

可编程异常是由于用户在 C 语言程序中使用了系统调用而引发的过程。应用程序使用系统调用就可由用户模式转入核心模式，在核心模式下完成相应的服务后再返回用户模式。所以，系统调用是用户程序与内核的接口。硬件对可编程异常的处理与对陷入的处理是一致的，即从这类异常返回时，也返回产生异常的下一条指令。系统调用有时也称为软件中断或陷入。

6.2.2　中断的处理过程

1．中断的硬件结构

硬件级的中断结构和过程如图 6-9 所示。当 I/O 设备完成给定的工作后，由相应的设备控制器产生中断信号（设操作系统已经开启中断系统），并把该信号放到总线上。当 CPU 检测到控制器把一个信号插到中断请求线上时，就保存少量的状态信息，如程序计数器的值，然后转到中断处理程序。

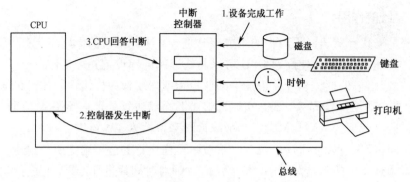

图 6-9　硬件级的中断结构和过程

2．中断响应

对中断请求的整个处理过程是由硬件和软件结合起来而形成的一套中断机构实施的。发生中断时，CPU 暂停执行当前的程序，转去处理中断。这个由硬件对中断请求做出反应的过程称为中断响应。一般，中断响应顺序执行如下操作：① 中止当前程序的执行；② 保存原程序的断点信息（主要是程序计数器 PC 和程序状态寄存器 PS 的内容）；③ 转到相应的处理程序。

通常，CPU 在执行一条指令后，立即检查有无中断请求。若有且"中断允许"触发器为 1（表示 CPU 可以响应中断请求），则立即做出响应。

中断信号导致 CPU 停止执行当前程序的下一条指令，并且"关闭"中断——把"中断允许"触发器置"0"。在中断响应期间，CPU 不再响应任何其他中断源的中断请求，不管其级别高低。

在进行中断处理过程前，硬件总要保存某些信息。至于保存哪些信息、保存在什么地方，这些随 CPU 而变。至少要把程序计数器的内容（即程序断点）自动压入堆栈，以便中断返回时，把程序计数器的值从堆栈中弹出，继续主程序的执行。

然后，形成中断处理程序的入口地址，把它送入 PC 寄存器，并转入中断程序入口。通常，不同的中断有不同的入口。CPU 接到中断后，就从中断控制器处得到一个称为中断号的地址，它是检索中断向量表的位移。中断向量表的表项是中断向量。中断向量因机器而异，通常包括相应中断处理程序入口地址和中断处理时处理机状态字 PSW。表 6-1 列出了示意性的中断向量表。例如，对于终端发出的中断，核心从硬件那里得到的中断号是 2，然后查找中断向量表，得到终端中断处理程序 ttyintr 的地址。

表 6-1　示意性中断向量表

中断号	中断处理程序	中断号	中断处理程序	中断号	中断处理程序
0	clockintr	2	ttyintr	4	softintr
1	diskintr	3	devintr	5	otherintr

采用向量中断机制的目的是提高检索相应处理程序的效率。实际上，计算机中设备数量多于中断向量表中元素的个数，因而中断处理程序个数也多于向量表中元素的个数。解决这个问题的常用方式是采用中断链环技术，即中断向量表中的每个元素指向中断处理程序队列的队首。当发生中断时，一个接一个地调用相应队列中的处理程序，直至找到能为该请求提供服务的处理程序为止。显然，这种结构是一种折中方案，克服了大量中断向量表的开销，但是造成

调度单个中断处理程序的效率降低。

Intel Pentium 处理器中断向量表如表 6-2 所示。0～31 号事件是不可屏蔽的，用于对各种错误情况发出中断信号；32～255 号事件是可屏蔽的，用于表示设备产生的中断。

表 6-2 Intel Pentium 处理器中断向量表

中断号	说　　明	中断号	说　　明	中断号	说　　明
0	除法错误	7	设备不可用	14	页面故障
1	调试异常	8	双精度故障	15	Intel 保留，未用
2	空中断	9	协处理器段超限（保留）	16	浮点错误
3	断点	10	无效任务状态段	17	调整检查
4	INTO 检测溢出	11	段不存在	18	机器检查
5	边界范围异常	12	堆栈故障	19～31	Intel 保留，未用
6	无效操作码	13	一般性保护	32～255	可屏蔽中断

3．中断处理

中断响应后，由软件（中断处理程序）进行相应处理。中断处理过程大致分为 4 个阶段（如图 6-10 所示）：① 保存被中断程序的现场；② 分析中断原因；③ 转入相应处理程序进行处理；④ 恢复被中断程序现场（即中断返回）。

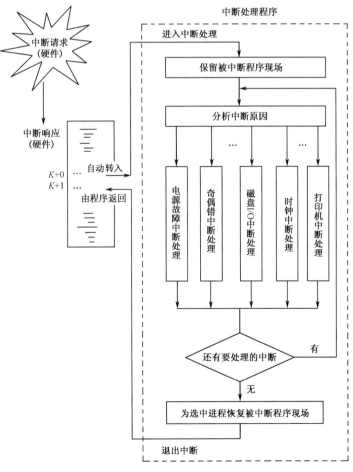

图 6-10 中断处理的一般过程

（1）保存现场

保存被中断程序现场的目的是在中断处理完后，可以返回到原来被中断的地方，在原有的运行环境下继续执行。通常，中断响应时硬件已经保存 PC 和 PS 的内容，但是还有一些状态环境信息需要保存起来。例如，被中断程序使用的各通用寄存器的内容等。因为通用寄存器是公用的，中断处理程序也使用它们。如果不做保存处理，即使能按断点地址返回被中断程序，但由于环境被破坏（如中间运行结果丢失），原程序也无法正确运行。中断响应时硬件处理时间很短（通常是一个指令周期），所以保存现场的工作可由软件协助硬件完成，且在进入中断处理程序时立即去做。当然，在不同机器上两者的分工形式是不统一的。

对现场信息的保存方式是多样化的，常用方式有集中式保存和分散式保存两种。

集中式保存是在系统内存区中设置一个中断现场保存栈，所有中断的现场信息统一保存在这个栈中。由系统严格按照后进先出原则实施进栈和退栈操作。

分散式保存是在每个进程的 PCB 中设置一个核心栈，一旦其程序被中断，它的中断现场信息就保存在自己的核心栈中。如在 UNIX 系统中，每个进程都有一个核心栈。

（2）分析原因

中断处理的主要工作是根据中断源确定中断原因，然后转入相应处理程序去执行，即确定"中断源"或查证中断发生，识别中断类型（确定是时钟中断还是盘中断）和中断设备号（哪个磁盘引起的中断）。对中断源的保存有不同方式。在有的系统中，硬件在自动转入中断处理程序前，已把中断源信息记录在程序状态字（PSW）和相关专用区中。如在 IBM 360 系统中，发生程序中断时，中断源存放在 PSW 的中断字段中。在 I/O 中断时，中断字段仅反映通道号或设备号，具体中断原因放在通道状态字（CSW）中。而在另一些系统中，在进入中断处理程序后，用指令把中断寄存器的值作为中断字取到某寄存器或专用内存单元中保存（如 NOVA机）。相应地，查找中断源一般也有两种方法：一种是顺序查询中断源状态标志，另一种是用专用指令直接获得中断源。有些计算机系统（如 PDP-11 机）却是由硬件根据不同的中断请求直接转入不同的中断处理程序入口的。

（3）处理中断

内核调用中断处理程序，对中断进行处理。例如，调用终端中断处理程序 ttyintr，判断终端的输入、输出工作是否正常完成。如果正常完成，那么驱动程序便可做结束处理；如果还有数据要传输，那么继续进行传输；如果是异常结束，那么根据发生异常的原因做相应处理。

（4）恢复现场

相应中断处理程序执行后，要退出中断，主要执行两步动作：

第一步，选取可以立即执行的进程。通常，退出中断后，应恢复到原来被中断程序的断点，继续执行。如果原来被中断的进程是在核心态下工作，那么不进行进程切换。因为进程在核心态下运行的是操作系统的程序，涉及整个系统资源的管理，需要优先执行。如果原来被中断的进程是用户态进程，并且此时系统中存在比它的优先级更高的进程，那么退出中断时要执行进程调度程序，选择最合适的进程去运行。因此中断处理完成后，处理机控制权的转换需视具体情况而定，前面被中断的程序不一定立即执行。图 6-10 是中断处理流程的简单示意。但是可以肯定，经过若干次调度，总有机会选中那个被中断的进程，让它从断点开始向下执行。

第二步，恢复工作现场。把先前保存在中断现场区中的信息（如 PC、PS 及各通用寄存器中的信息等）取出复原。这些信息一旦"各就各位"，该进程就立即启动运行了。从时间顺序上，先恢复环境信息（各通用寄存器内容），再恢复控制信息（PS 与 PC）。通常，使用一条不可中断的特权指令来复原控制信息，如 IBM 360 的 LPSW（装入 PSW）、PDP-11 的 rtt（装入 PS 和 PC）。当然，随之就恢复了处理机状态（用户态或管理态）。

6.2.3 中断优先级和多重中断

1．中断优先级

如果在用户程序中使用系统调用，就能知道其产生中断请求的时机。除此之外，其他中断往往是随机出现的。这样可能出现多个中断同时发生的情况，就涉及哪个中断先被响应、哪个中断先被处理的优先级问题。为使系统及时响应并处理发生的所有中断，不发生丢失现象，在硬件设计中断机构时，就必须根据各种中断事件的轻重缓急对线路进行排队，安排中断响应次序。另外，软件在处理中断时也要相应安排优先次序。响应顺序与处理顺序可以不一样，即先响应的可以后处理。为满足某种需要，可以采用多种手段改变处理顺序，最常见的方式是采用中断屏蔽。

硬件设计时，一般把紧迫程度大致相当的中断源归并为一组，称为一个中断级。每级的中断处理程序可能有很多相似之处，可把它们统一成一个共同程序；对于不同之处，用各自的专用程序去处理。在这种方式下，每级可以只有一个中断处理程序入口，在内部处理过程中，再根据不同中断请求转入不同的子程序去分别处理。

与某种中断相关的优先权称为它的中断优先级。中断优先级高的中断有优先响应权，可以通过线路排队办法实现。在不同级别的中断同时到达的情况下，级别最高的中断源先被响应，同时封锁对其他中断的响应；它被响应后，解除封锁，再响应次高级的中断。如此下去，级别最低的中断最后被响应。

另外，级别高的中断一般有打断级别低的中断处理程序的权利。也就是说，当级别低的中断处理程序正在执行时，如果发生级别比它高的中断，就立即中止该程序的执行，转去执行高级中断处理程序。后者处理完才返回刚才被中止的断点，继续处理前面的那个低级中断。但是，在处理高级中断过程中，不允许低级中断干扰它，通常也不允许后来的中断打断同级中断的处理过程。

2．中断屏蔽和中断禁止

中断屏蔽是指在提出中断请求后，CPU 不予响应的状态，常用来在处理某个中断时防止同级中断的干扰，或在处理一段不可分割的、必须连续执行的程序时防止意外事件把它打断。

中断禁止是指在可引起中断的事件发生时系统不接收该中断信号，因而不可能提出中断请求而导致中断，简言之，就是不让某些事件产生中断。中断禁止常用在执行某些特殊工作的条件下，如按模取余运算、算术运算中强制忽略某些中断（如定点溢出、运算溢出中断）。在中断禁止的情况下，CPU 正常运行，根本不理睬所发生的那些事件。

从概念上，中断屏蔽和中断禁止是不同的。前者表明硬件接受了中断，但暂时不能响应，要延迟一段时间，等待中断开放（撤销屏蔽），被屏蔽的中断就能被响应并得到处理。而后者表明，硬件不准许事件提出中断请求，从而使中断被禁止。

引入中断屏蔽和禁止的原因主要有以下 3 方面。

① 延迟或禁止对某些中断的响应。中断是可以随机发生的事件。在某些程序（如系统程序）的执行过程中，不希望外界信号对它干扰，以避免对重要数据操作的失误。此外，在某些运算（如按模同余运算）中发生一些事件（如定点溢出）是正常的，没有必要理睬。

② 协调中断响应与中断处理的关系。硬件中断排队线路只是决定若干中断同时到来时系统响应的优先顺序，但处理中断的优先顺序不一定与响应的顺序一致。如果中断响应时是把PSW 寄存器的内容放在专用系统区中，然后取出对应处理程序的 PSW 装入寄存器，接着响应下一个级别较低的中断，那么最后被响应的中断是级别最低的，但它的中断处理程序的 PSW却放在 PSW 寄存器中，从而使它得到优先处理。为了实现高级中断先响应也先处理，在 PSW中必须设置屏蔽位，保证高级中断可以打断低级中断，低级中断不可以打断高级中断的处理。

③ 防止同类中断的相互干扰。在有些系统（如 IBM 360）中，同类中断只有一个中断处理程序状态字（PSW）。因此，在处理此类中断的过程中，不能响应随后到来的同类中断。否则，会因共用同一个 PSW 而造成混乱（后者把前者的内容冲掉）。

屏蔽方式随机器而异，可以用于整级屏蔽，也可用于单个屏蔽。如 IBM 360/370 系统是用PSW 中某些位来屏蔽某些中断的。程序员通过特权指令设置或更改屏蔽位信息。在 UNIX 系统中，通常采用提高处理机执行优先级的方式屏蔽中断，即在程序状态寄存器（PS）中设置处理机当前的执行优先级，当它的值（如 6）大于或等于后来中断事件的优先级（如 4）时，该中断就被屏蔽了。

3．多重中断

可能同时出现多重中断。例如，一个程序正从通信线路上接收数据并打印结果，每当打印操作完成后，打印机会产生一个中断；每当一个数据单位到来时，通信线路控制器就会产生一个中断。数据单位可能是一个字符或是一个数据块，这取决于通信规程的性质。总之，在处理打印机中断的过程中有可能出现通信中断。

处理多重中断的方法有顺序处理方式和嵌套处理方式两种。

① 顺序处理方式。当一个中断正被处理期间，屏蔽其他中断；该中断处理完成后，开放中断，由处理器查看有无尚未处理的中断。若有，则依次处理。这样用户程序执行时，如果出现中断，则响应并处理它，同时屏蔽其他中断。在该中断处理程序运行完、控制返回用户程序之前，开放中断。若有其他中断未被处理，则按顺序进行处理，如图 6-11 所示。

顺序处理方式的缺点是没有考虑中断的相对优先级或时间的紧迫程度。例如，输入数据从通信线路上到来时，就需要迅速处理，腾出空间，供后面的输入使用；如果在第二批输入到来之前，第一批输入数据还未处理完，就会丢失后面的数据。

② 嵌套处理方式：对每类中断赋予不同的优先级，允许高优先级中断打断低优先级中断的处理程序，如图 6-12 所示。

例如，系统中有 3 台 I/O 设备：打印机、磁盘机和通信链路，各自的中断优先级分别是 2、4 和 5。图 6-13 给出了一种可能的执行序列。$t=0$ 时，用户程序开始执行。$t=10$ 时，出现打印机中断，响应该中断，把用户信息存放在系统栈中，然后执行打印机的中断服务（处理）程序（ISR）。$t=15$ 时，ISR 还在执行，但此时发生通信中断。由于通信链路的中断优先级高于打印机中断优先级，打印机的 ISR 被中断，其现场信息压入栈中，接着执行通信中断的 ISR。在通

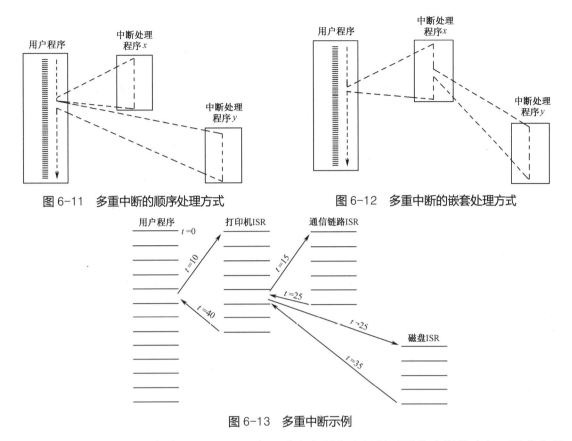

图 6-11　多重中断的顺序处理方式　　　　图 6-12　多重中断的嵌套处理方式

图 6-13　多重中断示例

信 ISR 执行时，出现磁盘中断（t=20）。由于磁盘中断优先级低于通信中断优先级，因此它只是被简单收存，而通信 ISR 继续执行。t=25 时，通信 ISR 完成，恢复先前的处理机状态，本应执行打印机的 ISR，然而由于盘中断优先级高于打印机中断优先级，所以处理器执行磁盘的 ISR。仅当磁盘的 ISR 执行完后（t=35），打印机 ISR 才得以恢复执行。打印机 ISR 执行完后（t=40），最终把控制返还用户程序。

可以看出，嵌套中断往往会给程序设计带来困难。在有些系统（如 Linux）中，当响应中断并进入中断处理程序时，CPU 会自动将中断关闭。

6.3　设备分配

6.3.1　与设备分配相关的因素

各种设备是系统掌管的资源。在一般系统中，进程数往往多于设备数，从而引起进程对设备的竞争。为了使系统有条不紊地工作，系统必须具有合理的设备分配原则，与下列因素有关。

（1）I/O 设备的固有属性

某些设备要求人工干预，如把卡片放入读卡机上，或把一盘磁带放在磁带输入机中。这种工作很费时间，如果这类设备由一个进程独占，它用完了，其他进程再用，就可节省人工干预时间。而对于高速磁盘机，情况完全不同，它可由多个进程共享。

（2）系统采用的分配算法

由分配算法（先来先服务或按优先级）确定哪些进程可得到设备。

（3）设备分配应防止死锁发生

死锁是一种导致严重后果的状态，使若干进程循环等待彼此占有的资源，谁也无法运行下去。若对独占设备采用动态分配法，则可能导致死锁。所以，分配时应注意安全性（见第8章）。

（4）用户程序与实际使用的物理设备无关

为了提高系统的适应性和扩展性，用户程序中使用的设备都是逻辑设备，由系统根据用户的请求和资源使用情况，分配具体的物理设备。

6.3.2 设备分配技术

1．按使用性质对设备分类

（1）独占设备

独占设备是不能同时共用的设备，即在一段时间内，该设备只允许一个进程独占。例如，行式打印机、读卡机、磁带机之类的设备应该由进程独占。

（2）共享设备

共享设备是可由若干进程同时共用的设备，具有高速、大容量、可直接存取等特点。例如，有一台磁盘机，用户甲读自己的文件，用户乙写文件，用户丙访问数据库文件，这些文件都存放在这个磁盘上，各用户进程共用一个磁盘设备。

（3）虚拟设备

虚拟设备是利用某种技术把独占设备改造成可由多个进程共用的设备。这种设备并非物理上变成了共享设备，而是用户使用它们时"感觉"它是共享设备，不像独占设备了。虚拟设备属于可共享设备，因而可把它分配给多个进程使用。

2．设备分配技术

（1）独占分配

独占分配技术是把独占设备固定地分配给一个进程，直至该进程完成 I/O 操作且释放它为止。在该进程占用这个设备期间，即使闲置不用，也不能分给其他进程使用。这是由设备的物理性质决定的。这样做不仅使用起来方便，还可避免死锁发生。否则，若几个用户同时用一台打印机输出，各用户的输出结果交织在一起，无法区分。从设备的利用率来说，这种技术并不好，因为它是低效、高耗的。所以只要有可能，最好还是使用其他两种技术，即共享分配和虚拟分配。

（2）共享分配

通常，共享分配技术适用于高速、大容量的直接存取存储设备，如磁盘机和可读写 CD-ROM 等，这类设备是共享设备。每个进程只用其中的某部分，系统保证对各部分方便地进行检索，而且互不干扰，使共享设备的利用率得到显著提高。然而，由于多个进程同时共用一台设备，会使设备管理工作变得复杂起来。

（3）虚拟分配

虚拟分配技术利用共享设备去实现独占设备的功能，从而使独占设备"感觉上"成为可共享的、快速的 I/O 设备。实现虚拟分配最成功的技术是 SPOOLing（Simultaneous Peripheral Operations On-Line，同时外围联机操作）技术，也称为假脱机操作，把卡片机或打印机等独占设备"变成"共享设备。例如，SPOOLing 程序预先把一台卡片机上一个作业的全部卡片输入磁盘，当进程试图读卡时，再由 SPOOLing 程序把该请求转换成从磁盘上读入。从用户程序来看，它是从"快速"卡片机上读入信息，而实际上是从磁盘上读入的。因为磁盘容易被多个用户共享，这样就把一台卡片机变成多台"虚拟"卡片机。各用户作业可一个接一个地放在卡片机上，然后送入磁盘，独占设备也就成为"共享"设备了。

6.3.3　设备分配算法

设备分配算法就是按照某种原则把设备分配给进程。设备的分配算法与进程的调度算法有相似之处，但比较简单。常用的算法有先来先服务和优先级高的优先服务。

（1）先来先服务

当多个进程对同一设备提出 I/O 请求时，按照进程对设备提出请求的先后次序，将这些进程排成一个设备请求队列。当设备空闲时，设备分配程序总是把设备分给该请求队列的队首进程，即先申请的，先被满足。

（2）优先级高的优先服务

当有多个进程请求 I/O 操作时，设备 I/O 请求队列按进程优先级的高低排列，高优先级进程排在队列前，低优先级进程排在队列后。当有一个新进程要加入设备队列时，并不是直接把它挂在队尾，而是根据它的优先级插在适当的位置。这样，设备队列的队首进程总是当时请求 I/O 设备优先级最高的进程。当设备空闲时，设备分配程序把设备分配给队首进程。

6.3.4　SPOOLing 技术

早期设备分配的虚拟技术是脱机实现的，目的是解决高速 CPU 与慢速外设之间的匹配问题。脱机方式是这样的：用一台专用的外围计算机去高速地读卡片，并把相应信息记录在磁带上，外围机可以使用两台或多台卡片输入机；然后，把磁带连到主机上，主机便可高速地读取带上的卡片副本，允许多个作业同时执行；最后的输出结果记到另一条磁带上，再由专门负责输出的另一台外围机去运行输出带，把各作业的结果一个一个地在打印机上输出。

这种技术多用于早期的批处理系统，虽然解决了慢速外设与快速主机的匹配问题，但是存在如下缺点：① 需要人工干预，产生人工错误的机会多，且效率低；② 周转时间慢；③ 无法实现优先级调度。

在引入处理能力很强的 I/O 通道和多道程序设计技术后，人们可用常驻内存的进程去模拟一台外围机，用一台主机就可完成上述脱机技术中需用三台计算机完成的工作。SPOOLing 技术就是按这种思想实现的，其工作原理如图 6-14 所示。

SPOOLing 系统一般分为存输入、取输入、存输出、取输出 4 部分。

① 存输入部分。控制读卡机工作，物理地读每张输入卡，并存于磁盘（或称输入井）中。

② 取输入部分。把输入井中作业的卡片信息送入内存。作业运行时，执行特定的读卡请求——访问下一张输入卡片内容。注意，作业认为自己在读卡。

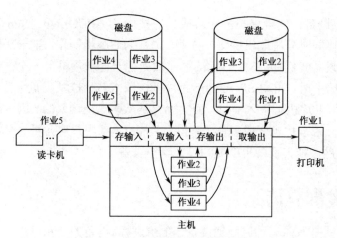

图 6-14　SPOOLing 技术工作原理

③ 存输出部分。在内存中运行的作业所产生的中间结果或最后结果，由存输出部分放入输出磁盘（或称输出井）。

④ 取输出部分。当打印机打印完上一个作业的信息后，就由取输出部分选取合适作业，执行打印输出，即从输出井中取出该作业的结果，交给打印机打印。

上述 4 部分的工作可由输入进程 IN 和输出进程 OUT 完成。IN 进程负责存输入和取输入工作，OUT 进程负责存输出和取输出工作。

在工作过程中，SPOOLing 程序广泛与内存管理、处理机管理、设备管理和文件管理系统发生联系。SPOOLing 程序需要占用内存空间，而且执行取输入功能时要把卡片信息送入内存。SPOOLing 程序在取得 CPU 控制权后才可运行，而且在工作时会对共享数据基进行存取或修改。处理机高级调度程序也要对该共享数据基进行操作，因此二者要协同工作。例如，高优先级的作业应较早经 SPOOLing 程序调入内存，优先被选中运行，尽快从打印机上输出结果。

SPOOLing 技术优于简单缓冲技术之处在于，SPOOLing 可使一个作业的输入/输出与其他作业的计算重叠起来进行。在简单系统中，SPOOLing 程序可以读取一个作业的输入而同时打印不同作业的输出，在此期间，其他作业也正在执行，从磁盘上读"卡片"信息，把输出行"打印"到磁盘上。SPOOLing 程序实现的输入、输出和计算的重叠可在很多作业之间出现。这样，SPOOLing 程序可使 CPU 和 I/O 设备以很高的速率工作。

此外，SPOOLing 程序提供了非常重要的数据结构——作业池，通常把一些作业读到磁盘上，并等待它们运行。磁盘上的作业池使操作系统酌情选择下面要运行的作业，以便提高 CPU 的利用率。SPOOLing 程序是很多现代大型机系统的重要组成部分。

SPOOLing 程序的上述优点是付出不少代价的，主要表现为：① 占用大量的内存作为外设之间传送信息用的缓冲区，所用的表格也占用不少内存空间；② 占用大量磁盘空间作为输入井和输出井；③ 增加了系统的复杂性。

6.4　I/O 软件的层次

构造 I/O 软件的基本思想是划分若干层次，每层有其独立的功能，并且定义与相邻层的接口。低层软件对高层软件隐藏了硬件的具体特性，高层软件为用户提供清晰、方便的统一界面。

I/O 软件分为如下 4 层（如图 6-15 所示）：① 中断处理程序；② 设备驱动程序；③ 与设备无关的操作系统 I/O 软件；④ 用户级 I/O 软件。

应当指出，不同系统中上述各层的功能和接口是有差异的。

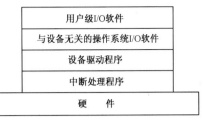

图 6-15 I/O 软件的层次

6.4.1 中断处理程序

中断处理程序在 I/O 软件系统的底层。当输入就绪、输出完成或者出错时，设备控制器就向 CPU 发出中断信号。CPU 接到中断请求后，如果中断优先级高于运行程序的优先级，就响应中断，然后把控制权交给中断处理程序。中断处理程序分析中断原因，依据中断原因调用相应的处理程序。不同的事件对应不同的处理程序，如磁盘 I/O 中断调用磁盘驱动程序，为下面的 I/O 请求提供服务；时钟中断导致进程优先级重新计算，且在需要时执行进程调度。

6.4.2 设备驱动程序

1．设备驱动程序的功能

设备驱动程序是控制设备动作（如设备的打开、关闭、读、写等）的内核模块，用来控制设备上数据的传输。设备生产厂商不仅制造设备，还提供该设备的驱动程序代码。一般来说，设备驱动程序应有以下功能：

① 接受来自上层、与设备无关软件的抽象读或写请求，并且将该 I/O 请求排在请求队列的队尾，还要检查 I/O 请求的合法性（如参数是否合法）。

② 取出请求队列中队首请求，且将相应设备分配给它。

③ 向该设备控制器发送命令，启动该设备工作，完成指定的 I/O 操作。

④ 处理来自设备的中断。

通常，来自设备的中断包括数据传输完成的结束中断、传输错误中断和设备故障中断。结束中断的处理是把设备控制器和通道的控制块（即控制结构）中的状态位设置成"空闲"，然后查看请求队列是否为空：若为空，则设备驱动进程封锁自己，等待用户的 I/O 请求，否则处理队列中下一个请求。若是传输错误中断，则向系统报告错误或者相应进程重复执行处理。若是设备故障中断，则向系统报告故障，由系统进一步处理。

2．设备驱动程序在系统中的位置

设备驱动程序在系统中的逻辑位置如图 6-16 所示。

通常，设备驱动程序与设备类型是一一对应的，即系统可有一个磁盘驱动程序控制所有的磁盘机，一个终端驱动程序控制所有的终端等。注意，如果系统配置中的设备是不同厂家生产的，如不同品牌的磁带机，就应把它们作为不同类型的设备来对待。因为这些设备要用不同的命令序列才能做适当的操作。这样，一个设备驱动程序可以控制同一类型的多个物理设备。驱

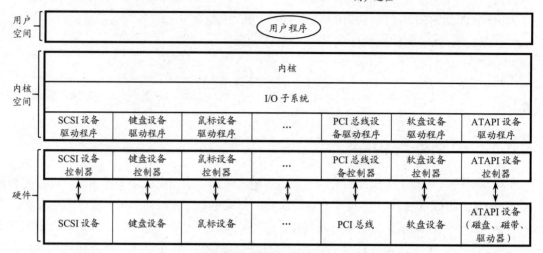

图 6-16　设备驱动程序在系统中的逻辑位置

动程序能够区别它所控制的多台设备。为了管理方便，常采用主设备号、次设备号方式。主设备号表示设备类型，而次设备号表示该类型的一个设备。次设备号的作用是把一类设备中的多台设备互相区分。

设备文件中记录了设备的名称、文件类型及主、次设备号。在系统启动时，不用每次都创建设备文件，只有当配置发生改变时，如添加新设备，才需要改变设备文件。

设备驱动程序通常是操作系统内核的一部分，操作系统通过某种方式把这些驱动程序安装到系统中。为此，操作系统的体系结构应能满足安装外来驱动程序的需要。这就意味着，对驱动程序做什么，以及它们与操作系统其他部分如何交互作用等，都应良好定义。

设备驱动程序层的目的是对内核 I/O 子系统隐藏设备控制器的差别，如同 I/O 系统调用把设备的特性封装在少数几个通用类中，对高层应用程序隐藏了硬件的差异。实现 I/O 子系统与硬件无关，不仅简化了操作系统的设计，也为硬件制造商带来好处：可以使新设计的设备与已有的主机控制器接口（如 SCSI-2）兼容，也可以自己编写设备驱动程序，实现新硬件与流行操作系统的接口。这样，新的外部设备就可以连接到计算机上，不必等待操作系统销售商开发支持该设备的代码。

由于每类操作系统都有自己的设备驱动程序标准，对个别给定的设备来说，可能需要配备多个驱动程序，如用于 MS-DOS、Windows NT/2000、Windows 7/10、UNIX、Linux 等不同系统的驱动程序。

3．设备驱动程序的特点

各种设备的驱动程序存在很大差别。如硬盘驱动程序与打印机驱动程序属于不同类别的驱动程序，前者属于块设备驱动程序，后者属于字符设备驱动程序。

驱动程序有如下特点：

① 实现请求 I/O 的进程与设备控制器之间的通信，将上层的 I/O 请求经加工后送给硬件控制器，启动设备工作；把设备控制器中有关寄存器的信息传给请求 I/O 的进程，如设备状态、

I/O 操作完成情况等。

② 驱动程序与设备特性密切相关。通常，每个设备驱动程序只处理一种设备类型，至多是一类紧密相关的设备。例如，SCSI 磁盘驱动程序一般可以处理多台有不同大小和速度的 SCSI 磁盘，也可以是 SCSI CD-ROM。鼠标和控制杆设备之间的差异太大，必须配置不同的驱动程序。从技术角度讲，并没有限制一个设备驱动程序对多台无关设备的控制，但在实现上存在困难。即使不同厂家生产的同一类型的设备，如打印机，它们之间并不能完全兼容，需要由各厂家为自己的产品配置相应的驱动程序。

为了有效地控制设备的打开、读、写等操作，驱动程序往往有一部分用汇编语言编写，甚至有不少驱动程序固化在 ROM 中。

③ 驱动程序可以动态安装或加载。设备驱动程序装入操作系统的方式通常有三种：第一种是将新驱动程序和内核重新链接，然后重启系统，如很多早期的 UNIX 系统；第二种是在操作系统文件中预设驱动程序的入口，以后重启系统时就查寻所需驱动程序并加载，如 Windows 系统；第三种是动态可装载方式，即操作系统在运行时接受新的设备驱动程序，立即将其安装好就能工作，而不需重启系统。热插拔设备（如 USB 设备）都需要动态可装载设备驱动程序，如 Linux 系统提供了可安装模块机制。

随着个人计算机时代的到来，I/O 设备千变万化，在操作系统中包括全部驱动程序的这种模式已不再满足应用的需要，即使用户手头有内核源码或目标模块，也很少对内核重新编译或连接。现在，在系统运行时可以动态加载驱动程序的方式正得到广泛应用。

④ 驱动程序与 I/O 控制方式相关。常用的控制方式是程序轮询方式、中断方式和 DMA 方式。这些方式的驱动程序存在明显差别。对于不支持中断的设备，读、写时需要轮询设备状态，以决定是否继续传输数据。例如，打印机驱动程序在默认时轮询打印机的状态，若设备支持中断，则按照中断方式进行。磁盘类的块设备往往采用 DMA 控制方式，数据成块传输，一块数据传输完后才发一次中断。

⑤ 不允许驱动程序使用系统调用，但是经常需要与内核的其余部分进行交互。驱动程序可以调用某些内核过程，如调用相应过程来分配和释放内存的物理页面，这些页面可用做缓冲区。有些过程调用很有用，用来管理 MMU（存储器管理部件）、计时器、DMA 控制器、中断控制器等。

4．设备驱动程序的框架

（1）设备驱动程序与外界的接口

计算机中有各种各样的设备，每种设备都有自己的驱动程序，因而设备驱动程序的代码在内核中所占比例较大。另外，设备驱动程序可由设备生产厂家提供，也可由业余爱好者编制。这样，有必要对驱动程序与外界的接口进行严格的定义和管理。设备驱动程序与外界的接口可以分为与操作系统内核的接口、与系统引导的接口和与设备的接口三部分。

① 驱动程序与操作系统内核的接口。为了实现设备无关性，在 UNIX 和 Linux 系统中，设备作为特别文件处理，用户的输入/输出请求、对命令的合法性检查，以及参数处理等都在文件系统中统一处理。只在需要各种设备执行具体操作时，才通过相应的数据结构（如 UNIX 系统的块设备转接表、字符设备转接表）转入不同的设备驱动程序。

② 驱动程序与系统引导的接口。这部分利用驱动程序对设备进行初始化，包括为管理设备而分配的数据结构、设备的请求队列等。

③ 驱动程序与设备的接口。这与具体设备密切相关，描述了驱动程序如何与设备交互作用。

（2）设备驱动程序的组成

① 驱动程序的注册与注销。设备驱动程序可在系统初启时初始化，也可以在需要时动态加载。初始化的一项重要工作就是设备登记（或注册），即把设备驱动程序的地址登记在设备表的相应表项中。登记后，只要知道设备的主设备号，就可找到该类设备的各种驱动函数。这样，在驱动程序之上的其他内核模块中就可以"看见"这个模块了。

在关闭设备时，要从内核中注销设备。

② 设备的打开与释放。打开设备需要完成以下工作：增加设备的使用计数；检查设备的状态，是否存在设备尚未准备好或者类似的硬件问题；若是首次打开，则初始化设备；识别次设备号；根据需要，更新相关的数据结构。

释放设备又称为关闭设备，是打开设备的逆过程，主要做以下工作：释放打开设备时所分配的内存；若是最后一个释放，则关闭设备；减少设备的使用计数。

③ 设备的读或写操作。一般来说，设备驱动程序接受来自上层与设备无关软件的抽象请求，并使该请求得以执行。如果请求到来时驱动程序是空闲的，它就立即执行该请求；如果它正忙于处理前面的请求，就把新请求放入未完成请求队列中，并且尽快处理。

对磁盘来说，执行 I/O 请求实际要做的第一步工作是把抽象请求转换成具体形式。也就是说，磁盘驱动程序要计算出所请求的盘块实际在盘上什么位置，检查驱动器是否正在运行，确定磁头是否在所需的磁道上，等等。

驱动程序确定发给控制器的命令，然后把它们写入控制器设备寄存器。有些控制器一次只处理一条命令，而其他控制器可以接收一串命令，依次执行它们，不需要操作系统进一步干预。

④ 设备的控制操作。除了读和写操作，有时需要控制设备，主要用来对特殊文件的底层参数进行操作。如果对象是设备文件且有相应的 I/O 控制函数，就转到该函数，依据上层模块提供的 I/O 控制命令，读取并设置有关的参数。

⑤ 设备的中断和轮询处理。如果设备支持中断，就按照中断方式进行。即驱动程序发出命令之后，可采取下述两种方式中的一种来处理：

❖ 在很多情况下，设备驱动程序等待控制器完成某些工作。它封锁自己，直至出现中断对它解除封锁。

❖ 在另一些情况下，操作没有延迟就完成了。驱动程序不必封锁。例如，在终端上的滚屏就是把一些字节写入控制器寄存器，速度很快，整个动作用几微秒就完成了。

上述操作完成后，必须检查是否有错。如果一切正常，设备驱动程序就把数据传输到与设备无关的软件（如刚读出的一块）。最后，返回某些出错状态（包括正常）信息，向调用者报告。如果有排队请求，就从中选出一个，启动它执行。如果没有排队请求，那么该驱动程序封锁，等待下面请求的到来。

对于不支持中断的设备，读或写时需要轮询设备状态，以决定是否继续进行数据传输。例如，打印机驱动程序在默认情况下轮询打印机的状态。

6.4.3 与设备无关的操作系统 I/O 软件

尽管有些 I/O 软件是设备专用的，但其他部分仍是与设备无关的。设备驱动程序与设备无关软件之间的确切界限依赖于具体系统（和设备），因为一些本来可用设备无关方式实现的功能，由于效率或其他原因，实际上是在驱动程序中实现的。

与设备无关软件所实现的典型功能如图 6-17 所示，是执行所有设备公共的 I/O 功能和对用户级软件提供的统一接口。

1．设备驱动程序的统一接口

如果每个设备驱动程序与操作系统间都有自己专用的接口，那么每当新设备到来时，操作系统必须为它进行修改。这意味着，驱动程序所需的核心功能随驱动程序而异。这肯定不是一个好接口，因为要实现与新驱动程序的接口必须做大量的编程工作。

设备驱动程序的统一接口
缓冲技术
出错报告
分配和释放独占设备
提供与设备无关的块大小

图 6-17　与设备无关软件所实现的典型功能

与此相反的方法是，所有驱动程序都有相同的接口。让新的驱动程序遵循驱动程序接口的约定，这样就容易加入系统。这意味着，在编写设备驱动程序时，编写者必须清楚自己期望什么（即它们必须提供什么功能，以及要调用什么核心功能）。实际上，虽然不是所有的设备完全一样，但是通常系统中仅有少量设备类型。即使对于块设备和字符设备这两类设备来说，它们也有很多功能是共同的。

与统一接口相关的另一个问题是 I/O 设备如何命名。设备无关软件负责把符号设备名映像到相应的设备。例如在 UNIX 系统中，每个设备名（如/dev/disk0）唯一指定一个特别文件的 I 节点，该 I 节点中包括主设备号和次设备号。主设备号用来确定相应的驱动程序，而次设备号作为传递给驱动程序的参数，以便区分对哪台设备进行读或写。所有的设备都有主设备号、次设备号，并且都利用主设备号来访问驱动程序。

与命名密切相关的还有保护问题，即系统如何防止未授权用户访问设备。在 UNIX 和 Windows 2000 系统中，设备都以命名的对象出现在文件系统中，I/O 设备与文件采用同样的保护规则。系统管理员可为每台设备规定适当的权限。

2．缓冲技术

（1）缓冲技术的引入

计算机系统中各部件间的速度差异很大。CPU 的速度是以微秒甚至毫微秒计量，而外设一般的处理速度是以毫秒甚至秒计算。在不同时刻，系统中各部分的负荷也很不均衡。例如，某进程可能在一段相当长的时间内只进行计算而无输出；过一段时间后，又要在很短的时间内把产生的大量数据输出到打印机。如果直接传输，这种阵发性的 I/O 操作会使 CPU 不得不停下来，等待慢速设备的工作。这样，系统中各部件的并行处理效率得不到充分发挥。

为了解决这个矛盾，可以采用缓冲技术。缓冲的基本思想很简单：读入一个记录后，CPU 正在启动对它的操作，输入设备被指示立即开始下面的输入，CPU 和输入设备就同时忙起来了。这样，输入设备将数据或指令送入缓冲区，由缓冲区很快地送入内存。CPU 不断地从内存中取出信息进行加工处理，而输入设备不断地把信息送进来。如果配合得当，那么 CPU 处理完一个记录，输入设备又送入下一个记录，二者就可充分地并行了。

缓冲技术同样适用于输出的情况，CPU 把产生的记录放入缓冲区，输出设备从中取出它们并予以输出。

实际上，缓冲区不仅限于 CPU 与 I/O 设备之间，凡是数据到达速率和离去速率不同的地方都可设置缓冲区。例如，缓冲技术可以解决快速通道与慢速外设之间的矛盾，节省通道时间。

缓冲技术可以减少对 CPU 的中断次数，放宽 CPU 对中断的响应时间要求。例如，仅用一位缓冲寄存器接收从远程终端发来的信息，每发来一个脉冲就中断 CPU 一次，而且在下次脉冲到来之前，必须将缓冲寄存器中的内容取走，否则会丢失信息。如果设置一个 16 位缓冲寄存器来接收信息，那么仅当 16 位都装满时才中断 CPU 一次，从而把中断的频率降低为原中断频率的 1/16。

总之，引入缓冲技术的主要目的是：① 缓解 CPU 与 I/O 设备间速度不匹配的矛盾；② 提高它们之间的并行性；③ 减少对 CPU 的中断次数，放宽 CPU 对中断响应时间的要求。

（2）缓冲区的设置

缓冲区可用硬件寄存器实现，如磁盘控制器、终端或打印机都带有缓冲。这种由硬件实现的缓冲区速度较高，但成本较贵，容量一般不会很大。另一种较经济的办法是在内存中开辟一片区域充当缓冲区，有时被称为软缓冲。软缓冲的数量可在系统生成时由管理员配置。缓冲区可在用户空间，也可在内核空间，或者在两个空间中都设置。

为了管理方便，缓冲区的大小一般与盘块大小相同。缓冲区的个数可以根据数据输入、输出的速率和加工处理的速率之间的差异来确定，可设置单缓冲、双缓冲或多缓冲。

① 单缓冲。如果数据到达率与离去率相差很大，就可采用单缓冲方式。例如，需要输出的信息很多，而输出设备工作很慢，这时可用一个缓冲区存放从内存中取来的部分输出信息。当输出设备取空缓冲区后，产生中断；CPU 处理中断，然后很快装满缓冲区，启动输出，CPU转去执行其他程序。CPU 与 I/O 设备之间是并行工作的。此时对缓冲区来说，信息的输入和输出是串行工作的。由于二者速度相差很大，因此这个过程的时间基本上是输出设备传输信息所用的时间。

② 双缓冲。如果信息的输入和输出速率相同（或相差不大），就可利用双缓冲区实现二者的并行，如图 6-18 所示。首先，输入机把一个数据页读入缓冲区 1，装满后启动打印机打印缓冲区 1 中的内容，同时启动输入机向缓冲区 2 读入下一页数据。正好在缓冲区 1 中的内容打印完时，缓冲区 2 也被装满；然后交换动作，打印缓冲区 2 的内容，新的信息读到缓冲区 1。如此反复进行。此时，输入机和打印机处于完全并行的工作状态，I/O 设备得到最充分的利用。双缓冲也被称为缓冲对换技术。

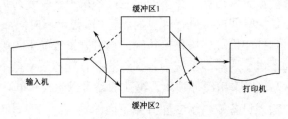

图 6-18　双缓冲示例

③ 多缓冲。对于阵发性的输入或输出，双缓冲区也不能满足 CPU 与 I/O 设备的并行操作要求。例如，输入设备输入数据的速率有时高于 CPU 消耗数据的平均速率，使输入设备很快

把缓冲区装满而处于空闲；有时 CPU 消耗数据的速率又高于输入设备输入数据的速率，CPU 不得不处于等待状态。为了解决阵发性 I/O 的速度不匹配问题，可以设立多个缓冲区。例如，用 n 个缓冲区构成一个缓冲池，顺序编号为 0、1、2、…、n-1。输入设备依次把数据读入各缓冲区，CPU 按同样顺序从中取出内容进行处理，缓冲区数量多，容量大，一般情况下（阵发性 I/O 的信息量不很大）可以协调 CPU 与输入设备的并行工作。

多缓冲的应用示例是循环缓冲，由一片内存区域和两个指针组成：一个指向下一个空闲单元，新数据存放在此；另一个指向缓冲区中尚未取走的第一个数据单元。随着数据的到来和取出，两个指针相应移动，它们是环绕的。可见，双缓冲是多缓冲的一种特例。多缓冲保留了双缓冲的优点，提高了处理速率，而增加空间消耗了。

在 UNIX 系统中，无论块设备还是字符设备都使用多重缓冲技术。尤其是块设备，它作为文件系统的物质基础，用完整的多重缓冲技术提高文件系统的效率。

缓冲技术是得到广泛应用的技术。但如果数据实现缓冲的次数太多，性能也会受到一定影响。例如，一个用户执行系统调用，通过网络把数据包传给另一个用户。此时数据包要经历多次复制：从发送者进程的用户空间的缓冲区复制到本机内核空间的缓冲区，再复制到网络控制器中；然后通过网络传输到接收端，由网络控制器复制到内核空间，再复制到用户空间。显然，由于这些步骤是串行的，其传输速率将明显下降。

3. 出错报告

在 I/O 过程中常会发生错误，操作系统必须予以处理。虽然很多错误都与设备密切相关，必须由相应的驱动程序处理，但是出错处理的架构是与设备无关的。

根据错误产生的原因，I/O 错误可以分为两类：程序设计错误、实际 I/O 错误。当一个进程要做不可能做的事情时，就会出现程序设计错误。例如，把信息写到输入设备上（如键盘、鼠标、扫描仪等），或者从输出设备（如打印机、绘图仪等）上读取数据。程序设计错误还包括提供的缓冲区地址是非法或其他参数有误，或者指定的设备不合法（如系统中只有两台磁盘机，程序中却要用 3 号磁盘）。处理这类错误的办法很简单：向调用者报告出错代码。

另一类错误是实际 I/O 错误。例如，要把信息写到一个已损坏的盘块上，或者从关机的摄像机中读取信息。在这种情况下，驱动程序要确定做什么事情。如果不知道做什么，驱动程序就可以把这个问题向上传给设备无关软件。

上层软件所做的事情需要根据环境和错误的性质来决定。如果只是简单的读错误，并且存在一个交互式用户，就显示一个对话框，要求用户说明要做什么事情。可供选择的办法有重试几次，忽略错误，或杀掉调用进程。如果没有交互用户，唯一可行的办法就是让这个系统调用失败，带错误码返回。

对一些关键数据结构出现的错误就不能这样简单处理了，如根目录或空闲块表出错。在此情况下，系统必须显示错误信息，并且终止运行。

4. 分配和释放独占设备

像 CD-ROM 机这样的设备，在一段时间内只能由一个进程使用。操作系统必须检查对设备的请求，根据该设备是否可用，决定对这些请求是接收还是拒绝。处理这些请求的简单办法是让进程直接打开设备特别文件。如果设备不可用，那么打开失败。以后通过关闭独占设备来释放它。另一种方法是设立专门机制，负责独占设备的申请和释放。如果所申请的设备当前不可用，就阻塞调用者，而不是报告失败。被阻塞的进程放在一个队列中，不管早或晚，当所申请设备成为可用时，阻塞队列中的第一个进程就获准得到该设备，并继续执行。

5. 提供与设备无关的块大小

不同磁盘的扇区大小可能不同，通过软件的作用，可隐藏这些差异，向高层提供统一的盘块大小。例如通过组块方式，可把若干扇区作为一个逻辑盘块，这样高层软件只与抽象设备打交道，它们有相同大小的逻辑块，与物理扇区的大小无关。对于字符设备，有的设备一次只传输 1 字节数据（如 Modem），而其他设备可以一次传送多字节数据（如网络接口）。这样也隐藏了这些区别。

6.4.4 用户级 I/O 软件

多数 I/O 软件都在操作系统中，用户空间中也有一小部分。通常，它们以库函数形式出现，如用户编写的 C 程序中可以使用标准 I/O 库函数，如 printf、scanf 等。经编译连接后，就把用户程序和相应的库函数连接在一起，然后装入内存运行。而库函数代码要使用系统调用（其中包括 I/O 系统调用），经过系统调用进入操作系统，为用户进程提供相应的服务。

用户空间中另一个重要的 I/O 软件是 SPOOLing 程序。如前所述，SPOOLing 程序可在多道程序系统中实现虚拟设备技术，不仅用于读卡机、打印机，还可用于其他场合。例如，在网络上传输文件往往要用网络守护进程。若要发送一个文件到某地方，用户把它放入网络的 SPOOLing 目录（专用的目录），随后网络守护进程取出它并进行传数。USENET 是一种电子邮件系统，利用这种方式可实现文件传输。

综合起来，当用户程序要从一个文件中读出一块时，需要请求操作系统提供服务。与设备无关软件先在高速缓存中查找所需的块，如果没有找到，就调用设备驱动程序，对硬件发出 I/O 请求，让该进程封锁（等待），直至磁盘完成操作，产生中断信号；然后中断处理程序处理相应中断，取出设备状态，唤醒因等待 I/O 完成而睡眠的进程，然后调度用户进程继续运行。

6.5 磁盘调度和管理

几乎所有计算机都用磁盘存储信息，这是由于磁盘相对于内存有如下主要优点：① 容量很大；② 每位的价格非常低；③ 关掉电源后，存储的信息不丢失。

磁盘有多种类型，最常见的是硬盘。磁盘读与写的速度相同，因而用于辅助存储器。为了提供高可靠性的存储器，可将若干磁盘组成阵列（如 RAID，即独立磁盘冗余阵列）。

6.5.1 磁盘调度

1. 磁盘存取时间

如 4.7.2 节所述，存取盘块中的信息一般要用三部分时间：① 把磁头移到相应的磁道或柱面上，称为寻道时间；② 一旦磁头到达指定磁道，必须等待所需的扇区转到读写头下，称为旋转延迟时间；③ 信息实际在盘和内存之间进行传输也要花费时间，称为传输时间。一次磁盘服务的总时间就是这三者之和。

操作系统的一项职责就是有效地利用硬件。对于磁盘驱动程序来说，就是尽量加快存取速度和增加磁盘带宽（即所传输的总字节数除以第一个服务请求至最后传送完成所用去的总时间）。通过调度磁盘 I/O 服务的顺序可以改进存取时间和带宽。对于大多数磁盘来说，寻道时间远大于旋转延迟时间与传输时间之和。所以，减少平均寻道时间可以显著地改善系统性能。

2．磁盘调度算法

（1）先来先服务法（FCFS）

先来先服务（First-Come,First-Served，FCFS）调度算法最简单，也最容易实现，但没有提供最佳的服务（平均来说）。例如，有一个请求磁盘服务的队列，要访问的磁道分别是 98、183、37、122、14、124、65、67，最早来的请求是访问 98 道，最后一个是访问 67 道。设磁头最初在 53 道上，要从 53 道移到 98 道，然后依次移到 183、37、122、14、124、65 道，最后移到 67 道，总共移动了 640 个磁道。其调度方式如图 6-19 所示。

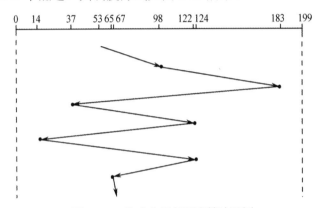

图 6-19　先来先服务调度算法示例

可见，这种调度算法产生的磁头移动幅度太大：从 122 道到 14 道，然后回到 124 道。如果把邻近磁道的请求放在一起服务（如 37 道和 14 道、122 道和 124 道），那么磁头移动总量将明显减少，对每个请求的服务时间也减少，从而可改善磁盘的吞吐量。此外，磁头频繁大幅度快速移动，容易产生机械振动和误差，对使用寿命也有损害。

（2）最短寻道时间优先法（SSTF）

在把磁头移到远处、为另外的请求服务前，应该先把靠近磁头当前位置的所有请求都服务完。这种假定的根据是最短寻道时间优先（Shortest Seek Time First，SSTF）调度算法。SSTF 选择的下一个请求离当前磁头所在位置有最小的寻道时间。由于寻道时间通常正比于两个请求的磁道差值，因此磁头移动总是移到离当前道最近的磁道上去。

例如，用 SSTF 算法处理上面的请求队列。当前磁头在 53 道上，最接近的磁道是 65。一旦移到 65 道，则下一个最接近的是 67 道，其到 37 道的距离是 30，而到 98 道的距离是 31 道，所以 37 道距 67 道最近，被选为下一个服务对象。然后服务顺序是 14、98、122、124 道，最后是 183 道，如图 6-20 所示。采用这种方法，磁头共移动了 236 个磁道，是先来先服务算法的 1/3。明显，这改善了磁盘服务。

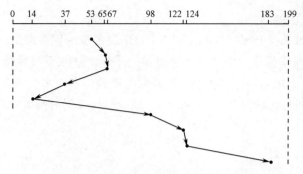

图6-20　最短寻道时间优先调度算法示例

SSTF 从本质上讲是 SJF 调度的形式，可能导致某些请求长期得不到服务（即出现"饥饿"问题）。在实际系统中，请求可在任何时候到达。假设队列中有两个请求，14 道和 186 道，当正在为 14 道服务时，一个靠近它的请求到来，那么它将在下面得到服务，而 186 道的请求必须等待。理论上，这种彼此接近的请求可能接连不断地到达，那么 186 道的请求将无限期地等待下去。

SSTF 算法与 FCFS 算法相比有显著改进，但并不是最优的。例如，若把磁头从 53 道移到 37 道（尽管它不是靠得最近的），然后移到 14 道，接下去是 65、67、98、122、124 和 183 道，则磁头总移动量降为 208 个磁道。

（3）扫描法（SCAN）

由于到来的请求队列具有动态性质，因此可采用扫描法。磁头从磁盘的一端出发，向另一端移动，遇到所需的磁道时就进行服务，直至到达磁盘的另一端。在另一端上，磁头移动方向倒过来，继续下面的服务。这样，磁头连续地从盘的一端扫到另一端。

采用前面的例子，但要知道磁头移动的方向和它最近的位置。如果磁头正向 0 道方向移动，那么它先为 37 道和 14 道服务。到达 0 道后，磁头移动方向反过来，移向盘的另一端，服务序列分别是 65、67、98、122、124 和 183 道，如图 6-21 所示。如果进入队列的请求恰好是磁头前方的磁道，那么该请求几乎立即得到服务；若不巧，它落在磁头的后方，那么它必须等待磁头走一个来回。

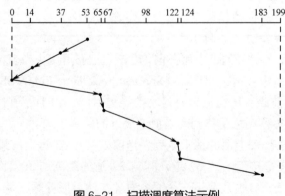

图6-21　扫描调度算法示例

假定对磁道的请求是均匀分布的，当磁头到达一端并折返时，相对而言，立即落在磁头后方的请求很少，因为这些道刚刚得到服务。而盘的另一端恰有较多的请求，其等待时间也最长。

（4）巡回扫描法（C-SCAN）

C-SCAN 算法是 SCAN 算法的变种，可使等待时间变得更均匀。与 SCAN 相同，C-SCAN 也把磁头从盘的一端移到另一端（通常从小道号向大道号移动），到达请求的道就进行服务。然而，当它到达另一端时，就立即折返回磁盘的开头，在返回过程中不进行服务。本质上，C-SCAN 把磁盘视为一个环，它的最后一道接着最初一道。

磁盘服务请求要访问的磁道分别是 98、183、37、122、14、124、65、67（如图 6-22 所示），设磁头最初在 53 道上，磁头正向道号大的方向移动。

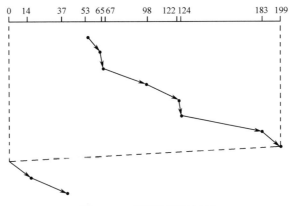

图 6-22　巡回扫描法示例

（5）电梯算法

上面介绍的 SCAN 和 C-SCAN 算法总是把磁头从盘的一端移到另一端，实际，并不需要这样死板，更通用的方法是，磁头仅移到每个方向上有服务请求的最远的道上，一旦在当前方向上没有请求了，磁头的移动方向就反过来。也就是说，磁头在给定的方向上继续移动前，检查在此方向上是否还有 I/O 请求。因为这种算法调度磁头的移动过程与调度电梯的移动过程相似，所以该算法常称为电梯（Elevator）算法或者巡查法（LOOK）。

图 6-23 是电梯算法的一个例子，磁盘服务请求要访问的磁道分别是 98、183、37、122、14、124、65、67，设磁头最初在 53 道上，且正向道号小的方向移动。

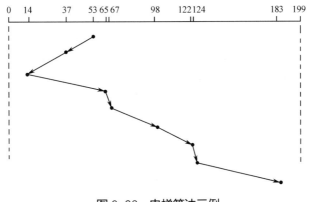

图 6-23　电梯算法示例

（6）巡回巡查法（C-LOOK）

同 C-SCAN 与 SCAN 之间的关系类似，巡回巡查法是电梯算法的变种。巡回巡查法的思想是：磁头在给定的方向上移动到有服务请求的最远磁道上，然后立即折返到另一端有服务请求的最远磁道上，折返过程中不进行服务。

设磁头最初在 53 磁道上，且向磁道号大的方向移动，如果磁盘服务请求要访问的磁道分别是 98、183、37、122、14、124、65、67，那么巡回巡查法示例如图 6-24 所示。

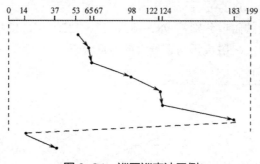

图 6-24　巡回巡查法示例

3．磁盘调度算法的选择

磁盘的调度算法很多，如何从中选出一个最佳方案与以下因素有关。

① 任何调度算法的性能都依赖于 I/O 请求的数量和类型。例如，若磁盘 I/O 请求队列中通常只有一个等待服务的请求，那么所有的算法实际上都是等效的，采用 FCFS 算法即可。如果系统中磁盘负荷很重，采用 SCAN 和 C-SCAN 算法就更合适。一般情况下，采用 SSTF 算法较普遍，它能有效地提高磁盘 I/O 性能。

② 文件的物理存放方式对磁盘请求有很大影响。如果一个程序读取连续文件，那么所读文件占用的盘块是邻接在一起的，盘 I/O 请求是连续的，磁头移动很少。对于串连文件和索引文件来说，所包含的盘块可能散布在磁盘各处，执行 I/O 操作时磁头移动的距离会较大。

③ 目录和索引块的位置对 I/O 请求队列有重要影响。由于读或写文件之前必须先打开文件，这就需要检索目录结构，导致频繁地存取目录。如果文件数据和它的目录项在盘上的位置相距很远，如数据在第一道，目录项在最后一道，此时磁头要移动整个磁盘的宽度。如果目录项在中间一道，那么磁头至多移动一半的宽度。如果把目录和索引块放在缓存中，就可明显减少磁头的移动，尤其对读请求更是如此。

④ 旋转延迟时间的影响。以上仅考虑寻道距离对选择调度算法的影响，对于现代磁盘，旋转延迟几乎接近平均寻道时间。然而，操作系统很难通过调度来改善旋转延迟时间，因为逻辑块的物理位置对外并未公布。磁盘制造商通过在控制器硬件中实现调度算法来缓解这个问题。如果操作系统把一批请求送到控制器，控制器就对它们排队，然后进行调度，同时改善寻道时间和旋转延迟时间。如果只考虑 I/O 性能，那么操作系统可把磁盘调度的职责交由磁盘硬件来承担。实际上，在 I/O 请求的服务顺序方面操作系统还受到其他约束，如请求分页优先于应用程序 I/O，通常写操作比读操作更急迫。

6.5.2　磁盘管理

操作系统还负责磁盘管理的其他方面，如磁盘格式化、从磁盘引导系统、磁盘坏块的发现与处理等。

1．磁盘格式化

新磁盘（俗称白盘）在存放数据前必须格式化，即把磁盘分成控制器可以读、写的扇区。这个过程称为低级格式化或物理格式化。

（1）格式化后扇区的格式

低级格式化按照规定的格式为每个扇区填充控制信息，包含一系列同心的磁道，每个磁道有若干扇区，扇区之间存在小的间隙，如图6-25所示。前导码的开头是硬件识别扇区的位模式，其后是柱面、扇区号和其他信息；数据区的大小通常为512 B；ECC域存放纠错码，当控制器写一个扇区时，由数据区中所有字节计算出一个值，用该值更新纠错码。当读扇区时，就利用纠错码检测读出的数据是否正确；如果个别位有错，利用纠错码还可以纠正过来。通常，格式化之后的磁盘容量要比原盘减少20%。

前导码	数　据	ECC

图6-25　磁盘扇区格式示例

硬盘的格式化一般由制造商完成，而软盘格式化通常由用户执行。

（2）磁盘分区和逻辑格式化

为了在磁盘上保存文件，操作系统需要把有关数据结构记录在盘上，包括两步。第一步是分区，即把磁盘分成一个或多个柱面组，可把每个分区视为单独的一个磁盘。如用一个分区存放操作系统的可执行代码，另一个分区存放用户文件。第二步工作是逻辑格式化，即建立文件系统。操作系统把初始文件系统的数据结构存放在磁盘上，其中包括一个引导块、空闲盘块的映像、已分配空间（FAT或I节点）的映像、最初的空目录等。

有些操作系统也把分区用于原始（raw）盘，即分区上没有文件系统的数据结构，只是把它当做一个大型的逻辑块数组。

2．引导块结构

计算机加电后就开始运行引导程序。引导程序负责对系统的所有方面进行初始化，从CPU的寄存器到设备控制器和内存，然后启动操作系统——在盘上找到操作系统内核，把它装入内存，接着跳转到起始地址，开始执行操作系统。

多数计算机的引导程序都保存在ROM中。由于ROM是只读的，因此要想改变引导程序代码就必须更换ROM硬件芯片，这很不方便。为此，多数系统都在引导用ROM中存放很小的引导程序的装入程序，由它把整个引导程序从磁盘上装入。整个引导程序保存在称为引导块的分区中，该分区在盘上的位置是固定的，通常在起始扇区。例如，MS-DOS的引导块位于磁盘的0号扇区，如图6-26所示。包含引导分区的盘称为引导盘或系统盘。

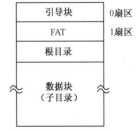

图6-26　MS-DOS磁盘布局

3．坏块处理

（1）坏块的产生

磁盘上所有的扇区并非都是完好无损的，可能有些扇区存在损坏情况。这种扇区上不能完整无误地保存数据，从而使写入的数据与读出的数据不一样。这种有缺陷的扇区通常称为坏块。产生坏块的原因多种多样，大致可划分为两类。一类是"天生"的，即厂家生产时该盘就存在瑕疵，如磁层有缺陷。如果一个磁盘只有少量坏块，那么这属正常现象，经坏块处理后仍可正常使用。如果坏块很多，就只能报废了。另一类是"继发"的，即在使用过程中因外界干扰或故障而造成的磁层损坏，如突然掉电造成硬盘划盘、软盘因过度磨损造成的破坏等。

（2）处理坏块的方式

如果扇区受损情况很小，如只有几位不能正确读、写，那么这种坏块可以照常使用，但每次读、写时都要利用纠错码来纠正错误。如果扇区缺陷很大，就不能掩盖错误了。

对待坏块的处理方式通常有两种。

① 控制器处理方式。磁盘出厂前进行检测，并把发现的坏块清单写在磁盘上。磁盘有若干备用扇区。在正常情况下，用户程序不使用这些扇区。当发现坏块时，对每个坏块都用一个备用扇区予以替代。

替代方式有直接替代和绕过坏块两种。

直接替代方式是对磁道上的扇区依次编号，在最后留出备用扇区，如留有 2 个备用扇区。如果发现某个扇区（如第 9 扇区）有缺陷，控制器就把一个备用扇区映像为第 9 扇区。这样，凡是对第 9 扇区的访问就由控制器映像到对应的备用扇区上。

绕过坏块方式是当发现坏块时，就绕过它，即不为它编号，接着从后面的扇区继续编号。由于坏块没有对应的扇区号，因此不会访问它。

在这两种情况下，控制器完全知道扇区的具体情况，可利用内部表格（每个磁道一个）记下这些信息；或者重写每个扇区的前导码，给出重新映射的扇区号。重写前导码要做更多的工作，但可获得更好的性能，在旋转一圈中可以读出整个磁道。

当然，在日常操作中也会出现错误，并且纠错码也不能处理，此时重新读盘。因为有些错误是暂时的，如磁头下有灰尘，重读一次就会消除该错误。如果控制器发现某扇区上反复出错，那么在该扇区完全坏掉前，控制器会转换到备用扇区。这样，数据不会丢失，甚至操作系统和用户都没有注意到这个问题。

② 操作系统处理方式。如果控制器没有能力对坏块重新映像，就必须由操作系统解决坏块问题。操作系统首先通过读盘上的坏块表或亲自检测整个磁盘，获取坏块信息。一旦操作系统知道哪个扇区坏了，就构建重映像表。如操作系统采用绕过坏块法，就要把第 9 扇区至本磁道最后一个扇区中的数据分别上移一个扇区。

为保证坏块不出现在任何文件中，也不会出现在空闲块表或位示图中，操作系统可以创建一个秘密文件，其中包括所有坏块。该文件并不进入文件系统，这样用户就不会意外读到它。

（3）备份问题

与坏块相关的一个问题是备份。如果磁盘是逐个文件地进行备份，那么应当保证备份工具不把坏块文件也复制过去。为此，操作系统必须把坏块文件隐藏起来，即使备份工具也无法发现它。如果是逐个扇区地进行备份，就很难防止备份时出现读错误。

（4）其他磁盘故障

除了坏块，因磁臂机械问题也会产生寻道错误，即要求磁臂移到的柱面号与控制器实际读出的柱面号不同。多数硬盘控制器可以自动纠正寻道错误，而多数软盘控制器只设置一个出错标志位，把后续工作交给驱动程序去做。驱动程序会发出一个重新校准柱面的命令，使磁臂尽可能向外移，并将控制器内部的当前柱面重新置为 0。通常，这样可以解决问题。如果还不行，只好拆下驱动器进行修理。

本章小结

外部设备是整个系统中的重要组成部分。外部设备种类繁多，所以管理复杂。

按工作特性，外部设备可以分为存储设备和 I/O 设备两大类，在 UNIX 系统中分别称为块设备和字符设备；按设备的共享属性，可以分为独占设备、共享设备和虚拟设备。对设备的标识分为逻辑设备号和物理设备号。用户在程序中使用逻辑设备号，由系统把它转换成物理设备号，实现用户程序与设备的无关性。

任何操作系统都有很大一部分代码与 I/O 有关。控制 I/O 的方式有多种，其中最主要的是程序轮询方式、中断控制方式和 DMA 方式。在程序轮询方式下，CPU 在输入或输出每个字节或字的时候都要轮询设备控制器，直至设备就绪。在中断控制方式下，CPU 发出 I/O 命令，传输一个字符或一个字，再去做其他事情。当 I/O 完成后，发中断信号给 CPU，CPU 执行中断处理程序，决定是否继续传输。在 DMA 方式下，有单独的芯片（即 DMA 控制器）管理整个数据块的传输。当整块数据传输完成后，才给 CPU 发一个中断信号。

中断是现代计算机系统中的重要概念之一，是 CPU 对系统发生的某事件做出的处理过程。在不同系统中，中断的分类和处理方式不完全相同，但基本原则相同。

对中断的处理是由硬件和软件协同完成的。硬件对中断请求做出如下响应：中止当前程序的执行，保存断点信息，转到相应的处理程序。软件对中断进行如下相应的处理：保存现场，分析原因，处理中断，中断返回。各中断处理程序是操作系统的重要组成部分。对中断的处理是在核心态下进行的。

在常用的操作系统中，各种中断分别对应一个中断向量。中断向量由中断处理程序入口地址和中断处理时处理机的状态字组成。通过中断向量转入相应的处理程序。

不同系统中 I/O 管理的方式有差别，但基本上要达到以下目标：与设备无关、统一命名、层次结构和效率高。I/O 管理应当具备以下功能：监视设备状态、进行设备分配、完成 I/O 操作、缓冲管理与地址转换。

根据设备的物理特性和为了管理上方便、有效，通常采用的设备分配技术有独占、共享和虚拟三种。SPOOLing 就是典型的虚拟设备技术，用常驻内存的进程实现数据的预输入和结果的缓输出。

常用的设备分配算法有先来先服务和优先级高的优先服务两种。

I/O 软件可以分为中断处理程序、设备驱动程序、与设备无关的操作系统 I/O 软件和用户级 I/O 软件 4 层。设备驱动程序处理设备工作中的所有细节，并对操作系统的其他部分提供统一的接口。与设备无关软件完成如缓冲和错误报告等工作。

磁盘系统是大多数计算机的主要 I/O 设备。磁盘有多种类型。对磁盘 I/O 的请求既可由文件系统产生，也可由虚存系统产生。每个请求需要指定所访问盘的地址。这个地址包括驱动器号、柱面号和扇区号等。磁盘管理的调度算法总是试图减少磁头移动总量，可用的调度算法有 FCFS、SSTF、SCAN、C-SCAN、LOOK、C-LOOK。

操作系统还要负责磁盘管理的其他方面，包括低级格式化、磁盘引导块管理、坏块的检测和处理。

习 题 6

1. 什么是存储设备？什么是输入设备和输出设备？UNIX 系统对外部设备怎样分类？

2. 在 UNIX 系统中，主、次设备号各表示什么？

3. 为什么要引入缓冲技术？设置缓冲区的原则是什么？

4. 操作系统中设备管理的功能是什么？

5. 设备分配技术主要有哪些？常用的设备分配算法是什么？

6. SPOOLing 技术的主要功能是什么？

7. 解释以下术语：中断、中断源、中断请求、中断向量。

8. 中断响应主要做哪些工作？由谁来完成？

9. 中断处理的主要步骤是什么？

10. 在用户程序执行过程中，CPU 接到盘 I/O 中断，对此系统（硬件和软件）要进行相应处理，试列出其主要处理过程。

11. 简述处理 I/O 请求的主要步骤。

12. 设备驱动程序主要执行什么功能？

13. I/O 软件的设计目标是什么？它是如何划分层次的？各层的功能是什么？

14. 下述工作各由哪一层 I/O 软件完成？

（1）为了读盘，计算磁道、扇区和磁头。

（2）维护最近使用的盘块所对应的缓冲区。

（3）把命令写入设备寄存器。

（4）检查用户使用设备的权限。

（5）把二进制整数转换成 ASCII 码打印。

15. 假设一个磁盘有 200 个磁道，编号为 0~199，当前磁头正在 143 道上服务，并且刚刚完成了 125 道的请求。如果寻道请求队列的顺序是 86、147、91、177、94、150、102、175、130，那么：为完成上述请求，下列算法各自磁头移动的总量是多少？

（1）FCFS　　　　（2）SSTF　　　　（3）SCAN　　　　（4）C-SCAN

16. 什么叫寻道？访问磁盘时间由哪几部分组成？其中哪一个是磁盘调度的主要目标？为什么？

17. 磁盘请求以 10、22、20、2、40、6、38 柱面的次序到达磁盘驱动器，寻道时每个柱面移动需要 6 ms，计算以下寻道次序和寻道时间（磁臂的起始位置都在柱面 20）：

（1）先到先服务法　　　　　　　　（2）电梯算法（起始磁头向柱号增加方向移动）

18. 假设有记录 A、B、C、D 存放在磁盘的某个磁道上，该磁道划分为 4 块，每块存放一个记录，其布局如下所示。现在要顺序处理这些记录。如果磁盘旋转速度为 20 ms 转一周，处理程序每读出一个记录后花 5 ms 的时间进行处理，那么：处理完这 4 个记录的总时间是多少？为了缩短处理时间应进行优化分布，应如何安排这些记录？并计算处理的总时间。

块　号	1	2	3	4
记录号	A	B	C	D

第 7 章

OS

用户接口

操作系统不仅是资源管理器，还是用户与计算机之间的接口。几乎所有的操作系统都有用户界面（User Interface，UI）。用户界面通过系统调用、命令行以及图形界面等方式为用户提供服务，大大方便了用户的使用和程序员的开发。另外，人机界面设计在操作系统及各种软件的开发中占有相当大的比重。比尔·盖茨曾说过，Windows 系统软件中有 80% 以上的代码量涉及与人打交道的界面设计。

操作系统提供了系统调用或类似的功能，它们位于操作系统内核的最高层；而命令行接口和图形用户界面却是运行在内核外的系统程序。内核外的系统程序只有通过系统调用接口才能进入操作系统内核。

本章介绍用户接口的发展，以及三种常用接口的概念、一般应用和实现机制。

7.1　用户接口的发展

操作系统为用户程序运行提供一种环境，也为程序和用户提供众多服务。当然，各种操作系统所提供的服务和服务方式并不完全相同，但有些是相同的。操作系统实现的功能为程序员带来方便，使程序编制工作变得容易了。操作系统也为在它上面运行的各种软件（包括系统软件，如编辑程序、编译程序、数据库；应用软件，如文本处理程序、字处理程序、各种专用处理程序等）提供有效的工作环境。因而，操作系统常常被称为计算机软件平台。

早期操作系统对外提供的接口很简陋，功能也单一，包括脱机的作业控制语言（或命令）和联机的键盘操作命令。如批处理系统往往只提供作业控制语言。用户利用作业控制语言书写作业控制语句，标识一个作业的存在，描述它对操作系统的需求；然后由作业控制卡输入计算机，控制计算机系统执行相应的动作。所以，用户与计算机之间无法交互作用。

在分时系统出现后，人机交互变得更加方便、快捷。特别是 UNIX 和 Linux 系统，它们可以运行在各种硬件平台上，从微型机直至巨型机。这类操作系统不但为程序员提供编程服务的系统调用，而且提供功能强大的命令行接口。用户从键盘上输入命令，就可直接控制计算机的运行。

以上接口都是在一维空间运行的。即便是命令行方式，也由于命令数量多、难记忆，因此使用者仍感到不够直观。于是图形用户接口（常称为图形界面）应运而生，它是二维空间界面。目前，大家都熟悉的 Windows 系统就是成功采用图形界面技术的代表。其实，图形界面的真正开创者是美国 Apple 公司的 Macintosh 系列机。另外，UNIX 系统很早就采用 X Window 系统，其功能很强，应用也很方便。

现在有不少游戏软件在三维硬件显示卡的支持下实现三维动画效果。在航空、建筑设计和医学检测等领域中，很多计算机应用需要有三维图像显示立体效果。这种虚拟现实技术可以使计算机能对人的语音、视点、动作、表情、姿势等做出反应，达到"身临其境"的效果。

可以看出，随着计算机技术的发展、用户需求的提高和应用领域的扩大，操作系统提供的用户接口不断发展，越来越方便、人性化，功能越发强大。

7.2　系统调用

操作系统内核中包含大量函数及过程，它们在核心态下运行，核外程序不能直接调用它们。核外程序必须通过系统调用接口才能得到操作系统内核提供的各种服务。所以，系统调用是操作系统提供给编程人员的接口，即程序接口。

系统调用是 UNIX 系统最早采用的名称。其类似功能在操作系统发展历史中曾出现过不少名称，如早期的广义指令、程序请求（RT-11 操作系统）、任务调用（RTOS 操作系统）、程序方式（CP/M 操作系统）等。

7.2.1 系统调用和库函数

1. 系统调用

如 1.2.2 节所述，系统调用是操作系统提供的、与用户程序之间的接口，也就是操作系统提供给程序员的接口，一般位于操作系统内核的最高层。当 CPU 执行到用户程序中的系统调用（如使用 read(fd, buf, n)从打开的文件 fd 中读取 n 字节的数据，存放到缓冲区 buf 中）时，处理机的状态就从用户态变为核心态，从而进入操作系统内部，执行它的有关代码，实现操作系统对外的服务。当系统调用完成后，控制返回到用户程序。

虽然从感觉上系统调用类似过程调用，都由程序代码构成，使用方式相同——调用时传送参数，但两者有实质差别：过程调用只能在用户态下运行，不能进入核心态；而系统调用可以实现从用户态到核心态的转变。

不同操作系统提供的系统调用的数量和类型是不一样的，但基本概念是类似的。系统调用通常是作为汇编语言指令来使用的，往往在程序员所用的各种手册中列出。然而有些系统中直接用高级程序设计语言（如 C、C++和 Perl 语言）来编制系统调用。在这种情况下，系统调用就以函数调用的形式出现，且一般遵循 POSIX 国际标准，如在 UNIX、BSD、Linux、MINIX 等现代操作系统中，都提供用 C 语言编制的系统调用。当然，在细节上它们存在差异。

系统调用可分为 5 类：进程控制、文件管理、设备管理、信息维护和通信。

2. 库函数

现代计算机系统中都有函数库，其中含有系统提供的大量程序。它们解决带共性的问题，并为程序的开发和执行提供更方便的环境。如在 C 语言程序中常用的 fopen( )就是标准 I/O 库中的库函数。尽管它们很重要，也很有用，但它们本身并不属于操作系统的内核部分，而且运行在用户态下。一些库函数只是简化了用户与系统调用的接口，而另一些要复杂得多。库函数要获得操作系统的服务也要通过系统调用这个接口。

库函数涉及文件管理、状态信息、文件修改、程序设计语言的支持、程序装入和执行、通信等方面。

很多操作系统都提供解决共性问题或执行公共操作的程序，通常称为系统实用程序或应用程序，如 Web 浏览器、字处理程序、文本格式化程序、电子表格、数据库系统、绘图和统计分析软件包、电子游戏等。

UNIX/Linux 系统中，系统调用与库函数之间的关系如图 7-1 所示。

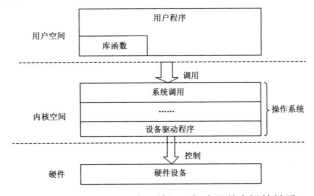

图 7-1 UNIX/Linux 中系统调用与库函数之间的关系

7.2.2　系统调用使用方式

虽然在一般应用程序的编制过程中，利用系统提供的库函数就能很好地解决问题，但在处理系统底层开发、进程管理等方面的涉及系统内部操作的问题时，利用系统调用编程就很必要，而且程序执行的效率会得到改进。

在 UNIX/Linux 系统中，系统调用和库函数都是以 C 语言函数的形式提供给用户的，有类型、名称、参数，并且要标明相应的文件包含。例如，系统调用 open 可以打开一个指定文件，其函数原型如下：

```
#include <sys/types.h>
#include <sys/stat.h>
#include <fcntl.h>


int open(const char *path, int oflags);
```

不同的系统调用所需要的头文件（又称为前导文件）是不同的。这些头文件中包含相应程序代码中用到的宏定义、类型定义、全程变量及函数说明等。对 C 语言来说，这些头文件几乎总是保存在 /usr/include 及其子目录中。系统调用依赖于所运行的 UNIX/Linux 操作系统的特定版本，用到的头文件一般放在 /usr/include/sys 或 /usr/include/linux 目录中。附录 A 列出了 Linux 系统部分系统调用和库函数的使用格式和说明。

在 C 语言程序中，系统调用与库函数调用的方式相同，即调用时提供的实参的个数、出现的顺序和实参的类型应与原型说明中形参表的设计相同。例如，要打开在目录 /home/mengqc 下的普通文件 myfile1，访问该文件的模式为可读可写（用符号常量 O_RDWR 表示），则代码片段为：

```
int  fd;
…
fd=open("/home/mengqc/myfile1",O_RDWR);
…
```

【例 7-1】　每个进程都有唯一的进程 ID，即 PID。PID 通常在数值上逐渐增大。因此，子进程的 PID 一般比其父进程的大。当然，PID 的值不可能无限大，当它超过系统规定的最大值时，就会使用最小的尚未使用的 PID 值。如果父进程死亡或退出，那么子进程会被指定一个新的父进程 init（其 PID 为 1）。

本程序利用 fork()创建子进程，利用 getpid()和 getppid()分别获得进程的 PID 和父进程的 PID，利用 sleep()将相关进程挂起几秒钟。

```
/* proc1.c 演示有关进程操作 */
#include <unistd.h>
#include <sys/types.h>
#include <stdio.h>
#include <errno.h>

int main(int argc,char **argv)
{
    pid_t  pid, old_ppid, new_ppid;
    pid_t  child, parent;
```

```
    parent = getpid();                              /* 获得本进程的 PID */
    if((child = fork()) < 0){
        fprintf(stderr, "%s:fork of child failed:%s\n", argv[0], strerror(errno));
        exit(1);
    }
    else if(child == 0){                            /* 此时是子进程被调度运行 */
        old_ppid = getppid();
        sleep(2);
        new_ppid = getppid();
    }
    else {
        sleep(1);
        exit(0);                                    /* 父进程退出 */
    }
    /* 下面仅子进程运行 */
    printf("Original parent:%d\n", parent);
    printf("Child:%d\n", getpid());
    printf("Child's old ppid:%d\n", old_ppid);
    printf("Child's new ppid:%d\n", new_ppid);

    exit(0);
}
```

程序运行的结果如下：

```
$ ./proc1
Original parent:2009
Child:2010
Child's old ppid:2009
Child's new ppid:1
```

请读者根据输出结果自行分析程序的执行情况。注意：进程是并发执行的；当子进程被成功调度后，调度程序的返回值是 0。

【例 7-2】 利用 shell 和 C 语言函数及系统调用综合编程。其中，m1.c 的功能是将文件 1 复制到文件 2，并显示当前目录的内容；脚本 exam7-8 检测用户输入的命令行是否正确，然后调用 C 语言程序 rdwr（即 m1.c 编译后生成的可执行文件），并显示文件 2 的内容。

```
$ cat ml. c
#include <unistd.h>
#include <sys/ types.h>
#include <sys/stat.h>
#include <fcntl.h>
#include <stdlib.h>
#include <stdio.h>

int main(int argc, char **argv)
{
    int  i, fdl, fd2, nbyte3;
    char  buf[10];
    if(argc < 3) {
        fprintf(stderr, "usage:%s origin destination\n"), argv[0];
        return 1;
```

```
        }
        if((fdl = open(argv[l], O_RDONLY, 0644)) < 0) {
            fprintf(stderr, "cannot open %s for reading\n", argv[l]);
            exit(EXIT_FAILURE);
        }
        if((fd2 = open(argv[2], O_WRONLY)) < 0) {
            fprintf(stderr, "cannot open %s for writing\n", argv[2]);
            exit(EXIT_FAILURE);
        }
        while((nbytes = read(fdl, buf, 10)) > 0) {
            if(write(fd2, buf, nbytes) < 0) {
                fprintf(stderr, "%s writing error!\n", argv[2]);
                exit(EXIT_FAILURE);
            }
            for(i = 0; i < 10; i++)
                buf[i] = '\0';
        }
        close(fdl);
        close(fd2);
        system("echo    ");
        system("echo 显示当前目录——'pwd'——的内容");
        system("ls  ");
        exit(EXIT_SUCCESS);
}

$ cat exam7-8
# !/bin/bash
# 系统调用、C语言程序和shell脚本的交叉调用
# 这是shell脚本
echo "今天是'date '"
if (($# != 2)) ; then
    echo "exam7-8的用法: exam7-8  文件1  文件2"
    exit 1
elif [!-f  $1 -o !-f  $2]; then
    echo "输入文件名有误! "
    exit 2
else
    #调用C程序rdwr
    ./rdwr  $1  $2
fi
echo ''下面是文件2——$2——的内容"
cat $2
```

　　在本例中，C语言程序的主函数 main()带有形参 argc 和 argv。在实际执行该程序时，这两个形参的实际值是从哪里传来的？显然不是通过简单的函数调用实现传值的。因为在 C 语言中，主函数 main()可以调用其他函数，而其他函数不能调用主函数。

　　如前所述，在 UNIX/Linux 系统中，除了系统为用户提供的各种命令可以通过命令行方式执行，用户自己编写的 C 语言程序经编译、连接后成为可执行的文件，于是该可执行文件名就可以像普通命令一样使用。

当执行用户的命令时（如本例中的"./rdwr $1 $2"），shell 命令解释程序就对该命令行进行处理（见 7.3.2 节）：读入命令行，然后分离命令名和参数（实参），并且将该参数改造成 argc 和 argv 的形式；创建相应的子进程，子进程运行时获取所需的 argc 和 argv 的值，然后执行对应的程序。

7.2.3　系统调用的处理方式

1．一般处理方式

执行系统调用时把进程的运行模式从用户态变为核心态。如果说外部中断是使 CPU 被动、异步地进入系统空间的一种手段，那么系统调用就是 CPU 主动、同步地进入系统空间的手段。因为系统调用是由用户预先安排在程序的确切位置上的。

UNIX 系统核心提供了多个系统调用。不同版本的 UNIX 系统提供的系统调用的数目不同，如 UNIX 第 7 版提供约 50 个系统调用，SVR4 提供约 120 个系统调用。而 Linux 系统定义了 221 个系统调用。这些系统调用的外在使用形式与 C 语言的函数调用形式相同，但实现它们的汇编代码形式通常以 trap 指令开头（在 Linux 系统中是通过中断指令"INT 0x80"实现的）。trap 指令的性质为：当 CPU 执行到 trap 指令时，CPU 的状态就从用户态变为核心态。

trap 指令的一般格式为：

```
trap xx
参数 1
参数 2
……
```

其中，xx 表示系统调用号。

例如，系统调用 fork 的编号是 2，read 的编号是 3，write 的编号是 4，等等。

多数系统调用带有一个或几个参数。传递参数的方式一般有两种：通过通用寄存器（如 r0、r1）的直接传输和在 trap 指令后自带参数。Linux 内核在系统调用时通过寄存器传递参数。自带参数又分为直接和间接两种形式。直接形式是参数直接跟在 trap 指令后，如上面一般形式所示；间接形式是 trap 指令后是一个指针，该指针指向另一条直接带参数的 trap 指令。

当 CPU 执行到 trap 指令时，产生陷入事件。陷入时硬件执行的动作基本和发生中断的相同，即 trap 指令产生陷入信号，导致 CPU 停止对当前用户程序的继续执行；保存当前程序计数器（PC）和处理机状态字（PSW）的值；利用相应的中断向量（所有的系统调用都对应同一个中断向量）转到相应的处理程序。

所有的陷入事件有一个总的服务程序，即陷入总控程序。由于系统调用只出现在用户程序中，当时 CPU 必定在用户空间中运行，而陷入总控程序属于内核。因此，一旦运行陷入总控程序，CPU 的运行状态就从用户态转入核心态，也就是从用户空间转入系统空间。但是在处理系统调用的整个过程中并不自动关闭中断，即中断是开放的。

首先，陷入总控程序将有关参数压入系统栈中，以备返回用户空间、恢复现场时使用。然后，调用陷入处理程序 trap。trap 程序根据陷入事件的不同类型做不同的处理。对于非法指令、跟踪陷入、指令故障、算术陷入、访问违章、转换无效等事件，转入信号机构进行处理；对于系统调用事件，调用 system_call（系统调用处理函数）进行处理。

系统调用处理函数根据 trap 指令后的系统调用号去查系统调用入口表，然后转入各具体的系统调用处理程序。

系统调用入口表 sysent 的项数与系统调用号一样多。sysent 项包括三部分：自带参数个数、标志位（若执行 setjmp 函数，则置为 0，否则置为 1）和相应处理程序的入口地址。表 7-1 列出了 sysent 的结构。

表 7-1　系统调用入口表 sysent 结构

参数个数	标　志	处理程序	注　释
0	1	nosys	0 = indir
1	1	rexit	1 = exit
0	1	fork	2 = fork
3	0	read	3 = read
3	0	write	4 = write
3	0	open	5 = open
1	0	close	6 = close
…	…	…	…

系统调用号就是入口表的下标，如：

```
trap 4
参数 1
参数 2
参数 3
```

系统根据 trap 后面的数字 4 去查 sysent[4]，得知这个系统调用 3 个参数，且具体处理程序的入口地址是 write（即 write 程序的起始地址）。

当该系统调用工作完成后，就回到陷入处理程序 trap，计算有关进程的优先级。如果存在比当前进程优先级更高的就绪进程，就发生进程调度，恢复优先级更高的进程的现场，令其投入运行，而当前进程放入就绪队列中排队。如果本进程优先级最高，就不发生重新调度。在回到本进程的用户空间前，判断当前进程是否收到信号。如果收到信号，就执行信号规定的动作，最后返回用户空间，执行被中断的用户程序；如果没有收到信号，就直接回到用户空间。

2．系统调用实现过程示例

操作系统是一个整体，各部分的运转不是孤立的，而是相互关联、密切配合的。下面通过一个系统调用实现的全过程，说明整个操作系统是如何动态协调工作的。为了叙述简明，对系统中的进程数目、状态、资源使用等都进行了简化，所以实际系统的活动要比示例中的情况复杂得多。

设用户进程 A 在运行中要向已打开的文件（用 fd 表示）写一批数据，为此在用户进程 A 的 C 语言源程序中可用如下系统调用语句：

```
rw = write(fd, buf, count);
```

这条语句经编译后，形成的汇编指令形式如下：

```
trap 4
参数 1
参数 2
```

其中，参数 1、2、3 分别对应该文件的文件描述字 fd，用户信息所在内存始址 buf，传输字节数 count。这个系统调用的执行过程见如下 7 步。

① CPU 执行到 trap 4 指令时，产生陷入事件，硬件做出中断响应：保留进程 A 的 PSW 和 PC 的值，取中断向量并放入寄存器（PSW 和 PC）中；程序控制转向一段核心代码，将进程状态改为核心态；进一步保留现场信息（各通用寄存器的值等），然后进入统一的处理程序 trap。trap 程序根据系统调用号 4 查找系统调用入口表，得到相应处理子程序的入口地址 write。

② 转入文件系统管理。根据文件描述字 fd 找到该文件的控制结构——活动 I 节点，进行权限验证等操作后，如果都合法，那么调用相应的核心程序将文件的逻辑地址映射到物理块号；再申请和分配缓冲区，将进程 A 内存区 buf 中的信息传输到所分配的缓冲区。然后，经由内部控制结构（即块设备转接表）进入设备驱动程序。

③ 启动设备驱动程序（即磁盘驱动程序），将缓冲区中的信息写到相应的盘块上。在进行磁盘 I/O 工作时，进程 A 要等待 I/O 完成，所以进程 A 让出 CPU，处于睡眠状态。

④ 处理机管理调度工作。进程调度程序从就绪队列中选中一个合适的进程，如进程 B，为它恢复现场，使其在 CPU 上运行。此时 CPU 在进程 B 的用户空间运行。

⑤ 当写盘工作完成后（即缓冲区中的信息都传到盘块上），磁盘控制器发出 I/O 中断信号。该信号中止进程 B 的运行，硬件做出中断响应，然后转入磁盘中断处理程序。

⑥ 磁盘中断处理程序运行，验证中断来源，如传输无错，则唤醒因等待磁盘 I/O 而睡眠的进程 A。

⑦ 设进程 A 比进程 B 的优先级更高，则中断处理完成后，执行进程调度程序，选中进程 A，为进程 A 恢复现场，然后进程 A 继续执行。

上述简要过程如图 7-2 所示。

由上面分析可见，利用中断和陷入方式，CPU 的运行状态就由用户态转到核心态。当中断、陷入处理完成后，再回到用户态执行用户程序。如果说系统初启是激活操作系统的原动力，那么中断和陷入就是激活操作系统的第二动力。利用上述方式使操作系统程序得以执行，对系统的各种资源进行管理，为用户提供服务。

7.3 命令行接口

在键盘上输入命令、从屏幕上查看结果是用户和操作系统交流的最常用、最直接的方式。如 DOS、Windows、UNIX 和 Linux 等常用操作系统都为此提供了大量命令。在系统提示符后，用户从键盘上输入命令，由命令解释程序予以解释执行。在 UNIX/Linux 环境下，命令可以有效地完成大量的工作，如文件操作、目录操作、进程管理、文件权限设定、软盘使用等。显然，完成同样的任务，使用命令比使用系统调用要简便得多。

大多数用户看待操作系统是说它的命令如何，而不是说它的实际的系统调用怎样。从这个意义上，系统程序是对系统调用的功能集成和应用简化。

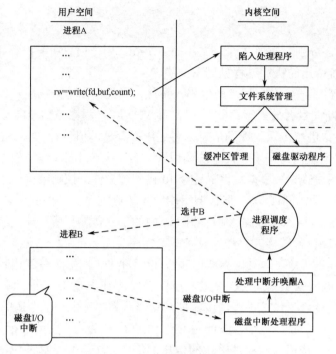

图 7-2　系统调用实现过程示例

7.3.1　命令的一般使用方式

1. 常用 shell 种类

在 UNIX/Linux 系统中，命令解释程序通常被称为 shell。UNIX/Linux 环境下安装了多种 shell，最常用的是 Bourne shell（简写 sh）、C shell（简写 csh）、Korn shell（简写 ksh）和 Bourne Again Shell（简写 bash）。

Bourne shell 是美国 AT&T Bell 实验室的 Steven Bourne 为 AT&T 的 UNIX 开发的，是 UNIX 的默认 shell，也是其他 shell 的开发基础。Bourne shell 在编程方面相当优秀，但在处理与用户的交互方面不如其他 shell。

C shell 是美国加州伯克利大学的 Bill Joy 为 BSD UNIX 开发的，与 Bourne shell 不同，它的语法与 C 语言相似。C shell 提供了 Bourne shell 所不能处理的用户交互特征，如命令补全、命令别名、历史命令替换等。但是，C shell 与 Bourne shell 并不兼容。

Korn shell 是美国 AT&T Bell 实验室的 David Korn 开发的，集合了 Bourne shell 和 C shell 的优点，并且与 Bourne shell 向下完全兼容。Korn shell 的效率很高，其命令交互界面和编程交互界面都很好。

Bourne Again shell（即 bash）是自由软件基金会（Free Software Foundation，FSF）开发的一个 shell，是 Linux 系统默认的 shell。bash 与 Bourne shell 兼容，还继承了 C shell、Korn shell 的优点。

2. shell 命令的一般格式

shell 命令的一般格式是：

```
命令名  [选项] [参数1] [参数2] ...
```

例如：

```
cp  -f  file1.c  myfile.c
```

该命令将源文件 file1.c 复制到目标文件 myfile.c 中，并且覆盖后者原有内容。

使用 shell 命令时，应注意以下几点：

① 命令名必须是小写的英文字母，并且往往是表示相应功能的英文单词或单词的缩写，例如，date 表示日期，who 表示谁在系统中，cp 是 copy 的缩写，表示复制文件，等等。

② 一般格式中由 "[]" 括起来的部分是可选的，是有是无依具体情况而定。例如，可以直接在提示符后面输入命令 date，显示当前的日期和时间，也可以在 date 命令名后带有选项和参数，如

```
date  -s  日期/时间字符串              (将当前日期和时间设置为给定值)
```

③ 选项是对命令的特别定义，以 "-" 开始，多个选项可用 "-" 连接，如 ls -l -a 与 ls -la 相同。

④ 命令行的参数提供命令运行的信息或命令执行过程中所使用的文件名。通常，参数是一些文件名，告诉命令从哪里可以得到输入，以及把输出到什么地方。

⑤ 如果命令行中没有提供参数，那么命令将从标准输入文件（即键盘）上接收数据，输出结果显示在标准输出文件（即显示器）中，而错误信息显示在标准错误输出文件（即显示器）中。使用重定向功能可以对这些文件进行重定向。

⑥ 命令在正常执行后返回一个 0 值，表示执行成功；如果命令执行过程中出错，没有完成全部工作，那么返回一个非零值（在 shell 中可用变量 $? 查看）。shell 脚本中可用此值作为控制逻辑流程的一部分。

⑦ UNIX/Linux 操作系统的联机帮助对每个命令的准确语法都做了说明。UNIX 和 Linux 系统分别提供了几百条命令。通常在联机命令手册中给出本机提供的系统命令的详细说明。

7.3.2 命令解释程序

1. 实现方式

对操作系统来说，最重要的系统程序就是命令解释程序。它的基本功能是接收用户输入的命令，然后解释并且执行。在 UNIX/Linux 系统中，shell 是终端用户与操作系统之间的一种界面（另一种界面是图形用户界面）。另外，它还是一种高级程序设计语言。

实现命令的常见方式有外置方式和内置方式两种。

（1）外置方式

系统的大多数命令都采用这种方式实现，即每条外置命令都对应专门的系统程序，通常以可执行文件的形式存放在磁盘上。在这种情况下，命令解释程序并不知道该命令怎么做。当终端进程接收一条命令后，就分析该命令是否正确。如果正确，就利用系统调用创建一个子进程；当调度该子进程运行时，由子进程执行系统调用，把对应的可执行文件装入内存，然后执行。

外置命令是通过创建子进程并在子进程的空间中执行的。所以，外置命令条数的增加不会使命令解释程序变大，而且有利于用户动态扩充命令。

（2）内置方式

内置方式的命令解释程序本身就包含执行该命令的代码。在 UNIX 系统中，很多 shell 命令是内置命令，如 cd、pwd、echo 等。在每台激活的终端上，系统建立一个终端进程（如 sh），负责执行命令解释程序。内置命令在终端进程的地址空间中执行，并不创建新进程，即终端进程在接收到某个内置命令后，就跳转到自己的相应代码区，从中设置参数并且执行相应的系统调用。

由于内置命令的代码包含在命令解释程序中，因此内置命令的条数不能很多。

2．shell 基本工作原理

shell 本身不属于操作系统内核部分，而是在内核外以用户态方式运行。系统启动后，核心为每个终端用户建立一个进程——终端进程，执行 shell 解释程序。它的执行过程基本按照如下步骤进行：

① 读取用户由键盘输入的命令行。

② 判断命令是否正确，且将命令行的其他参数改造为系统调用 execve( )内部处理所要求的形式。

③ 终端进程调用 fork( )建立一个子进程 A。

④ 终端进程调用系统调用 wait4( )来等待子进程 A 完成（若是后台命令，则不等待）。

⑤ 当调度子进程 A 运行时，它调用 execve( )——根据文件名（即命令名）到目录中查找相应的可执行文件，调入内存，更换自己的映像，然后执行该程序（即执行这条命令）。

⑥ 如果命令行末尾有"&"（后台命令符号），那么终端进程不执行系统调用 wait4( )，而是立即发提示符"$ "，让用户输入下一个命令，转①；如果命令末尾没有"&"，那么终端进程要一直等待。当子进程 A 完成处理后终止，向父进程（终端进程）报告。此时，终端进程被唤醒，在做必要的判别等工作后，终端进程发提示符"$ "，让用户输入新的命令。重复上述处理过程。

shell 命令基本执行过程及父子进程之间的关系如图 7-3 所示。

7.3.3　shell 程序设计

shell 不仅是命令解释程序，还是一种高级程序设计语言，有变量、关键字，有各种控制语句，如 if、case、while、for 等语句，支持函数模块，有自己的语法结构。shell 程序设计语言可以编写功能很强但代码简单的程序。特别是，它把相关 UNIX/Linux 命令有机地组合在一起，可以大大提高编程的效率，充分利用 UNIX/Linux 系统的开放性能，进而设计出适合自己要求的命令。

shell 程序存放在文件中，通常称为 shell 脚本（script）。下面是两个 shell 程序示例。

【例 7-3】　由三条简单命令组成的 shell 程序，设文件名为 ex1，第 1 行是用户输入的命令行——在提示符"$ "后输入命令"cat"，显示由参数 ex1 指定文件的内容。

该文件的内容如下：

```
$ cat  ex1
date
pwd
```

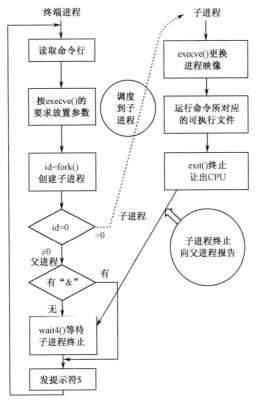

图 7-3 shell 命令基本执行过程及父子进程之间的关系

```
    cd ..
```

执行这个 shell 程序时，依次执行其中各条命令：先显示日期，再显示当前工作目录，最后把工作目录改到当前目录的父目录。

【例 7-4】 带有控制结构的 shell 程序（文件名为 ex2）。

```
$ cat ex2
#!/bin/bash
# If no arguments, then listing the current directory.
# Otherwise, listing each subdirectory.

if  test  $# = 0
then  ls  .
else
    for i
    do
      ls  -l  $i | grep  '^d'
    done
fi
```

程序代码第 1 行是 "#!/bin/bash"，表示下面的脚本是用 bash 编写的，必须调用 bash 程序对它解释后执行。

该程序的第 2～3 行以 "#" 开头，表示这是注释行。注释行可用来说明程序的功能、结构、算法和变量的作用等，增加程序的可读性。在执行时，shell 将忽略注释行。

本程序由 if 语句构成，其中 else 部分是 for 循环语句。本程序的功能是：检测位置参数个数，若等于 0，则列出当前目录本身；否则，对于每个位置参数，显示其所包含的子目录。

限于篇幅，这里不再详述 shell 语法。如有需要，读者可以参阅《Linux 教程（第 5 版）》（孟庆昌、牛欣源等编著）或其他相关书籍。

7.4　图形用户界面

现代操作系统几乎都为用户提供了图形界面，如 Windows 系统、UNIX/Linux 的 X Window 系统等。它们不属于操作系统的内核，在用户空间运行。用户利用鼠标、窗口、菜单、图标、滚动条等图形用户界面工具可以方便、直观、灵活地使用计算机，大大提高了工作效率，如同时打开多个窗口进行数据传递等。

图形用户界面可以让用户以三种方式与计算机交互作用：

① 通过形象化的图标浏览系统状况。

② 点击方式，直接操纵屏幕上的图标，从而发出控制命令。

③ 提供与图形系统相关的视窗环境，使用户可以从多个视窗观察系统，能同时完成几个任务。

UNIX 中应用最广泛的基于网络的图形界面是 X Window 系统；Linux 中常用的桌面系统是 GNOME 和 KDE（如图 7-4 所示），也是以 X Window 为基础构建的。

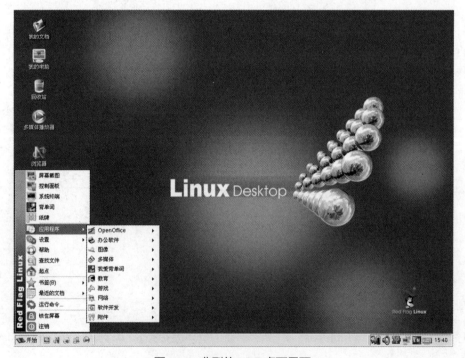

图 7-4　典型的 KDE 桌面界面

X Window 是 UNIX 和所有类 UNIX（包括 Linux）操作系统的标准图形接口，有时也称为 Xwindows、Xwindow 或者 X。X Window 是 1984 年由美国麻省理工学院（MIT）计算机科学研究室开发的。由于它是在 W 窗口系统之后开发成功的，故称为 X 系统。X Window 是通过软件工具和架构协议实现的图形用户界面，可以在许多系统上运行，与生产厂商无关，具有可移植性、对彩色处理的多样性、网络操作的透明性，成为了一个工业标准。当前 X Window 版本是 X11R6（第 11 版，第 6 次发布）。Linux 系统上使用的 XFree86 就是基于 X11R6 版本的。

X Window 的体系结构包括两部分：客户 - 服务器（C/S）模型和 X 协议。

1．客户 - 服务器模型

X Window 系统最早是在 UNIX 系统上使用的基于网络的图形用户界面，采用了客户 - 服务器模型，如图 7-5 所示。在该模型中，X 客户程序是使用系统窗口功能的一些应用程序，对应用户触发的不同事件，如敲击键盘、点击鼠标等。X 客户程序无法直接影响窗口或显示，即并不直接在屏幕上绘制或操纵任何图形，它们只能通过套接字接口和 X 服务程序进行通信，并通过 X 服务程序提供的服务在指定的窗口中完成特定的操作。典型的"请求"通常是：在 XYZ 窗口中输出字符串"你好"，或在 KDE 窗口中用红色从 A 点到 B 点画一条直线。

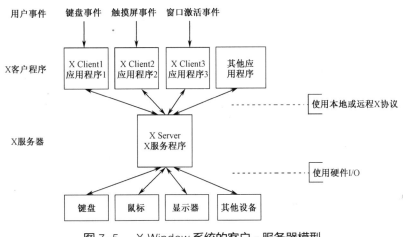

图 7-5　X Window 系统的客户 - 服务器模型

X 服务器也称为显示管理器，是控制实际显示设备和输入设备的程序，响应 X 客户程序的请求，直接与图形设备通信，负责打开和关闭窗口，控制字体和颜色等底层的具体操作。X 服务程序向 X 客户程序提供显示输出对象的能力，包括图形和字符。每个显示设备只有一个唯一的 X 服务程序。

X 服务程序处于 X 客户程序与硬件之间，屏蔽了具体硬件设备的特性，X 客户程序只需向 X 服务程序发送显示请求，而由 X 服务程序将显示的具体要求翻译并传给硬件设备，最后 X 服务程序将显示事件的结果返回给 X 客户程序。

用户可以通过以下方式使用 X 客户程序：系统提供（如时钟程序）、第三方厂商提供和用户自己编写。

典型的 X 客户程序有以下两种呈现形态。

① 窗口管理器。它是决定窗口外观的一种客户进程，具有改变窗口的大小或位置，将窗口缩成图标，重新安排窗口在堆栈中的位置等功能。Linux 支持多种窗口管理器，如 KWM、FVWM、TWM 等。

② 桌面系统。它是一个客户进程，控制桌面图标和目录的出现位置、桌面和目录菜单的

内容，以及控制在桌面图标、目录和菜单上进行鼠标操作所产生的效果。桌面系统实际上集成了窗口管理器和一系列工具。目前，Linux 系统主要的两种桌面系统环境是 KDE 和 GNOME。KDE 采用 KWM 作为窗口管理器。

还有其他 X 客户程序，如 xclock（指针式或数字式的时钟）、xclac（计算器，可模拟科学工程计算）等。

X Window 是事件驱动的。例如，当用户单击鼠标时，X 服务器检测到鼠标事件出现的位置，并把该事件发送给相应的客户程序。因此，X Window 在大部分时间里处于一种等待事件发生的状态。X 服务器可以处理所有的 I/O 资源，如鼠标输入、键盘输入和显示屏幕等。一旦这些资源触发了事件，它就会根据需要把事件返回给相应的客户程序。

2．X 协议

X Window 系统是一个分布式的应用系统。为了增强跨平台的可移植性，X 的 C/S 模型不是建立在特定的软件、硬件资源之上的，而是建立在 X 协议之上的。X 协议是一个抽象的应用服务协议，包括终端的输入请求和对 X 服务程序发出的屏幕输出命令，但不包括对底层硬件的访问和控制。X 协议是 X 服务程序与 X 客户程序进行通信的途径。X 客户程序通过它向 X 服务程序发送请求，用来更新 X 服务器的信息，而 X 服务程序通过它回送状态和其他信息。真正控制终端工作的是 X 服务程序。

此外，X 协议是建立在一些常用的传输协议之上的（包括 TCP/IP、IPX/SPX 和 DECnet 等）。通过这些协议，网络中的不同计算机的进程可以在其他网络显示器上显示内容。

总之，可以说 X 是一个基于网络的图形引擎，可以在与远端机连接、在其上运行应用程序的同时，在本地的图形终端上处理 I/O 操作。

从用户的角度看，X Window 由两部分组成：应用程序接口和窗口管理器（如图 7-6 所示）。其中，应用程序接口控制客户程序的窗口运行过程，以及在菜单、对话框中显示的内容；窗口管理器是独立的客户程序，其功能是控制窗口移动、改变大小、打开和关闭窗口等。

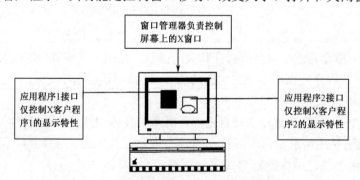

图 7-6　应用程序接口与窗口管理器的关系

3．应用程序接口（API）

在 X Window 体系结构的最低层是称为 Xlib 的接口，客户程序和服务器之间通过该接口实施通信。虽然开发人员可以利用它来编写应用程序，但这样做费力费时。为了方便 X Window 编程，在 Xlib 之上提供了多层称为工具包（toolkit）的函数库，其中包括 Xlib API、X 工具包内部函数、Athena 窗口部件集、Motif 窗口部件集的任意组合和两个高层的 API 函数库（GTK+

和 Qt 图形用户界面库）。图 7-7 为 X Window 编程可用的 API。

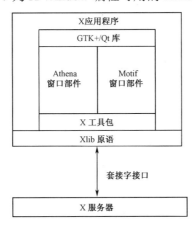

图 7-7　X Window 编程可用的 API

4．桌面系统

桌面系统决定了用户使用系统时的"观感"。目前，Linux 系统主要采用两种桌面系统环境 KDE 和 GNOME。它们各有特色，用户可以根据自己的喜好选择使用，如红旗 Linux 在安装时可以选择 KDE 工作站环境或 GNOME 工作站环境。

（1）GNOME

GNOME（GNU Network Object Model Environment，GNU 网络对象模型环境）是 GNU 项目的一部分，是完全开放源代码的自由软件。GNOME 是一个用户友好的环境，除了出色的图形功能，还提供编程接口，允许开发人员按照自己的需要来设置窗口管理器。也就是说，GNOME 与窗口管理器是相互独立的。注意，窗口管理器和桌面环境是两个不同的概念，同一个桌面环境（如 GNOME）可以使用不同的窗口管理器（如 TWM、FVWM、Enlightenment 等）。

Red Hat Linux 系统已经将 GNOME 作为默认的桌面管理器，使用 startx 命令可以启动 X Window 服务器和 GNOME。其实，如果用户在安装 Red Hat Linux 时选择图形化登录界面，那么系统初启时就同时启动它们，并提供图形化登录提示，而无须使用 startx 命令。

GNOME 的菜单与 Windows 的菜单功能和使用方法相同。但是，Linux 与 Windows 使用的文件系统是完全不同的，因此二者在菜单设置方面存在较大差别。

GNOME 面板中包括以下内容：主系统菜单按钮、常用应用程序的快捷按钮（如文件管理器、Netscape 浏览器、X 终端仿真程序等）、一些小程序（如日期与时间显示、虚拟桌面分页工具等）和应用程序显示最小化按钮等。

GNOME 还提供了很多功能强大的软件，包括文本处理、图形编辑、Web 浏览、多媒体工具等。上述主菜单可以运行这些程序，也可以在终端仿真窗口中输入相应的命令来启动。

对 GNOME 桌面系统的特性和应用这里不做详述，读者可从网上查看相应资源。

（2）KDE 桌面系统

KDE 桌面系统是 1996 年 10 月推出的，随后得到了迅速发展，主要有以下特点：

① 通过图形用户界面可以完全实现对环境的配置。

② 桌面上提供了一个更安全的删除文件用的垃圾箱。

③ 通过鼠标安装其他文件系统，如 CD-ROM。

④ 用菜单控制终端窗口的滚动、字体、颜色和尺寸大小。

⑤ 实现网络透明存取。KDE 提供的文件管理程序 KFM 也可以作为 WWW 浏览器，可以像查看自己硬盘上的文件那样查看 FTP 站点的内容，可以打开和存储远程文件。

⑥ 完全支持鼠标的拖放操作（drag-and-drop）。通过把文件图标拖到相应的文本处理程序窗口中，可以浏览内容；如果是远程文件，就会自动下载。

⑦ 提供帮助文件浏览器（Help View），不仅可以浏览传统的用户手册，还可以浏览标准的 HTML 文档。

⑧ 提供一套应用程序和上下文相关的帮助文档。

⑨ 提供会话管理程序（Session Manager），可以记录 KDE 桌面系统的使用情况，保证下次进入时的环境与上次离开时一致。

本章小结

操作系统不仅是资源管理器，也是用户与计算机之间的接口。操作系统对外提供了大量服务，基本的服务方式是系统调用和系统程序。系统调用是操作系统与核外程序之间的接口，也称为提供给程序员的接口。系统调用是主要的陷入事件。当执行到用户程序中使用的系统调用时，CPU 状态就从用户态变为核心态，从而进入操作系统内部，转入内核空间处理，通过查找系统调用入口表转到相应的处理程序。系统调用的格式类似于过程或函数调用，但一般过程调用只能在用户态下执行，不能实现 CPU 状态转换。

中断和陷入手段可驱使操作系统活动，为外层程序提供基层服务。操作系统是一个整体，各部分的运转是相互关联、密切配合的。

系统程序是操作系统之上的系统软件，它们本身并不是操作系统的一部分，为更高层程序的开发和执行提供了方便的环境。对操作系统来说，最重要的系统程序是命令解释程序，其主要功能是接收并执行用户输入的命令。因而，系统程序服务方式也被称为命令服务方式。在 UNIX 系统中，命令解释程序称为 shell。在交互式或分时模式下，命令可以直接来自键盘；而在批处理模式下，命令可以来自文件。系统程序可以满足很多用户的共同需求。

现代操作系统几乎都为用户提供了图形界面。在 UNIX 类的操作系统中，应用最广泛的基于网络的图形界面是 X Window 系统。X Window 的体系结构包括两部分：C/S 模型和 X 协议。

习 题 7

1. 什么是系统调用？系统调用与库函数在功能及实现上有什么相同点和不同点？

2. 使用系统调用的一般方式是怎样的？系统调用的主要实现过程是什么？

3. 编写一个程序，把一个文件的内容复制到另一个文件上，即实现简单的复制功能。要求：只用 open( )、read( )、write( )和 close( )系统调用，程序的第一个参数是源文件，第二个参数是目的文件。

4. 在用户与操作系统之间存在哪几种类型的接口？各自的主要功能是什么？

5. 图 7-8 是本题与文件系统处理有关的部分数据结构（见 5.4.3 节）。执行系统调用

```
n = write(3, A, 1500);
```

那么：

（1）执行此系统调用的主要过程是什么？

（2）活动 I 节点表中的 i_size、i_addr（盘块索引表）和超级块中空闲盘块表在上面的系统调用执行后有何变化？试在图 7-8 中标出这种变化。

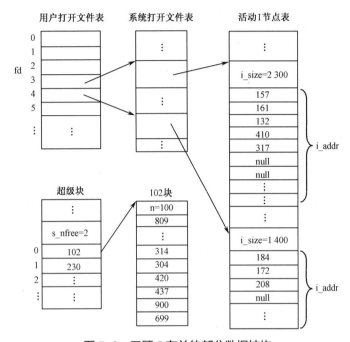

图 7-8　习题 5 有关的部分数据结构

6. shell 命令的基本执行过程是怎样的？

7. X Window 的体系结构是怎样的？解释其各部分的作用和相互关系。

第 8 章

死　锁

计算机系统中有很多一次只能由一个进程使用的对象，它们往往称为独占资源（或临界资源），如打印机、磁带机等。所有操作系统都应有能力让进程互斥地使用某些资源。

在很多应用中，一个进程需要互斥访问的资源不止一个。例如，两个进程都要把扫描的文档记录到 CD 上，为此必须申请使用扫描仪和 CD 刻录机。如果这两种资源各有一个，并且两个进程交错申请、占用它们，就会出现二者都因未分到所需的全部资源而无限期地阻塞下去的现象。这种状况就是死锁（Deadlock）。死锁会导致计算机系统的崩溃，必须设法解决。另外，死锁不仅在一台计算机中可能发生，同样会在网络中的多台计算机间出现。

除了申请专用 I/O 设备，在很多情况下都会出现死锁，如数据库系统中进程对记录的封锁和申请等。所以，死锁既可发生在硬件资源上，也可发生在软件资源上。

与死锁相近但不同的两个概念是饥饿和活锁。

本章的学习要点是弄清死锁的概念。要透彻理解它，就要弄清死锁产生的原因，即计算机系统资源有限和进程推进顺序不当，还可结合计算机应用环境中一些资源分配、使用的示例，体会死锁的定义和发生死锁的必要条件。其次，要清楚排除死锁的方法，如死锁的预防、避免及检测和恢复。

8.1 资源

当若干进程对设备、文件等取得了排他性访问权时，就可能出现死锁。简单地说，资源（resource）是在任何时刻都只能被一个进程使用的任何对象，可以是硬件设备（如打印机、光盘机）或者一组信息（如数据库中一个记录）。

8.1.1 资源使用模式

一个进程在使用资源前要申请资源，在用完后必须释放该资源。进程是按照它完成任务所需资源情况来申请资源的。显然，进程申请的资源数量不能超过系统中可用资源的总量。例如，系统中仅有 2 台打印机，进程就不能申请 3 台。

在通常操作方式下，进程按下述序列申请和使用资源。

① 申请。如果所申请的资源因被其他进程占用而不能立即得到，那么申请资源的进程必须等待，直至其他进程释放该资源为止。

② 使用。进程对该资源进行操作（如在打印机上打印处理结果）。

③ 释放。进程释放它以前申请且分配到的资源。

对资源的申请、使用和释放都是通过系统调用实现的。系统需要设立若干表格，用来记载各资源的申请和分配的情况。若分配了，则要记载是分给哪个进程的。若进程未分到所申请的资源，它就排到等待该资源的进程队列中。

8.1.2 可抢占资源与非抢占资源

系统中一般有多种资源，按照占用方式，可以分为可抢占资源、非抢占资源两类。

（1）可抢占资源

可抢占资源（Preemptable Resource）是其他进程可以从拥有它的进程那里把它抢占过去为己所用，并且不会产生任何不良影响。

例如，内存就是可抢占资源。假设一个系统有 1 GB 用户内存和一台打印机，有两个 1 GB 的进程 A 和 B，每个都想打印一些信息。进程 A 申请到打印机，然后开始计算打印的数据。在它完成计算之前，它的时间片用完了，因而它被从内存中换出。

现在进程 B 开始运行，并申请打印机，但是没有成功。这时存在潜在的死锁危险。因为进程 A 占有打印机而进程 B 占有内存，且在没有获得对方所占用资源的状况下，两个进程都无法继续执行。如果把进程 B 对换到磁盘上，剥夺它所占有的内存，分给进程 A；把进程 A 换入，进程 A 就可以运行了，执行打印，最后释放打印机。这样就不会出现死锁。

（2）非抢占资源

非抢占资源（Nonpreemptable Resource）是不能从当前占有它的进程那里强行抢占的资源，必须由拥有者自动释放，否则会引起相关计算的失效。例如，一个进程开始刻光盘，突然把刻录机分给另一个进程，那么所刻光盘就变成了废盘。刻录机在任何时候都不可抢占。

总之，死锁与非抢占资源有关，与可抢占资源有关的潜在死锁问题可以通过在进程间重新分配资源来化解。所以在讨论死锁问题时，主要关注非抢占资源的使用状况。

从不同角度出发，系统中的资源有不同分类方式。例如，按组成情况和功能，资源可以分为硬件资源和软件资源，如 CPU、内存、外设等都属于硬件资源，而信号量、消息、文件等都属于软件资源；按照使用性质，资源可以分为可再用资源（或称为永久性资源）和消耗性资源（或称为临时性资源）。可再用资源（renewable Resource，SR）是指系统中那些一次仅供一个进程使用且可由多个进程重复使用的资源，如内存、外存、I/O 设备、CPU 等硬件资源和各种数据文件、表格、数据库、信号量等软件资源。消耗性资源（Consuming Resource，CR）是指可以被动态创建（产生）和毁坏（消耗）的资源，如 I/O 和时钟中断、信号、消息和 I/O 缓冲区中的信息等。SR 和 CR 都可能导致死锁发生。

8.2 死锁概念

死锁是进程死锁的简称，是由 Dijkstra 于 1965 年研究银行家算法时首先提出的。死锁是计算机操作系统乃至并发程序设计中最难处理的问题之一。

实际上，死锁问题不仅在计算机系统中存在，在日常生活中也广泛存在。

8.2.1 什么是死锁

1．死锁示例

先看一个现实的例子：在一条河上有一座桥，桥面很窄，只能容纳一辆汽车通过，无法让两辆汽车并行。如果有两辆汽车 A 和 B 分别由桥的两端同时驶上该桥，就会发生如图 8-1 所示的冲突状况。

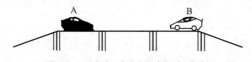

图 8-1　汽车过窄桥时发生冲突

A 和 B 在桥上相遇，且都不倒车，结果造成僵持局面。如果把图中的汽车比做进程，桥面作为资源，那么上述问题可描述为：进程 A 占有资源 RL，等待进程 B 占有的资源 RR；进程 B 占有资源 RR，等待进程 A 占有的资源 RL，而且资源 RL 和 RR 只允许一个进程占用，不允许两个进程同时占用，结果是两个进程都不能继续执行。若不采取其他措施，这种循环等待状况会无限期持续下去，就发生了进程死锁。

在计算机系统中，涉及软件、硬件资源的进程都可能发生死锁。例如，系统中只有一台 CD-ROM 驱动器和一台打印机，某进程占有了 CD-ROM 驱动器，又申请打印机；另一个进程占有了打印机，还申请 CD-ROM 驱动器。结果，两个进程都被阻塞，永远也不能自行解除。又如，在一个数据库系统中，一个进程对记录 R1 加锁，另一个进程对记录 R2 加锁，然后两个进程试图将对方的记录加锁，这也将导致死锁。

另外，在第 2 章中讲过，信号量是共享资源。在具体应用中，如果操作原语使用不当，也会造成死锁。例如，在 2.6 节的生产者 - 消费者同步算法中，如果将各自代码中的前面两个 P 操作的位置对调，都先执行 P(mutex)，那么当生产者连续执行 N 次后，再执行时会在 empty 上封锁，而消费者会在 mutex 上封锁。这样，二者都无法运行，从而出现死锁状态。

2．死锁的定义

所谓死锁，是指在一个进程集合中的每个进程都在等待仅由该集合中的其他进程才能引发的事件而无限期僵持的局面。

在多数情况下，进程是在等待该集合中另一个进程释放其占用的资源。也就是说，每个进程都期待获得另一个进程正占用的资源。由于集合中的所有进程都不能运行，因而谁也不会释放资源。

从上面的例子可以看出，计算机系统产生死锁的根本原因就是资源有限且操作不当。

一种原因是系统提供的资源太少，远不能满足并发进程对资源的需求。这种因竞争资源引起的死锁是要重点讨论的。例如，消息是一种临时性资源。某一时刻，进程 A 等待进程 B 发来的消息，进程 B 等待进程 C 发来的消息，而进程 C 又等待进程 A 发来的消息。消息未到，三个进程均无法向前推进，也会发生进程通信上的死锁。

另一种原因是进程推进顺序不合适引发的死锁。资源少也未必一定产生死锁。如同两个人过独木桥，分别从两端上桥，在中间相遇，都坚持不肯后退，必然会因竞争资源产生死锁。如果每个人上桥前先看一看对面是否有人在桥上，仅当对面无人在桥上时自己才上桥，那么问题就解决了。所以，如果程序设计得不合理，造成进程推进的顺序不当，也会出现死锁。

两个进程 A 和 B 竞争两个资源 R 和 S，这两个资源都是非抢占资源，因此必须在一段时间内独占使用。进程 A 和 B 的一般形式如下：

进程 A	进程 B
……	……
申请并占用 R	申请并占用 S
申请并占用 S	申请并占用 R
……	……
释放 R	释放 S
释放 S	释放 R
……	……

图 8-2 揭示了进程推进顺序对引发死锁的影响。X 轴和 Y 轴分别表示进程 A 和 B 的执行进度，从原点出发的不同折线分别表示两个进程以不同速度推进时所合成的路径。在单 CPU 系统中，在任何时候只能有一个进程处于执行状态。路径中的水平线段表示进程 A 在执行，进程 B 在等待；而垂直线段表示进程 B 在执行，进程 A 在等待。

图 8-2 中给出了 6 条执行路径。

① 进程 B 获得资源 S，然后获得 R，后来释放 S 和 R。当进程 A 恢复执行时，它能够获得这两个资源。A 和 B 都可以执行。

② 进程 B 获得资源 S，然后获得 R；接着进程 A 执行，因未申请到资源 R 而阻塞。进程 B 释放 S 和 R，当进程 A 恢复执行时，能够获得这两个资源。

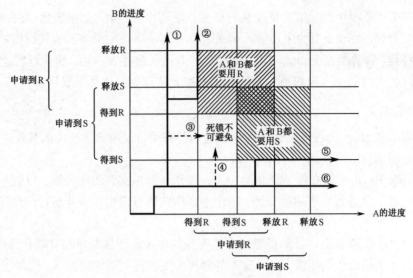

图 8-2 进程推进顺序对引发死锁的影响

③ 进程 B 获得资源 S，而进程 A 申请到 R。此时，死锁不可避免。因为 B 继续执行会阻塞在 R 上，而 A 会阻塞在 S 上。

④ 进程 A 获得资源 R，接着进程 B 获得资源 S。此时，死锁不可避免。因为继续执行，B 将在 R 上阻塞，A 将在 S 上阻塞。

⑤ 进程 A 获得资源 R，接着获得 S。进程 B 执行，由于未申请到 S 而阻塞。之后，A 释放资源 R 和 S；当 B 恢复执行时，能获得两个资源。

⑥ 进程 A 获得资源 R 和 S，然后释放 R 和 S。当进程 B 恢复执行时，能获得两个资源。

可见，是否产生死锁既取决于动态执行过程，也取决于应用程序的设计。例如，进程 A 不必同时申请两个资源：先申请并占用 R，使用后释放 R；然后申请并占用 S，使用后释放 S。那么，不管这两个进程如何动态前进，都不会出现死锁。

8.2.2 死锁的必要条件

由以上分析可知，当计算机系统发生死锁时，一定同时具备下面 4 个必要条件。

① 互斥条件。独占资源在一段时间内只能由一个进程占有，不能同时被两个及其以上的进程占有。例如，平板式绘图仪、CD-ROM 驱动器、打印机等。必须在占有该资源的进程主动释放它之后，其他进程才能占有该资源。这是由资源本身的属性所决定的。

② 占有且等待条件。进程至少已经占有一个资源，但又申请新的资源。由于该资源已被另外进程占有，此时该进程阻塞。但是它在等待新资源时，仍继续占有已分到的资源。

③ 非抢占条件。进程占用的资源在用完之前，其他进程不能强行夺走该资源，只能由该进程用完之后主动释放。

④ 循环等待条件。存在一个进程等待序列 $\{p_1, p_2, \cdots, p_n\}$。其中，$p_1$ 等待 p_2 占用的某资源，p_2 等待 p_3 占用的某资源……p_n 等待 p_1 占用的某资源，从而形成一个进程循环等待环。

上面提到的这 4 个条件在死锁时会同时发生。也就是说，只要有一个必要条件不满足，则死锁就可以排除。另外，这 4 个条件也不是完全无关的，如循环等待条件就隐含着前三个条件的结果。

8.2.3 资源分配图

1．资源分配图的构成

可以用有向图的形式更精确地描述死锁，称为系统资源分配图，其结对格式为：$G = (V, E)$。其中，V 是顶点的集合，E 是边的集合。顶点集合可分为两部分：$P = \{p_1, p_2, \cdots, p_n\}$，由系统中所有活动进程组成；$R = \{r_1, r_2, \cdots, r_m\}$，由系统中全部资源类型组成。

从进程 p_i 到资源 r_j 的一条有向边记做 $p_i \rightarrow r_j$，表示进程 p_i 申请一个单位的 r_j 资源，但当前 p_i 在等待该资源。从资源 r_j 指向进程 p_i 的有向边记做 $r_j \rightarrow p_i$，表示有一个单位的 r_j 资源已分配给进程 p_i。有向边 $p_i \rightarrow r_j$ 称为申请边，而有向边 $r_j \rightarrow p_i$ 称为赋给边。

在资源分配图中，通常用圆圈表示每个进程，用方框表示每种资源类型。由于同类资源可以有多个，因此用方框中的圆点表示各单位资源。注意，申请边要指向表示资源的方框，赋给边必须起于方框中的一个圆点。

当进程 p_i 申请一个单位的资源 r_j 时，就在资源分配图中画上一条申请边。当该申请得到满足时，申请边马上转换成赋给边。当该进程释放该资源时，赋给边就被删除。

2．资源分配图示例

图 8-3 是资源分配图的一个示例，表示下列情况。

（1）集合 P、R 和 E 如下：

$P = \{p_1, p_2, p_3\}$

$R = \{r_1, r_2, r_3, r_4\}$

$E = \{p_1 \rightarrow r_1, p_2 \rightarrow r_3, r_1 \rightarrow p_2, r_2 \rightarrow p_2, r_2 \rightarrow p_1, r_3 \rightarrow p_3\}$

（2）资源数量

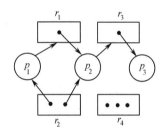

图 8-3　资源分配图示例

r_1 类资源有 1 个，r_2 类资源有 2 个，r_3 类资源有 1 个，r_4 类资源有 3 个。

（3）进程状态

进程 p_1 占用 1 个 r_2 资源，且等待 1 个 r_1 资源。

进程 p_2 占用 r_1 和 r_2 资源各 1 个，且等待 1 个 r_3 资源。

进程 p_3 占用 1 个 r_3 资源。

由图 8-3 可知，如果该图不含有环路，就没有进程处于死锁状态；反之，如果图中有环路，就有可能存在死锁。

3．环路与死锁

如果每类资源的实体都只有一个，那么图中出现环路就说明死锁了。环路可能仅涉及一组资源类型，在环路中的每个进程都处于死锁状态。即在每类资源只有一个的情况下，资源图中的环路就是死锁存在的必要且充分条件。

如果每类资源的实体不止一个，那么资源分配图中出现环路并不表明一定出现死锁。在这种情况下，资源分配图中存在环路是死锁存在的必要条件，但不是充分条件。

在图 8-3 中，假设进程 p_3 申请一个 r_2 资源。因为不存在可用的 r_2 资源，要增加一条申请边 $p_3 \to r_2$，如图 8-4 所示。这时在系统中就存在两个最小的环：

$$p_1 \to r_1 \to p_2 \to r_3 \to p_3 \to r_2 \to p_1$$
$$p_2 \to r_3 \to p_3 \to r_2 \to p_2$$

因而，进程 p_1、p_2 和 p_3 都被死锁。

进程 p_2 等待资源 r_3，而 r_3 被进程 p_3 占据；p_3 又等待 p_1 或 p_2 释放资源 r_2；同时，p_2 等待 p_3 占有的资源 r_3，p_1 等待 p_2 释放资源 r_1。

例如，在图 8-5 中也有一个环路：

$$p_1 \to r_1 \to p_3 \to r_2 \to p_1$$

然而没有死锁。因为进程 p_4 能释放它占有的资源 r_2，然后可以分给 p_3，这样环路就打开了。

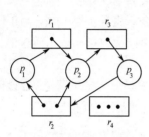

图 8-4 有死锁的资源分配图示例

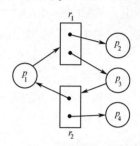

图 8-5 有环路但无死锁的资源分配图示例

总之，如果资源分配图中没有环路，那么系统不会陷入死锁状态；如果存在环路，那么系统有可能出现死锁，但不确定。根据死锁定义，只要判定系统中每个进程是否还能继续前进，就能检测出系统是否存在死锁。我们关心的是，当资源分配图中出现环路后，是否还有进程能够继续前进。假设在这种状态后不再出现任何新的请求，每个可运行的进程都以最有利的方式前进，那么非封锁状态的进程总可以进行，直至完成，最后释放它占用的资源。这些释放的资源又可唤醒等待它的进程，从而使后者也活动起来。这样，最终会出现两种结局：一种是还剩下若干封锁进程，另一种是系统中全部进程执行完毕。由此断定，前一种情况的初始状态一定是死锁状态，而后一种情况不是死锁状态。

8.2.4 处理死锁的方法

原则上，对待死锁的策略有以下三种：

① 完全忽略这个问题，好像系统中从来也不会出现死锁。这是最简单的方法——鸵鸟算法。系统工程师要在死锁发生的频度及其严重性与系统因各种原因崩溃的发生次数之间做出抉择，如果前者次数大大低于后者，那么往往不去过多关注。在多数操作系统中都这样做，包括 UNIX 系统。

② 利用某些协议预防或避免死锁，保证系统不会进入死锁状态。

③ 允许系统进入死锁状态，然后设法发现并解除它。

在后面的介绍中会看到，发现死锁是很困难的，代价也很大。因此，首先介绍确保不会出现死锁的方法。这也有两种通用方法：死锁的预防和死锁的避免。

8.3　死锁的预防

8.2.2 节提到了发生死锁的四个必要条件。如果设法保证其中至少一个条件不成立，那么死锁就不会发生。由此可分别根据产生死锁的四个必要条件提出预防措施。

8.3.1　破坏互斥条件

6.3.4 节讲到，SPOOLing 技术可以允许多个进程同时产生输出，但是一台物理打印机不能同时被多个进程使用。这表明：独占资源必定具有互斥条件。另一方面，可共享的资源不需要互斥存取，它们不会包含在死锁之中。例如，只读文件就是可共享资源的例子，打开的只读文件可以被若干进程同时存取。一个进程从来也不会在一个可共享资源上一直等待下去。然而一般来说，用否定互斥条件的办法是不能预防死锁的，因为某些资源固有的属性就是独占的。

8.3.2　破坏占有且等待条件

为使系统从来不会出现"占有且等待"条件，有如下两种办法。

（1）预分资源策略

预分资源策略即在一个进程开始执行之前就申请并分到所需的全部资源，从而它在执行过程中就不再需要申请另外的资源。由于预先就为它把所需资源都准备好了，从而保证它能运行到底。在实现时，一个进程申请资源的系统调用要先于其他系统调用。这就是资源的静态分配。

这种方法存在以下缺点：

① 在许多情况下，一个进程在执行前不可能知道它所需的全部资源。这是由于进程在执行时是动态的、不可预测的。

② 资源利用率低。无论所分资源何时才用到，一个进程只有在占用所需的全部资源后才能执行，即使有些资源最后才被该进程用到一次，从而出现资源长期被占用的现象。这显然是极大的浪费。

③ 降低了进程的并发性。因为资源有限，又加上存在浪费，能够分到所需全部资源的进程个数就必然少。

④ 可能出现有的进程总得不到运行机会的"饥饿"状况。如果一个进程需要很多资源，它们又都是众多进程争用的"紧俏"资源，那么该进程必然无限期地等待，因为它所需的资源中至少有一个总是被另外某个进程占有着。

（2）"空手"申请资源策略

"空手"申请资源策略即每个进程仅在它不占有资源时才可以申请资源。一个进程可能需要申请并使用某些资源，在它们申请另外附加资源前，必须先释放当前分到的全部资源。

上述两种方法是有差别的。现在考虑一个进程，它把数据从磁带机复制到盘文件，把盘文件排序，然后在打印机上打印结果。

如果采用预分资源策略，那么该进程最初就必须申请磁带机、盘文件、打印机。在该进程的整个执行过程中，它将一直占用打印机，尽管它在最后才用到打印机。

如果采用第二种策略，就允许进程最初只申请磁带机和盘文件，它把数据从磁带机复制到磁盘，然后就释放磁带机和盘文件。以后，该进程必须再次申请盘文件和打印机。盘文件在打印机上被打印后，就释放这两个资源，该进程终止。

8.3.3　破坏非抢占条件

产生死锁的第三个必要条件是对已分配资源的非抢占式分配。为了破坏这个条件，可以采用下述隐式抢占方式：如果一个进程占有某些资源，它还要申请被其他进程占用的资源，该进程就一定处于等待状态。这时，该进程当前所占用的全部资源可被抢占。也就是说，这些资源隐式地被释放了，在该进程的资源申请表中加上刚被剥夺的资源。仅当该进程获得它被剥夺的资源和新申请的资源时，它才能重新启动。

另一种方法是抢占等待者的资源。若一个进程申请某些资源，首先应检查它们是否可供使用。如果可用，就分给该进程；如果不可用，就要查看：它们是否已分给其他某个正等待附加资源的进程。若是这样，就把所需资源从等待进程那儿抢过来，分给申请它们的进程。如果该资源不可用，即没有被等待进程占有，那么申请进程必须等待。当该进程等待时，它的某些资源可被抢占，但是这仅在其他进程需要它们的时候才被抢占。仅当一个进程分到它所需的新资源并且恢复在它等待期间被抢占去的所有资源的情况下，它才能重新启动。

这些办法常用于资源状态易于保留和恢复的环境中，如 CPU 寄存器和内存空间，但一般不能用于打印机或磁带机之类的资源。

8.3.4　破坏循环等待条件

为了不出现循环等待条件，一种方法是实行资源有序分配策略，即把全部资源事先按类编号，然后依序分配，使进程申请、占用资源时不会形成环路。

设 $R = \{r_1, r_2, \cdots, r_m\}$ 表示一组资源类型，定义一对一的函数 $F : R \to N$，其中 N 是一组自然数。例如，一组资源包括磁带机、磁盘机和打印机。函数 F 可定义如下：

$$F(磁带机) = 1$$
$$F(磁盘机) = 5$$
$$F(打印机) = 12$$

为了预防死锁，做如下约定：所有进程对资源的申请严格按照序号递增的次序进行，即一个进程最初可以申请任何类型的资源，如 r_i，此后该进程可以申请一个新资源 r_j，当且仅当

$$F(r_j) > F(r_i)$$

例如，按上述规定，一个期望同时使用磁带机和打印机的进程必须首先申请磁带机，然后申请打印机。

另一种申请办法也很简单：先弃大，再取小。也就是说，无论何时，一个进程申请资源 r_j，它应释放所有满足 $F(r_i) \geqslant F(r_j)$ 的资源 r_i。

这两种办法都是可行的，都可排除环路等待条件。以下采用反证法来证明。

若存在循环等待，设在环路中的一组进程为 $\{p_0, p_1, p_2, \cdots, p_n\}$，这里 p_i 等待进程 p_{i+1} 占用的资源 r_i（下标取模运算，从而 p_n 等待 p_0 占用的资源）。由于 p_{i+1} 占用资源 r_i，又申请资源 r_{i+1}，

从而一定存在 $F(r_i) < F(r_{i+1})$ 对所有的 i 都成立。于是

$$F(r_0) < F(r_1) < F(r_1) < \cdots < F(r_n) < F(r_0)$$

由传递性得

$$F(r_0) < F(r_0)$$

显然，这是不可能的。因而，上述假设不成立，表明不会出现循环等待条件。

注意，函数 F 的定义应当按照系统中资源的通常使用顺序。例如，通常磁带机是在打印机之前被使用，因而

$$F(磁带机) < F(打印机)$$

这种策略与前面的策略相比，资源利用率和系统吞吐量都有很大提高，但是存在以下两个缺点：① 限制了进程对资源的请求，同时给系统中所有资源合理编号也是件难事，并且会增加系统开销；② 为了遵循按编号申请的次序，暂不使用的资源也需要提前申请，从而增加了进程对资源的占用时间。

8.4　死锁的避免

8.3 节讲到的死锁预防是排除死锁的静态策略，通过对进程申请资源的活动加以限制，使产生死锁的四个必要条件不能同时具备，以保证不会发生死锁。然而，这种方式可能产生的副作用是降低资源利用率和减少系统吞吐量。本节介绍排除死锁的动态策略——死锁的避免，即不限制进程有关申请资源的命令，而是对进程所发出的每个申请资源命令加以检查，根据检查结果决定是否进行资源分配。也就是说，在资源分配过程中，若预测有发生死锁的可能性，则加以避免。这种方法的关键是确定资源分配的安全性。

8.4.1　安全状态

首先引入安全序列的定义。对于当前分配状态来说，系统至少能够按照某种次序为每个进程分配资源（直至最大需求），并且使它们依次成功地运行完毕，这种进程序列 $\{p_1, p_2, \cdots, p_n\}$ 就是安全序列。如果存在这样一个安全序列，那么系统此时的分配状态是安全的，否则系统是不安全的。

具体地说，在当前分配状态下，进程的安全序列 $\{p_1, p_2, \cdots, p_n\}$ 是这样组成的：若对于每个进程 p_i（$1 \leq i \leq n$），它需要的附加资源可被系统中当前可用资源与所有进程 p_j（$j < i$）当前占有资源之和所满足，则 $\{p_1, p_2, \cdots, p_n\}$ 为一个安全序列。这时系统处于安全状态，不会进入死锁状态。因为进程可以按安全序列的顺序一个接一个地完成，即便某个进程 p_i 因所需的资源量超过系统当前所剩余的资源总量，从而不能马上运行，但它可以等待前面的所有进程 p_j（$j < i$）执行完毕，释放所占有的资源，最终使 p_i 可以获得所需的全部资源，一直运行到结束。

虽然存在安全序列时一定不会发生死锁，但是系统进入不安全状态也未必产生死锁。当然，产生死锁时，系统一定处于不安全状态。可见，死锁是不安全状态中的特例。

下面通过一个示例，说明系统安全状态的概念。

设系统中有 10 台磁带机，3 个进程 p_1、p_2、p_3 分别拥有 3 台、2 台和 2 台磁带机，它们各

自的最大需求分别是 9 台、4 台和 7 台磁带机。此时系统已分配 7 台磁带机，还有 3 台空闲。

表 8-1 给出了 3 个进程在不同时刻占有资源及向前推进的情况。T_0 时刻，系统处于安全状态，因为存在一个如表中所示的分配序列，使得所有进程都能完成。具体来说，假设在 T_1 时刻又分给 p_2 进程 2 台磁带机，满足它的最大需求，在 T_2 时刻完成；在 T_3 时刻，调度进程 p_3 运行，为它又分配 5 台磁带机，在 T_4 时刻完成；在 T_5 时刻，又为进程 p_1 分配 6 台磁带机，满足它的最大需求，在 T_6 时刻完成。至此，三个进程全部完成。所以，在 T_0 时刻，系统中存在一个安全序列 $\{p_2, p_3, p_1\}$。此时，系统的状态是安全的。

表 8-1　3 个进程在不同时刻占有资源及向前推进的情况（安全状态）

时　刻	已占有台数			最大需求台数			当前可用台数
	进程 p_1	进程 p_2	进程 p_3	进程 p_1	进程 p_2	进程 p_3	
T_0	3	2	2	9	4	7	3
T_1	3	4	2	9	4	7	1
T_2	3	0	2	9	—	7	5
T_3	3	0	7	9	—	7	0
T_4	3	0	0	9	—	—	7
T_5	9	0	0	—	—	—	1
T_6	0	0	0	—	—	—	10

若不按照安全序列分配资源，则系统可能会由安全状态转换为不安全状态。在与表 8-1 相同的初始条件下，采用其他资源分配方式，则会进入不安全状态，如表 8-2 所示。T_0' 时刻，系统的状态与表 8-1 中的 T_0 时刻相同，因而此时是安全状态。假设下一时刻 T_1'，进程 p_1 申请并得到 1 台磁带机；T_2' 时刻，进程 p_2 又得到 2 台磁带机，满足其最大需求；T_3' 时刻，进程 p_2 完成工作，释放其所占用的全部磁带机（4 台），系统中当前可用的磁带机就只有这 4 台磁带机，而进程 p_1 和 p_3 都各自需要 5 台磁带机才能完成工作。在此情况下，没有任何分配方案能够保证工作的完成。也就是说，在 T_3' 时刻，系统处于不安全状态。从 T_0' 到 T_3' 时刻的分配方案使系统由安全状态转为不安全状态，因此在 T_1' 时刻不应满足进程 p_1 对磁带机的申请。

表 8-2　系统不安全状态示意

时　刻	已占有台数			最大需求台数			当前可用台数
	进程 p_1	进程 p_2	进程 p_3	进程 p_1	进程 p_2	进程 p_3	
T_0'	3	2	2	9	4	7	3
T_1'	4	2	2	9	4	7	2
T_2'	4	4	2	9	4	7	0
T_3'	4	0	2	9	—	7	4

给出了安全状态的概念，就可以定义避免死锁或防止进入不安全状态的算法。更准确地讲，当一个进程申请一个可用资源时，系统必须决定：是把该资源立即分给它，还是让该进程等待，仅当系统处于安全状态下才能满足其申请。

从以上介绍可以看出：① 死锁状态是不安全状态；② 如果系统处于不安全状态，并不意味着它就在死锁状态，而是表示存在导致死锁的危机；③ 如果一个进程申请的资源当前是可用的，但为了避免死锁，该进程也可能必须等待，此时资源利用率会下降。

8.4.2　资源分配图算法

若系统中某类资源只有一个单位（如 1 台打印机），则称为单体资源类；若某类资源有多个单位（如 10 台磁带机），则称为多体资源类。

如果系统中的资源都是单体资源类，就可以利用资源分配图算法来避免死锁。这种算法是 8.2.3 节中资源分配图的变形，除了申请边和赋给边，还有一种称为"要求边"的新边。例如，要求边 $p_i \rightarrowtail r_j$ 表示进程 p_i 以后能够申请资源 r_j，有时用虚线表示。当进程 p_i 实际申请资源 r_j 时，要求边 $p_i \rightarrowtail r_j$ 转变成申请边。类似地，当 r_j 资源被 p_i 释放时，赋给边 $r_j \rightarrow p_i$ 重新转换成要求边 $p_i \rightarrowtail r_j$。

注意，系统中必须事先对资源提出要求。也就是说，在进程 p_i 开始执行前，它的所有要求边必须已经在资源分配图中出现。这个条件可以适当放宽：仅当与进程 p_i 有关的所有边都是要求边时，才允许把一条要求边 $p_i \rightarrowtail r_j$ 添加到资源分配图中。

设进程 p_i 申请资源 r_j，仅当把申请边 $p_i \rightarrow r_j$ 转换成赋给边 $r_j \rightarrow p_i$ 且不会导致资源分配图中出现环路时，该申请才可实现。安全性检查是由环路检测算法实现的。该算法需要 n^2 次操作，其中 n 为系统中进程个数。

如果不存在环路，那么分配资源后，系统仍处于安全状态。如果发现环路，那么分配资源将使系统处在不安全状态。因此进程 p_i 必须等待，以便满足申请要求。

为了解释这种算法，考虑图 8-6 所示的资源分配图。设 p_2 申请 r_2，虽然 p_2 当前是空闲的，也不能把它分给 p_2。因为若那样做，在资源分配图中就会产生环路（如图 8-7 所示），这表明系统处于不安全状态。此时，如果 p_1 再申请 p_2，就出现死锁了。

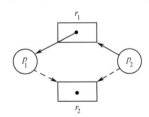
图 8-6　给定资源分配图示例

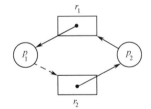
图 8-7　处于不安全状态的资源分配图示例

8.4.3　银行家算法

如果系统中的资源都只有一个，那么采用 8.4.2 节的资源分配图算法就可避免死锁。如果系统中每类资源都有多个，就不能应用这种算法。针对多体资源类的情况，最著名的避免死锁的算法为"银行家算法"（Banker's Algorithm）。这是由 Dijkstra 首先提出并加以解决的。

银行家算法的设计思想是：当用户申请一组资源时，系统必须做出判断：若把这些资源分出去，则系统是否还处于安全状态，若是，就可以分出这些资源，否则该申请暂不予满足。

实现银行家算法要有若干数据结构，它们用来表示资源分配系统的状态。令 n 表示系统中进程的数目，m 表示资源分类数，还需要下列数据结构：

① available 是一个长度为 m 的向量，表示每类资源可用的数量。available[j]=k，表示 r_j 类资源可用的数量是 k。

② max 是一个 $n×m$ 矩阵，表示每个进程对资源的最大需求。max[i][j]=k，表示进程 p_i 最多可申请 k 个 r_j 类资源单位。

③ allocation 是一个 $n×m$ 矩阵，表示当前分给每个进程的资源数目。allocation[i][j]=k，表示进程 p_i 当前分到 k 个 r_j 类资源。

④ need 是一个 $n×m$ 矩阵，表示每个进程还缺少多少资源。need[i][j]=k，表示进程 p_i 尚需 k 个 r_j 类资源才能完成其任务。显然，need[i][j]= max[i][j]- allocation[i][j]。

这些数据结构的大小和数值随时间推移而改变。

为简化该算法的表示，采用如下记号：令 X 和 Y 表示长度为 n 的向量，如果说 $X \leq Y$，当且仅当 $X[i] \leq Y[i]$（$i=1,2,3,\cdots,n$）都成立。例如，$X=(0,3,2,1)$，$Y=(1,7,3,2)$，则 $X \leq Y$；若 $X \leq Y$ 且 $X \neq Y$，则 $X < Y$。

可以把矩阵 allocation 和 need 中的每一行当做一个向量，并分别写成 allocation$_i$ 和 need$_i$，则 allocation$_i$ 表示当前分给进程 p_i 的资源。

1．资源分配算法

令 request$_i$ 表示进程 p_i 的申请向量，request$_i$[j] == k 表示进程 p_i 需要申请 k 个 r_j 类资源。当进程 p_i 申请资源时，执行下列动作：

① 若 request$_i$>need$_i$，则表示出错，因为进程对资源的申请量大于它说明的最大值，否则转到②。

② 若 request$_i$>available，则进程 p_i 等待，因为进程对资源的申请量大于可用资源的数量，否则转到③。

③ 假设系统把申请的资源分给进程 p_i，则应对有关数据结构进行修改：

```
available = available - request_i
allocation_i = allocation_i + request_i
need_i = need_i - request_i
```

④ 系统执行安全性算法，查看此时系统状态是否安全。如果是安全的，就实际分配资源，满足进程 p_i 的此次申请；否则，若新状态是不安全的，则 p_i 等待，对所申请资源暂不予分配，并且把资源分配状态恢复成③之前的情况。

2．安全性算法

为了确定一个系统是否在安全状态，可采用下述算法：

① 令 work 和 finish 分别表示长度为 m 和 n 的向量，初始化：work = available，finish[i] = false（$i=0, 1, 2, \cdots, n-1$）。

② 搜寻满足下列条件的 i 值：finish[i] == false，且 need$_i$≤work。若没有找到，则转④。

③ 修改数据值：work = work+ allocation$_i$（p_i 释放所占的全部资源），finish[i] = true，则转②。

④ 若 finish[i] == true 对所有 i 都成立（任一进程都可能是 p_i），则系统处于安全状态，否则系统处于不安全状态。

3．算法应用示例

假定系统中有 4 个进程 a,b,c,d 和三类资源 r_1,r_2,r_3，后者各自的数量分别为 9、3 和 6。在

T_0 时刻，各进程分配资源的情况如表 8-3 所示（也可以用矩阵方式表示）。

表 8-3　T_0 时刻资源分配表

进程	allocation			max			need			available		
	r_1	r_2	r_3	r_1	r_2	r_3	r_1	r_2	r_3	r_1	r_2	r_3
a	1	0	0	3	2	2	2	2	2			
b	5	1	1	6	1	3	1	0	2	1	1	2
c	2	1	1	3	1	4	1	0	3			
d	0	0	2	4	2	2	4	2	0			

（1）T_0 时刻是安全的

此时，系统处于安全状态，因为在 T_0 时刻存在一个安全序列 $\{b,a,c,d\}$，如表 8-4 所示。

表 8-4　T_0 时刻的安全序列

进程	work			need			allocation			work+allocation			finish
	r_1	r_2	r_3	r_1	r_2	r_3	r_1	r_2	r_3	r_1	r_2	r_3	
b	1	1	2	1	0	2	5	1	1	6	2	3	true
a	6	2	3	2	2	2	1	0	0	7	2	3	true
c	7	2	3	1	0	3	2	1	1	9	3	4	true
d	9	3	4	4	2	0	0	0	2	9	3	6	true

（2）进程 a 提出增加资源请求

进程 a 发出请求 request$_a$ = (1, 0, 1)，系统按银行家算法进行检查：

① request$_a$=(1, 0, 1)，need$_a$=(2, 2, 2)，因此 request$_a$≤need$_a$。

② available =(1, 1, 2)，因此 request$_a$≤available。

③ 表面上，可以满足进程 a 的要求。假设为它分配所申请资源，并且修改 allocation$_a$ 和 need$_a$，得到如表 8-5 所示的资源分配数据表。

表 8-5　为进程 a 分配资源后的数据表

进程	max			allocation			need			available		
	r_1	r_2	r_3	r_1	r_2	r_3	r_1	r_2	r_3	r_1	r_2	r_3
a	3	2	2	2	0	1	1	2	1			
b	6	1	3	5	1	1	1	0	2	0	1	1
c	3	1	4	2	1	1	1	0	3			
d	4	2	2	0	0	2	4	2	0			

由表 8-5 可知，可用资源 available = (0, 1, 1)已不能满足任何进程的需要，从而系统进入不安全的状态。分析这个问题产生的原因，归结为上一步为进程 a 分配所申请资源的假定。在这种情况下，不能为进程 a 分配所申请的资源 (1, 0, 1)。也就是说，为了避免发生死锁，即使当前可用资源能满足某个进程的申请，也有可能不实施分配，暂时让该进程阻塞，待以后条件成熟时再恢复其运行，并分配所需资源。

从上面的分析可知，银行家算法允许存在死锁必要条件中的前三个，即互斥条件、占有且申请条件和非抢占条件。这样，它与预防死锁的几种方法相比较，限制条件少了，资源利用程度提高了，这是该算法的优点。但是银行家算法也存在如下缺点：① 这个算法要求进程数保持固定不变，这在多道程序系统中是难以做到的；② 操作系统必须知道每个进程未来对资源的需求情况，并且要寻找一个安全序列，实际上增加了系统开销；③ 可能造成某些进程长时间处于等待状态。

8.5　死锁的检测和恢复

一般来说，由于操作系统有并发、共享及随机性等特点，通过预防和避免的手段达到排除死锁的目的是很困难的。这不仅需要较大的系统开销，也不能充分利用资源。一种简便的办法是系统为进程分配资源时，不采取任何限制性措施，但是提供检测和解脱死锁的手段，即能够发现死锁，并从死锁状态中解脱出来。因此，在实际的操作系统中，往往采用死锁的检测和恢复方法来排除死锁。

死锁检测和恢复是指系统设有专门的机构，当死锁发生时，该机构能够检测到死锁发生的位置和原因，且能通过外力破坏死锁发生的必要条件，从而使并发进程从死锁状态中解脱。

8.5.1　对单体资源类的死锁检测

如果系统中所有类型的资源都只有一个单位，就可以采用一种较快的死锁检测算法，即资源分配图的变形——等待图。等待图是从资源分配图中去掉表示资源类的节点，且把相应边折叠在一起得到的。在等待图中，从 p_i 到 p_j 的边表示进程 p_i 正等待 p_j 释放前者所需的资源。在等待图中，当且仅当对应资源分配图中包含与同一资源 r_q 有关的两条边 $p_i \rightarrow r_q$ 和 $r_q \rightarrow p_j$ 时，才存在边 $p_i \rightarrow p_j$。图 8-8 是一个资源分配图和对应的等待图。

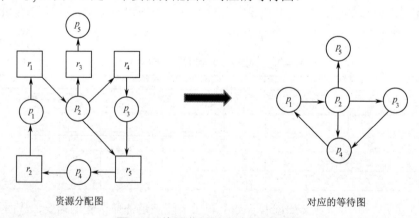

资源分配图　　　　　　　　　　　　　　对应的等待图

图 8-8　资源分配图和对应的等待图

与前面结论相同，当且仅当等待图中有环路，系统存在死锁。为了检测死锁，系统需要建立等待图并适时进行修改，还要定期调用搜索图中环路的算法。

8.5.2　对多体资源类的死锁检测

等待图并不适用于多体资源类的资源分配系统。针对多体资源类可以采用下面的死锁检测算法。这个检测算法采用若干随时间变化的数据结构，与银行家算法中所用的结构相似。

① available 是一个长度为 m 的向量，说明每类资源的可用数目。

② allocation 是一个 $n×m$ 的矩阵，定义当前分给每个进程的每类资源的数目。

③ request 是一个 $n×m$ 的矩阵，表示当前每个进程对资源的申请情况。request[i][j]=k，表示进程 p_i 正申请 k 个 r_j 类资源。

两个向量间的小于等于关系如 8.4.3 节中的定义。为了简化记忆，仍把矩阵 allocation 和 request 的行作为向量对待，并分别表示为 allocation$_i$ 和 request$_i$。

检测算法只是简单地调查尚待完成的各个进程所有可能的分配序列。

① 令 work 和 finish 分别表示长度为 m 和 n 的向量，初始化 work = available；对于 $i=0, 1, 2, …, n-1$，若 allocation$_i$≠0，则 finish[i]=false，否则 finish[i]=true。

② 寻找一个下标 i，它应满足条件：finish[i]==false 且 request$_i$≤work。若找不到这样的 i，则转④。

③ 修改数据值：work = work+allocation$_i$，finish[i]=true；转向②。

④ 若存在某些 i（$0≤i<n$），finish[i] == false，则系统处于死锁状态。此外，若 finish[i]== false，则进程 p_i 处于死锁环中。

与避免死锁的算法一样，这种死锁检测算法也需要 $m×n^2$ 次操作。

在上面的算法中，一旦找到一个进程——它申请的资源可以被可用资源所满足，就假定那个进程可以得到所需资源，一直运行，直至完成，然后释放占用的全部资源。接着查找是否有其他进程也满足这种条件。注意，这种算法并不能保证死锁不再出现。如果以后出现了死锁，那么调用该算法就能检测出死锁。

设系统中有 5 个进程 p_1～p_5，有 3 类资源 r_1～r_3，每类资源的个数分别为 7、2、6，那么在 T_0 时刻的资源分配状态如表 8-6 所示。

表 8-6　死锁检测算法的资源分配情况

进　程	allocation			request			available		
	r_1	r_2	r_3	r_1	r_2	r_3	r_1	r_2	r_3
p_1	0	1	0	0	0	0	0	0	0
p_2	2	0	0	2	0	2			
p_3	3	0	3	0	0	0			
p_4	2	1	1	1	0	0			
p_5	0	0	2	0	0	2			

根据检测算法，可以找到序列 $\{p_1, p_3, p_4, p_2, p_5\}$，对于所有的 i 都有 finish[i]==true，所以系统在 T_0 时刻没有死锁。

假设进程 p_3 现在申请一个单位的 r_3 资源，则系统资源分配情况如表 8-7 所示。

由于对所有 $i=1, 2, …, 5$，有 allocation≠0，因此 finish[i]=false。

进程 p_1 的 request$_1$≤work，标记 finish[1] = true，回收其资源，work = (0, 1, 0)。此时，可用资源数不能满足其余任何一个进程的需要，因而 finish[i] == false（$i=2, 3, 4, 5$），出现死锁。

从上面的分析可知，死锁检测算法需要进行很多操作，因而产生何时调用检测算法的问题，取决于两个因素：① 死锁出现的频繁程度；② 有多少个进程受到死锁的影响。

表 8-7 p_3 申请一个单位的 r_3 资源后的资源分配情况

进 程	allocation			request			available		
	r_1	r_2	r_3	r_1	r_2	r_3	r_1	r_2	r_3
p_1	0	1	0	0	0	0	0	0	0
p_2	2	0	0	2	0	2			
p_3	3	0	3	0	0	1			
p_4	2	1	1	1	0	0			
p_5	0	0	2	0	0	2			

如果频繁出现死锁，就应频繁调用死锁检测算法。一种方法是每当有资源请求时就做检测。当然，越早发现死锁问题越好，但这样做会占用大量 CPU 时间。另一种方法是定时检测，每隔一段时间（如若干分钟）查一次，或者当 CPU 使用率降到某个下限值时去做检测。因为当死锁涉及较多进程时，系统中没有多少进程可以运行，CPU 就会经常闲置。

8.5.3　从死锁中恢复

当利用检测算法发现死锁后，必须采取某种措施使系统从死锁中解脱出来。方法有多种，如人工干预——当发现死锁时就通知系统管理员，让管理员解决死锁问题；或者由系统自动从死锁中恢复过来。具体来说，主要有三种方式：通过抢占资源、回退执行和杀掉进程实现恢复。

1．通过抢占资源实现恢复

为了消除死锁，可以采用抢占资源方式，即临时性地把资源从当前占有它的进程那里拿过来，分给其他某些进程，直至死锁环路被打破。在很多情况下，需要人工干预，特别在大型主机上的批处理系统，往往由管理员强行从占有者进程那里夺回某些资源，分给其他进程。例如，将激光打印机从占有进程那里拿走，管理员将打印好的文档放在一块儿，然后该进程被挂起（标记为不可运行）；接着把打印机分给其他进程。当后者完成任务后，将打印机重新分给原来的进程，让它接着打印。

能否做到抢占资源且在不影响原进程执行的情况下返回，取决于资源的属性。一般来说，实现起来很困难，甚至不大可能。

另外，从占有进程那里抢占资源时先要选择"牺牲者"，即从哪些进程那里抢占哪些资源？通常按最小代价原则处理。考虑代价的因素包括进程占有多少资源，以及运行了多少时间等。

2．通过回退执行实现恢复

回退方法由系统管理员做出安排，定期对系统中各进程进行检查，并将检查点的有关信息（如进程状态、资源状态等）写入文件，以备重启时使用。当检测到死锁时，就让某个占有必要资源的进程回退到它取得其他某资源之前的一个检查点。回退过程所释放的资源分配给一个死锁进程，然后重新启动运行。由于死锁进程可以从回退进程那里得到所需资源，从而打破死锁环路。

系统中应保存一系列检查点的文件，即前后各检查点对应的文件不应覆盖，因为回退时往往要回退多级。实际上，回退进程要被重置为先前它没有占用资源时的状况。如果回退进程试图再次获得该资源，它必须等待，直至该资源被别的进程释放，成为可用资源。

一旦决定必须回退一个特定进程，一定要确定该进程后退多远。最简单的办法是让整个进程重新运行，即终止该进程，并重新启动它。这样做将使一个进程的工作前功尽弃。因而，更有效的办法是让它退回到恰好解除死锁的地方。然而，这要求系统保存有关全部运行进程状态的更多信息。

还有一种"全体"回退方式，即每个死锁的进程都回退到前面定义的某个检测点，然后重新启动所有进程。这需要系统有回退和重启机制。当然，这种办法是有风险的，有可能再次发生死锁。然而，由于并发处理的不确定性，往往能够保证不再出现同样的情况。

3．通过杀掉进程实现恢复

通过杀掉（强行终止）进程可以解除死锁，即系统从被终止的进程那里回收它们占用的全部资源，然后分给其他等待这些资源的进程，主要有以下两种方法：

① 终止所有的死锁进程。显然，这种方法必然打破死锁环路，但是代价太高——这些进程可能已经计算了很长一段时间，把它们都终止，必定丢失先前所做的工作，还需从头开始。

② 一次终止一个进程，直至消除死锁环路。这种办法的代价也很可观，因为每当终止一个进程后，必须调用死锁检测算法，以确定是否还有其他进程仍在死锁状态。

其实，终止进程并非易事，如果一个进程对一个文件更新了一半，那么终止它就使文件处于不正确的状态。另外，一个进程打印数据，打印到一半被终止，那么在下次重新打印之前，系统必须把打印机设置成恰当的状态。

采用终止部分进程的方式时，需要确定终止某个或某些进程，这涉及策略问题。大家都会想到，采用经济合算的策略，即这样做带来的开销最小。但是，"最小开销"是很不精确的。如何确定哪个进程将被终止，一般要考虑以下6种因素：

① 进程的优先级。

② 进程已计算了多长时间，该进程在完成预定任务之前还要计算多长时间？

③ 该进程使用了多少和什么类型的资源（如这些资源可简单地抢占吗）？

④ 为完成任务，它还需要多少资源？

⑤ 有多少个进程被终止？

⑥ 这个进程是交互式进程，还是批处理进程？

8.6　处理死锁的综合方式

上面介绍了处理死锁的三种基本方法，即死锁的预防、死锁的避免、死锁的检测和恢复。这三种方法有不同的资源分配策略，各有优点和缺点，如表8-8所示。

可以看出，没有哪一种处理死锁的基本方式可对操作系统遇到的各种资源分配问题都能做合适的处理。Howard 在 1973 年提出了一个建议：把以前介绍的基本方法组合起来，使得系统中各级资源都以最优的方式加以利用。也就是说，针对不同情况采用以下不同的策略：

① 把所有资源组合成若干不同的资源类。

② 为了预防在资源类间因循环等待而出现死锁，预先使用线性排序策略对它们编号。

③ 在一个资源类内部，采用最适合该类资源的算法。

表 8-8　操作系统处理死锁的三种基本方法比较

对比项	死锁预防			死锁避免	死锁检测和恢复
资源分配策略	很保守，对资源不做调配使用			介于预防和检测方法之间，安全状态下才分配	非常开放；申请资源就分配，但定期检测死锁
采用的不同方式	一次性分配所有资源	抢占式分配资源	资源编号，按序分配	至少应找出一个安全序列	定期调用检测算法，查看是否出现死锁
主要优点	适用于执行单一突发活动的进程，不需要抢占	适用于资源状态便于保存和恢复的情况	适用于编译时强行检查，由于系统设计时已解决问题，不需要运行	不需要抢占	从来不延误进程的开始执行，便于联机处理
主要缺点	效率低，延误进程的开始执行	抢占动作比实际需要的次数更多，易出现环路重启	占用没有太多用处的资源，不允许增加对资源的申请	必须知道以后对资源的申请情况；进程可能被阻塞很长时期	丧失固有的抢占性

例如，考虑下述资源分类的情况。

① 可对换空间：用于对换进程的辅助存储器上的存储块。

② 进程资源：可分配的设备，如磁带机、文件等。

③ 内存：可按页或段为单位分给进程。

④ 内部资源：如 I/O 通道等。

上面列出的顺序表示分配给资源的序号。考虑一个进程在其生存期中所经历的一系列步骤，这种编号是合理的。在每个资源类内部可以采用下述策略：

❖ 可对换空间。采用预先一次性分配方式，破坏占用且等待的死锁条件。因为通常知道进程的最大存储需求，所以这种办法是可行的，能够避免死锁发生。

❖ 进程资源。因为能让进程预先声明自己需要多少这类资源，所以采用死锁避免的方法往往是有效的。通过对这类资源的编号也能预防死锁。

❖ 内存。利用抢占内存的方式是预防死锁的最合适的策略。当一个进程被抢占，它就简单地对换到辅助存储器上，释放所占用的内存空间，从而消除死锁。

❖ 内部资源。通过资源编号可以预防死锁。

另外，8.2.4 节提到，对待死锁问题还可采取"鸵鸟政策"——完全忽略死锁问题。如果一个系统采用这种方法，既不保证死锁从不发生，又不提供死锁检测和恢复的机制，那么，遇到死锁确实发生了，没有办法知道死锁出现的情况，未被发现的死锁会导致系统性能下降，因为资源被进程占用，而这些进程无法运行；而且越来越多的进程会进入死锁状态，因为当它们申请这些资源时无法得到满足，从而被阻塞，而且它们很可能还占用其他资源；最后，整个系统停止工作。为使系统工作，只好手工重新启动。

尽管这种方式似乎不是处理死锁问题的可行方式，然而它用于某些操作系统（如 UNIX 系统），由于死锁并不经常发生（如一年一次），因此该方式在代价上就比死锁预防、死锁避免、死锁检测和恢复便宜得多。所以，工程设计人员和数学家对此问题的观点不同，前者考虑死锁出现的频度与其危害的严重程度，后者要想方设法彻底防止死锁的产生，不管代价如何。

在某些情况下，系统可能处于冻结状态，但并未死锁。例如，一个实时进程正以最高优先级运行（或者任一进程以非抢占方式运行），并且它从不把控制权返回操作系统，这时系统出现冻结状态，无法做其他事情。针对这种非死锁条件，必须利用手工恢复方式让系统重新正常工作。显然，这比使用那些解除死锁的技术要简单。

8.7 饥饿和活锁

1. 饥饿

进程在其生存期中需要很多不同类型的资源。由于进程往往是动态创建的，在任何时候系统中都会出现资源申请。何时、为哪个进程、分配什么资源，以及分配多少资源，是系统分配资源的策略问题。在某些策略下，系统会出现这样一种情况：在可以预计的时间内，某个或某些进程永远得不到完成工作的机会，因为它们所需的资源总是被其他进程占用或抢占。这种状况称为"饥饿"或者"饿死"（Starvation）。

例如，考虑打印机的分配问题。系统为了保证不出现死锁，同时提高系统的吞吐量，就应允许若干进程申请打印机，并且采用一种可能的方案：优先把打印机分配给打印的文件最小的那个进程。在这种分配方案下，想让尽量多的用户满意。看似公平，但是存在这样一种可能性：在一个繁忙的系统中，某个进程要打印的文件很大，当打印机空闲时，系统从打印队列中挑选一个进程——它必然是相对打印文件最小的进程。如果存在一个稳定的进程流，其中各进程打印的文件都较小，那么，那个打印大文件的进程就永远也分不到打印机，从而被饿死——无限期地向后延迟，尽管它并未被阻塞。

可以看出，饥饿不同于死锁，但与死锁相近。死锁的进程都必定处于阻塞状态，而饥饿进程不一定被阻塞，可以在就绪状态。

利用先来先服务的资源分配策略可以避免饥饿现象。利用这种方式，等待最久的进程可以成为下一个被服务的进程。随着时间的推移，任何给定进程最终都会成为最"老"的，从而获得所需的资源，进而完成自己的工作。

2. 活锁

举一个日常生活的例子。在胡同里两个人相遇，同时停下来靠边站住，都很有礼貌地说"你先走"，都没动；又都说上面的话，又都没动；都同时反反复复这样做，结果如何呢？都在活动，但谁也没有前进。

活锁（livelock）是指一个或多个进程在轮询地等待某个不可能为真的条件为真，导致一直重复尝试，失败，尝试，失败这样的过程，但始终无法完成。处于活锁状态的进程没有被阻塞，可以被调度运行，因而会导致耗尽 CPU 资源，使系统效能大大下降。

活锁可以仅涉及单一实体。例如，一个进程被调度运行，由于其内部算法故障或数据问题，导致运行一段时间，退到就绪队列；之后又被调度运行，然后退到就绪队列，如此反复进行，但始终不能完成任务。

活锁往往涉及多个实体。例如，多个进程利用共享内存方式进行通信，同一时刻只能有一个进程可以占用该内存区。每个进程在发送（或接收）信息时均会进行冲突检测，看有无其他进程也要发送（或接收）信息。如果发生冲突，就选择主动避让，过一会儿再发送（或接收）。假设避让算法不合理（不是互斥执行），就导致这些进程每次要通信，都检测到冲突，就避让，之后再通信，还是冲突。结果是，这些相关进程彼此一直谦让下去，谁都无法完成通信。

可见，活锁与死锁不同，处于活锁的实体是在不断改变状态，并未被封锁，是可以"活动"的，而处于死锁的实体表现为等待，静止不动；活锁有可能自行解开，死锁则不能。

活锁与饥饿的区别在于：活锁是忙式等待，占用 CPU 且不会主动让出 CPU；而饥饿是调度时总是让出 CPU，造成无限期地等下去。

本章小结

大部分死锁都和资源（主要是非抢占资源）有关。在进程对设备、文件等取得了排他性访问权时，有可能出现死锁。这类需要排他性使用的对象被称为资源。对资源要先申请，再使用，最后释放。系统中有大量资源，可以按不同方式分类。按照占用方式，资源可以分为可抢占资源和非抢占资源。

所谓死锁，是指多个进程循环等待他方占用的资源而无限期地僵持下去的局面。显然，如果没有外力的作用，那么死锁涉及的各进程都将永远处于阻塞状态。

计算机系统产生死锁的根本原因就是资源有限且操作不当。一种原因是竞争资源引起的死锁，另一种原因是进程推进顺序不合适引发的死锁。发生死锁的四个必要条件是互斥条件、非抢占条件、占有且申请条件、循环等待条件。系统只要不同时具备以上四个条件，就不会死锁。

对待死锁的策略有三种，即：死锁的预防和避免，死锁的检测与恢复，以及完全忽略。

死锁预防的基本思想是，要求进程申请资源时遵循某种协议，从而打破产生死锁的四个必要条件中的一个或几个，保证系统绝不会进入死锁状态。死锁预防方法中最有效的方法是实行资源有序分配策略，即把资源事先分类编号，按序分配，所有进程对资源的请求必须严格按资源序号递增的顺序提出，使进程在申请、占用资源时不会形成环路。死锁预防是排除死锁的静态策略。

死锁避免是排除死锁的动态策略。这种方法的关键是确定资源分配的安全性。所谓系统是安全的，是指系统中的所有进程处于安全序列。安全序列 $\{p_1, p_2, \cdots, p_n\}$ 是这样组成的：若对于每个进程 p_i（$1 \leqslant i \leqslant n$），它需要的附加资源可被系统中当前可用资源加上所有进程 p_j（$j < i$）当前占有资源之和所满足，则 $\{p_1, p_2, \cdots, p_n\}$ 为一个安全序列，这时系统处于安全状态。银行家算法是一个最有代表性的避免死锁的算法。它根据进程对资源的请求，试探分配后系统是否处于安全状态。若安全，才正式分配资源；否则，不做分配，进程等待。

死锁检测与恢复是指系统设有专门的机构，当死锁发生时，该机构能够检测到死锁发生的位置和原因，且能通过外力破坏死锁发生的必要条件，使得并发进程从死锁状态中恢复。

当然，最简单的方法就是完全忽略死锁问题。当系统只在极其偶然的情况下才产生死锁时，可忽略不管死锁问题。这种方法的代价较小，是可行的一种方案。

资源分配图对判断系统是否出现死锁很有帮助，特别是系统资源都为单体资源类的情况下，如果资源分配图中出现环路，那么系统存在死锁。在系统资源为多体资源类的情况下，系统存在死锁，那么资源分配图中一定出现环路；但是图中出现环路，系统不一定死锁。

系统选择"牺牲者"的主要依据是代价因素。强迫"牺牲者"回退，可能产生饥饿现象。在饥饿情况下，被选中的进程从来也不会完成预期的任务。饥饿不同于死锁。

系统中一个或多个进程处于忙式等待状况下会造成活锁，此时系统是低效的。

习题 8

1. 什么是死锁？试举出一个生活中发生死锁的例子。
2. 计算机系统中产生死锁的根本原因是什么？
3. 发生死锁的四个必要条件是什么？
4. 解决死锁的方法一般有哪三种？
5. 死锁预防的基本思想是什么？
6. 死锁避免的基本思想是什么？
7. 什么是进程的安全序列？何谓系统是安全的？
8. 死锁预防的有效方法是什么？死锁避免的著名算法是什么？
9. 有一条带闸门的运河，其上有两座吊桥，它们在一条公路上（如图8-9所示）。运河和公路的交通都是单方向的。河上的交通工具是轮船。当轮船距 A 桥 100 m 时就鸣笛警告，若桥上无车辆，吊桥就吊起，直至轮船尾部过桥为止。对吊桥 B 也做同样处理。设轮船的长度为200 m。车辆和轮船任意前进时，是否会产生死锁？若会，请说明理由。怎样发现死锁？并请提出一种防止死锁的办法。

10. 某计算机系统有 10 台可用磁带机，运行的所有作业最多要求 4 台磁带机。这些作业在开始运行的很长一段时间内只要求 3 台磁带机；它们只在自己工作接近结束时才短时间地要求另一台磁带机。这些作业是连续不断地到来的。

（1）若作业调度策略是静态分配资源，满足后方可运行，那么能同时运行的最大作业数是多少？作为这种策略的后果，实际上空闲的磁带机最少是几台？最多是几台？

（2）若采用银行家算法将怎样进行调度？能够同时运行的最大作业数是多少？作为其后果，实际上空闲的磁带机最少和最多各是多少台？

11. 死锁、"饥饿"和活锁之间的主要差别是什么？

12. 考虑如图 8-10 所示的交通死锁问题。

（1）说明该例中产生死锁的 4 个必要条件。

（2）提出一种避免死锁发生的简单办法。

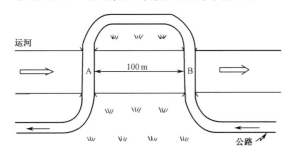

图 8-9　轮船过桥问题

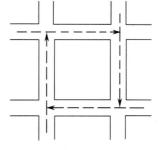

图 8-10　交通死锁问题

13. 设有三个进程 p_1, p_2, p_3，各按如图 8-11 所示顺序执行程序代码。其中，s_1, s_2, s_3 是信号量，且初值均为 1。

在执行时能否产生死锁？如果可能产生死锁，请说明在什么情况下产生死锁，并给出一个防止死锁产生的修改办法。

图 8-11　进程执行顺序

14. 设进程对资源的申请和释放可在任何时刻进行，如果一个进程所申请的资源不能马上满足，就查看所有因等待资源而封锁的进程，如果它们占用的资源是申请进程所需要的，那么强行将这些资源取出分给申请进程。

设系统中有三类资源，所有可用资源依次为 4 个、2 个和 2 个，表示为 (4, 2, 2)。进程 p_1 占用资源 (2, 2, 1)，进程 p_2 占用资源 (1, 0, 1)，若 p_1 又请求资源 (0, 0, 1)，则被封锁。此时，若进程 p_3 申请资源 (2, 0, 0)，它可分到剩余资源 (1, 0, 0)，且从进程 p_1 中取走一个资源 (1, 0, 0)，从而满足 p_3 的要求，但此时 p_1 的占用资源为 (1, 2, 1)，而 p_1 的需求资源成为 (1, 0, 1)。

（1）这种资源分配方式会导致死锁吗？若会，请举一例；若不会，请说明产生死锁的哪个必要条件不成立。

（2）这种方式会使某些进程无限地等待下去吗？为什么？

15. 考虑由 n 个进程共享的具有 m 个同类资源的系统，若对 $i=1, 2, \cdots, n$，有 need$_i > 0$，并且所有最大需求量之和小于 $m+n$，试证明：该系统不会产生死锁。

16. 设系统中有 3 类资源 r_1, r_2, r_3 和 5 个进程 p_1, p_2, p_3, p_4, p_5，r_1 资源的数量为 17，r_2 资源的数量为 5，r_3 资源的数量为 20。在 T_0 时刻，系统资源分配状态如表 8-9 所示。

表 8-9　T_0 时刻系统资源分配状态

进　程	最大资源需求量			已分配资源数量			系统剩余资源数量		
	r_1	r_2	r_3	r_1	r_2	r_3	r_1	r_2	r_3
p_1	5	5	9	2	1	2	2	3	3
p_2	5	3	6	4	0	2			
p_3	4	0	11	4	0	5			
p_4	4	2	5	2	0	4			
p_5	4	2	4	3	1	4			

系统采用银行家算法来避免死锁。

（1）T_0 时刻是否为安全状态？若是，请给出安全序列。

（2）在 T_0 时刻，若进程 p_2 请求资源 (0, 3, 4)，能否实现资源分配？为什么？

（3）在（2）的基础上，若进程 p_4 请求资源 (2, 0, 1)，能否实现资源分配？为什么？

（4）在（3）的基础上，若进程 p_1 请求资源 (0, 2, 0)，能否实现资源分配？为什么？

第9章

OS

嵌入式操作系统

嵌入式计算机系统简称为嵌入式系统。

随着数字信息技术和网络技术的高速发展，嵌入式系统的应用时代已经到来，已经广泛应用于军事、工业控制系统、信息家电、通信设备、医疗仪器、智能仪器仪表等领域。因此，嵌入式操作系统成为操作系统的热门研究课题之一，并得到迅速推广应用。嵌入式操作系统的概念和技术与通用操作系统有关，但在实现上又有其特点。

Linux 系统具有一系列特点和优势，所以在嵌入式系统的应用中取得了巨大成功。

本章从嵌入式系统及其操作系统的构成、原理及其设计入手，简要介绍嵌入式操作系统的基本组成、核心功能与实现技术。

华为鸿蒙操作系统用于华为设备的性能优异的操作系统，具有自主产权，采用基于微内核的分布式技术，将为国产软件的发展带来有力推动。

9.1 嵌入式系统概述

与普通计算机系统不同，嵌入式系统不以独立的物理设备的形态出现，即它没有统一的外观，它的部件根据主体设备及应用的需要嵌入在该设备的内部，发挥运算、处理、存储及控制等作用。智能家电、机顶盒、掌上电脑、手机等都是嵌入式系统的具体应用。

9.1.1 嵌入式系统的组成

从体系结构上，嵌入式系统主要由嵌入式处理器、支撑硬件和嵌入式软件组成。其中，嵌入式处理器通常是单片机或微控制器；支撑硬件主要包括存储介质、通信部件和显示部件等；嵌入式软件则包括支撑硬件的驱动程序、操作系统、支撑软件及应用中间件等。这些软件有机地结合在一起，形成系统特定的一体化软件。

综上所述，嵌入式系统是以应用为中心、以计算机技术为基础的，其软件、硬件可裁剪，适用于对功能、可靠性、成本、体积、功耗等有严格要求的专用计算机系统。

嵌入式系统是将先进的计算机技术、半导体技术和电子技术与各行业的具体应用相结合的产物。随着后 PC 时代的到来，人们越来越多地接触到嵌入式产品。以下是一些嵌入式系统应用的例子：① 过程控制，如食品加工、化工厂；② 汽车业，如发动机控制、防抱死系统（ABS）；③ 办公自动化，如传真机、复印机；④ 计算机外设，如打印机、计算机终端、扫描仪；⑤ 通信类，如交换机、路由器；⑥ 机器人；⑦ 航空航天，如飞机管理系统、武器系统、喷气发动机控制；⑧ 民用消费品，如手机、微波炉、洗碗机、洗衣机、稳温调节器等。

对嵌入式系统可以从不同角度进行分类，如硬件平台、规模、时限、应用领域、操作系统类型等，而从嵌入式系统的商业模式来看，可以分为商用型和开源型。商用型系统功能稳定、可靠，有完善的技术支持和售后服务，商品价格较高。开源型系统开放源码，使用费较低，如Embedded Linux、RTEMS、eCOS 等。

嵌入式系统与通用计算机系统的比较表 9-1。

表 9-1　嵌入式系统与通用计算机系统的比较

特　征	嵌入式系统	通用计算机系统
外观	独特，面向应用，各不相同	具有台式机、笔记本等标准外观
结构组成	面向应用的嵌入式微处理器，总线和外部接口多集成在处理器内部。软件与硬件紧密集成在一起	通用处理器、标准总线和外设。软件和硬件相对独立安装和卸载
运行方式	基于固定硬件，自动运行，不可修改	用户可以任意选择运行或修改生成后再运行
开发平台	采用交叉开发方式，开发平台一般采用通用计算机	开发平台是通用计算机
二次开发性	一般不能再做编程开发	应用程序可重新编制
应用程序	固定。应用软件与操作系统整合一体，在系统中运行	多种多样，与操作系统相互独立

可以看出，它们在外观、结构组成、运行方式、开发平台、二次开发性应用程序等方面有关联，又有区别。

9.1.2　嵌入式系统的特点

简单的嵌入式系统仅由一个或一组专用程序控制，没有其他软件。但一般说来，更复杂的嵌入式系统包含操作系统。嵌入式系统与常说的通用操作系统（如 Linux）的概念是相似的，但在功能和实现等方面又有区别。

1.嵌入式系统的特点

原理上，嵌入式系统仍是一种操作系统，同样具有操作系统在进程管理、存储管理、设备管理、处理器管理和输入/输出管理等方面的基本功能。但是，由于它的硬件平台和应用环境与一般操作系统的不同，所以具有某些特点和设计需求，包括如下。

（1）可定制性

嵌入式系统最大特点就是可定制性，即能够提供对内核的配置或裁剪功能，可以根据应用需要有选择地提供或不提供某些功能，以减少系统开销。如上所述，具体应用的嵌入式系统有的简单，有的很复杂，对各自操作系统的功能需求呈现很大差异。因此，嵌入式系统的操作系统必须是开放的、能灵活配置的体系结构，以便提供的功能恰好是特定应用程序和硬件装置所需的。

（2）实时操作

嵌入式系统往往与它们的应用环境密切相关，与环境交互作用就引发对实时性有很高要求，如移动速度、测量精度、规定的时间期限等，这些限制规定了软件操作的时间。如果同时管理多个活动对象，实时限制就更加复杂。如果一个过程不能在规定的时间内完成，就会引起严重后果，所以在很多嵌入式系统中，计算的正确性部分地取决于实时操作。通常，实时约束由外部 I/O 和控制稳定性需求决定。

（3）I/O 设备灵活性

I/O 设备种类繁多，功能各异，实际上没有哪一个设备是所有版本的操作系统都必须支持的。所以，如磁盘和网络接口之类的相对慢速设备可以用特别任务来进行管理，不必把它们的驱动程序都集成到操作系统内核中。

（4）合理化保护机制

通常，嵌入式系统是为完成有限的、定义明确的功能而设计的，未经测试的程序几乎不会添加到其中。该软件被配置和测试后，就可以认为它是可靠的。这样，除了保密措施，嵌入式系统只有有限的保护机制。例如，I/O 指令不必是能陷入操作系统的特权指令，各任务可以直接执行自己的 I/O。同样，内存保护机制也可以最小化。

（5）外部事件驱动

当外部事件发生后，系统做出响应，执行相应的嵌入式软件。如果外部事件没有定期或者在可预见的时间间隔内出现，那么嵌入式软件无法被驱动执行，所以嵌入式软件要考虑到最坏情况怎么办，并且能调整例程执行的优先次序。

（6）直接使用中断

通用操作系统一般说来不允许用户进程直接使用中断，中断事件要经历响应和处理等一系列过程。但嵌入式系统可以让中断直接启动或停止任务（如把任务的起始地址存放在中断向量地址表中），而不必通过操作系统的中断服务例程。

2．嵌入式软件系统的体系结构

与通用计算机软件一样，嵌入式软件一般分为系统软件、支撑软件和应用软件。其中，嵌入式系统软件负责控制、管理计算机系统的资源，包括嵌入式操作系统、嵌入式中间件（如CORBA、Java等），如图9-1所示。嵌入式操作系统包括嵌入式内核、嵌入式TCP/IP网络系统、嵌入式文件系统、嵌入式GUI系统和电源管理等部分。其中，嵌入式内核是操作系统的核心基础和必备部分，其他部分要根据嵌入式系统的需要来确定。

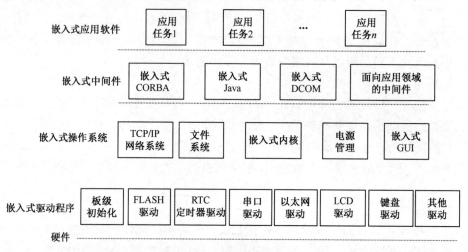

图9-1　嵌入式软件系统

嵌入式支撑软件提供辅助软件开发的工具，如系统分析设计工具、仿真开发工具、交叉开发工具、测试工具、配置管理工具、维护工具等。

嵌入式应用软件是面向专用应用领域、利用辅助软件开发的软件，如手机软件、路由器软件、交换机软件、飞行控制软件等。

根据嵌入式软件的运行平台，嵌入式软件也可以分为运行在开发平台的软件和运行在嵌入式系统的软件。前者负责提供设计、开发、测试工具等，后者就是嵌入式操作系统、应用程序、驱动程序和部分开发工具。

嵌入式操作系统与应用环境密切相关，可以从不同角度对它进行分类。例如，从应用范围角度，嵌入式系统可以分为通用型和专用型；从实时性角度，可以分为实时和非实时系统等。

近年来，嵌入式操作系统得到飞速发展，从支持8位微处理器到16位、32位甚至64位微处理器，从支持单一品种的微处理器芯片到支持多品种微处理器芯片；从只有内核到除了内核外还提供其他功能模块，如文件系统、TCP/IP网络系统、窗口图形系统等。随着嵌入式系统应用领域的扩展，目前嵌入式操作系统的市场在不断细分，出现了针对不同领域的产品，这些产品按领域的要求和标准提供特定的功能。

3．嵌入式操作系统的发展过程

从操作系统的角度来看，嵌入式操作系统的发展过程大致经历了以下4个阶段。

（1）无操作系统阶段

嵌入式系统最初的应用是基于单片机的，一般没有操作系统的支持，只能通过汇编语言对系统进行直接控制，运行结束后再清除内存。

这一阶段的嵌入式操作系统的主要特点是：系统结构和功能相对单一，处理效率较低，存储容量较小，几乎没有用户接口。由于这种嵌入式系统使用简便、价格低廉，因而曾经在工业控制领域得到非常广泛的应用。然而，它无法满足现今对执行效率、存储容量都有较高要求的信息家电等场合的需要。

（2）简单操作系统阶段

20 世纪 80 年代，随着微电子工艺水平的提高，IC 制造商开始把嵌入式应用中所需的微处理器、I/O 接口、串行接口以及 RAM 和 ROM 等部件集成到一片 VLSI（Very Large Scale Integration，超大规模集成电路）中，制造出面向 I/O 设计的微控制器，并一举成为嵌入式操作系统领域中异军突起的新秀。与此同时，嵌入式操作系统的程序员也开始基于一些简单的"操作系统"着手开发嵌入式应用软件，缩短了开发周期，提高了开发效率。

这一阶段的嵌入式操作系统的主要特点是：出现了大量高可靠、低功耗的嵌入式 CPU（如 Power PC 等），并得到迅速发展。此时的嵌入式系统虽然比较简单，但已经初步具有了一定的兼容性和扩展性，内核精巧且效率高，主要用来控制系统负载及监控应用程序的运行。

（3）实时操作系统阶段

20 世纪 90 年代，在分布控制、柔性制造、数字化通信和信息家电等巨大需求的牵引下，嵌入式系统进一步飞速发展，而面向实时信号处理算法的 DSP（Digital Signal Process，数字信号处理）产品则向着高速度、高精度、低功耗的方向发展。随着硬件实时性要求的提高，嵌入式系统的软件规模不断扩大，逐渐形成了实时操作系统（Real-Time Operating System，RTOS），并开始成为嵌入式系统的主流。

这一阶段的嵌入式系统的主要特点是：操作系统的实时性得到了很大改善，已经能够运行在不同类型的微处理器上，具有高度的模块化和扩展性；已经具备了文件和目录管理、设备管理、多任务、网络、图形用户界面（GUI）等功能，并提供大量的应用程序接口（API），使应用软件的开发变得更加简单。

（4）面向 Internet 阶段

21 世纪是一个网络时代，嵌入式系统正逐步应用到各种网络环境中。随着 Internet 的进一步发展和 5G 时代的到来，以及 Internet 技术与信息家电、工业控制等技术的结合日益紧密，嵌入式设备与 Internet 的结合才是嵌入式技术的真正未来。

4．嵌入式操作系统的开发途径

实现嵌入式系统时主要涉及硬件平台和软件平台的选择。在硬件平台的选择中最重要的是处理器选择，其主要因素包括：处理性能、技术指标、功耗、软件支持等。而软件平台选择的关键点是嵌入式操作系统的选择。

开发嵌入式操作系统一般有两种方法：一种改造现有的通用操作系统，使之适应嵌入式应用；另一种是为嵌入式应用专门设计和实现一个操作系统。

利用现有商业操作系统开发嵌入式系统通常是在原系统上增加实时和必要的功能、简化操作，主要采用 Linux 系统，也可采用 FreeBSD、Windows 和其他通用操作系统。这种方法的优点是，由于是从商业通用操作系统派生而来，因此人们对其交互界面熟悉，易于移植。但缺点是，其实时性和嵌入式应用不是最佳的，为获得所预期的性能就需要做大量修改。注意，通用操作系统实时调度优化是针对一般情况，而不是最坏情况；对资源按需分配，并且忽略有关应用的大部分语义信息。

很多操作系统都是专为嵌入式应用设计的，具有以下共性：能进行线程间的快速切换；采取实时任务调度策略，分派模块仅是调度程序的一部分；本身体量小；对外部中断响应快，典型需求的响应时间小于 10 μs；禁止中断的时间间隔最小化；提供固定或可变的存储管理分区，能将代码和数据锁定在内存中；提供特殊的能快速存取数据的顺序文件等。

用于嵌入式系统软件开发的操作系统很多，选择的准则是满足开发项目的需要就行。需考虑的关键点如下：所提供的开发工具（如编译器、调试器等）、可移植性、内存要求、可裁剪性、是否提供硬件驱动程序、实时性能等。当然，还要选择合适的编程语言和集成开发环境。

嵌入式系统应用开发的过程如图 9-2 所示。

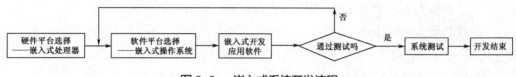

图 9-2　嵌入式系统开发流程

9.2　实时内核及其实现

嵌入式系统是一种专用计算机系统，一般采用实时内核。其功能主要包括任务管理和调度、中断和时间管理、任务同步与通信、内存管理和 I/O 管理等。

9.2.1　任务管理与调度

1．任务

开发者可将应用分解为多个任务。任务（task）是一个独立的执行线程，可以与其他并发任务竞争处理器时间。每个任务都是可调度的，根据预定的调度算法竞争系统的执行时间。

2．构建任务模型

在嵌入式实时系统中，可以这样理解：任务通常为进程（process）和线程（thread）的统称，它是调度的基本单位。大多数实时操作系统内核都采用单进程/多线程模型，或简单地称为任务模型。在任务模型中，管理用户程序时，是把整个应用看成一个进程；进行处理时，则将该应用划分为多个任务。也有一些嵌入式实时操作系统采用了多进程/多线程模型，适合处理复杂的应用。

任务模型适用于实时性要求较高的、相对简单的应用。任务具有与传统进程一样的特性，即动态性、并行性、异步独立性。

3．任务的组成

任务实体主要由以下三部分组成。

① 代码：完成任务功能的一段可执行的程序。

② 数据：任务的可执行程序所需的相关数据，如变量、工作空间、缓冲区等。

③ 堆栈：存放任务的可执行程序执行时的上下文环境。

4．任务的属性

与任务相关的参数是任务属性，包括：任务的优先级（priority）、周期（period）、计算时间（computation time）、就绪时间（ready time），截止时间（deadline）等。嵌入式系统可以依据以上参数对各任务进行调度、状态转换等管理。

① 任务的优先级表示任务对应的工作内容在处理时的优先程度。优先级越高，任务越需要得到优先处理。任务的优先级分为静态优先级和动态优先级。前者的任务优先级被确定后，在系统运行过程中将不再发生变化；后者在系统运行过程中，任务的优先级可以动态变化。

② 任务的周期表示任务周期性执行的间隔时间。

③ 任务的计算时间指任务在特定硬件环境下被完整执行所需的时间，也称为任务的执行时间（execution time）。由于每次执行任务时的软件环境存在差异，导致任务在各次具体执行过程中的计算时间有所不同。通常用最坏情况下的执行时间（worst case time）或需要的最长执行时间来表示，也可用统计时间（statistical time）表示。

④ 任务的就绪时间指任务具备了在处理器上执行所需的条件而等待调度运行的时间。

⑤ 任务的截止时间指任务必须在该时间到来之前被执行完成。截止时间可以用绝对截止时间（absolute deadline）和相对截止时间（relative time）两种方式表示。相对截止时间为任务的绝对截止时间减去任务的就绪时间。

截止时间可分为硬截止时间（hard deadline）和软截止时间（soft deadline）。具有硬截止时间的任务是关键任务，如果截止时间不能得到满足，就会出现严重的后果。所以，根据任务的重要程度，拥有关键任务的实时系统被称为硬实时（hard real-time）系统，否则被称为软实时（soft real-time）系统。

5．任务管理

可以通过创建、删除、挂起、解挂、设置优先级等操作对任务进行管理。创建任务时，给任务提供一个名字、唯一的 ID、一个优先级、一个任务控制块、一个堆栈和一个任务例程。这些内容构成任务对象。

任务是动态实体，每个任务可以处于以下合法状态之一：睡眠、就绪、运行、等待。

内核中必须有固定机制对任务实施管理，并需提供以下数据结构和功能：任务控制块、任务就绪表、闲逛任务、中断服务等。

6．任务的调度算法

嵌入式系统多采用基于静态优先级的可抢占式调度，任务优先级是在运行前通过某种策略静态分配好的，一旦有优先级更高的任务就绪，就马上进行调度。

9.2.2　中断和时间管理

1．中断

在大多数嵌入式处理器体系结构中都提供中断机制，允许中断处理器正常的执行路径。触发中断的来源可能是应用中设计好的程序，也可能是一个错误或外部事件。

一般来说，中断响应是一种硬件机制，用于告知 CPU 有事件发生，CPU 保存执行现场，转去执行对应的中断处理程序。中断处理程序执行完毕，程序控制流程进入任务调度程序，让优先级最高的就绪任务开始运行。

2．时间管理模块

嵌入式系统中，系统任务和用户任务经常要进行调度和执行。嵌入式应用必须对未来事件实施调度。调度未来事件需要通过计时器及其服务来完成。

具体地说，任务的执行时间、挂起时间、时钟节拍等与时间相关的数据是控制实时系统的关键参数，必须有一个明确的管理方式。时间管理模块用一个统一的方式来解决，提供定时中断，实现延时和超时控制。

3．中断管理功能

中断管理功能包括编写、安装中断服务程序（Interrupt Service Routine，ISR）；中断发生时，对中断现场进行保存，并且转去执行相应的服务程序；中断退出前，对中断现场进行恢复；切换中断栈；中断退出时的任务调度等。

4．时间管理功能

时间管理提供以下服务：提供定时中断，即时钟节拍。时钟节拍的实际频率由应用程序根据需要指定，提供高精度、可被应用设置的系统时钟。系统时钟可设置为 10 ms 以下；提供日历时间，负责与时间相关的任务管理工作，如任务对资源限时等待的计时、时间片轮转调度等；提供软定时器的管理功能，如计时器计时、计时器安装、计时器删除等。

与嵌入式系统相比，通用操作系统的系统时钟的精度由操作系统确定，应用程序不能对它调整，且一般是几十毫秒。

9.2.3　任务的同步和通信

嵌入式系统中使用任务原语实现任务的同步和通信。任务原语是实现两个或多个执行线程之间同步和通信的内核对象，这些对象一般包括信号量、事件、消息、管道、异步信号和共享内存等。

系统要解决任务间同步问题。在执行过程中，当某个任务需要协调与中断服务或另一个任务的前后顺序关系时，就出现了同步问题。此时需要设计一个机制，控制并实现它们之间的执行顺序。

系统要进行任务间通信。任务间或任务与中断处理程序间的信息传递可称为任务间通信，可以通过共享全局变量数据或发送消息来完成。

此外，系统还要处理任务间互斥，即任务使用共享资源的排他性问题。

信号量机制可用来解决任务间共享资源的互斥性占用问题；消息邮箱管理模块用于实现一个任务或一个中断处理程序向另一个任务发送一个特定的数据结构；消息队列管理用于实现一个任务或一个中断处理程序向另一个任务发送变量或其他任务。原则上，上述三种机制提供了任务间、任务与中断处理程序间的通信、同步和互斥功能。

1．信号量

在实时操作系统中，信号量可以是一个二值信号量或一个计数信号量，取决于信号量机制使用的二进制位数，或者说取决于内核的类型。根据信号量的值，内核可以管理等待使用信号量的任务。一般来说，操作系统对信号量提供初始化、等待、发送等操作。具体地，就是创建信号量、获取（申请）信号量、释放信号量、删除信号量、获取有关信号量的各种信息等操作，用以实现并完成任务对信号量的具体控制功能。

2．事件

在嵌入式实时内核中，事件是一种表明预先定义的系统状况已经发生的机制。一个事件就是一个标志，不具备其他信息。事件机制用于任务与任务之间、任务与 ISR（Interrupt Service Routines，中断服务程序）之间的同步。事件的主要特点是可实现一对多的同步。

一个或多个事件构成一个事件集。事件集可以用一个指定长度的变量（如一个 32 位无符号整型变量，其具体实现因操作系统而异）来表示，而每个事件由事件集变量中的某一位表示。

事件标志组一般由两部分组成：一部分是用来保存当前事件组中各事件状态的标志位，另一部分是等待这些标志位完成置位或清除的任务列表。

事件管理的功能包括：创建事件、删除事件、发送事件、接收事件、获取有关事件集的各种信息等。

3．消息

如 2.8.2 节所述，消息是传递信息的媒介。任务间经常需要进行信息的传递，发送消息就是常用的实现手段。消息队列类似一个缓冲区对象，通过消息队列，任务间或任务与中断服务子程序间实现发送和接收消息。

一般来说，任务间的通信方式可分为直接通信和间接通信。直接通信方式是指在通信过程中，双方必须明确地知道彼此的存在。然后，系统调用 send(P, message)发送一个消息到任务 P，或者系统调用 receive(Q, message)从任务 Q 接收一个消息。

间接通信方式是指在通信过程中，通信双方不需要指出消息的来源或去向，而通过中间机制进行发送和接收。例如，利用 send(A, message)发送一个消息给邮箱 A，利用 receive(A, message)从邮箱 A 接收一个消息。

一些操作系统内核把消息进一步分为邮箱和消息队列。邮箱仅能存放单条消息（若干字节），提供一种低开销的机制来传送信息。而消息队列可存放若干消息，提供了一种任务间缓冲通信的方法。

消息机制可支持定长与可变长度两种模式的消息，可变长度的消息队列需要对队列中的每条消息增加额外的存储开销。

消息队列的状态包括：空、非空、满。

消息队列的操作包括：队列创立、消息提取、消息到达。

4．管道

管道是提供非结构化数据交换和实现任务间同步的内核对象。在通用操作系统中，管道是两个进程间进行单向数据交换的机制，按照"先进先出"的策略进行读或写。嵌入式系统的管道提供一个简单数据流，当管道空时，阻塞读的任务；当管道为满时，阻塞写的任务。与消息队列类似，但管道不对传输的数据进行格式控制，只是字节流的存储。

管道的状态包括空、非空、满。管道的操作包括创立和删除一个管道、读/写管道、管道的状态控制等。

5. 异步信号

信号是当某事件发生时产生的一个软件中断，将信号接收者从其正常执行路径转到相关的异步处理子程序。信号与中断的差异在于，信号是软件中断，由系统内程序运行时进行设置而产生。异步信号机制也称为软中断机制，异步信号又称为软中断信号。

信号的种类及其编号依赖于系统。每个信号与一个事件相关。虽然任务可以指定当信号到达时的处理流程，但它不能控制信号何时到达，即信号到达是随机的、异步的。

异步信号机制用于任务与任务之间、任务与 ISR 之间的异步操作，任务（或中断处理程序 ISR）利用它来通知其他任务——某事件出现了。

异步信号标志可以依附于任务。需要处理异步信号的任务由两部分组成：一个是与异步信号无关的任务主体，另一个是 ASR（Asynchronous Service Routine，异步服务例程）。

一个 ASR 对应一个任务。当向任务发送一个异步信号时，如果该任务正在运行，那么中止其自身代码的运行，转而运行与该异步信号相对应的服务例程；或者当该任务被激活时，在投入运行前执行 ASR。

常用的信号操作包括：安装信号处理程序，删除已安装的信号处理程序，给其他任务发信号，忽略一个已提交的信号，阻塞一组已提交信号，解除阻塞提交信号。

对异步信号的主要操作包括：安装异步信号处理例程，发送异步信号到任务。其具体实现流程如下：

① 为任务安装一个 ASR。完成后，才允许向该任务发送异步信号，否则发送的异步信号无效。当任务的 ASR 无效时，发送到任务的异步信号将被丢弃。调用者需指定 ASR 的入口地址和执行属性。

任务或 ISR 可以调用该功能，发送异步信号到目标任务，发送者指定目标任务和要发送的异步信号（集）。

② 给任务发送异步信号的操作对接收者任务的执行状态没有任何影响。在目标任务已经安装了 ASR 的情况下，如果目标任务不是当前执行任务，发送给它的异步信号就会等下一次该任务占有处理器时，再由相应的 ASR 处理。任务获得处理器后，将先执行 ASR。如果当前运行的任务发送异步信号给自己或收到来自中断的异步信号，那么在允许 ASR 处理的前提下，它的 ASR 会立即执行。

6. 共享内存

实现任务间通信最常用的方法是使用共享数据结构，尤其是当所有任务都在同一地址空间的条件下。共享数据区简化了任务间信息交换的实现过程，但是操作系统必须保证每个任务存取共享数据的排他性，避免竞争条件的出现和数据的破坏。

7. 任务间的耦合度

在嵌入式多任务系统中，任务间的耦合程度是不一样的。如耦合程度较高，则任务之间需要进行大量的通信，相应的系统开销较大；如耦合程度较低，则任务之间不存在通信需求，彼此的同步关系很弱，甚至不需要同步或互斥，系统开销较小。

研究任务间耦合程度的高低对于合理地设计应用系统、划分任务有很重要的作用。

8．任务优先级反转

在有多个任务需要使用共享资源的情况下，可能出现高优先级任务被低优先级任务阻塞，并等待低优先级任务执行的现象，这就是所谓的优先级反转（priority inversion）现象，即高优先级任务需要等待低优先级任务释放资源。原因是直接应用以上同步互斥机制，而在阻塞时没有考虑到任务的优先级，导致系统中出现时间长度不定的优先级反转和任务可调度性降低的情况。与通用操作系统不同，嵌入式系统需要解决使用这些机制时可能出现的优先级反转问题。

9.2.4 内存管理

嵌入式系统的开发者应该依据基本实时系统制定自己的内存管理功能。嵌入式系统的内存管理和通用操作系统有较大区别。无论具有较小内存的嵌入式设备（如数字摄像机），还是有较大内存空间的嵌入式设备（如网络路由器），它们对内存管理的普遍要求是最小的碎片、最小的管理负载和确定的分配时间。

嵌入式系统的内存管理比较简单，通常不采用虚拟存储管理，而采用静态内存分配和动态内存分配，即固定大小内存分配和可变大小内存分配相结合的管理方式。有些内核利用 MMU（Memory Management Unit，内存管理单元）机制提供内存保护功能。相比之下，通用操作系统广泛使用了虚拟内存的技术，为用户提供一个功能强大的虚存管理机制。

此外，不同的实时内核采用的内存管理方式也不同，或简单，或复杂。实时内核采用的内存管理方式与应用领域和硬件环境密切相关。在硬实时应用领域中，内存管理方法就比较简单，甚至不提供内存管理功能。而一些对实时性要求不高，但对可靠性要求比较高，且系统比较复杂的应用在内存管理上就相对复杂些，可能需要实现对操作系统或任务的保护。

1．需考虑因素

嵌入式实时操作系统在内存管理方面需要考虑如下因素：

（1）内存管理方式应简捷

系统中的任务比较少，且数量固定，但是应提供有关内存分配与释放的系统调用。

（2）系统开销

嵌入式实时操作系统一般不使用虚拟存储技术，以避免页面置换所带来的开销。

（3）内存保护

内存保护可以有两种方式。一种是平面内存模式，其实是不保护方式。应用程序和系统程序能够对整个内存空间进行访问。平面内存模式比较简单，易于管理，性能也比较高，适合程序简单、代码量小和实时性要求比较高的领域。另一种是内存保护方式，适合应用较复杂、程序量较大的情况，可以防止应用程序破坏操作系统或其他应用程序的代码和数据。

内存保护包含两方面的内容：

① 防止地址越界。每个应用程序都有自己独立的地址空间，当应用程序要访问某个内存单元时，由硬件检查该地址是否在限定的地址空间之内，只有在限定空间内访问内存单元才是合法的，否则需要进行地址越界处理。

② 防止操作越权。对于允许多个应用程序共享的存储区域，每个应用程序都有自己的访问权限，如果一个应用程序对共享区域的访问违反了权限规定，就进行操作越权处理。

2．内存管理模式

内存管理机制可分为静态分配和动态分配两种模式：

（1）静态分配模式

系统在启动前，所有任务就获得了所需的全部内存，运行过程中将不会有新的内存请求，适用于硬实时系统，减少内存分配上可能带来的时间不确定性。静态分配模式不需要操作系统进行专门的内存管理操作，因而系统使用内存的效率比较低，只适合那些硬实时、应用比较简单、任务数量可以静态确定的系统。

（2）动态分配模式

内存以堆（Heap）为单位进行分配（Malloc）和释放（Free）。由于内存被划分为不等长的空间，堆会带来碎片，即内存被逐渐划分，会包含越来越多且越来越小的空闲区域。为此，采用垃圾回收的办法对内存堆进行重新排列，把碎片组织成大片的连续可用的内存空间。但由于垃圾回收的时间长短无法确定，不适合处理实时应用，因此在实时系统中，应该避免内存碎片的出现，而不是在出现内存碎片时进行回收。

3．存储区管理

常用的嵌入式内存管理方式有定长存储区和可变长存储区两种：

① 定长存储区，是在指定边界的一块地址连续的内存空间中实现固定大小内存块的分配。

② 可变长存储区，是在指定边界的一块地址连续的内存空间中实现可变大小内存块的分配。

根据需要，应用从定长存储区或可变长存储区获得一块内存空间，用完后将该内存空间释放回相应的存储区。

用户应用程序通过对分区的以下操作实现内存空间的使用：① 创建分区；② 删除分区；③ 从分区得到内存块；④ 把内存块释放到分区；⑤ 获取分区 ID；⑥ 获取当前创建的分区的数量；⑦ 获取当前所有分区的 ID；⑧ 获取分区信息。

4．内存保护

内存保护可通过硬件提供的 MMU 来实现。

嵌入式内存管理技术主要集中在物理内存的管理。一般嵌入式系统采用 MMU 提供的内存保护功能，其保护方式是：如果一个 MMU 处在嵌入式系统中，那么物理地址按页寻址；每个内存页有一组相关的属性，包括：该页是否含有代码或数据；该页是否可读、可写、可执行；该页的 CPU 访问模式是特权指令模式，还是非特权指令模式。

当开放 MMU 时，所有内存访问都通过 MMU 进行。此时，系统硬件根据页的属性控制对每页的操作，达到对各页面进行保护的目的。

如果未采用 MMU，那么内存模式一般是平面模式，各应用可以随意访问任何内存区域、任何硬件设备。程序中出现非法访问时，开发人员无从知晓，也很难定位。

早期的嵌入式操作系统大都没有采用 MMU，主要出于对硬件成本和实时性的考虑。原来的嵌入式系统的 CPU 速度较慢，若采用 MMU，通常不能满足对时间性能的要求。而现在 CPU 的速度越来越快，并且采用新技术后，已经将 MMU 带来的时间代价降低到较低的程度。所以，目前大多数处理器集成了 MMU。与那些通过在处理器外部添加 MMU 模块的处理方式相比，这将大幅度降低内存访问延迟，改善系统性能。

另外，如果没有 MMU 功能，将无法防止程序遭意外破坏，无法截获各种非法的访问异常，当然更不可能防止应用程序的蓄意破坏了。采用 MMU 后，便于发现更多的潜在问题，也便于对问题定位。

9.2.5　I/O 管理

所有的嵌入式系统都包括一些实现 I/O 操作的模块。这些 I/O 操作运行于不同类型的 I/O 设备上，系统由此来控制 I/O 设备的运行。通常，设计一个嵌入式系统的目的是专门控制某些设备，并适应该设备的特殊需求。

嵌入式系统一般具有实时特性。在实时内核的 I/O 系统中，用户的 I/O 请求在到达设备驱动程序之前，通常都只进行非常少量的处理，如设备的定位。实时内核的 I/O 系统的作用就像一个转换表，把用户对 I/O 的请求转换到正确的、相应的驱动程序。驱动程序就能够获得最原始的用户 I/O 请求，并对设备进行操作。

为满足标准设备处理的需要，I/O 系统通常提供一些高级程序库，便于实现设备的标准通信协议，如控制同步访问设备。I/O 系统既要便于实现满足大多数设备要求的、标准的驱动程序，也能在需要的时候方便实现非标准的设备驱动程序，以满足实时性或其他特殊需要。

嵌入式 I/O 系统主要由 I/O 设备、相关设备驱动程序、I/O 子系统组成。按照设备如何处理与系统之间的数据传输来划分，I/O 设备分为字符设备和块设备。字符设备允许非结构的数据传输，每次传输一个字节；块设备每次传输一个数据块。

每个 I/O 设备都有一个负责完成简单读或写操作的驱动程序，并为用户程序提供一个有关自身属性的 I/O 应用编程接口。因此，为了使用 I/O 设备，用户应用程序必须提供关于该 I/O 设备的属性信息。这样就使得应用程序的可移植性变差，为了减少应用程序对系统的依赖性，嵌入式系统常常设计一个 I/O 子系统。

I/O 子系统定义一组标准的 I/O 操作函数，所有 I/O 设备驱动程序都支持这个函数集合。通过该函数集合及其统一的调用接口，应用程序可以在不提交设备属性信息的前提下调用相关设备驱动程序，完成读或写操作。

9.3　鸿蒙操作系统

鸿蒙操作系统（Harmony OS）是华为公司在 2019 年 8 月 9 日正式发布的操作系统。根据官方定义，鸿蒙操作系统是一款"面向未来"、面向全场景（移动办公、运动健康、社交通信、媒体娱乐等）的分布式操作系统。在传统的单设备系统能力的基础上，鸿蒙操作系统提出了基于同一套系统能力、适配多种终端形态的分布式理念。

对消费者而言，鸿蒙操作系统将人、设备和场景等有机地联系在一起，可以实现不同的终端设备之间的快速连接、能力互助、资源共享，匹配合适的设备、提供流畅的全场景体验。

对应用开发者而言，鸿蒙操作系统采用了多种分布式技术，具备分布式软总线、分布式数据管理和分布式安全三大核心能力，使得应用程序的开发和实现能够与不同终端设备的形态差异无关，开发者只需关注上层业务逻辑，从而降低了开发难度和成本，提高开发效率。

对设备开发者而言，鸿蒙操作系统采用了组件化的设计理念，可以根据设备的资源能力和业务特征进行灵活裁剪，满足不同形态的终端设备对于操作系统的要求。

9.3.1 鸿蒙操作系统的类别

目前，鸿蒙操作系统主要包括三类：矿山鸿蒙操作系统（简称"矿鸿"）、华为欧拉服务器操作系统、华为手机鸿蒙 2.0 操作系统（简称鸿蒙 2.0）。

矿鸿是国家能源集团神东煤炭携手华为首次部署的、国内首款运行在矿山领域的工业互联网操作系统，也是鸿蒙操作系统首次在工业领域的垂直应用。矿鸿具有"万物互连、统一标准、智能协作、安全可信"四大亮点，通过独特的"软总线"技术，将各种设备配置的不同的操作系统、接口以及协议标准进行统一，然后将不同的设备进行智能互连，解决了不同厂商设备的互联、协同等问题，使得国内煤矿生产操作变得更加安全化、智能化，推动煤炭行业的安全、高效、绿色、智能的高质量发展。

欧拉服务器操作系统（EulerOS）基于稳定的系统内核，完美支持鲲鹏处理器和容器虚拟化技术，可以面向云、虚拟化、容器、大数据、人工智能等应用场景，适用于电子政务、金融、电力、军工、交通等关键行业领域，成为国产服务器"纯国产化"的一款重要操作系统，为国内数据安全保驾护航。

鸿蒙 2.0 操作系统是华为手机上配置的性能优异的操作系统，其特色为：统一的操作系统、统一的控制中心，自由软件组合、自由硬件组合，万物互连、万物智能；分布式的编程框架，动态空间管理，GPU 和 CPU 联合渲染，多任务时时在线。

9.3.2 鸿蒙不是安卓的仿制品

安卓与鸿蒙 2.0 操作系统都是基于 Linux 开发的，但两者的架构是不同的。鸿蒙不是安卓的仿制品。

安卓是基于 Linux 的宏内核设计，其架构如图 9-3 所示，包括应用程序、应用程序框架、核心类库和 Linux 内核四层。其中，核心类库中包含系统库及运行环境。

鸿蒙 2.0 操作系统采用全新的微内核设计。虽然宏内核设计具有系统开发难度低的好处，但是由于宏内核包含了操作系统绝大多数的功能和模块，这些功能和模块都具有最高的权限，只要一个模块出错，整个系统就会崩溃，这也是安卓系统容易崩溃的原因。另外，安卓是用 Java 语言编写的，虽然容易学习，但有一个缺点：不能与系统底层直接进行通信活动，必须通过虚拟机来运行——虚拟机相当于信息传递者。安卓应用程序安装在虚拟机上，然后从虚拟机传输到机器的底部。如果虚拟机出了问题，系统就会卡住。

针对上述问题，华为研发了方舟编译器，任何由该编译器编译的安卓软件都可以直接与系统底层进行通信。华为方舟编译器是首个取代安卓虚拟机模式的静态编译器，可供开发者在开发环境中一次性将高级语言编译为机器码。

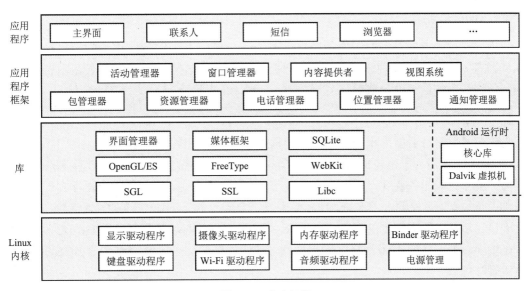

图 9-3　安卓架构

9.3.3　鸿蒙 2.0 架构

鸿蒙 2.0 架构如图 9-4 所示，整体上遵从层次化设计，从上至下依次为应用层、应用框架层、系统服务层和内核层，系统功能按照"系统 → 子系统 → 功能/模块"逐级展开，在多设备部署场景下，支持根据实际需求裁剪某些非必要的子系统或功能/模块。

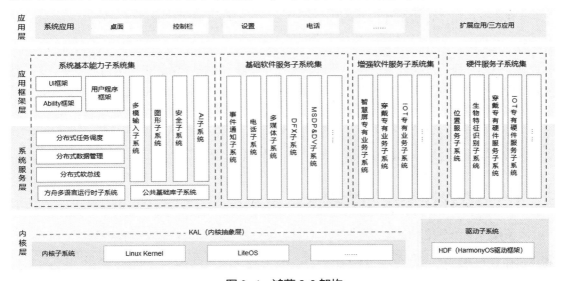

图 9-4　鸿蒙 2.0 架构

1．应用层

应用层包括系统应用和第三方非系统应用，直接与用户打交道，包括浏览器、短信、日历等工具。应用层提供了 UI 界面、后台运行任务的能力和统一的数据访问抽象，从而实现特定的业务功能，支持跨设备调度与分发，提供一致、高效的应用体验。

2．应用框架层

应用框架层为鸿蒙系统的应用程序提供了 Java、C/C++、JS 等多语言的用户程序框架和 Ability 框架，以及下层各种软硬件服务对外开放的多语言框架 API。不同设备支持的 API 有所差别，这与系统的组件化裁剪程度相关。

3．系统服务层

系统服务层是核心能力集合，通过应用框架层对应用程序提供服务，包含以下几部分。

① 系统基本能力子系统集：为分布式应用在多设备上的运行、调度、迁移等操作提供基础能力，由分布式任务调度、分布式数据管理、分布式软总线、方舟多语言运行时子系统、公共基础库子系统、多模输入子系统、图形子系统、安全子系统、人工智能子系统等组成。其中，方舟多语言运行时子系统提供了 C/C++、JS 等多语言运行时场景和基础的系统类库，也为使用方舟编译器静态化的 Java 程序（即应用程序或应用框架层中使用 Java 语言开发的那部分）提供运行时场景。

② 基础软件服务子系统集：提供公共的、通用的软件服务，由事件通知、电话、多媒体、DFX、MSDP&DV 等子系统组成。

③ 增强软件服务子系统集：提供针对不同设备的、差异化的能力增强型软件服务，由智慧屏专有业务、穿戴专有业务、IoT 专有业务等组成。

④ 硬件服务子系统集：提供硬件服务，由位置服务、生物特征识别、穿戴专有硬件服务、IoT 专有硬件服务等组成。

根据不同设备形态的部署环境，基础软件服务子系统集、增强软件服务子系统集、硬件服务子系统集内部可以按子系统粒度裁剪，每个子系统内部可以按功能粒度裁剪。

4．内核层

鸿蒙操作系统内核层分为内核子系统和驱动子系统。内核子系统采用多内核设计，支持针对不同资源受限设备选用适合的操作系统内核。内核抽象层（Kernel Abstract Layer，KAL）通过屏蔽多内核差异，对上层提供基础的内核能力，包括进程/线程管理、内存管理、文件系统、网络管理和外设管理等。驱动子系统的驱动框架（HarmonyOS Driver Foundation，HDF）是鸿蒙操作系统硬件生态开放的基础，提供统一外设访问能力和驱动开发、管理框架。

9.3.4 鸿蒙操作系统的影响

鸿蒙操作系统在技术上是先进的，是软件、硬件双轮驱动的连接点，微内核、分布式、生态共享的架构为实现万物互连的愿景所服务，并具有逐渐建立起自己生态的成长力。

鸿蒙操作系统不只是手机操作系统，还是一个解决底层逻辑的、更广泛连接万物的操作系统，在未来将链接更多元化的生态圈。

鸿蒙操作系统的问世恰逢中国整个软件业亟需补足短板，给国产软件的全面崛起带来了战略性带动和刺激，将拉开改变操作系统全球格局的序幕。

本章小结

嵌入式系统是以应用为中心、以计算机技术为基础的，其软件、硬件可裁剪，适用于对功能、可靠性、成本、体积、功耗等有严格要求的专用计算机系统。与普通计算机系统不同，嵌入式系统不以独立的物理设备的形态出现，即它没有一个统一的外观，它的部件根据主体设备及应用的需要嵌入在该设备的内部，发挥运算、处理、存储及控制等作用。

在体系结构上，嵌入式系统主要由嵌入式处理器、支撑硬件和嵌入式软件组成。

嵌入式操作系统仍旧是一种操作系统，因此它同样具有操作系统在进程管理、存储管理、设备管理、处理器管理和输入/输出管理等方面的基本功能。由于它的硬件平台和应用环境与一般操作系统的不同，因此具有一系列特点，最大特点就是可定制性。开发嵌入式操作系统一般有改造现有的操作系统和专门设计操作系统两种方法，各有优缺点。

嵌入式操作系统一般采用实时内核。内核中基本调度单位是任务，即一个独立的执行线程。任务实体主要由代码、数据和堆栈三部分组成。嵌入式操作系统多采用基于静态优先级的可抢占式调度。

内核还提供中断和时间管理、任务的同步和通信、内存管理、输入/输出管理等功能。

鸿蒙操作系统是具有自主知识产权的、有重要影响力的、性能卓越的国产操作系统，采用基于微内核的分布式技术，具备分布式软总线、分布式数据管理和分布式安全三大核心能力。微内核和方舟编译器是鸿蒙操作系统生态的两大核心要素。但是，鸿蒙操作系统不是安卓操作系统的仿制品。鸿蒙 2.0 系统采用 4 层架构，从上至下依次为：应用层、应用框架层、系统服务层和内核层。鸿蒙操作系统的成功给国产软件的全面崛起提供了战略性支撑。

习 题 9

1. 什么是嵌入式系统？试举例说明。
2. 嵌入式系统与通用计算机系统相比有何特点？
3. 嵌入式操作系统有什么特点？
4. 嵌入式操作系统一般由哪几部分构成？
5. 简述嵌入式软件系统的体系结构。
6. 嵌入式开发为什么需要操作系统的支持？
7. 说明嵌入式操作系统中任务的定义、组成及其调度算法。
8. 简述嵌入式操作系统实现任务的同步和通信的机制。
9. 嵌入式操作系统内存管理的一般方法是什么？
10. 鸿蒙操作系统有哪几类？鸿蒙 2.0 系统架构分为哪几层？
11. 为什么说鸿蒙不是安卓的仿制品？
12. 简述鸿蒙操作系统在国家战略方面的影响。

第10章

OS

分布式系统和云计算系统

　　分布式系统（Distributed System）是多个处理机通过通信线路（如局域网或广域网）互连而成的系统，它们不共享内存或时钟，每个处理机都有自己的内存。分布式系统中的处理机无论在体积还是功能上都可以不同，如掌上电脑、个人计算机、工作站，以及大型计算机。

　　分布式系统具有一系列优点，如处理速度快、可靠性高、容错性强等。由于资源在地域上的分布性，对它们的管理方式不同于单机工作的情况。

　　本章首先介绍分布式系统的特征、优点，分布式操作系统的概念、功能、设计目标和实现要点，以及中间件概念，然后介绍云计算系统的定义、特点等。

10.1 分布式系统概述

10.1.1 分布式系统的特性

分布式系统是多个处理机通过通信线路互连而构成的松散耦合系统，它对用户是透明的。从系统中某台处理机看来，其余的处理机和相应的资源都是远程的，只有它自己的资源才是本地的。

至今，对分布式系统的定义尚未形成统一的见解。一般认为，分布式系统是将地域上分布的、功能自治的计算机（又称为节点）通过通信网络互连起来的集合，实现资源共享和并行处理，并对用户呈现单一透明的应用界面。具体地说，分布式系统应具有以下 4 个特性。

1．分布性

分布式系统由基于网络的多台计算机组成，它们在地域上是分散的，可以散布在一个单位、一个城市、一个国家甚至全球范围。分布式系统的整体功能是分散在各节点上实现的，因而具有数据处理的分布性。

2．自治性

分布式系统中的各节点都是一台完整的计算机，除了自己的处理机、内存、网卡、用于分页的硬盘，还带有全部的外部设备。分布式系统中的各节点可以运行不同的操作系统，各有自己的文件系统，处于不同的管理之下，因而各自具有独立的处理数据的功能。通常，它们彼此在地位上是平等的，无主次之分，自治地进行工作，又能利用共享的通信线路来传输信息，协调任务处理。也就是说，分布式系统具有高度的内聚性。

3．并行性

在分布式系统中，一项大的任务可以划分为若干子任务，分别在不同的主机上执行。另外，分布式系统具有计算迁移功能。

4．透明性

分布式系统对各节点上用户的应用来说资源位置都是透明的，看不出提交的任务是在本地还是在远程实施，对所有资源都按同样的方式访问，就好像是使用一台功能强大的单个集中式系统。为此，分布式系统中有一个以全局的方式管理计算机资源的分布式操作系统，由它实现位置透明性、迁移透明性、复制透明性、并发透明性和并行透明性等。分布式操作系统位于各节点的本地操作系统之上，向分布式应用程序提供统一的编程接口。

10.1.2 分布式系统的优点和不足

1．分布式系统的优点

分布式系统的优点如下。

（1）资源共享

若干不同的节点通过通信网络彼此互连，一个节点上的用户可以使用其他节点上的资源，如设备共享，使众多用户共享昂贵的外部设备，如彩色打印机；数据共享，使众多用户访问共用的数据库；共享远程文件，使用远程特有的硬件设备（如高速阵列处理器），以及执行其他操作。

（2）计算加速

如果一个特定的计算任务可以划分成若干并行运行的子任务，就可把这些子任务分散到不同节点上，并同时在这些节点上运行，从而加快计算速度。另外，分布式系统具有计算迁移功能，如果某节点上的负载太重，就可把其中一些作业移到其他节点去执行，从而减轻该节点的负载。这种作业迁移称为负载共享。

（3）可靠性高

分布式系统具有高可靠性。如果其中某节点失效了，那么其余节点可以继续操作，整个系统不会因为一个或少数节点的故障而全面崩溃。因此，分布式系统有很好的容错性能。

分布式系统必须能够检测节点的故障，采取适当的手段使它从故障中恢复过来。分布式系统确定故障所在的节点后，就不再利用它来提供服务，直至恢复正常工作为止。如果失效节点的功能可由其他节点完成，那么分布式系统必须保证功能转移的正确实施。当失效节点被恢复或者修复时，分布式系统必须把它平滑地集成到系统中。

（4）通信便捷

分布式系统的各节点通过一个通信网络互连在一起。通信网络由通信线路、调制解调器和通信处理器等组成，不同节点的用户可以方便地交换信息。在低层，系统间利用传递消息的方式通信，这类似单 CPU 系统中的消息机制。单独系统中所有高层的消息传递功能都可以在分布式系统中实现，如文件传递、登录、邮件、Web 浏览及远程过程调用（RPC）。

分布式系统实现节点间的远距离通信，为人与人之间的信息交流提供很大方便。不同地区的人们可以共同完成一个项目，通过传输项目文件，远程登录进入对方系统来运行程序，发送电子邮件等，协调彼此的工作。

2．分布式系统的不足

尽管分布式系统自身具备众多优势，但也有自身的不足，主要是可用软件不够丰富，系统软件、编程语言、应用程序和开发工具相对较少；还存在通信网络饱和或信息丢失、网络安全问题，方便的数据共享同时意味着机密数据容易被窃取。

虽然分布式系统存在这些潜在的问题，但其优点远大于其缺点，而且这些缺点也正得到克服。所以，分布式系统仍是人们研究、开发和应用的方向。

10.1.3　分布式系统的设计目标

分布式系统与网络系统在物理结构上没有多大差别，不同点主要表现在系统软件上。另外，分布式操作系统涉及的问题远远多于以往的操作系统。

分布式系统的设计目标即在设计一个分布式系统时应考虑的主要问题包括：透明性、灵活性、可靠性、高性能和可扩展性。

1．透明性

分布式系统的一个重要特征是系统的分布性对用户是完全透明的。设计透明性最重要的一个问题是如何实现"虚拟单机系统"，即如何让每个用户感觉这种分布式系统就是一个普通的单 CPU 分时系统。

可以在两个不同层次上实现透明性。最容易的方法是对用户隐藏分布性，整个系统有一套统一的命令，用户只需按格式输入命令，而不必了解系统对该命令的并行处理过程。

在更低层次上是使系统对程序透明，即程序员使用系统调用时看不到多个处理器的存在，这往往更难实现。

透明性概念可以用于分布式系统的若干方面，如表 10-1 所示。

表 10-1　分布式系统的透明性

类　别	含　义
位置透明性	软硬件资源分布在各处，而用户不清楚资源的确切位置
迁移透明性	资源可以随意移动，而不必改变它们的名字
复制透明性	系统可以任意复制文件或其他资源，用户不清楚多个副本存在
并发透明性	多个用户可以自动共享资源，彼此不会注意对方的存在
并行透明性	任务被并行地执行，而用户并不知道（理论上，要靠编译器、运行系统及操作系统三者的共同支持，目前尚无法实现这一点）

2．灵活性

在构建一个分布式系统时，灵活性很重要，它涉及分布式操作系统的结构。分布式系统的内核模型有两种，分别是单内核模型和微内核模型，如图 10-1 和图 10-2 所示。

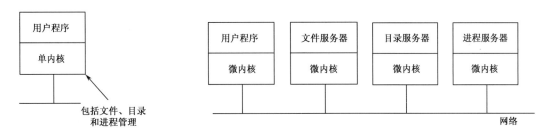

图 10-1　分布式系统的单内核模型　　　　图 10-2　分布式系统的微内核模型

单内核模型基本上是在现有的集中式操作系统上附加一些网络设施，再集成一些远程服务。多数系统调用通过执行陷入指令而转入核心态，由内核完成实际的工作后，再将结果返回用户进程。在这种方式下，大部分机器都有硬盘，且有本地的文件系统。许多基于 UNIX 的分布式系统就采用这种结构。

微内核模型是一种新结构，大多数新设计的分布式系统采用这种结构。微内核是操作系统的极小核心，将各种操作系统共同需要的核心功能提炼出来，形成微内核的基本功能。一般地，微内核提供以下服务：① 进程间通信机制；② 某些内存管理工作；③ 有限的低级进程管理和调度；④ 低级的输入/输出。

所有其他系统服务都通过微内核之外的服务器实现。在这种系统中，用户需要获得系统服务时，就向相应的服务器发消息，由服务器完成实际的工作并返回结果。其显著优点是精简核心的功能，提供一种简单的高度模块化的体系结构，提高了系统设计和使用的灵活性。

单内核唯一潜在的优点是性能，执行系统调用时陷入内核，让内核完成具体工作，这比向远程服务器发消息要快得多。然而研究表明，单内核模型的优势正逐步消失，未来的趋势很可能是微内核系统占主导地位。

3. 可靠性

建立分布式系统的基本目标之一是使它们比单处理器系统更可靠。也就是说，如果某台机器不能工作了，就由其他机器接替它的工作。

可靠性涉及可用性（Availability）、安全性和容错性。

① 可用性：表示系统可以正常工作的时间比例。改善可用性的方法有：使大量关键成分不要同时起作用，或者提供冗余——关键的硬件和软件部分提供备份。系统中的数据不应该发生丢失或篡改，且当文件存放在多个服务器上时，所有的副本应当保持一致。

② 安全性：指文件和其他资源必须受到保护，防止未授权使用。安全性问题对分布式系统尤为严重，因为服务器无法直接确定要求服务的消息来自何方。

③ 容错性：指在一定限度内对故障的容忍程度，也就是说，不至于让整个系统随某台服务器的失败而崩溃。分布式系统一般能够屏蔽故障，用户并不清楚系统内部所发生的问题。

4. 高性能

分布式系统应有很高的性能，这是不言而喻的。性能指标包括多方面，如执行速度、响应时间、吞吐量、系统利用率、网络通信能力等。基准测试（Benchmark）手段可以部分度量系统的性能。

通信是影响分布式系统性能的基本问题，因为在局域网上发送一个消息并得到回答大约需 1 ms 时间。单靠减少消息数量来优化性能并不一定奏效，因为改善性能的最佳办法是让很多活动并行在不同的处理器上，但这需要发送很多消息。可供采用的方法是仔细考虑全部计算任务的粒度。如果作业包含大型计算、少量交互和很少数据，就能较好地适应通信能力。这种作业具有粗粒度并行性。

5. 可扩展性

扩展可分为水平扩展和垂直扩展。水平扩展是指添加或移去客户工作站，对系统性能影响很小；垂直扩展是指移植到更大的或更快的服务器或多服务器上。

分布式系统应能根据使用环境和应用需要，方便地扩展或缩减其规模。例如，现在的多数分布式系统的设计能力是几百台 CPU 一起工作，甚至更多，即使多台机器失效了，系统照常工作，因为这些失效机器仅是全系统机器的一小部分。因此，所设计的分布式系统应能适应不断增长的应用需求，不能每次都从头开始。

设计分布式系统的一个指导原则是尽量避免使用集中式的成分、表格和算法。

10.2 分布式系统的实现模型

实现分布式应用的典型系统模型有三种，即网络操作系统模型、分布式操作系统模型和中间件模型。

网络操作系统在实现上较简单，但用户使用不便。在网络操作系统环境下，用户必须知道所要访问的机器是哪一个，通过远程登录或远程文件传递等方式可以存取远程资源。目前，所有通用操作系统都是网络操作系统，包括 Android 和 iOS 等嵌入式操作系统。

分布式操作系统是配置在分布式系统上的共用操作系统。从用户看来，它是一个普通的集中式操作系统，提供强大的功能，用户以透明的方式访问系统内的远程资源。分布式操作系统实施系统整体控制，对分布在各节点上的资源进行统一管理，并支持对远程进程的通信协议。

在分布式操作系统中，用户访问远程资源的方式和访问本地资源相同，可以实现数据和进程从一个节点到其他节点的迁移。分布式操作系统要求实现用户面前的虚拟单处理机系统到具体的分布式系统的映射。它有如下三个基本功能：

（1）进程管理

为了均衡整个系统中各节点的负载，加速计算任务的完成，分布式操作系统应能实现进程或计算的迁移；为了保证不同节点的进程对系统共享资源的合理使用，应能提供分布式互斥机制；为了达到各进程的高度并行执行，应该提供分布式同步机制，还要有应对死锁的相应措施。

（2）通信管理

分布式操作系统应该提供某些通信机制，使不同节点上的用户或进程方便地进行信息交换，实现对网络协议的支持。

（3）资源管理

分布式操作系统中的各种资源都进行统一管理和调度，如文件系统、内存管理等。这样做既可以提高资源的利用率，又可以方便用户使用。

10.2.1　进程管理

1．进程迁移

在单 CPU 系统中，所有进程在同一系统中，不存在进程迁移问题。在分布式系统中，用户存取远程资源的方式可与存取本地资源相同，但在系统控制下，数据和进程可以从一个节点迁移到另一个节点。

（1）数据迁移（Data Migration）

假设节点 A 上的用户想访问节点 B 上的数据（如一个文件），系统传输数据的方法可有整体传输和部分传输两种。整体传输是把文件整体地从节点 B 传输到节点 A，然后在节点 A 访问该文件就成为本地访问。如果它被修改过，就把它整个送回节点 B。显然，这种方法效率很低。而部分传输仅把用户当前需要的那部分文件从节点 B 传输到节点 A，即当前要用哪一部分，就传输哪一部分。如果该文件被修改，就把做过修改的那部分传回节点 B。

（2）计算迁移（Computation Migration）

在某些情况下，传输计算比传输数据更有效，这种方法称为计算迁移。例如，一个作业要访问不同节点上的多个大型文件，以获得它们的摘要。计算迁移方式是向各文件所驻留的节点分别发送一个远程命令，由各节点将所需结果返回发出命令的节点。一般来说，如果传输数据的时间长于远程命令的执行时间，就应该采用计算迁移的方式。

执行这种计算的方法有多种，常用的有利用远程过程调用和远程创建相应进程两种。

（3）进程迁移（Process Migration）

进程迁移是计算迁移的逻辑延伸：当一个进程被提交执行时，并不一定始终都在同一节点上运行，整个进程（或者其中一部分）可能在不同的节点上执行。

进程迁移的优点为：可以使各节点的工作负载均衡；加速计算，减少整个进程的周转时间；提高硬件和软件适宜性；提高远程大量数据访问的效率。

有隐式和显式两种技术可用于进程迁移。前者是系统对客户隐藏进程迁移的事实，优点是用户不必显式地编写程序来实现进程迁移，常用于在同构系统间实现负载均衡和加速运算。后者允许（或要求）用户显式地指定进程应如何迁移，常用于满足硬件或软件适宜性的特定条件而必须迁移进程的情况。

2．同步问题

在分布式系统中，进程之间存在如何协同工作和同步的问题。在单 CPU 系统中，通过信号量、管程可以解决临界区、互斥及其他同步问题，但是它们依赖于共享内存。所以，这些方法在分布式系统中不适用。分布式系统的同步机制比集中式系统更复杂。

分布式系统中没有全局一致的时间，每台机器都有自己的时钟，时钟之间的不同步会产生戏剧性的结果：一件后发生的事反而可能被赋予较早的发生时间。

然而研究表明，系统中的时钟并不需要绝对同步。如果两个进程之间不发生交互，时钟同步与否不会影响程序的正常执行。而对于有交互作用的进程，重要的不是它们有完全一致的时间，而是事件发生次序要一致。

如前所述，进程同步是对多个进程在执行顺序上的规定。为此，应对系统中所发生的事件进行排序，简称事件排序。为了实现分布式进程之间的同步，首先需要解决的问题是如何对系统中所发生的事件进行排序。这不仅要确定两个事件之间的前趋关系（亦称偏序），还要确定所有事件的全序。

如果两个事件 a 和 b 彼此没有前趋关系，即 a 不先于 b，b 也不先于 a，那么称这两个事件为并发事件。由于两个并发事件彼此互不影响对方，因此它们中的哪一个先发生并不重要。唯一重要的是，任何关心两个并发事件的进程都认可某个次序。

为了在分布式环境中实现全序请求，在每个进程 P_i 内部定义一个逻辑时钟 LC_i。逻辑时钟可以用简单的计数器实现，在一个进程内执行的任何两个相继事件之间，它的值单调递增，每个时间就有唯一的值。如果在进程 P_i 中，事件 a 先于事件 b 发生，那么 $LC_i(a) < LC_i(b)$。一个事件的时间戳就是该事件的逻辑时钟值。显然，这种方法能够保证在同一进程中任何两个事件都满足全序请求。

然而，这种方法不能保证不同机器上进程间的全序请求，为此需要采用一定的算法（如 Lamport 算法）来修正相关进程的逻辑时钟值。

3．互斥问题

通过临界区实现互斥是最简单的方法。在分布式环境中实现互斥的常用方法有集中式算法、分布式算法和令牌环算法三种，它们都基于临界区思想。

（1）集中式算法

集中式算法是对单处理器系统中互斥方法的模拟，其基本思想是：在系统的所有活动进程中选择一个进程作为协调者（即运行在最高网址的机器上的某个进程），由协调者负责对临界区进行管理。

集中式算法能够实现互斥，保证在任何时候处于临界区的进程至多有一个。集中式算法对各进程是公平的，不会出现某个进程永久等待下去的饥饿现象，且易于实现，因为一个进程使用临界区只需三条消息：请求、许可和释放。

集中式算法也存在缺点：① 协调者是单点失效，如果它出现故障，将使整个系统瘫痪，必须采取措施重新选择唯一的新协调者；② 大型系统中单一的协调者会成为系统性能的瓶颈。

（2）分布式算法

分布式算法可以弥补集中式算法的不足。其思想是：当某个进程想进入临界区时，它就建立一个消息，其中包含临界区名、进程号和时间戳，再将该消息发送给系统中所有进程；然后，等待其他进程的许可消息，一旦得到所有的许可消息，它就可以进入临界区；当它退出临界区时，向自己请求队列中的所有进程发送 OK 消息，并从队列中删除这些进程。

当一个进程收到其他进程发来的消息后，如果接收者不在临界区内且不想进入，就立即返回一个 OK 消息给发送者；如果接收者在临界区内，就不做任何响应，只是将该请求送入等待队列；如果接收者也想进入临界区，但尚未进入，就将自己请求消息的时间戳与所接收的消息的时间戳进行比较。如果自己的时间戳大，就发送一个 OK 消息；否则，不做响应，只将接收到的请求放入等待队列。

分布式算法可以实现进程间的互斥，而且不会产生死锁和饥饿，但是存在以下问题：每个想进入临界区的进程必须知道系统中所有进程的名字；如果系统中有一个进程失效，那么必然使发出请求消息的进程无法收到全部响应，而默认为访问被拒绝；没能进入临界区的进程必须频繁地暂停，以便其他进程进入临界区。

可见，分布式算法比集中式算法更慢、更复杂，代价也更高。

（3）令牌环算法

令牌本身是一种特定格式的报文。系统中的进程一旦持有令牌，便具有进入临界区的权利。由于系统中仅有一个令牌，因而在任何时刻，只能有一个进程在临界区内。

系统中的进程在逻辑上（而不是物理拓扑结构上）组成一个环，环中每个进程都有唯一的前驱和唯一的后继。令牌在环中循环。当环中的令牌循环到某个进程并被接收时，如果该进程希望进入临界区，它便持有令牌，并进入临界区。当退出临界区时，它把令牌传给后继进程。如果接到令牌的进程不想进入临界区，它就直接将令牌向后传。

显然，令牌环算法能够正确地实现进程互斥，而且不会出现饥饿现象；但也存在令牌丢失和进程失效两个问题。

如果令牌丢失，必须调用选择算法重新产生一个新令牌，但检测令牌丢失很困难。

令牌环应能及时发现环路中某个进程失效或退出，以及通信链路的故障。一旦发现此种情况，应立即撤销该进程，并重构令牌环。

10.2.2　通信问题

分布式系统与单处理器系统之间最主要的区别是进程通信。单处理器系统中，多数进程通信都隐含共享内存，如信号量本身就是共享的；而分布式系统中没有共享内存，通过传递消息实现通信。

分布式系统和网络系统都利用网络系统（LAN/WAN）进行不同节点上的进程通信。通信进程必须遵守约定的协议。本质上，协议就是规定通信如何进行的一系列规则，在广域分布式系统中，这些协议划分为多个层次，每层都有自己的目标和规则。

典型的通信协议模型有 OSI/RM（Open System Interconnection/Reference Model）和 TCP/IP（Transmission Control Protocol/Internet Protocol）。基于局域网的分布式系统通常不采用分层协议，以避免消息逐层传送带来的过多的额外开销。基于局域网的系统通常采用客户－服务器（C/S）模型。

C/S 模型的思想是：把操作系统作为一组协议进程加以构造，为用户提供各种服务。用户称为客户，协作进程称为服务器。客户和服务器通常全部运行相同的微内核，都作为用户进程运行。一台机器可以只运行一个进程，也可以运行多个客户进程、多个服务器进程或者二者的混合。

尽管 C/S 模型提供了构造分布式操作系统的简便方法，但也存在根本的缺陷：进行通信要做大量的输入、输出。发送过程和接收过程基本上忙于 I/O 处理。围绕着 I/O 建立系统并非最佳方法，为此提供了远程过程调用（RPC）方法。

另外，在实际系统中，通信可能涉及多个进程。例如，一组文件服务器协同工作，提供一个统一的有容错功能的文件服务。客户进程发送服务请求时，可能要把消息送给所有服务器，以便某个服务器因故障而不能工作时，该请求也能执行。此时就要利用组通信方式。

组是进程的集合，它们按照某种系统或用户指定的方式协同工作。组的重要特征是：当某个消息发送到一个组时，组内的所有成员都接收到该消息。可见，组通信具有"一对多"的形式，即一个发送者、多个接收者，而不是简单的"点对点"通信方式。

组是动态的，可以创建新的，撤销旧的；一个进程可以加入某个组，也可以离开某个组；一个进程可以同时是多个组的成员。为此需要一个机制来管理组和组成员。

可见，要实现网络通信就要解决如命名和名字解析、路由选择、消息分组、链接方式等方面的问题。

10.2.3　死锁问题

分布式系统中的死锁问题与单机系统中类似，只是更复杂，更难处理。分布式系统从不使用死锁避免方法，也很难实现预防。所以，普遍使用死锁检测和恢复方法。

分布式系统采用的死锁检测算法的基本原理与集中式系统相同，首先按照各进程之间对共享资源的占有和申请情况，构成进程等待图，然后检测该等待图。如果经简化后图中仍出现环路，那么系统中出现了死锁。一般通过终止有关进程的办法来解除死锁。在分布式系统中进行死锁检测的难点在于如何收集到足够多的用于死锁控制的信息。目前，检测死锁常用的方法有集中式死锁检测法和分布式死锁检测法两种。

在集中式死锁检测法中，每个节点维持自己的进程－资源图，同时用一个中心协调者维护整个系统的资源图（所有单个图的并集）。在协调者检测到系统资源图中存在环路时，它就删除其中某个进程，以解除死锁。

目前已经出现多种分布式死锁检测算法，其中典型算法是 Chandy-Misra-Haas 算法。该算法允许进程一次请求多个资源（如软件锁），不是一次一个。每台机器上的进程可能等待本地资源或等待分布在其他机器上的资源，要针对每台机器构造一张资源图。当一台机器上的进程等待其他机器上的资源时，则这些单个资源图就连在了一起。若要检测系统是否死锁，就要查找系统整个资源图中是否存在环路。若图中存在回路，则系统出现死锁。

10.2.4　文件系统

分布式文件系统是传统的分时文件系统模式在分布式环境中的实现，其目的是允许多个用户以相同的方式共享散布在各站点上的文件，即呈现在所有用户面前的是一个特大型的文件系统，授权用户都可以对其中的文件进行读、写操作。

1．文件传输

文件传输分成上传/下载模式和远程存取模式两种。

上传/下载模式如图 10-3 所示，一个进程存取文件时，首先把该文件从远程服务器复制过来，如果只是读，就在本地读，因此效率高；如果要写文件，就先在本地写，完成后，就把该文件回传到原来的服务器。

上传/下载模式的优点是：概念清晰、简单，整个文件传输也比多次部分传输效率高。其主要缺点是：为了存放所需的全部文件，在客户机上必须有足够大的存储器；如果只需文件的一小部分，那么传输整个文件势必造成浪费。

远程存取模式如图 10-4 所示。文件服务提供大量的操作，如文件的打开、关闭、读和写，读/写位置移动，测试和改变文件属性等。文件系统是在服务器上运行的，而不是在客户机上。其优点是：在客户机上不需要很多空间，当只需文件的一小部分时不必搬动整个文件。其主要缺点是：多次文件传送占有较多网络时间，影响系统效率。

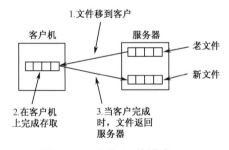

图 10-3　上传/下载模式

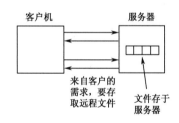

图 10-4　远程存取模式

2．目录结构

所有分布式系统允许目录包含子目录，子目录还可包含子目录，构成树形目录，也称为层次文件系统。在某些系统中可以建立任意目录间的链接，不但构成目录树，而且构成任意目录图，其功能更强。树与图之间的差别在分布式系统中格外重要。

设计分布式文件系统的一个关键问题是，所有机器（和进程）的目录层次结构视图是否完全相同。如果视图相同，那么在一台机器上合法的路径，在所有客户机上也都合法。如果不同机器上有不同的文件系统视图，那么在一台客户机上合法的路径在另一台客户机上就不合法。在一个系统中，通过远程安装管理多个文件服务器时就会出现这种情况。虽然可直接灵活地实现这种系统，但是整个系统的行为不再像单一传统的分时系统。

与之密切相关的一个问题是，是否有一个全局根目录，即所有机器都以它作为根。一种方式是只有一个全局根目录，在这个根中每个服务器占一项，除此之外不含其他内容。其路径形式是"/服务器/路径"，虽存在一些缺点，但好处是至少系统中各处的路径形式都相同。

3．命名透明性

这种路径命名形式的基本问题是：它不是完全透明的。这里，透明性有两种形式：位置透明性和位置无关性。例如，路径"/server1/dir1/dir2/ff"只表明 ff 位于服务器 1 上，但并未指出服务器 1 位于何处——不必修改路径名，它可以移动到网络中的任何地方。此时该系统就具有位置透明性。

如果路径名的第 1 个成分都是服务器，系统就不能自动地把一个大型文件从一个"小"服务器移到另一个"大"服务器上。为了移动文件，必须改变其路径名。若不改变路径名就可随意移动文件，则称该系统具有位置无关性。分布式系统在路径名中嵌入机器或服务器的名字，显然不具有位置无关性。基于远程安装的系统没有上述两种透明性。所以，位置无关性不易实现，但它是分布式系统中期望具备的性质。

4．文件共享语义

当多个用户共享同一文件时，必须精确定义读、写语义，以免出现歧义问题。如在 UNIX 单处理器系统中，对读、写文件有如下约定：写之后进行读，读返回的值就是刚写入的值；连续两次写操作之后进行读，读的值是最后一次所保存的值。实际上，这种系统对所有操作按绝对时间排序，返回值总是最近的一个，称为顺序一致性。

如果在分布式系统中仅有一个文件服务器且客户不缓存文件，那么容易实现顺序一致性。但实际上，分布式系统很少只有一个服务器，解决这个问题的常用办法是允许客户机在自己的缓存中保持常用文件的本地副本。

然而，如果一个客户机在本地修改了缓存中的文件，不久之后另一个客户机从服务器读取该文件，就会得到一个过时的文件。解决这个问题的一种方式是：把所有对缓存文件的修改立即回传给服务器。尽管从理论上讲很简单，但实现效率很低。一种可选的解决方案是放宽文件共享语义。最初，只有修改该文件的进程（或者是机器）可以看到对打开文件的修改，仅当该文件关闭后，其他进程（或机器）才可见到所做的修改。如果进程 A 修改了某个文件，当 A 关闭该文件时，它把副本发送给服务器，以后进程执行读操作时就得到新值。这种语义规则称为会话语义。

会话语义也会产生某些问题：如果两个或更多客户同时对同一文件缓存和修改，结果会是什么样。对此，一种办法是利用上传/下载模式，并且下载文件被自动加锁，即利用原子事务方式——系统保证在一个事务中的所有调用依次执行，不会受到另外的、并行事务的任何干扰。

10.3 中间件模型

分布式操作系统是建立在各节点本地操作系统之上的统一的操作系统，向更高层的分布式应用程序提供一个屏蔽系统资源位置信息的统一的编程接口。虽然这种模型概念早就被提出了，但真正得到应用的分布式操作系统产品却不多。而另一种实现分布式系统功能的模型是中间件技术，正受到业界重视和广泛应用。

10.3.1　中间件的概念

通常，分布式系统采用 C/S 结构。近年来，C/S 结构产品的开发和应用有很大发展，相比之下，分布式计算总体（从物理层到应用层）的标准化工作却落后了。这种不足导致很难把不同厂家的产品及第三方的解决方案集成在一起。很多 C/S 结构都具有模块化、能够适应不同的平台环境，以及提供各种商业应用等优点，因而必须解决互操作性问题。

为了真正获得 C/S 结构的好处，开发者必须有一组工具，它们能够为跨平台访问系统资源提供统一的方法和风格，使得编写各种应用软件的程序员不但在各种微型计算机和工作站上工作时感觉都一样，而且可以使用同样的方法访问数据，而不管其存放在什么地方。

解决这种问题的通用方式是采用标准的程序设计接口和协议,它们介于上层应用与下层通信软件和操作系统之间。这种标准化的接口和协议称为中间件（Middleware），如图 10-5 所示。利用标准的程序设计接口，在不同类型的服务器和工作站上很容易实现同样的应用程序。显然，中间件为用户带来了方便，也促进了开发商提供这种接口。

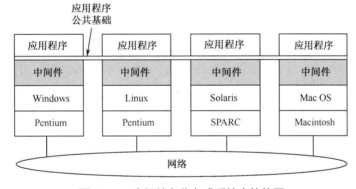

图 10-5　中间件在分布式系统中的位置

从某种意义上，中间件好像分布式系统的操作系统——对上层提供统一界面，隐藏不同平台和操作系统的差异；对下层传达上层应用的需求。另一方面，中间件并不是真正的操作系统，它是低层操作系统与高层应用之间的一层软件，所以称为"中间件"。

中间件软件包有各种类型，从简单到复杂，但它们都具有的共同性质，能够隐藏不同网络协议和操作系统的复杂性和差异。通常，客户机和服务器供应商都提供若干流行的中间件软件包，供用户选择。因此，用户可以决定具体的中间件构成策略，并把不同供应商提供的装置组合在一起。

10.3.2　中间件的结构

在 C/S 结构中，中间件的作用如图 10-6 所示。当然，各中间件成分的具体作用取决于所用的 C/S 计算模式。

可以看出，C/S 结构中都有中间件成分。中间件的基本功能是使客户机的应用程序或用户能够方便地访问各服务器的多种服务，而不必关心各服务器之间的差别。例如，为让本地或远

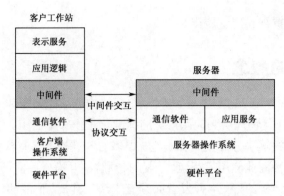

图 10-6　中间件在 C/S 结构中的作用

程的用户及应用程序访问关系数据库，系统需要支持 SQL（结构化查询语句），提供标准的对外接口。然而，很多关系数据库供应商在支持 SQL 的同时，也对 SQL 做了扩展，添加了自己的特性。这样供应商能够区分各自的产品，但是增加了潜在的不兼容性。

又如，人力资源部门采用了分布式系统，职工的基本数据（如职工姓名、住址等）存放在一个数据库中，而有关的工资信息存放在另一个数据库中。当人力资源部门用户需要访问某个记录时，他不必考虑这个记录是保存在哪个供应商的数据库中。通过中间件软件，所有用户能以统一形式访问不同的系统。

图 10-6 从逻辑观点（而不是实现观点）描述了中间件的作用。中间件能够实现分布式 C/S 计算。可以把整个分布式系统看做一组可供用户使用的应用程序和资源，用户不必关心数据或应用程序的实际位置。所有的应用程序在同一应用编程接口（API）之上运作，而中间件负责解决客户请求到达相应服务器的路由问题。

构造中间件的基本思想通常有以下几种。

① 基于文档的中间件：使分布式系统看起来像一个巨大的、超链接的集合。当用户使用 Web 浏览器的程序请求一个 Web 页面时，该页面就显示在用户的屏幕上。单击一个超链接，就会发生页面替换。

② 基于文件系统的中间件：使分布式系统看起来像一个大型文件系统，全球用户都能够读、写他们各自具有授权的文件。

③ 基于对象的中间件：系统中一切都是对象。如知名的 CORBA（公共对象请求代理体系结构）系统可以实现在客户机的客户进程调用位于服务器的对象操作。

④ 基于协作的中间件：如 Linda 系统，实现相互独立的进程之间通过一个抽象的元组（类似 C 或 Java 语言中的结构）空间进行通信。

10.4　各多机系统的比较

通常所说的多机系统其实包括 4 种：多处理器系统（Multiprocessor System），多计算机系统（Multicomputer System），网络系统（Network System），分布式系统（Distributed System）。由于网络系统和分布式系统都具有通过网络互连的分布属性，因此习惯上把二者统归为分布式系统。但是它们无论在对外接口上还是在内部的功能及实现方面，都有显著的区别。所以，网络操作系统与分布式操作系统并不是相同的操作系统。

下面对这 4 种系统进行简要比较。

（1）多处理器系统

它的每个节点只有一个 CPU，所有外部设备都是共享的。这些 CPU 放在一个机箱中，它们共享同一个内存，彼此紧密地耦合在一起，借此实现通信。整个系统共享同一操作系统，从用户看来，它是一台虚拟的单处理机。整个系统存在单一的运行队列，并且共享同一个文件系统，整个系统在集中管理方式下运行。

（2）多计算机系统

多计算机系统又称为集群计算机（Cluster Computers）系统或 COWS（Clusters of Work-stations）系统。它的每个节点除了 CPU，还有本地内存和网卡，也有用于分页的硬盘。除了磁盘，外部设备是共享的。通常，整个系统放在一个房间中。各节点通过专用的高速网络互连在一起。多计算机的各节点运行同样的操作系统。各节点上有自己的进程。不同节点上的进程通过发送消息的方式进行通信。整个系统共享同一个文件系统，且是集中式管理方式。

（3）网络系统

网络系统的每个节点是一个完整的计算机，不仅有 CPU、内存，还有完整的一组设备。系统中的各节点可能散布在很广的地域范围内，甚至遍及全球。它们通过传统的网络（如局域网、广域网等）互连起来，实现松散耦合。各节点上有自己的本地操作系统，它们可以是不同的；在本地操作系统之上加上网络软件，构成网络操作系统。在用户面前，各节点上的网络操作系统可能是完全不同的，但要遵循同样的网络协议。各节点有自己的文件系统。各节点通过共享文件实现彼此通信。由于各节点都是一个自治系统，因此各自有自己的运行队列。网络系统不具备进程迁移的功能。

（4）分布式系统

分布式系统有很多特征与网络系统相同，如各节点是自治系统，通过网络松散地耦合在一起，没有共享内存等。但分布式系统与网络系统有显著的区别，如在用户看来，分布式系统是虚拟的单机系统，通常各节点上运行统一的操作系统，利用消息机制实现通信，具备数据迁移、计算迁移和进程迁移等功能。

在分布式系统中必须有一个单一、全局的进程通信机制，所以任何进程之间都可彼此通信，而且通信机制是相同的——不管在哪台机器上，是本地通信还是远程通信，通信机制都一样，也必须有一个全局保护模式。

在分布式系统中任何地方的进程管理都必须相同。在不同机器上，进程的创建、终止、启动及停止等都没有区别。所有机器都使用同一组系统调用，并且不会产生异样感觉。

网络操作系统和分布式操作系统都可在分散的计算机环境中运行，各节点机器通过网络进行通信，但前者是在各主机原有操作系统的基础上进一步扩充的，使之对所有主机提供一个通用接口；而后者是从头开始建立的整体环境，用于优化全网络的操作。这两种技术的主要差别是如何看待和管理局部/全局资源。网络系统认为资源是节点局部所有的，可以通过对局部节点的请求实现网络控制和对管理成员的干预。分布式系统认为资源是全局共有的，并按整体思想进行统一管理，对资源的存取利用全局机制而不是局部机制。因此，分布式系统控制和管理资源是建立在单一系统策略基础上的。

10.5 云计算系统

10.5.1 云计算概述

1. 云计算的概念

如今，大数据（Big Data）和云计算（Cloud Computing）正成为热门的话题。云计算是一种基于互联网的计算方式，秉承"一切皆服务"的理念，将包括网络、服务器、存储、应用软件、服务等资源并入可配置的计算资源共享池，用户按使用量付费，就像花钱买水买电那样，非常方便，如图 10-7 所示。

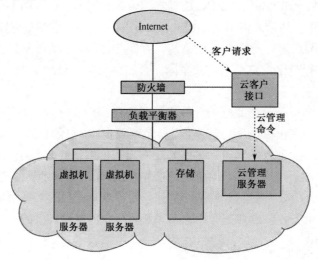

图 10-7 云计算示意图

云本质上是大型的、可以按需为第三方提供服务的分布式计算系统。

从技术角度，云计算体现了分布式系统、虚拟化技术、负载均衡等特点，以创新的方式将其组合，自成一派，成为有效解决"大"问题的工具。

至今，云计算还没有一个统一且被各方接受的定义，但是已有很多组织机构或个人从不同角度对"云计算"的定义进行了表述。

Wiki（维基百科）给出的定义是：云计算是一种通过 Internet，以服务的方式提供动态可伸缩的、虚拟化的资源的计算模式。

美国国家标准与技术研究院（NIST）的定义是：云计算是一种按使用量付费的模式，这种模式提供可用的、便捷的、按需的网络访问，进入可配置的计算资源共享池（资源包括网络、服务器、存储、应用软件、服务），只需投入很少的管理工作，或与服务供应商进行很少的交互，就能快速获得相应资源。

2009 年，中国云计算专家委员会对云计算的定义是：云计算是基于互联网的方式，通过这种方式，共享的软件、硬件资源和信息可以按需提供给计算机和其他设备。

从以上定义中可以体会到，应该从"平台"和"服务"两方面去理解，即云计算涵盖云计算平台和云计算服务这两个概念。

云计算平台，也称为云平台，即 IT 资源池。这个池也是一种 IT 系统，但其中的 IT 资源不是孤立的，而是一个有机体，可以动态配置，灵活扩展、自动化管理。这个资源池用"云"这个概念来表示。

云计算服务，即 IT 资源的使用模式。过去 IT 资源是在用户端本地部署和使用的，现在是在云端部署的，并且以服务的方式对用户提供 IT 资源。用户通过网络，并根据资源使用情况付费，之后可以随时、随需地获得相应服务。所以用"云服务"这个概念来表示。

2．大数据和云计算

"大数据"一词 2012 年才引起关注。据统计，2004 年全球数据总量是 30 EB（1 EB = 1024 PB，1 PB = 1024 TB，1 TB = 1024 GB），2005 年达到 50 EB，2015 年达到 7900 EB，2020 年达到 35000 EB。显然，这样大的数据无法用单台计算机进行处理，必须采用分布式计算架构。常规的网络系统也难以满足用户形形色色、随心所欲的需求。

从技术上，大数据与云计算二者密不可分，是相互依存的关系。云计算是处理大数据的手段，没有大数据，就不需要云计算；反过来，没有云计算，就无法处理大数据。

实际上，云计算比大数据成名更早。2006 年 8 月 9 日，谷歌首席执行官埃里克·施密特在搜索引擎大会上首次提出了云计算的概念，并说谷歌自 1998 年创办以来，就一直采用这种新型的计算方式。

3．云服务的类型

对于云计算的分类，目前比较一致的方式是按服务的层次和云的归属两个维度进行划分。

按云服务的层次划分，不同的云服务商提供不同的服务，如资源租赁服务、应用设计服务、软件业务服务等。美国国家标准与技术研究院（NIST）通常把云服务分为：基础设施即服务（IaaS）、平台即服务（PaaS）和软件即服务（SaaS）。三种云服务对应不同的抽象层次，不同的厂家又提供了不同的解决方案。

按云的归属，云计算可以分为公有云、私有云和混合云。

公有云一般由 ISP 构建，面向公众，企业提供公共服务，由 ISP 运营。私有云是指由企业自身构建的为内部使用的云服务。混合云是把公有云和私有云结合在一起的方式，即在私有云的私密性和公有云的灵活与廉价之间做出一定权衡的模式。例如，企业可以将非关键的应用部署到公有云上，而将安全性要求高、关键的核心应用部署到完全私密的私有云上。

4．云计算的优势

继个人计算机变革、互联网变革后，云计算被看作第三次 IT 浪潮，也是中国战略性新兴产业的重要组成部分。云计算将带来生活、生产方式和商业模式的根本性改变，正成为当前全社会关注的热点。这与其具有的一系列优势分不开，可以归纳为以下几点。

（1）超大规模

云系统具有相当的规模，大型云计算系统已经拥有几十至上百万台服务器，企业私有云一般拥有数百上千台服务器。云系统能赋予了用户前所未有的计算能力。

（2）虚拟化

云计算支持用户在任意位置、使用各种终端获取应用服务。所请求的资源来自云系统，而不是固定的有形的实体。应用在云系统中某处运行，但实际上用户不需了解、也不用担心应用运行的具体位置，只需要一台笔记本或者一部手机，就可以通过网络服务来实现我们需要的一切，甚至包括超级计算这样的任务。

（3）高可靠性

云系统使用了数据多副本容错、计算节点同构可互换等措施来保障服务的高可靠性，使用云计算比使用本地计算机可靠。

（4）通用性

云计算不针对特定的应用，在云系统的支撑下可以构造出千变万化的应用，同一个云系统可以同时支持不同的应用运行。

（5）高可扩展性

云系统的规模可以动态伸缩，满足应用和用户规模增长的需要。

（6）按需服务

服务可计量化。云系统是一个庞大的资源池，用户按需购买；云系统可以像自来水、电、煤气那样计费。

（7）价格低廉

由于云系统的特殊容错措施可以采用极其廉价的节点来构成云，云系统的自动化集中式管理使大量企业不需负担日益高昂的数据中心管理成本，云系统的通用性使资源的利用率较之传统系统大幅提升，因此用户可以充分享受云系统的低成本优势。

（8）节能环保

通过虚拟化、效用计算等技术，云系统可以自动均衡服务器间的计算负载，极大地提高了硬件的利用率，减少能源浪费。

当然，云计算正在起步、发展阶段，还存在不少问题，主要包括：

① 数据隐私。如何保证存放在云服务提供商的数据隐私不被非法利用，不仅需要技术的改进，也需要法律的进一步完善。

② 数据安全性。有些数据是企业的商业机密数据，安全性关系到企业的生存和发展。云计算数据的安全性问题如果解决不了，会影响云计算在企业中的应用。

③ 用户的使用习惯。如何改变用户的使用习惯，使用户适应网络化的软、硬件应用是长期而且艰巨的挑战。

④ 网络传输问题。云计算服务依赖网络，网速低且不稳定，使云应用的性能不高。云计算的普及依赖网络技术的发展。

⑤ 缺乏统一的技术标准。云计算的美好前景让传统 IT 厂商纷纷向云计算方向转型。但是由于缺乏统一的技术标准，尤其是接口标准，各厂商在开发各自产品和服务的过程中各自为政，这为将来不同服务之间的互连互通带来严峻挑战。

⑥ 安全问题。当前影响云计算发展首要关键无疑是安全问题。

这些问题受到了人们的足够重视，正在得到改善和解决。

10.5.2　云计算操作系统简述

云计算操作系统，又称为云计算中心操作系统。云计算操作系统是以分布式操作系统为基础的，扮演了传统架构中操作系统的角色。云计算操作系统是架构于服务器、存储、网络等基础硬件资源和单机操作系统、中间件、数据库等基础软件之上的，用于管理海量资源的云计算平台综合管理系统。在资源管理方面有别于传统操作系统，云计算操作系统必须具有把物理资源抽象成逻辑资源的能力。

典型的云计算操作系统依赖于以下技术：虚拟化技术、分布式存储、并行处理、中心管理和分布式服务。其中最关键的是虚拟化技术，它实现了物理资源的逻辑抽象和统一表示，将物理设备的具体技术特性加以封装隐藏，对外提供统一的逻辑接口，从而屏蔽了因物理设备的多样性而导致的应用复杂性。

虚拟化技术主要包括：计算虚拟化、存储虚拟化、网络虚拟化、应用虚拟化等。

云计算操作系统通常包含以下模块：大规模基础软/硬件管理、虚拟计算管理、分布式文件系统、业务/资源调度管理、安全管理控制等。

简单来讲，云计算操作系统有以下作用：一是能管理和驱动海量服务器、存储等基础硬件，将一个数据中心的硬件资源逻辑上整合成一台服务器；二是为云应用软件提供统一、标准的接口；三是管理海量的计算任务和资源调配。

本章小结

分布式系统在整个计算机研究领域是近年来颇受重视且发展迅速的新方向，把计算机技术和通信技术的综合应用推向新阶段。分布式系统将计算功能分散化，充分发挥各自治处理机的效能，统一、协调地完成总目标。

分布式系统的描述性定义为：分布式系统是将地域上分布的、功能自治的计算机（又称为节点）通过通信网络互联起来的集合，实现资源共享和并行处理，并对用户呈现单一透明的应用界面。应当指出，至今对这个概念的理解、表达仍不统一。但比较一致的看法是，分布式系统应具备分布性、自治性、并行性和透明性等基本特征。

分布式系统具有一系列优点，如资源共享、计算加速、可靠性高、通信便捷等。

分布式系统的设计目标包括透明性、灵活性、可靠性、高性能、可扩展性等。

分布式系统与多处理器系统有同有异，主要区别在于耦合方式和通信联系。

实现分布式应用的典型系统模型有三种，即网络操作系统模型、分布式操作系统模型和中间件模型。

网络操作系统与分布式操作系统有很多相似之处，却是两个不同概念。前者是附在本地操作系统之上，为支持分布计算而做的扩充；后者是从头设计的、统一控制资源的软件，是直接包围着资源的，给人以"单系统"的印象。此外，前者对用户是可见的，而后者是透明的。

分布式系统实现所涉及的问题远远多于以往的系统，人们最关心的包括通信、进程管理、死锁、文件系统、中间件等问题。

在局域网分布式系统中，常采用 C/S 模型，客户机和服务器都作为用户进程在相同的微内核基础上运行。C/S 模型基于简单的、无连接的请求/应答协议，利用消息进行通信。远程过程调用是进行远程通信的常用方式，一个机器上运行的程序可以调用其他机器上的过程。分布式系统还可以进行组通信。

在分布式操作系统控制下，可以实现数据迁移、计算迁移和进程迁移，使用户可以像存取本地资源一样去存取远程资源。

分布式系统中进程间的同步问题比单机系统更复杂。首先要解决事件排序问题。Lamport 从事件的前驱关系出发，引进了时间戳的概念。每个事件的时间戳是该事件发生的逻辑时钟值。

通过临界区实现互斥是最简单的方法。在分布式环境中，实现互斥的常用方法有集中式算法、分布式算法和令牌环算法。它们都有自己的特点和相应的适用环境。

分布式环境中的进程死锁问题与单机系统有相似之处，但问题的复杂性和处理的难度更大。常用的方法是死锁的检测和预防。

分布式文件系统是分布式系统的关键。设计分布式文件系统涉及的问题包括文件传输、目录结构、命名透明性、文件共享语义等。这些问题的结果与各系统相关。

当前受到重视和应用的是中间件模型，是在低层操作系统和高层应用程序之间的一层软件。中间件对上层提供统一的接口，隐藏不同硬件平台上运行的操作系统和网络协议的复杂性和差异；对下层解决客户请求到达相应服务器的路由问题。中间件是实现分布式系统的一种解决方案。

如今，大数据和云计算正成为热门的话题。但云计算至今还没有一个统一且被各方接受的定义。按照维基百科的说法是：云计算是一种通过 Internet 以服务的方式提供动态可伸缩的虚拟化的资源的计算模式。

云计算具有的一系列特点，包括超大规模、虚拟化、高可靠性、通用性、高可扩展性、按需服务、价格低廉和节能环保等。云计算操作系统以分布式操作系统为基础，在云计算体系结构中扮演了传统架构中操作系统的角色，用于管理海量资源的云平台综合管理系统，为云应用软件提供统一、标准的接口。

习 题 10

1. 什么是分布式系统？它有哪些主要特征？
2. 分布式系统有什么主要优点？
3. 什么是分布式操作系统？它的主要功能有哪些？
4. 多机系统主要包括哪几种类型？它们之间有何异同？
5. 分布式系统的设计目标是什么？
6. 实现分布式应用的系统模型有哪几种？
7. 解释数据迁移、计算迁移、进程迁移的基本思想。
8. 解释概念：事件排序、并发事件、时间戳。
9. 在分布式环境中，实现互斥的常用方法主要有哪三种？简要说明。
10. 分布式系统中处理死锁的主要方法是什么？
11. 文件传输分成哪两种类型？各有何优缺点？
12. 命名透明性有哪两种形式？
13. 分布式系统的透明性主要包括哪些方面？它有什么作用？
14. 什么是中间件？其作用是什么？它是真正的操作系统吗？
15. 什么是云计算？它有哪些优势？

第 11 章

OS

系统安全和保护机制

5.6 节曾讨论过文件系统的可靠性和保护问题，这是操作系统安全性的一个重要方面。随着分时系统、计算机网络、分布式系统和云系统的发展和应用，计算机用户越来越多，系统资源的共享程度提高，信息传播量激增，远程用户可以通过通信网络存取信息，如网上银行系统、信息检索系统（特别是操作系统）的安全就变得更加重要。这是由于操作系统控制系统中所有资源的存取，其他软件是通过操作系统来请求存取这些系统资源的。

本章将介绍有关计算机系统安全和保护方面的知识，包括对安全的攻击、安全对策和保护机制。

11.1 安全问题

11.1.1 信息安全概述

随着信息化进程的推进、大数据时代的开启和云系统的迅猛发展，信息安全显得日益重要。信息安全问题特别是网络安全问题开始引起公众的普遍关注。如果这个问题解决不好，将会危及一个国家的政治、军事、经济、文化和社会生活，使国家处于信息战和高度经济金融风险的威胁之中。信息安全已成为亟待解决的、影响国家大局和长远利益的重大关键问题。信息安全保障能力是 21 世纪综合国力、经济竞争实力和生存能力的重要组成部分。

信息安全涉及众多方面，主要包括计算机安全和网络安全。随着计算机的广泛应用，人们把大量的数据及其他信息保存在计算机中。为了保护它们免受破坏，计算机系统必须是安全的，应能有效地阻止未授权用户对相应文件的存取。伴随网络技术的快速发展，人们通过网络共享资源、交流信息，也带来网络安全问题。如今，人们一边享受上网带来的方便和快乐，一边对黑客入侵和病毒危害感到不安和恐惧。

在描述系统安全方面的问题时，人们往往交替使用"安全（Security）"和"保护（Protection）"这两个术语。安全和保护二者的关系是相当密切的，如果用户身份认证被盗用或者他的程序被未授权用户运行，那么保护系统就失效了；反过来，如果缺少精细的保护机制，也就无法建立完善的安全环境。

严格来说，二者是有区别的：安全表示总体性问题，保证存储在系统中的信息（包括数据和代码）和计算机系统物理资源的完整性，不被未授权人员读取或修改，即要考虑系统操作的外部环境问题；保护是操作系统保证程序、进程和用户正确访问系统资源的机制，如通过控制文件存取来保护计算机中的信息，简单地说，保护是内部问题。

11.1.2 环境安全

人们希望所用的系统是安全可靠、方便快捷的。然而，当今的信息系统时时受到各种制约、侵袭和干扰。对环境安全造成重要影响的因素主要有三方面：安全威胁、非法入侵和偶然数据丢失。

1. 安全威胁

从安全的角度出发，计算机系统有三个总目标，也恰好对应三种威胁。这三个总目标是数据保密、数据完整性和系统可用性。

数据保密关注的问题是为保密数据保守秘密。例如，某些数据的主人只想让它们对某些人可用，而对其他人不可用，系统就应保证未授权用户无权访问这些数据。最基本地，数据主人应能指定谁可以看什么，系统应正确执行这些指示。而对应的威胁就是数据暴露——未授权的人也存取到保密数据。

数据完整性表示在未经主人许可的情况下，未授权用户不能修改任何数据。数据修改不仅包括更改数据，还包括移走数据和添加虚假数据。如果在数据主人决定修改数据之前，系统不能保证其中所存放的数据保持不变，这种系统就不宜作为信息系统。对应的威胁就是数据篡改，使所存数据失去完整性、可靠性。

系统可用性意味着任何人不能干扰系统的正常工作。对应的威胁是拒绝服务。如今，像拒绝服务这样的攻击时有发生。例如，一台计算机是网络服务器，若连续不断地给它发送请求，那么仅检查和抛弃新来的请求就能耗光它的全部时间，该服务器就会失去功用。现在，很多解决保密和完整性攻击问题的模型和技术已在使用，然而阻止像拒绝服务这样的攻击却要困难得多。

安全问题还涉及很多其他方面的事情，如隐私权问题等。

2．非法入侵

非法入侵包括两种：被动入侵和主动入侵。被动入侵者只是想获取自己未被授权阅读的文件；主动入侵者更危险，他们想对未授权使用的数据进行修改。

入侵者通常分为以下 4 种：

① 非技术用户偶然探听。如偶尔阅读到他人的电子邮件和文件。在多数 UNIX 系统中，默认所有新建文件是可读的。

② 内部人员窥探。有人往往认为突破本地计算机系统的安全措施是个人能力的体现。他们技巧很高，热衷于为此花费大量精力。

③ 窃取钱财。经常发生黑客试图突破防范而进入银行系统的情况。

④ 商业或军事间谍。间谍有目的地盗窃程序、商业秘密、专利、技术、电路设计、市场计划、军事机密等，他们为竞争对手或外国服务。其采用的手法甚至包括电话窃听和计算机电磁辐射接收，以及释放"病毒"，使对方整个系统崩溃。

显然，上述入侵者的动机和危害是不同的。系统设计时要根据系统的运行环境、作用及设想的入侵者等诸多因素，确定系统所要达到的安全等级。

另一类安全灾害是病毒（Virus）。近些年来病毒蔓延很快。病毒是一段程序，可以复制自身，通常都具有破坏性。从某种意义上，编写病毒代码的人也是入侵者，他们通常具有很高的技术水平。传统入侵者与病毒之间存在差别：前者表示个人行为，试图闯入系统、造成损害；而后者是人为编写的一个程序，把它放到全球网络，造成危害。入侵者往往目标专一，试图进入某些系统（如银行系统或国防部门），窃取或破坏特定的数据；而病毒引发更大范围的破坏。有人曾比喻，入侵者像持枪杀手，它要杀掉某个具体人；而病毒作者像身藏炸弹的恐怖分子，它要杀掉所有人。

3．偶然数据丢失

除了恶意入侵者对安全造成的威胁，有价值的数据也会偶然丢失。造成数据丢失的原因有如下三类：

① 自然灾害。如火灾、水灾、地震、战争、骚乱，硬盘、U 盘或光盘破损或受侵蚀等。

② 硬件或软件出错。如 CPU 发生故障，硬盘不可读，电信故障，程序出错等。

③ 人为故障。如数据入口不对，硬盘或磁带安装不正确，运行程序有错，丢失 U 盘或光盘等。

11.2 攻击点、网络威胁和计算机病毒

11.2.1 常见的攻击点

尽管系统设计经过反复论证和精心组织，但仍然会存在薄弱环节，它们可能就是对安全实施攻击的突破口。大量检测表明，下述 7 方面往往成为攻击点。

① 信息残留。数据存放在内存页、盘块或磁带中。文件被删除后，很多系统在重新分配这些空间前并不真正清 0，其中仍残留前面写入的信息。这样，有些用户就有可能读取它们。

② 系统漏洞。系统设计时存在活动天窗（Trapdoor）等漏洞。活动天窗通常指故意设置的入口点，通过它们可以进入大型应用程序或操作系统，从而为系统排错、修改或重新启动提供方便。某些攻击者会利用活动天窗找出系统的缺陷或安全性上的脆弱之处，以便侵入系统内部，进行非法活动。

③ 骗取用户密码。某些黑客在用户机器上下载并运行密码窃取程序，当用户输入登录名和密码时，该程序会一一记载下来。

④ 系统调用非法。用户使用非法的系统调用，或者系统调用合法但参数非法，甚至系统调用及参数都合法但参数不合理（如文件名太长），那么很多系统往往会因此而垮掉。

⑤ 修改操作系统结构。有些系统（主要是大型机）在打开文件时，相应程序要在用户空间中建立大型数据结构，其中包括文件名和很多其他参数，并把它传给系统。当读、写文件时，系统有时要更新该结构。对这些域的修改会对安全性造成破坏。

⑥ 冒险尝试。有些人往往对使用手册上提醒的"不要做"的某操作却偏偏冒险尝试。

⑦ 人为安全因素，如计算中心关键人物被对方收买或口令泄密等。

11.2.2 网络威胁

对网络安全的威胁可以分成黑客入侵、内部攻击、不良信息传播、秘密信息泄漏、修改网络配置、造成网络瘫痪等。Internet 中受到的安全威胁主要来自下述 13 方面。

① 对用户身份的仿冒。攻击者盗用合法用户的身份信息，以仿冒的身份与他人进行通信，趁机窃取重要信息。

② 信息流监视。攻击者在网络的传输链路上，通过物理或逻辑的手段对数据进行非法截获与监听，得到通信中敏感的信息。

③ 篡改网络上的信息。攻击者有可能对网络上的信息进行截获并篡改其内容（增加、截去或改写）。

④ 对发出的信息予以否认。某些用户可能对自己发出的信息进行恶意的否认，如否认自己发出的转账信息等。

⑤ 授权威胁。一个被授权实现某个特定目的的人，却将此系统用于其他授权的目的。

⑥ 活动天窗。某些攻击者往往利用活动天窗侵入系统内部进行非法活动（如获取重要文件信息）。

⑦ 拒绝服务。无条件地拒绝对信息或其他资源的合法访问。这可能由于以下攻击所致：

攻击者通过对系统进行非法的、根本无法成功的访问尝试而产生过量的负荷，导致系统无法提供正常的服务；系统在物理或逻辑上受到破坏而中断服务。

⑧ 非法使用。系统资源被某个非法用户使用或以未授权的方式使用。

⑨ 信息泄露。信息被泄露或暴露给某个非授权的人或实体。

⑩ 物理入侵。一个黑客绕过物理控制而获得对系统的访问。

⑪ 完整性侵犯。网络上的数据在传输过程中被改变、删除或替代。

⑫ 木马。在程序里暗中存放一些察觉不出或对程序段不产生损害的秘密指令，当程序运行时，虽仍能完成指定任务，但会损害用户的安全，破坏其保密性。木马的关键是采用潜伏机制，执行非授权的功能。

⑬ 对信息进行重发。攻击者截获网络上的密文信息后，并不将其破译，而是把这些数据包再次发送，以实现恶意的目的。

此外，有的实际网络中往往存在一些安全缺陷，如路由器配置错误、存在匿名 FTP、TELNET 开放、口令文件/etc/passwd 缺乏安全保护等。

目前，已知的黑客攻击方法就有上千种。对网络安全的实际测试表明，一个没有安全防护措施的网络，其安全漏洞通常在 1500 个左右。网络依赖的 TCP/IP 本身在设计上就不安全。

网络中最常见的窃听问题发生在共享介质的局域网中，如以太网。网络窃听猖獗的另一个原因是 TCP/IP 网络中众多的网络服务均是在网络中明码传输，而众多的网络用户对此机制一无所知。几乎每个黑客的成长都是从使用 sniffer、tcpdump 或 snoop 等类似的软件开始的，用它们可以看到从一台机器登录到另一台机器的全过程。

11.2.3 计算机病毒

计算机系统面临的另一类严重挑战就是计算机病毒。计算机病毒是一种在计算机系统运行过程中能把自身精确复制或有修改地复制到其他程序体内的程序。

计算机病毒是一个程序片段，能攻击合法的程序，使之受到感染。计算机病毒是人为制造的程序段，可以隐藏在可执行程序或数据文件中。当带毒程序运行时，它们通过非授权方式入侵计算机系统，依靠自身的强再生机制不断进行病毒体的扩散。

由于计算机病毒具有潜在的巨大破坏性，它已成为一种新的恐怖活动手段，并且正演变成军事系统电子对抗的一种进攻性武器。

计算机病毒可对计算机系统实施攻击，操作系统、编译系统、数据库管理系统和计算机网络等都会受到病毒的侵害。

① 操作系统。当前流行的微型计算机病毒往往利用磁盘文件的读、写中断，将自身嵌入合法用户的程序，进而实现计算机病毒的传染机制。

② 编译系统。计算机病毒能够存在于大多数编译器中，并且隐藏在各层次中。每次调用编译程序时就都会造成潜在的计算机病毒攻击或侵入。

③ 数据库管理系统。计算机病毒可以隐藏在数据文件中，利用资源共享机制进行扩散。

④ 计算机网络。如果计算机网络的某个节点机上存在计算机病毒，那么它们会利用当前计算机网络在用户识别和存取控制等方面的弱点，以指数增长模式进行再生，从而对网络安全构成极大威胁。

1. Morris 蠕虫

计算机历史上最大的安全危机发生于 1988 年 11 月 2 日，美国康奈尔大学的研究生 R.T. Morris 把独自编写的一个名为蠕虫的程序放在网络上。该程序可以自我复制。在它被发现并被消灭之前，已导致全世界上万台计算机崩溃。

蠕虫包含引导程序和蠕虫本体两个程序。引导程序是一个近百行的 C 语言程序，它在被攻击的系统上编译运行。一旦它运行起来，就连接到自己的源计算机，装入其本体，并予以运行。在发现难以隐藏踪迹时，它就查看新主机的路由表，从中找出与之相连的主机，并试图把引导程序传播到那台机器上。

蠕虫感染主机的方法有如下 3 种：

① 用 rsh 命令运行一个远程 shell，远程 shell 上传蠕虫程序，进而感染新主机。

② 利用 BSD 系统中的 finger 程序来显示特定计算机上某用户的信息。蠕虫利用该程序返回时发生栈溢出的情况（蠕虫故意设计的），跳转到一个有意安排的子程序，从而拥有自己的 shell。

③ 依赖于电子邮件系统的漏洞——sendmail，允许蠕虫将其引导程序的副本传输出去并执行它。

最终，Morris 受到了法律制裁。应严肃指出，有意制造和传播计算机病毒是一种犯罪行为。

2. 计算机病毒的特征

如上所述，计算机病毒和蠕虫一样对系统安全构成严重威胁。但与蠕虫不同的是，病毒是附在另一个程序中的。人们往往不关心这种差别，把它们统称为病毒。由于计算机病毒隐藏在合法用户的文件中，使病毒程序体的执行也是"合法"调用。

计算机病毒主要有以下 5 个特征：

① 病毒程序是人为编制的软件，具有短小精悍的突出特点。编写病毒的语言可以是汇编语言和高级程序设计语言，如 C、Java 语言等。病毒程序可以直接运行或间接运行。

② 病毒可以隐藏在可执行程序或数据文件中。计算机病毒的源病毒可以是一个独立的程序体，源病毒经过扩散生成的再生病毒往往采用附加或插入的方式隐藏在可执行程序或数据文件中，多采取分散或多处隐藏的方式。当带毒程序被合法调用时，病毒程序也跟着"合法"投入运行，并且可将分散的病毒程序集中在一起重新装配，构成一个完整的病毒体。

③ 可传播性，具有强再生机制。在微机系统中，病毒程序可以根据其中断请求随机读、写，不断进行病毒体的扩散。病毒程序一旦加载到当前运行的程序，就开始搜索能够感染的其他程序，使病毒很快扩散到整个系统中，导致计算机系统的运行效率明显降低。

计算机病毒的强再生机制反映了病毒程序最本质的特征。当今很多检测病毒和杀毒软件都是从分析某类病毒的基本特征入手，采取相应对策予以封杀的。

④ 可潜伏性，具有依附于其他媒体寄生的能力。一个巧妙编制的病毒程序可以在几周或几个月内传播和再生，而不被人发现。如果在此期间对带毒文件进行复制，病毒程序就会一起被复制。复制介质可以是硬盘、U 盘、光盘或磁带等。

⑤ 病毒可在一定条件下被激活，从而对系统造成危害。激活的本质是一种条件控制，一个病毒程序可以按照设计者的要求在某个点上活跃起来并发起攻击。激活的条件包括：指定的

日期或时间，特定的用户标识符，特定的文件，用户的安全密级或一个文件的使用次数等。计算机病毒的可激活性，本质上是一个逻辑炸弹，当条件具备时就爆炸，造成破坏。

3．计算机病毒的传播方式

病毒通常的流行方式是：首先，病毒编制者写一个有用的程序，如一般的游戏或一个电子邮件，这个程序中潜伏着病毒；然后，病毒编制者把游戏上传到网站或论坛，或以邮件形式发送到用户信箱或手机，被很多人下载并且运行；病毒程序被启动后，立即检查全部硬盘上的二进制文件，看它们是否被感染；如果发现未被感染的文件，就把病毒代码加在文件末尾；把该文件的第一条指令换成跳转指令，转去执行病毒代码；在执行病毒代码后，再回来执行原有程序的第一条指令，接着按顺序依次执行原程序的各条指令。每当被感染的程序运行时，它总是去传染更多的程序。这正是病毒的再生特征。

除了感染程序，病毒还可进行其他破坏，如删除、修改、加密文件，甚至在屏幕上出现勒索钱财的信息。另外，病毒有可能感染硬盘的引导区，使计算机无法启动。

4．对付病毒的常用方法

计算机病毒的危害众所周知，已经引起政府、研究人员、公司和用户的高度重视。一方面，制定相应法律条文，广泛宣传，加大对计算机病毒制造和传播的检测及打击力度；另一方面，采取防病毒措施，研制和应用有效的反病毒软件。同时，用户应该正确、安全地使用计算机系统。具体来说，应当采取以下 6 条措施：

① 购买、安装正版软件。与查杀病毒相比，预防病毒要容易得多。最安全的方式是从可信赖的供应商那里购买正版软件，安装并且使用它。从网站或论坛中下载软件或使用盗版软件都不可靠，其中或者存在某些漏洞，为病毒攻击提供可乘之机；或者软件本身就隐藏有病毒。

② 不要随意打开未知用户发来的邮件/微信链接。现在利用电子邮件或微信传播病毒的方式很普遍，如"LovGate"病毒。这类邮件中隐含着病毒，一旦用户在接收邮件时打开它们，就会在用户的系统中扩散。并且当用户向朋友发送邮件时，病毒会随邮件内容一起发送。

③ 安装杀毒软件，定期或不定期地运行杀毒工具，并及时升级杀毒软件的版本。利用杀毒软件（如 360 安全卫士、金山毒霸杀毒软件、百度杀毒软件等）可以检测并且封杀已知的众多病毒，对未知的病毒也有一定检测和隔离能力。各杀毒软件公司正在和病毒制造者"赛跑"，不断推出新的升级版。用户应当及时更新自己系统中的杀毒工具。

④ 及时下载操作系统的补丁软件包。操作系统开发商对其产品进行了精心设计，反复调试和检测，但是仍会存在漏洞，这些漏洞就是病毒攻击系统的入口。如微软的 Windows 2000 和 XP 的 RPC 配置有漏洞，结果在 2003 年夏季受到"Blaster（冲击波）"病毒的猛烈攻击。为此，微软紧急发布免费补丁软件。用户应该经常浏览相关厂商的网站，及时下载补丁软件，修补系统漏洞。

⑤ 系统重新安装前，最好将整个硬盘重新格式化，包括重新格式化引导区。因为引导区往往是病毒攻击的目标。为每个文件计算一个校验码，形成校验码的算法无关紧要，但是校验码位要足够多（最好 32 位）。把这些文件和校验码放在一个安全的地方，如加密后的硬盘中。当系统启动时，计算全部文件的校验码，且与原来的比较。若发现不一致，则报警。这种方法虽不能阻止病毒感染，但能早期发现它。

⑥ 为文件和目录设置最低权限。可将保存二进制文件的目录设为对一般用户只读，以增加病毒入侵的难度。如 UNIX 系统利用这种办法有效地防止病毒感染其他二进制文件。

11.3 安全防护

11.3.1 安全措施

为了保护系统，使之安全地工作，必须采取一系列安全措施。

① 物理层。包含计算机系统的站点在物理上必须是安全的，防止入侵者用暴力或偷偷地进入机房。

② 人员层。必须仔细审查用户，减少把访问权限授予一个用户而他随后又把访问权限交给入侵者的机会（如因受贿而交换权限）。

③ 网络层。现代计算机系统中很多数据都是通过私有线路、Internet 共享线路或拨号线路进行传递的。所以，数据窃听如同闯入计算机系统一样有害。通信过程中突然被打断可能就是远程拒绝服务攻击造成的，这降低了用户对系统的信任度。

④ 操作系统层。操作系统必须保护自己，免受有意或无意的安全侵害。

若要保证操作系统的安全，必须保持网络层和操作系统层的安全性。高层（物理层或人员层）在安全方面的漏洞会使低层（操作系统层）严格的安全措施不起作用。

一方面，系统硬件必须提供保护机制，允许实现安全特性；另一方面，系统从一开始设计时就要考虑各种安全问题，采取相应措施。

11.3.2 安全体系参考模型

针对上述安全威胁，国际标准化组织 ISO 对开放系统互连（OSI）的安全体系结构制定了基本参考模型（ISO 7498-2）。模型提供了如下 5 种安全服务。

① 认证（Authentication）：证明通信双方的身份与其声明的一致。

② 访问控制（Access Control）：对不同的信息和用户设定不同的权限，保证只允许授权的用户访问授权的资源。

③ 数据保密（Data Confidentiality）：保证通信内容不被他人捕获，不会有敏感的信息泄露。

④ 数据完整性（Data Integrity）：保证信息在传输过程中不会被他人篡改。

⑤ 抗否认（Non-repudiation）：证明一条信息已经被发送和接收，发送方和接收方都有能力证明接收和发送的操作确实发生了，且能确定对方的身份。

下面介绍目前根据该模型所建立的主要的安全机制。

1．身份鉴别

传统的身份鉴别方法一般是靠用户的登录密码来对用户身份进行认证，但用户密码在登录时是以明文方式在网络上传输的，很容易被攻击者在网络上截获，进而可对用户的身份进行仿冒，使身份认证机制被攻破。

在目前的电子商务等应用场合，用户的身份认证依靠基于"RSA 公开密钥体制"的加密机制（该算法以其发明者 R.L. Rivest、A. Shamir 和 L. Adleman 三人的名字命名）、数字签名机制和用户登录密码的多重保证。服务方对用户的数字签名信息和登录密码进行检验，全部通过以后，才对此用户的身份予以承认。用户的唯一身份标识是服务方发放给用户的"数字证书"，用户的登录密码以密文方式传输，确保身份认证的安全可靠。

2．访问控制

在目前的安全系统中建立安全等级标签，只允许符合安全等级的用户访问。同时，对用户进行分级别的授权，每个用户只能在授权范围内操作，实现对资源的访问控制。通过这种分级授权机制，可以实现细粒度的访问控制。

3．数据加密

当需要在网络上传输数据时，一般会对敏感数据流采用加密传输方式。一旦用户登录并通过身份认证后，用户与服务方之间在网络上传输的所有数据全部用会话密钥加密，直到用户退出系统为止，而且每次会话所使用的加密密钥都是随机产生的。这样，攻击者不可能从网络上传输的数据流中得到任何有用的信息。

4．数据完整性

目前，很多安全系统基于"Hash 算法"和"RSA 公开密钥体制"方法对数据传输的完整性进行保护。具体做法是：对敏感信息先用"Hash 算法"制作"数字文摘"，再用"RSA 加密算法"进行"数字签名"。一旦数据信息遭到任何形式的篡改，篡改后所生成的"数字文摘"必然与由"数字签名"解密后得到的原始"数字文摘"不符，可以立即查出原始数据信息已经被他人篡改，从而确保数据的完整性不被破坏。

5．数字签名

数字签名可以实现以下两个主要功能：

① 服务方可以根据所得到信息的数字签名，确认客户方身份的合法性。如果用户的数字签名错误，就拒绝客户方的请求。

② 用户每次业务操作的信息均由用户的私钥进行数字签名。因为用户的私钥只有用户自己才拥有，所以信息的数字签名如同用户实际的签名和印鉴一样，可以作为确定用户操作的证据。客户方不能对自己的数字签名进行否认，从而保证了服务方的利益，实现了通信的抗否认要求。

6．防重发

在网络中还存在一种攻击方式，即"信息重发"。攻击者截获网络上的密文信息后，并不将其破译，而是把这些数据包再次向接收方发送，以实现恶意目的。所以，系统必须能够区分重发的信息。

由于用户发送信息的操作具有时间唯一性，即同一用户不可能在完全相同的时刻发出一个以上的业务操作，因此接收方可以采用"时间戳"方法保证每次操作信息的唯一性。在每个用户发出的操作数据包中，加入当前系统的时间信息，使时间信息和业务信息一同进行数字签名。由于每次业务操作的时间信息各不相同，即使用户多次进行完全相同的业务操作，也会得到各不相同的数字签名。这样可对每次的业务操作进行区分，保证了信息的唯一性。

7．审计机制

对用户每次登录、退出及用户的每次会话都会产生一个完整的审计信息，并且记录到审计数据库中备案。这样可以方便日后的查询、核对等工作。

11.4　保护机制

在操作系统中，进程必须受到保护，防止其他进程的活动对它造成侵害。更重要的是，要确保系统中每个程序使用系统资源的活动都必须"照章办事"，即按照规定的方式进行。为此，有各种机制用于保护文件、内存区、CPU 和其他资源，使它们只被得到授权的进程操作。保护是一种机制，它控制程序、进程或用户对计算机系统资源的访问。这种机制必须提供声明各种控制的方法及某些执行手段。

保护机制应遵循"最小特权原则（principle of least privilege）"，其思想是，给予用户、程序或进程的特权是仅仅足够执行它们任务所需的。也就是说，在这种管理机制下，任何用户、程序或进程都不能拥有全部的特权，从而大大减少可能出现的因用户口令泄密、误操作和恶意软件等所造成的损失。

11.4.1　保护域

计算机系统是进程和对象的集合体。"对象"既可以是硬件对象（如 CPU、内存、打印机、磁盘和磁带驱动器等），也可以是软件对象（如文件、程序和信号量等）。每个对象有唯一的名字，可与系统中其他对象相互区分；每个对象只能通过预先定义的有意义的操作进行访问。从本质上讲，对象是抽象的数据类型。

能够执行的操作取决于对象。例如，CPU 仅可以执行，内存区可以读、写，而 CD-ROM 或 DVD-ROM 只可读，数据文件可以创建、打开、关闭、读、写和删除；程序文件可以读、写、执行和删除。

进程只能访问被授权使用的资源。进一步，任何时候，进程应该只访问完成当前任务所必需的那些资源。这种需求通常称为"需者方知（need-to-know）"原则。这种办法可以有效地限制因系统中一个进程发生故障而造成的破坏程度。例如，进程 p 引用过程 a，则只允许过程 a 访问自己的变量和传给它的形式参数，不能访问进程 p 的全部变量。同样，当进程 p 调用编译程序来编译某具体文件时，编译程序不能随意访问文件，而只能访问与被编译文件相关的一组文件（如源文件、前导文件等）。反过来，编译程序也会有自己的私有文件，用于统计或者优化，这些文件是进程 p 不能访问的。

1．域结构

从上面讨论可以看出，需要用某种方法禁止未授权进程访问某个对象。保护机制还应在必要时限定进程只执行合法操作的一个子集。为此引入域的概念。域是一对<对象，权限>的集合，每个有序对指定一个对象和一些可以在其上实施的操作子集。其中，权限是指允许执行的操作。

例如，域 D 定义为<file F, { read , write }>，那么在域 D 上执行的进程对文件 F 可读可写，除此之外，该进程不能对 F 执行任何其他操作。

不同的域可以相交。相交部分表示它们有共同的访问权限。例如，图 11-1 给出了三个域，分别是 D_1, D_2, D_3。其中，D_2 与 D_3 相交，表明访问权限<O_4, {print}>被 D_2 和 D_3 共享，这意味着在两个域上执行的进程都可以打印对象 O_4。注意，进程必须在域 D_1 中执行才能读或写对象 O_1。另一方面，仅在域 D_3 中的进程才能执行 O_1。

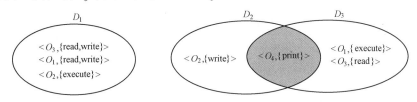

图 11-1　有三个保护域的系统示例

进程与域之间的联系可以是静态联系或动态联系。如果进程的可用资源集在进程的整个生命期中是固定的，那么这种联系就是静态联系；反之，就是动态联系。

进程在运行的不同阶段对资源的使用方式不同。例如，在前一阶段需要对文件执行读操作，而在后一阶段需要执行写操作。如果进程和域之间的联系是固定的，而且期望坚持"需者方知"原则，就必须有一种机制用来改变域中的内容。如果保护域是静态的，那么在定义该域时必须同时包含读和写的访问权。但这样做将违背"需者方知"原则，所以必须允许修改域的内容，使之总是反映最小需求的访问权。

如果是动态联系，要有一种机制允许进程从一个保护域切换到另一个域，同时允许改变域中的内容。如果不能改变域中的内容，就可创建一个新域，其中包含所需要的内容，当希望改变域中的内容时就切换到这个新域。

域可以用以下三种方式实现：

① 每个用户可以是一个域。此时，被访问的一组对象依赖于用户标识符（UID）。当更换用户时，通常是一个用户退出，另一个用户登录，就执行域切换。

② 每个进程可以是一个域。此时，被访问的一组对象依赖于进程标识符（PID）。当一个进程向另一个进程发送消息，然后等待回答时，发生域切换。

③ 每个过程可以是一个域。此时，被访问的一组对象对应于该过程内部所定义的局部变量。当执行过程调用时，发生域切换。

大家知道，进程可以在管理模式和用户模式下执行。当进程在管理模式下执行时，可以执行特权命令，获得对计算机系统的全面控制。如果它在用户模式下执行，只能引用非特权指令，在预先定义的内存空间内执行。这两种模式可以保护操作系统（在管理域中执行）不受用户进程（在用户域中执行）的侵害。在多道程序设计操作系统中，只有两个保护域是不够的，因为用户也要保护自己免受他人侵害。因此需要更精心的设计。

2．UNIX 保护域

在 UNIX 操作系统中，进程域是用它的 UID 和 GID 来定义的。其中，UID 表示用户标识符，GID 表示组标识符。利用由<UID, GID>组成的对建立一张包括所有对象（文件，包括表示 I/O 设备的特别文件等）的完整的访问表，并列出这些对象是否可以读、写或执行。如果两个进程具有相同的<UID, GID>对，那么它们有完全相同的对象集。而具有不同<UID, GID>对的进程就会访问不同的文件集。在多数情况下，这些对象集是重叠的。

如果一个文件置上 SETUID 或 SETGID 位，当一个进程对该文件执行 exec 操作（更换进程映像）时，它就得到新的有效 UID 或 GID。有不同的<UID, GID>对，就有不同的文件集和可用操作。运行一个有 SETUID 或 SETGID 的程序也可引起域切换，因为可用权限改变了。

3. 存取矩阵

一个重要的问题是，系统如何记录某个对象属于哪个域。我们可以把对象与域的对应关系抽象地想象为一个矩阵，矩阵的行表示域，列表示对象，矩阵中的每一项列出相应权限，如图 11-2 为图 11-1 的矩阵。给定这个矩阵和当前的域号，系统就可以确定：是否能用特定方式从指定域中访问指定对象。

如果注意到域本身也是对象，那么利用 enter 操作可以容易地把域切换包含在矩阵模型中。图 11-3 给出了图 11-2 的矩阵，只是新增了作为对象的三个域。域 D_1 中的进程可以切换到域 D_2，一旦切换，就不能再切换回去。这种情况类似于在 UNIX 系统中执行 SETUID 程序。本例中不允许执行其他域切换。

域 \\ 对象	O_1	O_2	O_3	O_4
D_1	read write	execute	read write	
D_2		write		print
D_3	execute		read	print

图 11-2 存取矩阵

域 \\ 对象	O_1	O_2	O_3	O_4	D_1	D_2	D_3
D_1	read write	execute	read write			enter	
D_2		write		print			
D_3	execute		read	print			

图 11-3 把域作为对象的存取矩阵

11.4.2 存取控制表

从图 11-3 可以看出，该矩阵可以很大，且空项很多，其中大多数域对多数对象来说完全没有存取权限，存储这样一个又大又空的矩阵会造成磁盘空间的极大浪费。有两种实用方法可用来存储矩阵，即按行或按列存储矩阵，而且只存储非空元素。这两种方法有很大的不同。

按列存储技术中，每个对象与一个有序表关联，其中列出可以访问该对象的所有域以及怎样访问。这张表称为存取控制表（Access Control List，ACL），如图 11-4 所示。其中有三个进程，每个进程属于不同的域 A、B 和 C，有三个文件 F_1, F_2, F_3。为了简化，设每个域严格对应一个用户，即用户 A、B 和 C。

可以看出，每个文件有一个相关联的存取控制表 ACL。文件 F_1 的 ACL 中有两项（以分号隔开），第 1 项表明用户 A 所拥有的任何进程都可读、写该文件，第 2 项表明用户 B 所拥有的任何进程可以读该文件。不允许上述用户对 F_1 执行其他操作，也不允许其他用户对 F_1 执行任何操作。注意，上述权限是由用户而非进程授予的。就保护系统而言，凡是用户 A 的进程都可读写文件 F_1，它并不关心到底有多少个进程，只关心文件主是谁，不管进程 ID。

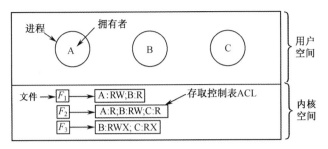

图 11-4   使用存取控制表管理文件的存取

上例说明了利用 ACL 进行保护的最基本的形式。访问权限也仅给出读、写和执行三种。实际应用中规定的访问权限要多于三种，如删除对象和复制对象等，且形式往往更复杂。

很多系统支持用户组的概念。在 ACL 中可以包含用户组名。每个进程有一个用户 ID（UID）和一个组 ID（GID）。在这种系统中，ACL 项的形式如下：

UID1, GID1:权限 1;   UID2, GID2:权限 2;   …

在此情况下，当提出访问对象请求时，就利用调用者的 UID 和 GID 进行核查。如果它们出现在 ACL 中，就可以使用列出的权限；否则，拒绝该访问请求。

同一用户可以属于不同的组，扮演不同的角色，并可在不同的存取控制表中出现，具有不同的存取权限。用户存取某个文件时的结果取决于其当前登录时选择了哪一组。当他登录时，系统会要求他选取一个可用的组，甚至用不同的注册名和口令，以便区分。在 ACL 项中，GID 或 UID 位置可以出现通配符，例如，针对文件 file1：

Meng, *:RW

表示不管用户 Meng 属于哪一组，他对文件 file1 都有读或写权限，但没有其他权限。

如果对于文件 abc 有如下 ACL 项：

Zhang, *:(none);   *, *:RW

表示除了用户 Zhang，其他任何用户对文件 abc 都可读或写。因为对表中各项从左至右按序扫描，只要发现第 1 项适合它，对后面各项不再进行检查。

在 UNIX 系统中，文件的用户分为文件主、同组用户和其他用户三类。为每类用户提供三个表示权限的位，即 rwx。这是 ACL 方案的一种压缩形式。

11.4.3　权能表

对存取矩阵按行分割是实施简化的另一种方法。采用这种方法时，对每个进程都赋予一张它能够访问的对象表，以及每个对象允许进行的操作（域），该表称为权能表（Capability List），其中每一项称为权能。

图 11-5 是进程和其权能表的示例，有三个进程，各自的主人分别是 A、B 和 C，有三个文件 F_1, F_2, F_3。授予用户的权能表明他对某个对象的具体操作权限。如用户 A 的进程可以读文件 F_1 和 F_2。通常，每个权能由文件（更一般化是对象）标识符和表示各种权限的位图组成。在类 UNIX 系统中，文件标识符可能是 I 节点号。权能表本身也是对象，可以从其他权能表指向它，从而容易实现子域共享。

明显，应当防止权能表被用户篡改。常见的保护权能表的方法有以下三种。

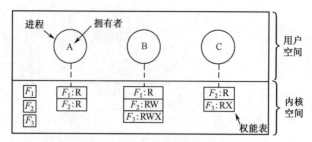

图 11-5　进程及其权能表的示例

① 带特征位的体系结构是在硬件设计时，为每个内存字设置一个额外（特征）位，表明该字是否包含权能。特征位不参与算术或比较运算，不能用在普通指令中，只能被运行在核心模式（即操作系统）下的程序所修改。

② 在操作系统内部保存权能表。用户利用它们在权能表中的位置来引用各种权能。寻址方式类似于 UNIX 系统中的文件描述字。

③ 在用户空间中保存权能表，但是管理权能采用加密形式，用户不能随意改动它们。此方法特别适合于分布式系统。

从以上分析可以看出，存取控制表和权能表的方式各有长处和不足。

① 权能表的效率很高，如果一个进程要求"打开由权能 3 指向的文件"，那么不必做进一步的核查；对于存取控制表，必须进行搜索，这可能要花较长时间。如果不支持用户组的方式，为了授予每个用户对一个文件的读权限，就要在存取控制表中列举出所有的用户。权能表方式可以容易地对进程进行封装，而存取控制表则不行。

② 存取控制表允许有选择地撤销权限，而权能表方式不行。

③ 如果一个对象被删除，但其权能未被删除，或者权能被删除而对象未被删除，都会产生问题。采用存取控制表方式不会出现此类问题。

多数系统把存取控制表和权能表方式结合起来使用。当一个进程首次访问一个对象时，就搜索存取控制表，如果访问被拒绝，就产生意外情况；否则，建立一个权能表，且与该进程关联在一起。以后的访问就使用权能表，保证实现的效率。当最后一次访问时，取消该权能。

11.4.4　可信系统

人们都希望计算机系统是安全可靠的。真正建立一个安全的计算机系统是很复杂的，其原因是多方面的，除了技术原因，还有管理者素质、一般用户的习惯、项目经费支持等。随着信息时代的发展及计算机系统安全问题的不断涌现，人们越来越重视系统的安全性。

可信系统（Trusted System）是一个能对系统中信息存取实行更大程度控制的系统，提供一些保护机制，防止（至少是检测）未授权访问，以及与这些机制在功能上进行配合的附加工具。

1．可信计算基

可信计算基（Trusted Computing Base，TCB）是由硬件和软件构成的，用来维护系统安全，是可信系统的心脏部件。典型的 TCB 由多数硬件（除了 I/O 设备，它们不影响安全性）、一部分操作系统内核和具有超级用户权力的大部分或全部用户程序（如 UNIX 系统中完成 SETUID 的 root 用户程序）组成。有些操作系统函数必须是 TCB 的一部分，包括进程创建、进程切换、内存映像管理及部分文件和 I/O 管理。在安全设计中，TCB 与操作系统的其他部分是完全分离的，以便尽量减小其规模和确保其正确性。

TCB 的重要组成部分是引用监控程序，如图 11-6 所示。所有涉及安全性的系统调用（如打开文件）都要经由引用监控程序进行安全检查，以确定该系统调用是否执行。这样，引用监控程序全权负责安全检查工作，不可能绕过它而侵入系统。然而，多数操作系统并未采用这种方式设计，这也是造成不安全的一个原因。

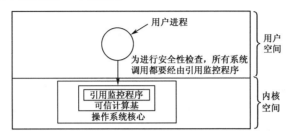

图 11-6　引用监控程序

2．建立职责联系

可信 UNIX 系统增强了责任性，把每个账户与实际用户联系起来，审计每个行动，并把每个行动与系统中特定用户联系在一起。

在典型的 UNIX 系统中，每个进程有一个实际有效的用户 ID 和一个实际有效的组 ID。有效用户 ID 置为 root 的进程可对任何用户设置标志号。C2 级（安全性能评测标准中的一个级别，见 11.4.5 节）可靠性要求 TCB 能够唯一地标识每个用户，这就强化了个人职责。在可信 UNIX 系统上，用户标识概念得到扩充，增加了"注册用户标志号"（LUID）。LUID 是每个用户进程不能消除的标志，用来标识该用户负责进程会话。一旦做上标记，进程的 LUID 就不能被任何人修改。子进程继承父进程的 LUID。

3．自由存取控制

自由存取控制（Discretionary Access Control，DAC）决定用户能否访问所需的数据，这个信息放在用户进程试图使用的对象（文件、设备等）中。在多数 UNIX 系统中，对象保护是通过用户和进程组与对象属主、组和其他方式位之间的关系而强行实现的。这些对象的保护属性对对象的属主是自由的，可以改变文件的保护位，甚至改变文件的属主关系。可信系统扩充了标准的自由存取控制规则，主要是对文件权限加以限制，包括：

① 限制在可执行文件上设置 SUID 和 SGID 位的能力。

② 限制用 chown 改变文件属主的能力。

③ 每当写文件时清除 SUID、SGID 和黏着位，以防潜在滥用它们的权限。

4．对象重用

按照 C2 级可靠性的需要，SCO UNIX 系统总在重新分配存储器对象（无论在 RAM 还是在辅助存储器中）资源之前，清除其中的信息，这将防止用户存取属于其他用户的先前存放的数据。

5．授权与特权

授权与特权（authorization and privilege）是用户执行某些操作所需的属性。如多数 UNIX

系统对文件存取操作的控制仅简单地依赖于文件的权限，或者依赖于存取文件的进程是否属于 root。root 账户可以执行其他进程不能做的系统动作。系统特权与进程相关，如果进程有所需的特权，就允许它执行某些动作。子系统授权与用户相关，被授权用户可以使用子系统命令（可信工具和程序）执行专门动作。子系统是文件、设备和提供特殊功能的命令三者的相关集合。这样，授权就赋予了用户"管理角色"，委托用户管理特殊子系统（如打印服务）。

特权保存在与每个进程相关的"特权集中"，这是一个特权表。如果有某种特权，就可以进行这类活动；如果没有相应特权，就不允许进行相应活动。特权可以通过系统默认设置，也可专门为用户指定。

6. 识别与认证

当用户在非可信 UNIX 系统中注册时，只进行有限的识别与认证（Identification and Authentication）。系统在口令数据库（/etc/passwd）中查找用户名。如果找到用户名，系统就对该用户进行认证，把用户输入的口令与用户口令数据库中的口令（经过加密）进行比较。虽然可能实施某些规则（它们涉及口令特性和修改口令的能力），但这些规则不足以防止非法侵入。

可信 UNIX 系统扩展了标准 UNIX 系统的识别与认证机制，对可以使用的口令类型有更多强制性规则，生成和修改口令也有新的过程。另外，口令数据库某些部分的保存位置和保护也不同于其他 UNIX 系统。管理员对注册进程有更大的控制作用。由认证（或账户）管理员负责账户管理工作。

7. 审计

多数 UNIX 系统利用记账子系统保持系统活动的有限记录。记账子系统根据每个用户进程的完成情况写下一个记账记录。SCO UNIX 系统提供扩展的记录系列，形成了活动的"踪迹"。这里，踪迹是关于主体和对象间每次访问活动（成功或不成功）以及主体、对象和系统特性每次修改的记录。审计（Auditing）子系统由单独的审计管理员（具有子系统授权 audit）控制，由他决定记载多少信息，一旦信息收集起来如何可靠地记载和维护它们。审计子系统给审计管理员提供扩展的系统活动历史，这有助于识别系统出现了什么事件，何时发生的，以及牵涉到谁。

8. 受保护子系统

UNIX 系统提供了 SUID 和 SGID 机制，允许程序利用 setuid 和 setgid 系统调用设置进程的用户 ID 和组 ID，以及设置权限，从而构造程序可以维护受保护信息。这个信息只能由该程序中实现的操作进行访问和修改。可信计算基定义了若干受保护的子系统，每个子系统都由一组私有信息（文件和/或数据库）、相关设备及维护该信息的实用程序和命令组成。受保护子系统利用 SUID/SGID 机制，保护它们的私有文件、数据库和设备，免受不加约束的访问。

可信系统在以下三方面扩展了受保护子系统的概念：

① 对用户和组提供更精确的控制，由用户和组对特定系统资源组合（私有信息）进行维护。

② 提供单独的用户数据库，允许它运行维护私有信息的程序。

③ 不需要用户作为子系统管理员注册，而是利用数据库核实子系统授权。这就满足了有关子系统程序执行的全部活动的责任要求（如果用户注册到匿名账户来执行系统管理，就没有

办法确定谁执行了某个活动）。

11.4.5　安全性能评测标准

1985 年，美国国防部正式公布了一个有关可信计算机系统安全性能的评测标准（TCSEC）的文件，由于其封面是橙色的，因此被称为"橙皮书"。该标准根据操作系统的安全特性把它们分为 A、B、C、D 四类 7 个级别，其中 A 级安全性最高，D 级最低。D 级的一致性最容易得到，它完全没有安全性方面的要求，该级别中包括不能通过最小安全测试的所有系统。MS-DOS 和 Windows 95/98/ME 就属于 D 级。

C 级适用于多用户协作环境。C1 级要求保护模式的操作系统和用户注册认证，以及用户能够指定哪些文件可用于其他用户和如何使用（自由存取控制），也要求最少的安全测试和文档。C2 级添加了新的要求，自由存取控制直至单个用户级，也要求分给用户的对象（如文件、虚存页面）必须全被初始化为 0，还需要少量的审计。如 UNIX 系统中简单的 rwx 权限模式符合 C1 级，但不符合 C2 级。为此，需要采用存取控制表 ACL 或者等价的更精细的方式。

B 级和 A 级要求对所有的受控用户和对象赋予安全标记，如不保密、秘密、机密或绝密。

当前主流操作系统的安全性远远不够，如正在使用的 UNIX 系统只达到 C2 级，操作系统的安全性均有待提高。另外，橙皮书仅适用于单机系统，而完全忽视了计算机联网工作时会发生的情况。所以，目前不少国家都试图用现代方法改进橙皮书。

本章小结

操作系统受到的威胁来自多方面，从系统内部的攻击到从外部侵入的病毒。

信息安全主要包括计算机安全和网络安全。计算机安全主要是操作系统安全。对安全环境造成重要影响的原因有非授权用户存取数据的威胁，入侵者和病毒造成破坏，以及天灾人祸造成的数据丢失。

系统设计不完善而存在的漏洞是对安全性实施攻击的突破口。历次计算机病毒的大泛滥都说明在操作系统设计中或多或少都存在安全缺陷。网络安全主要来自黑客入侵的威胁。通过网络传播计算机病毒是对全球信息安全的最大威胁。

计算机病毒具有一系列特征，强再生机制是其最本质的特征。对付病毒要采用多种措施。理论上，如果操作系统是无隙可入的，那么系统安全性就可得到保证。

为了保护系统，可在物理层、人员层、网络层和操作系统层 4 个层面采取安全措施。保护涉及操作系统内部问题。计算机系统包含很多对象，它们都需要保护和防止滥用。对象可以是硬件或软件。存取权限是对对象执行操作的许可。域是一组存取权限。进程在域中执行，可以使用域中的任一存取权限来存取和操纵对象。在进程的生存期中，它可限定在一个保护域，也能够从一个域切换到另一个域。

存取矩阵是一般的保护模型。它所提供的保护机制并未将保护策略强加于系统或用户。将策略和机制分开是重要的设计特性。

存取矩阵浪费空间。通常的实现方式是对它的改进方式：按列的存取控制表，与每个对象关联；按行的权能表，与每个域关联。

设计系统时就应把安全系统作为设计目标。最重要的设计原则是系统具有最低限度的可信计算基，任何时候只要存取资源就不能绕过它。"橙皮书"介绍了可信系统必须满足的要求。

习 题 11

1. 解释下列术语：安全，保护，保密，黑客，病毒，保护域，存取矩阵，可信系统。
2. 你认为，信息安全问题在当今为什么越来越重要？它主要涉及哪些方面？
3. 对安全环境造成重要影响的因素主要有哪些方面？
4. 计算机病毒的主要特征是什么？对付病毒的常用方法有哪些？你认为，最有效的方法是什么？
5. 为了保护系统主要应当采取哪些安全措施？一般性的安全机制包括哪些方面？
6. 如何利用域结构保护相应的对象？如何利用存取控制表保护相应的文件？Linux 系统中如何规定文件的存取权限？
7. 存取控制表和权能表方式各有什么长处和不足？
8. 你认为，操作系统在安全方面应注意哪些问题？
9. 保护机制应遵循的原则是什么？其思想是什么？
10. 针对存取控制表和权能表不同的保护机制，简述下面情况分别适用于哪种机制。
（1）甲用户希望除了他的同事，其他任何人都可以读取他的文件。
（2）乙用户和丙用户希望共享某些机密文件。
（3）丁用户希望公开他的一些文件。

第 12 章

OS

实验操作

　　为了配合操作系统课程的教学，培养学生运用学过的操作系统基本原理、基本方法解决具体问题的能力，便于教师指导学生完成上机实践，本章设计了 9 个实验指导方案。

　　每个实验方案都以各章节的重点内容为基础，对实验目的、实验要求、实验内容、实验方案指导等项进行统一规划设计。不同实验方案对上机硬件环境、软件工具等有不同的要求。

　　结合每个实验的建议学时数，教师可根据本校教学大纲中规定的学时数和教学内容要求，酌情选作这些实验。

12.1 实验一：进程同步和互斥

一、实验目的

（1）掌握临界资源、临界区概念及并发进程互斥、同步访问原理。

（2）学会使用高级语言进行多线程编程的方法。

（3）利用 Visual C++或 Java 语言线程库实现线程的互斥、条件竞争，并编码实现 P、V 操作，利用 P、V 操作实现两个并发线程对有界缓冲区的同步访问。

（4）通过该实验，学生可完成进程同步互斥方案分析、功能设计、编程实现，培养解决负责工程问题的能力。

二、建议学时

4 学时。

三、实验要求

（1）知识基础：学生应在完成进程和线程及调度等章节的学习后进行。

（2）开发环境与工具：硬件平台，个人计算机；软件平台，Windows 操作系统，Visual C++或 Java 语言开发环境。

（3）运用高级语言 Visual C++或 Java 语言线程库及多线程编程技术进行设计实现。

四、实验内容

（1）实现临界资源、临界区、进程或线程的定义与创建。

（2）利用两个并发运行的进程，实现互斥算法和有界缓冲区同步算法。

五、实验方案指导

该实验方案由以下几个关键项目组成。

（1）并发访问出错。即设计一个共享资源，创建两个并发线程，二者并发访问该共享资源。当没有采用同步算法时，线程完成的某些操作会丢失。

（2）互斥锁。并发线程使用线程库提供的互斥锁，对共享资源进行访问。

（3）软件方法。设计并编程实现计数信号量、P 操作函数、V 操作函数，并发线程通过调用 P、V 操作函数实现线程的互斥。

（4）同步访问多缓冲区。利用上面的软件方法实现两个线程对多缓冲区的同步访问。

六、实现范例

以下是对该项目中包含的部分设计功能的实现方法、实现过程、技术手段的描述，供师生参考。

（1）模拟线程并发运行

假设使用 POSIX 线程库，而 POSIX 并没有真正提供线程间的并发运行需求。我们设计的系统应支持符合 RR 调度策略的并发线程，每个线程运行一段时间后自动挂起，另一个线程开始运行。这样一个进程内所有线程以不确定的速度并发执行。

（2）模拟一个竞争条件：全局变量

创建两个线程 t1 和 t2，父线程主函数 main( )定义两个全局变量 accnt1 和 accnt2，每个变量表示一个银行账户，初始化为 0。每个线程模拟一个银行事务：将一定数额的资金从一个账户转到另一个账户。具体操作：读入一个随机值，代表资金数额，在一个账户上做减法，在另一个账户上做加法，用两个变量记录两个账户的收支情况。良性情况下收支应平衡，即两个全局变量之和应为 0。

下面是每个线程的代码：

```
counter = 0;
do{
    tmp1 = accnt1;
    tmp2 = accnt2;
    r = random();
    accnt1 = tmp1+r;
    accnt2 = tmp2-r;
    counter++;
} while(accnt1+accnt2 == 0);
printf("%d", counter);
```

两个线程运行的代码相同，只要各自代码不被交叉执行，两个收支余额之和应一直为 0。如果线程被交叉执行，某线程可能读入一个旧的 accnt1 值和一个新的 accnt2 值，或相反，这样会导致某个值的丢失。当这种情况出现时，线程停止运行，并把出现情况的位置（counter 的值）打印出来。

（3）模拟一个竞争条件：共享文件

主线程创建两个共享文件 f1 和 f2，每个文件包含一个当前银行账户。线程使用随机数对文件进行读和写，方式同上。注意：文件在读或写过程中不要加互斥访问锁，以免不会出现交叉访问的情况。

（4）测试出现一个竞争条件的时间

我们的编程环境中，一般无法支持线程的 RR 调度，必须编程实现两个线程间的切换。在两个赋值语句之间插入以下代码：在指定区间（如 0 到 1）生成一个随机数，如果该数小于一个极限值（如 0.1），就调用线程自动挂起函数 yield( )，自动放弃 CPU，另一个线程开始运行，于是导致一个数据更新的丢失。

（5）互斥锁

POSIX 线程库提供一个二值信号量，称为 MUTEX，可以加锁或解锁。如果对已被另一个线程加上锁的 MUTEX 加锁，就会引发该线程被阻塞，MUTEX 解锁时唤醒它。使用这些原语，容易实现互斥进入 CS（临界区）。进入 CS 区时加锁，离开 CS 区时解锁。系统负责阻塞或唤醒线程。

（6）用软件方法实现互斥访问临界区

用标准编程语言设置变量的值，用线程"忙等待"实现互斥访问 CS。设计两个线程的部分代码如下：

```
          int  c1 = 0, c2 = 0, will_wait;
p1:       while(1) {
              c1 = 1;
              will_wait = 1;
              while(c2&&(will_wait == 1)) ;          /* 忙等待 */
              cs1;                                     /* 临界区 1 */
              c1 = 0;
              program1;
          }
p2:       while(1) {
              c2 = 1;
              will_wait = 2;
              while(c1&&(will_wait == 2)) ;          /* 忙等待 */
              cs2;                                     /* 临界区 2 */
              c2 = 0;
              program2;
          }
```

该方法使用三个变量 c1、c2、will_wait 解决两个线程的同步问题。两个线程分别将 c1 和 c2 设置为 1，表示自己试图进入临界区，并将 will_wait 分别设置为 1 和 2，以消除任何竞争条件。通过"忙等待"循环实现线程的阻塞。当线程退出 CS 区时，分别将变量 c1 和 c2 置为 0。

我们可以比较互斥锁和软件方法这两种解决方法的效率。通过重复相同的循环次数，测量各自的执行时间，尽量减少可能的外部干扰，重复测试几次，并计算平均值。

12.2 实验二：进程及其资源管理

一、实验目的

（1）理解资源共享与互斥特性，以及操作系统管理资源的基本方法。

（2）学会使用高级语言进行多线程编程的方法。

（3）利用 Visual C++或 Java 线程库实现一个管理器，模拟操作系统对进程及其资源的管理功能。

（4）通过该实验，学生完成进程及其资源管理方案的分析、功能设计、编程实现，培养解决负责工程问题的能力。

二、建议学时

4 学时。

三、实验要求

（1）知识基础：学生应在完成对进程和线程、调度、死锁等章节的学习后进行。

（2）开发环境与工具：硬件平台，个人计算机；软件平台，Windows 或 Linux 操作系统，根据需要，任选安装 Visual C++、Java 或 C 语言开发环境。

（1）开发一个函数，建立进程控制块和资源控制块结构，并实现相关数据结构的初始化。

（2）开发一系列资源管理操作，由进程调用这些操作，达到控制进程申请或释放各种资源的目的。

五、实验方案指导

该实验方案由以下几个关键项目组成。

（1）进程数据结构表示。

（2）资源数据结构表示。

（3）进程对资源的操作。

（4）调度程序的实现。

（5）用户功能 shell 界面。

六、实现范例

以下是对该项目中包含的功能的实现方法、实现过程、技术手段的描述，供参考。

（1）进程数据结构 PCB 的设计

使用结构体设计实现进程 PCB 表，包含以下成员。

① 进程 ID：进程的唯一标识，供其他进程引用该进程。

② 内存：一个指针链表，在创建进程时已申请完毕，可用链表实现。

③ 其他资源：表示除去内存之外的所有资源。

④ 进程状态：包括两个数据，一个是状态码，另一个是状态队列链表指针。

⑤ 生成树：包括两个数据，即本进程的父进程和本进程的子进程。

⑥ 优先级：供进程调度程序使用，用来确定下一个运行进程，可以设定为静态整数。

（2）资源数据结构 RCB 的设计

每个资源都用一个称为资源控制块的数据结构表示。使用结构体设计实现资源控制块 RCB。资源控制块包括以下字段成员。

① RID：资源的唯一标识，由进程引用。

② 资源状态：空闲/已分配。

③ 等待队列：被本资源阻塞的进程链表，本资源正被其他进程占用。所有资源都设定为静态数据，系统启动时初始化。

（3）进程管理及进程对资源的操作

进程操作及进程状态转换归纳如下。

① 进程创建：（无）→就绪。

② 申请资源：运行→阻塞。

③ 资源释放：阻塞→就绪。

④ 删除进程：（任何状态）→（无）。

⑤ 调度程序：就绪→运行或运行→就绪。

具体实现步骤如下：

① 根据上述数据结构表示，用高级语言设计相应函数，分别实现创建进程、删除进程、

挂起进程、唤醒进程等功能。

② 实现一个调度程序函数，每个进程操作执行完毕，自动调用执行。

③ 实现两个资源操作：申请资源和释放资源。

相关参考算法如下：

```
    request(RID)                              /* 申请资源算法 */
    {
      r = get_RCB(RID);                       /* 获取资源控制块首地址 */
      if (r->status == 'free')                /* 资源可用 */
      {
        r->status = 'allocated';              /* 分配给调用进程 */
        insert(self->other_resources, r);     /* 插入一个 RCB 指针指向进程资源链表 */
      }
      else                                    /* 资源不可用 */
      {
        self->status.type = 'blocked';        /* 记录阻塞 */
        self->status.list = r;                /* 指向所请求资源的 RCB */
        remove(RL, self);                     /* 将进程从就绪队列中删除 */
        insert(r->waiting_list, self);        /* 插入资源等待队列 */
      }
      scheduler();                            /* 调度程序运行选择下一个运行进程 */
    }
    release(RID)                              /* 释放资源算法 */
    {
      r = get_RCB(RID);                       /* 获取资源控制块首地址 */
      remove(self->other_resource, r);        /* 从进程资源链表中删除该资源 */
      if (waiting_list == NULL)
        r->status = 'free';                   /* 等待队列为空，置资源状态为空闲 */
      else                                    /* 等待队列不为空 */
      {
        remove(r->waiting_list, q);           /* 从等待队列中移出一个进程 q */
        q->status.type = 'ready';             /* 将进程 q 的状态设为就绪 */
        q->status.list = RL;                  /* 进程 q 的状态指针指向就绪队列 */
        insert(RL,q);                         /* 进程 q 插入就绪队列 */
      }
      scheduler();                            /* 调度程序运行选择下一个运行进程 */
    }
```

（4）调度程序

调度策略采用固定优先级和可剥夺优先级调度算法，即调度程序必须维护 n 个不同优先级的就绪队列，各就绪队列可为空，也可包含多个进程。0 级进程优先级最低，$n-1$ 级进程优先级最高。创建进程时就赋予了固定的优先级，并在进程的生存期内保持不变。当新进程创建或阻塞进程被唤醒时，它就被插入同级的就绪队列中。

调度程序按"先来先服务"和优先级"从高到低"的方式处理就绪队列。即从最高优先级的非空就绪队列的队首选择一个进程进入运行态。这样的调度策略很容易导致"饥饿"进程出现。因为对进程 q 来说，只有当优先级高于自己的所有进程都运行完毕，或都进入阻塞状态时，它才能得到运行权。

为了简化调度程序，假定系统中至少有一个进程处于就绪态。为确保这一点，设计一个特殊进程 init，该进程在系统初始化时自动创建，并赋予最低优先级 0 级。init 进程有两个作用：充当闲逛进程，该进程运行时不申请任何资源，以免被阻塞；作为第一个被创建的进程，它没有父进程，可创建比自己优先级高的其他进程。所以 init 进程是进程生成树的根进程。

采用优先级策略的调度程序的常见结构如下所示：

```
scheduler()
{
    找出最高优先级进程 p;
    if((self->priority < p->priority) || self->status.type != 'running' || self == nil)
        preempt(p, self);                        /* 调度进程 p, 替换当前进程 self */
}
```

每当任一进程的操作执行完毕，必须执行进程调度程序，它是当前运行进程的一部分。进程调用该函数，后者决定该进程是继续执行还是被其他进程剥夺运行权。做出判断的依据是：是否存在高优先级进程 p，如果存在，那么 p 将剥夺 self 的运行权。

当前进程的运行权被剥夺的情况有以下两种：

① 当前进程刚刚完成 release 操作，由此被唤醒进程的优先级可能高于当前进程。

② 当前进程刚刚完成 create 操作，新创建进程的优先级可能高于当前进程。

在以下两种情况下，新挑选的进程必须剥夺当前进程的运行权：

① 当前进程刚刚完成 request 操作，并且申请的资源不可用，则当前进程的状态就改为"阻塞"；或者由于分时运行进程的需要，调度程序被一个 timeout 操作调用运行。在 timeout 操作中当前进程的状态改为"就绪"。在上述情况中，当前进程的状态都不是"运行"。所以当前进程必须停止运行，此时就绪队列中最高优先级的进程 p 得到执行。

② 当进程刚刚完成 destroy 操作，进程自己删除自身，它的 PCB 表不再存在。此时调度程序被执行，从就绪队列中选出最高优先级的进程 p，并令其执行。

剥夺操作包括以下工作：将选中的最高优先级进程 p 的状态改为"运行"；如果当前进程依然存在且没有阻塞，那么将其状态改为"就绪"，以便随后能得到执行；进行上下文切换，保留当前 CPU 的各个寄存器值，放入 PCB 表；装入中选进程 p 的寄存器值。

本实现方案没有对实际的 CPU 进行访问来保存或恢复寄存器的值，因此上下文切换的任务只是将正在运行进程的名字显示在终端屏幕上。可以认为，用户终端屏幕开始扮演当前运行进程功能的角色。

（5）用户 shell 界面

为了测试和演示管理器的各项功能，本方案设计开发一个 shell 界面，它可以重复接收终端输入的命令，唤醒管理器执行相应的功能，并在屏幕上显示结果。

使用上述系统，终端就能展示当前进程。只要输入一个命令，就中断当前进程的执行，shell 界面调用进程资源管理器中的函数 F，并传递终端输入的参数。该函数执行后将改变 PCB、RCB 及其他数据结构中的信息。当调度程序执行时，决定下一个要运行的进程，并改变其状态值。保存当前进程的 CPU 各寄存器值（虚拟 CPU），然后恢复中选进程的值。调度程序将系统状态信息显示在屏幕上，提示下一步操作。特别地，它始终提示正在运行的进程是什么，即终端和键盘正在为哪个进程服务。另外，函数 F 也可能返回一个错误码，shell 也将它显示在屏幕上。

shell 命令的语法格式规定如下：

命令名　参数

例如，执行命令行"cr　A 1"时将调用对应的管理器函数 create(A, 1)，即创建一个名为 A、优先级为 1 的进程。同理，命令"rq　R"将调用函数 request(R)执行。

以下显示说明 shell 界面的交互内容（假定进程 A 的优先级为 1，并且正在运行）。由"*"开始的行视为 shell 的输出结果。提示符"> "后面是提示用户输入的命令。

```
……
* process A is running
> cr B 2
* process B is running
> cr C 1
* process B is running
> req R1
* process B is blocked;process A is running
……
```

（6）进程及资源管理器的升级版

上述进程和资源管理器可以进行功能扩展，以便管理器能够处理时钟到时中断、I/O 中断。

① 相对时钟到时中断。假设系统提供一个硬件时钟。周期性产生一个时钟到时中断，引发调用函数 timeout( )的执行。

② I/O 处理完成中断。使用名为 IO 的资源表示所有的 I/O 设备。该资源的 RCB 由以下两部分组成：IO 和 Waiting_list。

③ 扩展 shell。显示当前运行进程，并添加一个系统调用 request_IO()。终端也能表示硬件，用户能够模拟两种类型的中断：时钟到时、I/O 完成处理。为了实现以上功能，必须添加新的 shell 命令，调用以下三个系统调用：request_IO(), IO_competion(), timeout( )。

12.3　实验三：存储管理

一、实验目的

（1）掌握内存管理的基本功能和分区法的基本原理。

（2）学会 Linux 操作系统下使用 C 语言函数和系统调用进行编程的方法。

（3）利用 C 语言设计实现分区法内存管理算法。

（4）验证无虚存的存储管理机制。

二、建议学时

4 学时。

三、实验要求

（1）学生应完成如下章节的学习：进程和线程、调度、存储管理。

（2）安装 Linux 操作系统，使用 C 语言编程，调用相关系统调用进行设计实现。

四、实验内容

（1）创建空闲分区表和模拟内存。

（2）设计并实现一个内存分配程序，分配策略可以分别采用最先适应算法、最佳适应算法和最坏适应算法等，并评价不同分配算法的优劣。

（3）提供一个用户界面，利用它用户可输入不同的分配策略。

（4）进程向内存管理程序发出申请、释放指定数量的内存请求，内存管理程序调用对应函数，响应请求。

五、实验方案指导

该实验方案由以下几个关键项目组成。

（1）设计实现一个空闲分区表。

（2）设计实现模拟内存。

考虑实现的便利，本方案不访问真正的内存。定义一个字符数组 char mm[mem_size]或使用 Linux 系统调用 mm = malloc(mem_size)，用来模拟内存。利用指针对模拟内存进行访问。

（3）设计一组管理模拟内存空间的函数。

这组函数由以下三个函数组成。

① void *mm_request(int n)：申请 n 字节的内存空间。若申请成功，则返回所分配空间的首地址；若不能满足申请，则返回空值。

② void mm_release(void *p)：释放先前申请的内存。如果释放的内存与空闲区相邻，就合并为一个大空闲区；如果与空闲区不相邻，就成为一个单独的空闲区。

③ void *mm_init(int mem_size)：内存初始化，返回 mm 指针指向的空闲区。

（4）设计实现不同策略的内存分配程序

对于采用不同分配策略的内存管理程序，从以下两方面进行调度程序性能的比对：内存利用率，找到一个合适的分配空间所需查找的步骤。

设计一个模拟实验，分别构建一个随机生成的请求与释放队列。释放队列中的操作总是得到满足，队列总为空；请求队列的操作能否被满足，取决于空闲区能否满足申请的空间大小。若不能满足，则该操作在队列中等待相应释放操作唤醒。请求队列采用 FIFO 管理，以避免饥饿现象的发生。

内存管理程序应对内存初始化，随机设定内存空间的占有、空闲情况，随机设定申请和释放的操作队列。调用释放操作开始运行，调用申请操作，如能满足，则分配空间，否则等待释放操作唤醒。

下面给出一个模拟内存管理的程序框架（伪代码形式），可以统计内存利用率。

```
for(i=0; i < sim_step; i++)              /* 设定模拟程序执行次数 */
{
    do {                                 /* 循环调用请求操作，直到请求不成功 */
        get size n of next request;      /* 设定请求空间大小 */
        mm_request(n);                   /* 调用请求操作 */
    } while(request successful);         /* 请求成功，循环继续 */
    record memory utilization;           /* 统计内存使用率 */
    select block p to be release;        /* 释放某空间 p */
    release(p);                          /* 调用释放操作 */
```

```
    }
```

以上程序由主循环控制固定次数的模拟步骤。每次循环，程序完成如下处理步骤：内循环尽可能多地满足内存请求，请求内存大小值随机生成。一旦请求失败，挂起内存管理程序，直至释放操作被执行。此时进行系统内存利用率的统计、计算，随机挑选一个内存分配空间完成释放操作。本次主循环执行完毕，开始下一次循环。

要在程序中完成以下设计：确定请求分配空间大小，统计性能数据，选择一个内存区释放。

12.4 实验四：页面置换算法

一、实验目的

（1）掌握内存管理基本功能和请求分页式管理的基本原理以及页面置换算法。

（2）学会在 Linux 操作系统下使用 C 函数和系统调用的编程方法。

（3）掌握利用 C 语言设计实现不同置换策略的页面置换算法。

（4）验证虚存存储管理机制及其性能。对于生成的引用串，计算、比对不同页面置换算法的缺页率。

二、建议学时

4 学时。

三、实验要求

（1）应完成如下章节的学习：进程和线程、调度、存储管理。

（2）安装 Linux 操作系统，使用 C 语言编程，利用相关系统调用实现设计。

四、实验内容

（1）创建空闲存储管理表、模拟内存、页表等。

（2）提供一个用户界面，用户利用它可输入不同的页面置换策略和其他附加参数。

（3）运行置换算法程序，输出缺页率结果。

五、实验方案指导

熟悉页面置换算法及其实现，了解计算机系统性能评价方法，编制页面置换算法的模拟程序。方案设计重点提示如下。

（1）假定系统有固定数目的内存块 F，物理块号依次为 $0\sim F\text{-}1$。进程的大小为 P 页，其逻辑页号依次为 $0\sim P\text{-}1$。随机生成一个引用串 RS，即从 $0\sim P\text{-}1$ 组成的整数序列。定义一个整型数组 int M[F]表示所有物理块，如果 M[i]=n，表示逻辑页 n 存放在物理块 i 中。

（2）生成引用串。用随机数方法产生页面走向，页面走向长度为 L。

（3）根据页面走向，分别采用 FIFO 和 LRU 算法进行页面置换，设计一个函数自动统计缺页率。

（4）假定可用内存块和页表长度（进程的页面数）分别为 m 和 k。初始时，进程的页面都不在内存。

（5）参考其他项目设计，将不同置换算法设计实现为函数，能在界面上方便调用执行。

12.5 实验五：进程调度

一、实验目的

（1）掌握进程调度程序的功能和常用的调度算法。

（2）学会在 Linux 操作系统下使用 C 语言函数和系统调用的编程方法。

（3）掌握利用 C 语言设计实现不同调度策略的进程调度算法。

（4）验证不同进程调度算法对性能的影响。

二、建议学时

4 学时。

三、实验要求

（1）学生应完成如下章节的学习：进程和线程、调度。

（2）安装 Linux 操作系统，使用 C 语言编程，利用相关系统调用完成设计实现。

四、实验内容

（1）定义、初始化进程数据结构及其就绪队列。

（2）提供一个用户界面，用户利用它可输入不同的分配策略及相关参数。

（3）设计函数，实现不同调度算法，计算平均周转时间。

（4）实现调度程序，调用所设计的功能函数。

五、实验方案指导

关键设计内容如下，供参考。

（1）用 C 语言的结构类型及其链表，完成 PCB 表数据结构设计，并动态生成就绪队列链表。每个进程都由 PCB 记录运行时间，优先级、到达系统时间等数据。也可根据需要，自行添加不同调度算法需要的数据。

（2）设计实现不同调度算法的函数，如先来先服务法、短作业优先法、优先级法等。设计一个函数，计算出这组进程的平均周转时间。

（3）设计总控函数，实现进程调度程序。根据用户界面的输入，调用相应的调度算法，实现进程调度，计算调度性能指标值。

12.6 实验六：银行家算法

一、实验目的

（1）理解死锁概念、银行家算法的基本原理。

（2）学会在 Linux 操作系统下使用 C 语言函数和指针进行编程的方法。

（3）掌握利用 C 语言设计实现银行家算法的基本过程。

（4）验证银行家算法对于避免死锁的作用。

二、建议学时

4 学时。

三、实验要求

（1）学生应完成如下章节的学习：进程和线程、调度、死锁。

（2）安装 Linux 操作系统，使用 C 语言编程实现。

四、实验内容

（1）定义并初始化进程及其资源数据结构。

（2）提供一个用户界面，可以动态输入进程和资源种类等相关参数。

（3）设计实现安全状态检测和银行家死锁避免算法的功能函数。

五、实验方案指导

以如下几组初始数据为例，设计相应程序，判断下列状态是否安全。

（1）3 个进程共享 12 个同类资源。

状态 a 下：allocation=$(1, 4, 5)$，max=$(4, 4, 8)$。判断系统是否安全。

状态 b 下：allocation=$(1, 4, 6)$，max=$(4, 6, 8)$。判断系统是否安全。

（2）5 个进程共享多类资源。

状态 c 下：判断系统是否安全？若安全，给出安全序列。若进程 2 请求$(0, 4, 2, 0)$，可否立即分配？

分配矩阵	最大需求矩阵	可用资源矩阵
$\begin{vmatrix} 0 & 0 & 1 & 2 \\ 1 & 0 & 0 & 0 \\ 1 & 3 & 5 & 4 \\ 0 & 6 & 3 & 2 \\ 0 & 0 & 1 & 4 \end{vmatrix}$	$\begin{vmatrix} 0 & 0 & 1 & 2 \\ 1 & 7 & 5 & 0 \\ 2 & 3 & 5 & 6 \\ 0 & 6 & 5 & 2 \\ 0 & 6 & 5 & 6 \end{vmatrix}$	$\begin{vmatrix} 1 & 5 & 2 & 0 \end{vmatrix}$

实现方案的主要工作是如何输入，如何初始数据，如何调用对应功能函数，如何输出结果。下面给出一个实现方案，供参考。

① 开发一个交互程序，首先从文件中读入系统描述信息，包括进程的数目、资源的种类和数量、每个进程的最大资源请求。程序自动根据文件内容创建一个当前系统描述。例如，每类资源的数目用一维数组 R[m]描述，m 为资源的种类。每个 R[j]记录资源 R_j 的数量。进程的最大需求矩阵用 P[n][m]表示，P[i][j]记录进程 P_i 对资源 R_j 的最大需求。分配矩阵和请求矩阵可使用二维数组表示。

② 输入一个请求，格式类似：request(i, j, k)或 release(i, j, k)。这里，i 表示进程 P_i，j 表示资源 R_j，k 是申请/释放的数量。对每个请求，系统回应是满足要求还是拒绝分配。

③ 设定一个申请和释放序列，无任何检测和避免死锁的算法，分配会导致死锁。

④ 设定一个申请和释放序列，按照安全性算法进行设计，回应系统是否安全。然后实现银行家算法，确保没有死锁的分配。

12.7　实验七：磁盘调度算法

一、实验目的

（1）理解文件读、写基本原理和磁盘调度算法的作用。

（2）学会在 Linux 操作系统下使用 C 语言函数和指针进行编程的方法。

（3）利用 C 语言设计实现不同磁盘调度算法，如 FIFO、SSTF、SCAN 等算法。

（4）验证不同磁盘调度算法对性能的影响。

二、建议学时

4 学时。

三、实验要求

（1）应完成如下章节的学习：进程和线程、调度、存储管理、I/O 管理。

（2）安装 Linux 操作系统，使用 C 语言编程实现。

四、实验内容

（1）设计一个函数，其功能是动态创建 I/O 请求队列及其相关参数，如磁道号等。

（2）提供一个用户界面，用户可输入不同的分配策略及相关参数。

（3）设计相应程序计算平均移臂距离。

五、实验方案指导

实现本实验的关键内容如下，供参考。

（1）实现电梯算法。

（2）实现 FIFO、SSTF 算法。

（3）编写一个驱动程序，测试不同的算法。设置多次循环，每次循环中，驱动程序随机调用函数 request(n) 和 release( )。如果执行 request(n)，系统会将 n 转换成 1～T 之间的一个随机值，T 是磁盘的磁道数。对每种算法，计算平均移臂距离。

12.8　实验八：设备处理程序设计

一、实验目的

（1）理解设备处理程序的一般设计过程，加深对缓冲和中断概念的理解。

（2）在 Linux 操作系统下，用 C 语言编程实现有关进程的系统调用的方法。

（3）掌握利用 C 语言设计实现键盘缓冲区的读、写操作的方法。

（4）验证键盘缓冲区和中断处理程序是否同步。

二、建议学时

4 学时。

三、实验要求

（1）应完成如下章节的学习：进程和线程、调度、存储管理、I/O 管理。

（2）安装 Linux 操作系统，使用 C 语言和相关系统调用，编程完成设计实现。

四、实验内容

（1）主程序实现键盘读和写、键盘中断处理程序。

（2）可修改缓冲区数目，运行此程序。

五、实验方案指导

（1）将主程序看成消费者进程，将中断程序看成生产者进程，两者通过什么方法取得同步？其数据结构是什么？

（2）当缓冲区数目分别为 2，5，10 时，运行此程序，是否发生输入字符没有被显示的情况（加快输入速度）？为什么？

（3）若在主程序显示字符子程序中加入一段延迟程序，对整个程序有何影响？与问题（2）结合讨论，并做实验。

以上设计方案供读者选择。两个程序的流程如图 12-1 所示。

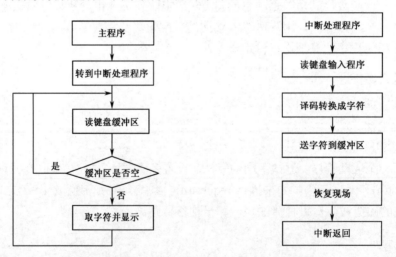

图 12-1　键盘缓冲区读、写与中断处理程序的同步

12.9　实验九：文件系统

一、实验目的

（1）理解并实现文件的构造、命名、存取、使用、保护等功能，加深对文件操作、文件存

储的理解。

（2）掌握文件系统的功能，通过数据结构定义文件系统，并完成相应操作。

（3）在 Linux 操作系统下，用 C 语言编程实现文件的系统调用的方法。

（4）掌握利用 C 语言设计实现文件读/写等操作的方法。

（5）验证文件存储空间管理功能，验证磁盘调度算法的实现。

二、建议学时

4 学时。

三、实验要求

（1）用 C 语言中链表结构模拟定义 I 节点数据结构及其相关数据块数据结构。

（2）设计函数，实现随机大小的文件的磁盘空间分配，并显示分配结果。

（3）设计函数，实现文件指定磁盘空间的查找，并显示结果。

四、实验内容

（1）设计一个用户界面，用户可输入不同的参数，表示运行不同的函数功能，如空闲存储空间管理、磁盘调度分配策略等。

（2）设计一个函数，实现空闲存储空间的管理。

（3）设计一个函数，实现 I 节点方式的文件存储。

（4）设计多个函数，实现按不同调度策略计算平均移臂距离。

五、实验方案指导

空闲存储空间的管理与实现。以成组链接法为例，编程模拟实现磁盘空闲区的管理。空闲块成组链接如图 12-2 所示。

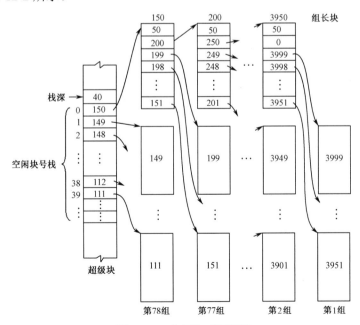

图 12-2　空闲块成组链接

关键实验步骤如下：

（1）用 C 语言链表结构自动生成以上空闲块成组链接表。

（2）设计实现空闲块分配函数，函数功能是对超级块进行以下操作：重复进行栈深减 1 操作，取出磁盘块号。当栈深为 1 时，堆栈当前指针指向本组第一块，即正好取得下一个组的组长盘块号，将其内容写入堆栈，重复栈深减 1 的操作，继续分配磁盘块。

（3）设计实现空闲块释放函数，函数功能是对超级块进行以下操作：重复进行栈深加 1 操作，存入磁盘块号。当栈深为 50 时，此时又释放一个磁盘块，并将当前栈中内容写入该磁盘块（组长），并将栈深设定为 1，堆栈的第一个索引位置（0）填入该磁盘块块号，它是新一组的组长块。此时如继续释放，进行栈深加 1 操作（2）存入磁盘块号（1）。

（4）随机对成组链表初始化，调用分配函数和释放函数，输出成组链表结果。验证分配和回收的正确性。

读者可能会问：一个文件在存储设备上如何存放？采用哪种存取方法？文件的存储分配涉及以下三个问题：

① 创建新文件时，是否一次性分配所需的最大空间？

② 为文件分配的空间是否连续？

③ 为了记录分配给各文件的磁盘空间，应该使用何种数据结构来记录？

已知每个文件有一个 I 节点，其中列出了文件属性和文件分配的各块号，存放物理块号的方式如下：开始的 10 个磁盘块号放在 I 节点中（直接块），对于稍大的文件，I 节点中有一个一次间接地址，指向存放磁盘块地址的磁盘块（间接块），若文件更大，则 I 节点中有一个二次间接地址，指向一次间接地址块，再由它们指向存放磁盘块地址的盘块，如图 12-3 所示。

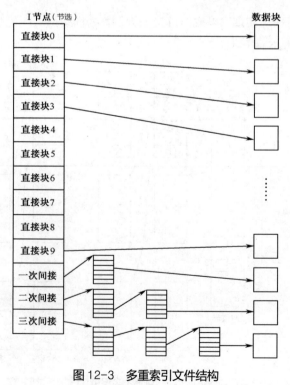

图 12-3　多重索引文件结构

附录 A

OS

Linux 常用系统调用和库函数

为了帮助读者熟悉 Linux 环境，配合在实验编程时快捷正确地运用系统调用和库函数，本附录列出了常用的 Linux 系统调用以及库函数的使用格式和功能说明，供读者参考。

A.1 有关文件操作的系统调用

常用的有关文件操作的系统调用有 creat、open、close、read、write、lseek、link、unlink、mkdir、rmdir、chdir、chmod 等，如表 A-1 所示。

表 A-1 常用的有关文件操作的系统调用

格 式	功 能
#include <sys/types.h> #include <sys/stat.h> #include <fcntl.h> int creat(const char *pathname, mode_t mode);	创建新文件。其中，参数 pathname 为指向文件名字符串的指针，mode 是表示文件权限的标志。若成功，则返回值为只写打开的文件描述符；若出错，则返回值为-1。mode 值可以是八进制数字（如 0644）或是<sys/stat.h>中定义的一个或多个符号常量进行按位或的结果（如 S_IRWXU，值为 00700；S_IUSR 或 S_IREAD，值为 00400）

#include <sys/types.h>
#include <sys/stat.h>
#include <fcntl.h>
int open(const char *path, int oflags);
int open(const char *path, int oflags, mode_t mode);
	打开文件。指针 path 标示要打开的文件名或设备名，oflags 定义对该文件要进行的操作。在打开一个不存在的文件时（即创建文件），才用 mode 参数指定文件的权限（其值与 creat 相同）。oflags 的常用符号常量是：O_RDONLY，值为 0，表示只读；O_WRONLY，值为 1，表示只写；O_RDWR，值为 2，表示可读/写）。若成功，返回一个文件描述符，供后继的 read，write 等系统调用使用；否则，返回-1

#include <unistd.h> int close(int fd);	关闭由文件描述符 fd 指定的文件。若成功，返回 0；否则，返回-1
#include <unistd.h> #include <sys/types.h> #include <sys/stat.h> #include <fcntl.h> size_t read(int fd, const void *buf, size_t count);	从文件描述符 fd 所表示的文件中读取 count 字节的数据，放到缓冲区 buf 中。其返回值是实际读取的字节数，可能会小于 count。若返回值为 0，则表示读到文件末尾；若为-1，则表示出错
#include <unistd.h> #include <sys/types.h> #include <sys/stat.h> #include <fcntl.h> size_t write(int fd, const void *buf, size_t count);	将缓冲区 buf 中 count 字节的数据写入文件描述符 fd 所表示的文件中。其返回值是实际写入的字节数。若发生 fd 有误或磁盘已满等问题，则返回值会小于 count；若没有写出任何数据，则返回值为 0；若在 write 调用中出现错误，则返回值为-1，对应的错误代码保存在全局变量 errno 中。errno 和预定义的错误值声明在<errno.h>头文件中
#include <unistd.h> #include <sys/types.h> off_t lseek(int fd, off_t offset, int whence);	对文件描述符 fd 所表示文件的读/写指针进行设置：若 whence 取值为 SEEK_SET（值为 0），则读/写指针从文件开头算起移动 offset 位置；若取值为 SEEK_CUR（值为 1），则指针从文件的当前位置起移动 offset 位置；若取值为 SEEK_END（值为 2），则指针从文件结尾算起移动 offset 位置。off_t 表示有符号整型量类型
#include <sys/types.h> #include <sys/stat.h> int mkdir(const char *path, mode_t mode);	创建目录。目录名由 path 指定，mode 表示赋予该目录的权限。若成功，则返回值为 0；否则，返回-1，并由 errno 变量记录错误码
#include <unistd.h> #include <sys/types.h> #include <sys/stat.h> int rmdir(const char *path);	删除由 path 所指定的子目录（该目录必须是空目录）。若成功，则返回值为 0；否则，返回-1，并由 errno 变量记录错误码
#include <unistd.h> #include <sys/types.h> int chmod(const char *path, mode_t mode);	修改由 path 所指定的文件或子目录的访问权限，新权限由 mode 参数给出。若成功，则返回值为 0；否则，返回-1。只有文件属主或超级用户才能修改该文件的权限
#include <unistd.h> int link(const char *path1, const char *path2);	链接文件，参数 path1 指向现有文件，path2 表示新目录数据项。若成功，则返回值为 0；否则，返回-1，由 errno 变量记录错误码
#include <unistd.h> int unlink(const char *path);	解除文件链接。通过减少指定文件（由 path 指定）上的链接计数，实现删除目录项。若成功，则返回值为 0；否则，返回-1。删除文件需要拥有对其目录的写和执行权限

格　式	功　能
#include <unistd.h> int chdir(const char *path);	将当前工作目录改到 path 所指定的目录上。若成功，则返回值为 0；否则，返回–1
#include <sys/stat.h> mode_t umask(mode_t newmask);	把进程的新权限掩码（umask）设置为 newmask 所指定的掩码。掩码是新建文件和目录应关闭的权限位。使用该调用时，只能使掩码更严格，而不能放宽。无论成功与否，均返回原来的掩码值

A.2　有关进程控制的系统调用

常用的有关进程控制的系统调用有 fork、exec、wait、exit、getpid、sleep、nice 等，如表 A-2 所示。

表 A-2　常用的有关进程控制的系统调用

格　式	功　能
#include <unistd.h> #include <sys/types.h> pid_t　fork(void);	创建一个子进程。pid_t 表示有符号整型量。若执行成功，在父进程中，返回子进程的 PID（进程标志符，为正值）；在子进程中，返回 0。若出错，则返回–1，且没有创建子进程

#include <unistd.h>
#include <sys/types.h>
pid_t getpid(void);
pid_t getppid(void);
	getpid 返回当前进程的 PID，而 getppid 返回父进程的 PID

#include <unistd.h>
int execve(const char *path,char *const argv[],
　　　　char *const envp[]);
int execl(const char *path, const char *arg, …);
int execlp(const char *file, const char *arg, …);
int execle(const char *path, const char *arg, …,
　　　　char *const envp[]);
int execv(const char *path, char *const argv[]);
int execvp(const char *file, char *const argv[]);
	这些函数被称为"exec 函数系列"，其实并不存在名为 exec 的函数。只有 execve 是真正意义上的系统调用，其他都是在此基础上经过包装的库函数。该函数系列的作用是更换进程映像，即根据指定的文件名找到可执行文件，并用它来取代调用进程的内容。换句话说，即在调用进程内部执行一个可执行文件。其中，参数 path 是被执行程序的完整路径名；argv 和 envp 分别是传给被执行程序的命令行参数和环境变量；file 可以简单到仅仅是一个文件名，由相应函数自动到环境变量 PATH 给定的目录中去寻找；arg 表示 argv 数组中的单个元素，即命令行中的单个参数

#include <unistd.h>
void _exit(int status);
 	
#include <stdlib.h>
void exit(int status);
	终止调用的程序（用于程序运行出错）。参数 status 表示进程退出状态（又称退出值、返回码、返回值等），传递给系统，用于父进程恢复。_exit 函数比 exit 函数简单些，前者使进程立即终止；后者在进程退出之前，要检查文件的打开情况，执行清理 I/O 缓冲区的工作

#include <sys/types.h>
#include <sys/wait.h>
pid_t wait(int *status);
pid_t waitpid(pid_t pid, int *status,int option);
	wait( )等待任何要僵死的子进程；有关子进程退出时的一些状态保存在参数 status 中。如成功，返回该终止进程的 PID；否则，返回–1
	而 waitpid( )等待由参数 pid 指定的子进程退出。参数 option 规定了该调用的行为：WNOHANG 表示如没有子进程退出，则立即返回 0；WUNTRACED 表示返回一个已经停止但尚未退出的子进程的信息。可以对它们执行逻辑"或"运算

#include <unistd.h> unsigned int sleep(unsigned int seconds);	使进程挂起指定的时间，直至指定时间（由 seconds 表示）用完，或者收到信号
#include <unistd.h> int nice(int inc);	改变进程的优先级。普通用户调用 nice 时，只能增大进程的优先数（inc 为正值）；只有超级用户才能减小进程的优先数（inc 为负数）。如成功，返回 0；否则，返回–1

A.3 有关进程通信的函数

Linux 系统中涉及进程通信的函数很多，既有系统调用，也有 ISO C 语言标准定义的库函数。由于二者的格式和使用方式一致，因此表 A-3 中列出了有关进程通信的函数的格式和功能，并未区分系统调用和库函数。

表 A-3　有关进程通信的函数

格　式		功　能
管道	`#include <unistd.h>` `int pipe(int filedes[2]);`	创建管道。参数 filedes[2]是有 2 个整数的数组，存放打开文件描述符。其中，filedes[0]表示管道读端，filedes[1]表示写端。若成功，则返回值为 0；否则，返回−1

	`#include <sys/types.h>`
	`#include <sys/stat.h>`
	`int mkfifo(const char *pathname, mode_t mode);`
		创建 FIFO 文件（即有名管道）。pathname 是要创建的 FIFO 文件名，mode 是给 FIFO 文件设定的权限。若执行成功，则返回 0；否则，返回 −1，并将出错码存入 errno 变量

信号	`#include <sys/types.h>`
	`#include <signal.h>`
	`int kill(pid_t pid,int signo);`
		发送信号，即将参数 signo 指定的信号传递给 pid 标记的进程。若 pid>0，则它表示一个进程 ID；若 pid=0，则表示同一进程组的进程；若 pid=−1，则表示除发送者外，所有 pid>1 的进程；若 pid<−1，则表示进程组 ID 为 pid 绝对值的所有进程

	`#include <signal.h>` `int raise(int signo);`	向进程本身发送信号 signo
	`#include <unistd.h>` `unsigned int alarm(unsigned int seconds);`	在指定时间 seconds（秒）后，将向进程本身发送信号 SIGALRM，又称为闹钟时间
	`#include <signal.h>` `void (*signal(int signum,void (*func)(int)))(int);`	改变某信号的处理方式，即确定信号编号与进程针对其动作之间的映射关系。signal 的类型是一个函数指针，指向一个返回 void 的函数，该函数仅接受一个整数（信号编号）作为实参。signal 函数的第一个参数是信号编号，第二个参数是一个函数指针（指向新的信号处理器）
	`#include <signal.h>` `int sigaction(int signum, const struct sigaction *act, struct sigaction *oldact);`	改变进程接收到特定信号后的行为。第一个参数是要捕获的信号（除 SIGKILL 和 SIGSTOP 外）；第二个参数是指向结构 sigaction 型变量的指针，该结构中包含指定信号的处理、信号所传递的信息、信号处理函数执行过程中应屏蔽掉哪些函数等，即为信号 signum 指定新的信号处理行为；第三个参数指向的对象用来保存原来对该信号的处理行为

消息队列	`#include <sys/types.h>`
	`#include <sys/ipc.h>`
	`#include <sys/msg.h>`
	`int msgget(key_t key, int flags);`
		创建一个新队列或打开一个已有队列。参数 key 是一个键值，其类型在 `<sys/types.h>`中声明；flags 是一些标志位。该调用返回与键值 key 相对应的消息队列描述字。若没有消息队列与 key 相对应，且 flags 中包含了 IPC_CREAT 标志位，或者 key 为 IPC_PRIVATE，则创建一个新的消息队列。若执行失败，则返回−1，且设置出错变量 errno 的值

	`#include <sys/types.h>`
	`#include <sys/ipc.h>`
	`#include <sys/msg.h>`
	`int msgsnd(int msqid, struct msgbuf *ptr,`
	`        size_t nbytes, int flags);`
		向 msqid 代表的队列发送一个消息，即把发送的消息存储在 ptr 指向的结构中，消息的长度由 nbytes 指定。参数 flags 有意义的值是 IPC_NOWAIT，指明在消息队列中没有足够空间容纳要发送的消息时，msgsnd 立即返回且设置 errno 变量为 EAGAIN

	`#include <sys/types.h>`
	`#include <sys/ipc.h>`
	`#include <sys/msg.h>`
	`int msgrcv(int msqid, struct msgbuf *ptr,`
	`        size_t nbytes, long type, int flags);`
		从 msqid 代表的队列中读取一个消息，并把它存储在 ptr 指向的结构中，参数 nbytes 为消息长度，type 为请求读取的消息类型，flags 为读消息标志

	`#include <sys/types.h>`
	`#include <sys/ipc.h>`
	`#include <sys/msg.h>`
	`int msgctl(int msqid, int cmd, struct msqid_ds *buf);`
		对 msqid 标志的消息队列执行 cmd 所指示的操作。cmd 可以是：IPC_RMID，删除队列 msqid；IPC_STAT，获取消息队列信息，返回的信息存储在 buf 指向的 msqid_ds 结构中；IPC_SET，设置消息队列的属性，包括队列的 UID、GID、访问模式和队列的最大字节数

格　式	功　能
#include <sys/types.h> #include <sys/ipc.h> #include <sys/sem.h> int semget(key_t key,int nsems,int semflg);	创建一个新信号量或访问一个已经存在的信号量。参数 key 是一个键值，唯一标志一个信号量集；nsems 指定打开或新建的信号量集中所包含信号量的数目；semflg 是一些标志位，能与权限位做"按位或"来设置访问模式
#include <sys/types.h> #include <sys/ipc.h> #include <sys/sem.h> int semop(int semid,struct sembuf *semops, 　　　　　unsigned nops);	最常用的信号量例程。它在一个或多个由 semget 函数创建或访问的信号量（由 semid 指定）上执行操作。semops 是指向结构数组的指针，其中的元素是一个 sembuf 结构，表示一个在特定信号量上的操作。nops 是该结构数组元素的个数。如调用成功，则返回 0；否则，返回 -1
#include <sys/types.h> #include <sys/ipc.h> #include <sys/sem.h> int semctl(int semid, int semnum, int cmd, 　　　　　union semun arg);	控制和删除信号量，实现对信号量的各种控制操作。参数 semid 指定信号量集；semnum 指定对哪个信号量操作，只对几个特殊的 cmd 操作有意义；cmd 指定具体的操作类型，如 IPC_STAT 为复制信号量的配置信息，IPC_SET 在信号量上设置权限模式，GETALL 返回所有信号量的值等；arg 用于设置或返回信号量信息
#include <sys/types.h> #include <sys/ipc.h> #include <sys/shm.h> int shmget(key_t key, int size, int flags);	获得一个共享内存区的标志符或创建一个新共享区。参数 key 表示共享内存区的一个键值，size 指定该区的大小，flags 用来设置存取模式。若成功，则返回共享内存区的标志符；否则，返回 -1
#include <sys/types.h> #include <sys/ipc.h> #include <sys/shm.h> char *shmat(int shmid, char *shmaddr, int flags);	把共享内存区附加到调用进程的地址空间中。参数 shmid 是要附加的共享内存区的标志符；shmaddr 通常为 0，则内核会把该区映像到调用进程的地址空间中它所选定的位置；若给定 flags 为 SHM_RDONLY，则意味该区是只读的；否则，默认该区是可读/写的。若成功，则返回值是该区所链接的实际地址；否则，返回 -1
#include <sys/types.h> #include <sys/ipc.h> #include <sys/shm.h> int shmdt(char *shmaddr);	把附加的共享内存区从调用进程的地址空间中分离出去。参数 shmaddr 是以前调用 shmat 时的返回值。若调用成功，则返回 0；否则，返回 -1

左侧第一组行标注："信号量"；第二组行标注："共享内存"。

A.4　有关内存管理的函数

　　C 语言函数库提供了对内存动态管理的函数，用户根据需要可以从操作系统中获取、使用和释放内存，实现内存动态分配，如表 A-4 所示。

表 A-4　有关内存管理的函数

格　式	功　能
#include <stdlib.h> void *malloc(size_t size);	分配没有被初始化过的内存块，其大小是 size 所指定的字节数。若成功，则返回指向新分配内存的指针；否则，返回 NULL
#include <stdlib.h> void *calloc(size_t nmemb, size_t size);	分配内存块并且初始化，其大小是包含 nmemb 个元素的数组，每个元素的大小为 size 字节。若成功，则返回指向新分配内存的指针；否则，返回 NULL
#include <stdlib.h> void *realloc(void *ptr, size_t size);	改变以前分配的内存块的大小，即调整先前由 malloc 或 calloc 所分配内存的大小。参数 ptr 必须是由 malloc 或 calloc 返回的指针，而表示大小的 size 既可以大于原内存块的大小，也可以小于它。通常，对内存块的缩放操作在原地进行。若不行，则把原来的数据复制到新位置。另外，realloc( ) 不对新增内存块初始化；若不能扩大，则返回 NULL，原数据保持不动；若 ptr 为 NULL，则等同 malloc；若 size 为 0，则释放原内存块
#include <stdlib.h> void free(void *ptr):	释放由 ptr 所指向的一块内存。ptr 必须是先前调用 malloc 或 calloc 时返回的指针

附录 B

习题答疑

请扫描二维码获取

参考文献

OS

[1] 孟庆昌. Linux 教程（第 5 版）. 北京：电子工业出版社，2019.

[2] 孟庆昌. 操作系统（第 4 版）. 北京：国家开放大学出版社，2021.

[3] Andrew S. Tanenbaum. Modern Operating Systems(Fourth Edition). USA: Prentice Hall, 2014.

[4] Abraham Silberschatz. Operating System Concepts(Ninth Edition). USA: John Wiley&Sons, Inc, 2013.

[5] William Stallings. Operating Systems: Internals and Design Principles(Seventh Edition). USA: Prentice-Hall, Inc, 2012.

[6] Andrew S. Tanenbaum. Operating Systems: Design and Implementation(Third Edition). USA: Prentice-Hall, Inc, 2006.

[7] 孟庆昌. UNIX 教程（修订本）. 北京：电子工业出版社，2000.

[8] 张尧学. 计算机操作系统教程（第 4 版）. 北京：清华大学出版社，2013.

[9] 毛德操. Linux 内核源代码情景分析. 杭州：浙江大学出版社，2001.

[10] 李善平. 边干边学——Linux 内核指导. 杭州：浙江大学出版社，2002.

[11] 罗宇. 操作系统（第 5 版）. 北京：电子工业出版社，2019.

[12] 陈向群. Windows 操作系统原理. 北京：机械工业出版社，2004.

[13] [美] Paul Cassel 等. Windows 2000 Professional 实用全书. 伟峰，等译. 北京：电子工业出版社，2001.

[14] 徐国平. UNIX 网络管理实用教程. 北京：清华大学出版社，2002.

[15] 王兆青. 网络操作系统. 北京：中央广播电视大学出版社，2001.

[16] 刘尊全. 计算机病毒防范与信息对抗技术. 北京：清华大学出版社，1991.

反侵权盗版声明

电子工业出版社依法对本作品享有专有出版权。任何未经权利人书面许可，复制、销售或通过信息网络传播本作品的行为；歪曲、篡改、剽窃本作品的行为，均违反《中华人民共和国著作权法》，其行为人应承担相应的民事责任和行政责任，构成犯罪的，将被依法追究刑事责任。

为了维护市场秩序，保护权利人的合法权益，我社将依法查处和打击侵权盗版的单位和个人。欢迎社会各界人士积极举报侵权盗版行为，本社将奖励举报有功人员，并保证举报人的信息不被泄露。

举报电话：（010）88254396；（010）88258888

传　　真：（010）88254397

E-mail：　dbqq@phei.com.cn

通信地址：北京市万寿路 173 信箱

　　　　　电子工业出版社总编办公室

邮　　编：100036